원전기기 건전성

- 이론 및 실무 -

Structural Integrity of Nuclear Components

장윤석 · 정명조 · 이봉상 · 김현수 · 허남수 지음

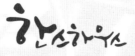

압력기기는 사실상 1700년대 초 영국에서 산업혁명의 기반을 만들어준 증기기관이 발명되면서부터 사용되기 시작했다고 보는 것이 적절할 것이다. 끓인 물로부터 얻어진 증기의 힘은 우리가 일반적으로 사용할 수 있는 대기의 압력보다 훨씬 높은 압력에서 에너지가 농축된 높은 엔탈피를 활용할 수 있게 해줌으로써 원시인류가 불을 발견한 후에 우리 생활 속에서 가장 의미 있는 생산성의 변화를 가져올 수 있게 만들었다. 특히 과포화증기를 사용하는 다양한 엔진의 발명은 인간이 손으로 혹은 말이나 소와 같은 동물의 힘, 더 나아가서 물이나 바람을 이용해서 얻을 수 있는 저속회전운동에 혁신적 변화를 일으켜 초고속 회전운동을 만들어 낼 수 있게 해주었고, 이러한 초고속 회전운동을 얻을 수 있게 됨에 따라 현대문명의 꽃이라 할 수 있는 전기에너지의 대량생산이 가능하게 되었다. 대량의 증기를 만들어 내기 위한 에너지원으로서는 석탄, 석유, 천연가스와 같은 화석에너지를 사용하는 방법밖에 없었으나 20세기 들어 원자력에너지를 발견함으로써 새로운 에너지원을 발굴하게 되었다. 고온고압의 증기를 만들어 터빈을 돌림으로써 전기를 만들어 낸다는 점에서는 원자력이나 화석에너지 간에 차이가 없으나 원자력에너지를 이용하기 위해서는 방사선이라는 다루기 어렵고 까다로운 위험성을 안전하게 관리할 수 있어야만 한다. 원자력발전소에 사용되는 압력기기들은 이러한 관점에서 볼 때 고온고압의 압력기기가 가지는 제반 특성 이외에도 방사성물질의 누설을 극소화하여 관리 가능한 수준으로 낮추어 놓지 않으면 안되는 어려움을 극복해야 한다.

고온고압의 증기기관 및 보일러에 대한 설계는 산업혁명을 거치면서 기술이 축적되게 되었고, 특히 1900년대 초 철도 및 선박 등으로까지 크게 확대된 증기기관의 사용으로 산업계를 중심으로 기술기준이 제정되게 되었는데 이것이 바로 미국에서 ASME Code로 발전하게 되었다. 초기의 ASME Code는 보일러와 압력기기에 대한 재료, 설계, 제작, 검사 및 시험 등으로 구성되어 지금도 ASME Code는 압력기기 코드로 불려지고 있는 것이다. 1953년 미국에서 아이젠하워 대통령이 원자력의 평화적 이용을 주창하고 나선 이후에 원자력에너지를 이용한 대량의 증기생산과 이를 이용한 발전(發電)이 미래의 에너지원으로 각광받기 시작하였다. 결국 핵분열에너지를 통해 증기를 만들어 내는 것이 사실 원자력발전의 기본이다 보니 어떻게 안전하게 핵분열에너지를 회수해 내는가가 관건이었다. 결국 1950년대 후반에 원전에서 가장

추천의 글

까다로운 압력기기인 원자로용기를 설계하기 위해 ASME Code Sec. III를 새로이 만들게 되었는데 여기에는 기존의 압력기기와는 다른 몇 가지 새로운 개념이 추가되었다. 즉, 압력에 견디어내도록 응력관점에서의 여유를 두도록 한 ASME Code Sec. VIII의 보일러에 대한 설계개념 이외에, 그 당시 새로이 정립되기 시작한 파괴역학개념이 도입된 것이다. 1963년도에 취성파괴를 피하기 위한 취성천이온도를 정의하고 이를 벗어난 영역에서만 가압을 하도록 하였으며, 1968년도에는 취성파괴천이온도를 낙중시험을 통해 결정하도록 코드에 내용이 삽입되었다. 당시 미국 원자력에너지위원회(Atomic Energy Committee)의 자문기구인 원자로안전자문위원회 ACRS(Advisory Committee on Reactor Safeguard)의 권고를 받아들여 원자로용기와 같이 두꺼운 강재의 압력기기 파괴거동에 대한 연구가 수행되었고 그 결과가 반영된 것이 현재까지 우리가 사용하고 있는 ASME Code Sec. III App. G의 기반이 되고 있는 것이다. 여기서는 다른 압력기기와는 달리 일정한 크기의 결함이 존재하는 것으로 가정하고 이러한 결함의 존재에도 불구하고 취성파괴가 발생하지 않도록 요구하게 되었다. 즉, 응력바탕의 설계에 파괴역학의 개념이 도입된 원자로압력용기의 설계개념이 1970년대에 들어서야 완성된 것이었다.

1970년대 초에 원자로용기에 대한 설계개념이 다듬어진 이후에 유사한 개념들이 원자력발전소의 주요 압력기기에 확대 적용되었는데, 본 저서에서는 이러한 원자로 설계개념을 토대로 원전에 사용되는 1차 냉각계통의 모든 중요한 압력기기의 특성과 운전조건 그리고 각각이 가지는 고유의 파손모드 등을 상세히 기술하고 있다. 또한 압력기기의 건전성확보를 위해 필요한 설계개념, 비파괴검사, 파괴역학적 평가, 재료시험 등 매우 실질적인 도움이 될 내용들을 포함하고 있다. 원자력발전소의 압력기기들이 매우 철저하고 엄격한 기준에 의해 설계, 제작, 설치되었다고 하더라도 운전하다보면 각종 결함이 발생하게 된다. 후쿠시마 원전 사고 이후에 우리나라에서는 원전에서 발견되는 작은 결함 하나도 마치 바로 큰 사고로 이어질 수 있는 것처럼 다소 지나친 우려가 팽배해 있는 것이 사실이다. 하지만, 최근에는 비파괴검사기술이 매우 발달하여 아주 작은 결함까지도 정밀하게 찾아낼 수 있고 이러한 결함이 어느 정도의 위험성을 가지고 있는지도 매우 상세하게 평가해 낼 수 있는 수준에 도달해 있는 것이 사실이다. 이러한 관점에서 본 저서는 원자력발전소에서 결함이 운전중 발견되었다고 하더라도 어떻게 평가해야 하는지 까지도 매우 상세한 지침을 주고 있어 실제 현장의 문제대응을 위해서도 귀중한 정보를 제공하고 있는 좋은 자료라고 생각된다. 특히, 일반적으로 압력기기에 대한 설명자료에는 기본 설계개념을 중심으로 기술하고 있는 것에 비해 본 저서에서는 이론과 실제를 겸비한 저자들이 그 동안 현장에서 압력기기에 대한 제반 문제점들을 직접 다루면서 겪은 사례와 국제적으로 있었던 중요한 이슈들까지를 망라하고 있어 앞으로 그 활용이 기대되는 바이다.

2013년 6월

한국원자력안전기술원
원장 박 윤 원

저자 서문

공학교육은 원자력의 평화적 이용을 지속하고 미래수요를 예측하기 위해 매우 중요하다. 이는 급변하는 기술의 진보와 세계화 추세에 부합하고, 연이어 보도되고 있는 재난과 사고를 예방하며, 윤리의식 결핍에 따른 문제점을 해결하기 위해서도 필수적이다. 기술과 직접적으로 연관되지 않은 사항들을 어떻게 정량화해야 하는가? 교육에 있어 윤리적인 측면은 어떻게 고려할 것인가? 교육을 위해 국제적 표준을 정의할 필요가 있는가? 품질관리란 무엇인가? 엔지니어를 위한 평생교육은 어떻게 구성할 것인가? 지식 전달을 위한 새로운 미디어의 잠재성은 어느 정도인가? 이러한 의문들에 대해 여러 전문가들이 모여 함께 고민하고 토론하여 끊임없이 해결책을 제시해야 할 필요가 있다.

본 교재는 합리적인 공학교육에 대해 평소 진솔한 관심을 갖고 있던 교육기관, 연구기관, 산업기관 및 규제기관의 전문가 5인이 인식을 공유하여, 원자력발전소를 안전하고 효율적으로 운영하기 위해 기본적으로 알아야 할 사항들을 정리한 것이다. 특히 학부 및 대학원 학생들과 초급 엔지니어들이 원전 주요기기의 건전성에 대한 기본 개념을 이해하고, 전문지식을 습득하며, 실무에 활용할 수 있는 체계로 쉽게 구성하였다.

제2장에서는 원자로압력용기, 원자로내부구조물, 가압기, 증기발생기 및 배관의 특성을 소개하였고, 각 기기에서 발생 가능한 잠재적인 손상기구 그리고 이를 탐지하는데 필요한 비파괴검사에 대한 개괄적인 내용을 설명하였다.

제3장에서는 기기건전성을 이해하기 위하여 필수적인 고체역학 및 파괴역학 주요 매개변수와 기초 이론 그리고 재료물성 측정법을 소개하였고, 기기의 설계 및 안전운전과 관련하여 공통으로 적용되는 일반적인 평가방법에 대해 설명하였다.

제4장에서는 원자로압력용기, 원자로내부구조물, 가압기, 증기발생기 및 배관 각각에 대하여 실제 산업현장에서 활용되고 있는 기기건전성 평가절차를 소개하였고 보다 구체적인 평가방법에 대하여 설명하였다.

제5장에서는 각 기기별로 가상적인 조건 또는 대표적인 사례를 선정하여 기기건전성 평가절차 및 평가방법의 적용성을 직접 확인하게 함으로써, 평가조건 선정 및 평가결과 처리 시 주의해야 할 사항들을 다루었다.

제6장에서는 21세기 공학도 및 엔지니어가 갖추어야 할 소양과 향후 원전기기 건전성 확보를 위해 고려해야 할 사항 그리고 미래 기술에 대하여 전망하였다.

저자 서문

본 집필진은 동료 전문가의 의견을 존중하고 지식을 교환하는 과정에서 큰 기쁨을 함께 하였으며, 이론과 실무 어느 한편에 치우침이 없이 균형 잡힌 시각을 유지하려고 노력하였다. 다시 한 번 현재 그리고 향후 원자력 산업의 중추적 역할을 담당할 학생들과 이제 막 실무를 시작한 엔지니어들이 원전기기 건전성에 대한 막연한 어려움에서 벗어나 기본 개념을 이해하고, 전문지식을 습득하며, 실무에 활용하는데 본 교재가 작은 도움이 되기를 기대한다.

아울러, 본 교재는 지식경제부와 한국에너지기술평가원의 후원 하에 한국원전수출산업협회와 경희대학교가 주관하는 과제의 일환으로 발간하였음을 밝혀둔다. 바쁘신 가운데 흔쾌히 추천의 글을 전해 주신 한국원자력안전기술원 박윤원 원장님, 감수를 맡아 주신 한국원자력연구원 정경훈 박사님, 그리고 편집을 도와주신 한스하우스 한홍수 사장님 이하 관계자께 깊은 감사를 드린다.

2013년 6월

장윤석 · 정명조 · 이봉상 · 김현수 · 허남수

목차 | Contents

목차 | Contents

제3장 원전기기 건전성 평가기초

목차 | Contents

목차 | Contents

제5장 원전기기 건전성 평가사례

목차 | Contents

제6장 원전기기 건전성에 대한 전망

부록

제1장 서론

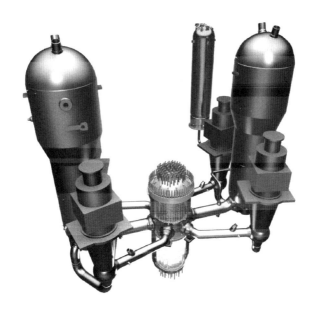

제1장 서론

원자력발전소는 원자핵 반응에서 나오는 높은 에너지를 이용하여 물을 끓여 증기를 생산하고 이 수증기의 힘으로 터빈을 돌려서 전기를 생산한다. 우리나라 원전의 주력 기종인 가압형 경수로는 원자로에서 만들어진 고온에너지를 원자로냉각재를 통해 증기발생기로 전달하여주는 1차 계통과 증기발생기에서 만들어진 증기를 터빈으로 보내어 전기를 생산하는 2차 계통이 분리되어 있어서, 방사성물질이 외부로 누출될 가능성을 낮추는 방식의 원자력발전소이다. 따라서 2차 계통은 일반 화력발전소 등과 별반 다를 바 없으며, 좁게 보면 1차 계통만을 원자력 계통이라고 볼 수 있다.

원자력발전소에 있어서 무엇보다 우선하는 개념은 안전성이며, 이를 위해서는 먼저 원전을 구성하는 주요기기 각각의 건전성이 보장되어야한다. 통상적으로 원전의 1차 냉각재를 포함하고 있는 압력경계 내의 원자로압력용기 및 원자로내부구조물, 증기발생기, 가압기, 펌프, 배관 등을 원전 주요기기라 칭한다.

원자로압력용기는 내부에서 핵연료집합체와 제어장치에 의해 안정적인 핵반응열이 발생되어 1차 냉각재를 가열함으로써 증기발생기 쪽으로 높은 온도와 높은 압력의 물을 통한 에너지 전달이 되게 한다. 원자로압력용기는 원전이 가동되는 기간 동안 교체가 거의 불가능하므로, 어떤 기기보다도 많은 안전여유도를 가지고 설계 및 제작된다. 하지만 원자력발전소의 가동중에 핵연료로부터 방출되는 높은 에너지의 중성자 입자가 원자로압력용기벽에 계속적으로 충돌하면, 중성자 조사취화로 인한 재질의 변화가 생겨 안전여유도가 감소할 수 있으므로 수명기간 동안 지속적으로 건전성 감시 프로그램을 통해 안전여유도를 보증하도록 운영되고 있다.

원자로내부구조물은 원자로 노심을 지지하고 제어봉집합체를 안내하며, 냉각재의 유동 통로를 제공하여 노심과 제어봉집합체를 냉각시켜 준다. 또한 냉각재의 유동으로 인하여 제어봉집합체와 핵연료집합체에 생길 수 있는 진동을 감소시켜 준다. 그리고 원자로 밖으로 유출되는 방사선과 열을 완화시켜 주고, 외부 하중으로부터 노심과 제어봉집합체를 보호하는 역할을 한다.

가압기는 원자로압력용기와 증기발생기 사이에 설치되어 있는 원통 형상의 압력용기로서 전열기와 살수노즐이 설치되어 있으며, 이를 이용하여 내부의 증기를 생성시키거나 소멸시킴으로써 원자로냉각재계통의 압력을 일정하게 유지시키고 과도상태 발생 시 원자로냉각재의 체적 변화를 보상해 주는 역할을 한다. 정상운전중 가압기 내부의 체적은 각각 50%의

물과 증기로 구성되어 있으며, 전열기와 살수노즐에 의해 증기와 물의 평형상태가 유지된다. 또한 가압기 상부에는 안전밸브가 설치되어 있어 원자로냉각재계통의 압력이 설계값 이상으로 상승하는 것을 방지하며, 하부에는 가압기 내 냉각재의 온도를 일정하게 유지시키기 위해 접촉식 침수형 전열기가 설치되어 있다. 이 외에도 여러 개의 온도, 압력 및 수위 측정용 관통구가 설치되어 있으며, 시료 채취 및 압력과 수위 측정용 관통노즐들에는 오리피스가 부착되어 있어 관 파열 사고 시 냉각재상실(loss of coolant) 유량을 제한하도록 되어 있다.

증기발생기는 핵반응에 의해 생긴 1차측의 열을 2차측으로 전달하는 역할을 하고, 원자로 냉각재의 압력경계를 구성하는 대형 열교환기로서, 원자로냉각재 압력경계의 건전성 유지와 원자로 정지 능력 및 안전정지 상태의 유지 그리고 사고 후 소외 피폭을 막거나 줄이는 능력의 유지 등과 같은 기능을 수행한다.

원자력발전소 기기 가운데 배관 계통은 그 길이가 호기당 수 십 km에 달하며, 기계 설비의 약 40%를 차지하는 열수송 계통의 핵심 기기로서 원자력발전소의 건전성에 주요한 역할을 하고 있다. 특히 원자로냉각재의 압력경계이며 방사성물질 차폐경계인 1차 계통 배관들은 파손 시 원자력발전소의 안전에 직접적으로 영향을 미치기 때문에 전 수명기간 동안에 그 건전성이 보장되어야 한다. 따라서 엄격한 기준 및 규격에 따라 설계 및 제작, 설치, 시험, 검사되고 있다.

원자력발전소는 이외에도 수많은 시스템, 구조물 및 기기로 구성되어 있으나, 본 교재에서는 원자로냉각재펌프, 제어봉구동장치, 핵연료집합체를 제외한 원전 주요기기의 특성과 손상기구 및 비파괴검사 방법, 관련 기초이론 및 시험법과 평가방법, 기기건전성 평가절차 및 사례, 미래에 대한 전망을 다루고자 한다.

제2장 원전 주요기기

2.1 기기특성
2.2 손상기구
2.3 비파괴검사

제2장 원전 주요기기

2.1 기기특성

2.1.1 원자로압력용기

가압경수로의 원자로압력용기는 내부에 핵연료 및 그 연쇄반응을 제어하기 위한 각종 장치, 그리고 고온고압의 1차 냉각재를 담고 있는 대형 원통형 구조물이다. 핵연료의 연쇄반응에 의해 발생한 에너지는 1차 냉각재를 가열하여 증기발생기로 보내짐으로써 원자력발전이 성립된다. 그림 2.1-1과 같이 원자로압력용기와 증기발생기, 그리고 그 두 기기를 연결하는 1차 냉각배관은 1차 냉각재가 흐르는 폐회로를 구성하며, 가압기와 원자로냉각재펌프 등을 포함하여 통상적으로 1차 압력경계라고 부른다.

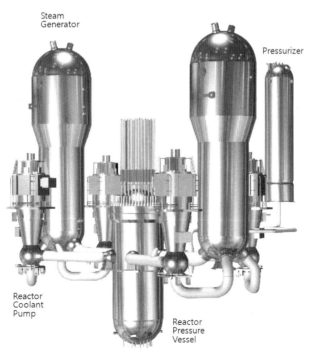

〈그림 2.1-1〉 가압경수로의 1차 압력경계 주기기 구성

원자로압력용기의 내부에는 핵연료의 열을 식히기 위한 원자로냉각재가 항상 존재하여야 하므로, 원자로압력용기는 원자로냉각재 배관이나 증기발생기 등 다른 기기보다 낮은 위치에 설치되어 비상시에 냉각재의 유입이 원활하도록 설계된다. 하지만 원자로압력용기 자체에 파손이 생기는 경우는 냉각재를 정상적으로 유지할 수 없게 되어 대형 사고로 이어질 수 있다. 따라서 원자로압력용기의 설계 및 제작, 운영 요건은 원전의 모든 예상 운전조건에서 취성이건 연성이건 어떠한 모드에 대해서도 파손방지를 위한 충분한 안전여유도가 확보되어야 하는 것이다.

원자로압력용기는 두께 20~30cm의 저합금강 소재로 제작된, 직경 4.5m, 높이 12m 정도의 원통형 철강구조체이다. 그림 2.1-2는 가압경수형 원전의 원자로압력용기 개략 도면이다. 위쪽은 반원구형 헤드 뚜껑으로 제작되어 분리가 가능하도록 볼트로 체결되어있으며, 아래쪽은 역시 반원구형 받침이지만 본체에 용접되어 있다. 원자로압력용기 몸통에는 1차 원자로냉각재의 배관과 연결되는 입구 및 출구노즐이 있다. 상부헤드에는 약 80여개의 제어봉안내관이 부착되어 있으며, 하부헤드에도 노내 계측을 위한 40여개의 안내관이 부착되어 있다.

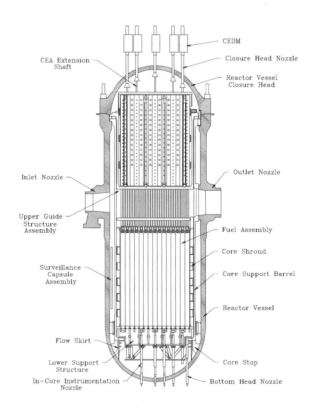

〈그림 2.1-2〉 원자로압력용기와 내부구조물 집합체 개략도 [2.1-1]

원자로압력용기의 재질은 1970년대까지 SA302B, SA533B 등 판재가 많이 사용되었으나, 1980년대 이후에는 대형 단조설비에 의해 제작이 가능해진 SA508-Gr.3 원통 단조재가 주로 사용되고 있다. ASME Code 규격의 압력용기강인 SA533B와 SA508-Gr.3는 모두 Mn-Mo-Ni 계열의 저합금강으로서 화학성분 및 재료특성은 거의 유사하다. SA533B 판재를 사용하는 경우는 용접을 통해 대형 압력용기도 제작이 가능하나 용접부가 많아지는 것이 큰 단점이다. SA508-Gr.3 단조강으로 제작된 압력용기는 축방향 용접부를 없앨 수 있으므로, 내압에 대한 저항성 측면에서 매우 유리하나, 압력용기의 제작 가능한 최대 크기가 원통 단조설비의 규모에 의해 제약받을 수밖에 없다.

최근에는 원자로압력용기를 SA508-Gr.3 단조강으로 제작하는 것이 추세이며, 쌓아올리는 원통형 단조강의 크기와 배치를 조절하여 가능하면 용접부가 노심대 영역을 피하도록 제작한다. 이는 중성자 조사취화 측면에서 용접부의 신뢰도 향상 및 검사관리에 매우 유리하다. 또한 동 재료들은 원자로압력용기 뿐 아니라, 증기발생기와 가압기의 압력용기 제작에도 공통적으로 사용되고 있다. 다만 원자로압력용기의 경우에는 가동중 고속중성자에 의한 조사취화 효과로 인해 파괴인성이 저하되는 것을 최소화하기 위해서, 조사취화에 민감성을 보이는 일부 성분들, 즉, 구리, 니켈, 인 등의 성분함량을 엄격하게 제한하고 있다. 표 2.1-1 에는 현재 대표적인 원자로압력용기 재료로 사용되는 SA508-Gr.3와 SA533B 강의 ASME Code 규격에서 화학조성 및 재질 특성 요구조건을 정리하였다[2.1-2 ~ 2.1-5].

원자로압력용기의 내면은 오스테나이트 스테인리스강으로 피복(cladding)되어서 1차 냉각재와 직접 접촉에 의한 부식손상을 방지하도록 되어있다. 원자로압력용기 뿐 아니라 배관, 가압기, 증기발생기의 1차 압력경계 내에서 1차 원자로냉각재와 접촉하게 되는 탄소강과 저합금강 기기의 내면은 모두 오스테나이트 스테인리스강으로 피복된다. 원자로압력용기 내면의 피복은 Type 308L 혹은 Type 309L 스테인리스강을 스트립 용접하여 최소 두께가 3.2mm 이상이 되도록 한다. 일반적으로 원자로압력용기의 구조해석에서 오스테나이트 스테인리스강 피복 자체는 하중을 지탱하는 구조체의 일부로서 취급되지 않으며, 단지 부식방지를 위한 화학적 코팅 층같이 생각한다.

원자력발전소의 40년 이상 가동기간 동안 원자로압력용기는 교체 없이 사용되어야 하며, 무엇보다 내부의 핵연료와 원자로냉각재가 외부로 누설되지 않도록 견고한 구조적 건전성이 유지되어야 한다. 이를 위해 요구되는 재료물성은 충분한 강도 뿐 아니라 높은 파괴인성이다. 원자로압력용기의 재질은 저합금강으로서 원자의 결정구조가 체심입방(Body Centered Cubic; BCC) 구조인 페라이트계 미세조직을 갖는다. 페라이트계 강은 특정 온도이하에서 파괴모드가 연성에서 취성으로 변하는 천이특성을 보인다. 일반적으로 취성파괴 모드에서는 파괴인성이 연성파괴 모드에 비해 현저하게 낮을 뿐 아니라, 임계값 이상의 하중에서 균열의 진전이 시작되면 불안정한 균열전파로 이어지기 때문에, 운전조건에 의해 취성파괴가 발생하지 않도록 엄격히 관리되어야 한다.

원자로압력용기의 설계코드인 ASME Code Sec. III, NB-2300은 페라이트계 강으로 제작되는 두께 16mm 이상의 기기에서는 취성파괴를 방지하기 위해 파괴인성 특성시험 결과를 요구한다. 이를 이용하여 연성-취성 천이특성에 대한 참조온도를 결정하고 안전운전 조건의 결정을 위한 기준으로 사용한다.

〈표 2.1-1〉 원자로압력용기강 SA508과 SA533 재료의 ASME 규격 및 기본 요구특성

	C	Mn	P	S	Si	Ni	Cr	Mo	V	Nb	Cu
SA508 Gr.3 (UNS K12042)	0.25 max	1.2– 1.5	0.025 max	0.025 max	0.15– 0.40	0.40 1.00	0.25 max	0.40– 0.60	0.05 max	0.01 max	0.20 max
SA533 Type B (UNS K12539)	0.25	1.15– 1.50	0.035	0.035	0.15– 0.40	0.40– 0.70	–	0.45– 0.60	–	–	–

	Class	min. YS (MPa)	TS (MPa)	min. Elong. (%)	min. RA (%)	min. Charpy (aver.)	min. Charpy (single)
SA508 Gr.3 (UNS K12042)	1	345	550–725	18	38	41J at 4.4℃	34J at 4.4℃
	2	450	620–795	16	35	48J at 21℃	41J at 21℃
SA533 Type B (UNS K12539)	1	345	550–690	18	–	–	–
	2	485	620–795	16	–	–	–
	3	570	690–860	16	–	–	–

[주] YS : 항복강도, TS : 인장강도, RA : 단면수축률

2.1.2 원자로내부구조물

2.1.2.1 개요

원자로압력용기 내부에 들어있는 구조물 중에서 핵연료집합체, 제어봉집합체, 노내핵계측기(In-Core Instrument; ICI), 원자로 감시시험편함(surveillance capsule assembly) 등을 제외한 기기와 부품을 원자로내부구조물이라 부르며 크게 노심지지배럴집합체(core support barrel assembly)와 상부안내구조물집합체(upper guide structure assembly)로 구성되어 있다. 또한 원자로내부구조물은 기능상 크게 노심지지구조물(core support structure)과 내부구조물(internal structure)로 나뉘는데, 노심지지구조물은 원자로내부구조물 중에서 노심을 직접 지지하는 구조물을 지칭하며 나머지 구조물은 내부구조물로 분류된다[2.1-6].

원자로냉각재는 원자로내부구조물에 의해서 형성되는 경로를 따라 원자로내부를 순환한다. 노심에서 가열된 원자로냉각재는 핵연료집합체 상부에 있는 핵연료정렬판의 유동구멍을 지나 제어봉안내관 주위를 따라 반경방향으로 흘러나와 노심지지배럴과 상부안내구조물 지지원통 사이의 환형공간을 따라서 상승하다가 최종적으로 노심지지배럴 유동구멍을 통하여 원자로압력용기 밖으로 배출되어 고온관을 따라 증기발생기로 흘러간다. 이 냉각재는 2차측 급수에 열을 전달하고, 원자로냉각재펌프를 지나 저온관을 통해 원자로압력용기 입구를 통과하고 노심지지배럴 상부에 부딪쳐 아래쪽으로 방향을 바꿔 흘러내려 온다. 노심지지배럴을 따라 내려온 원자로냉각재는 유동분배통을 지나 하부노심지지구조물을 거쳐 다시 노심으로 흘러들어 오는 순서로 1차 계통을 순환한다.

원자로내부구조물은 원자로 노심을 지지하고 제어봉집합체를 안내하며, 냉각재의 유동 통로를 제공하여 노심과 제어봉집합체를 냉각시켜 준다. 또한 냉각재의 유동으로 인하여 제어봉집합체와 핵연료집합체에 생길 수 있는 진동을 감소시켜 준다. 그리고 원자로 밖으로 유출되는 방사선과 열을 완화시켜 주고, 외부 하중으로부터 노심과 제어봉집합체를 보호하는 역할을 한다.

2.1.2.2 구성품

1) 노심지지배럴집합체

그림 2.1-3과 같이 노심지지배럴집합체는 노심지지배럴(core support barrel)과 하부지지구조물/노내핵계측기 노즐집합체(lower core support structure/ICI nozzle assembly)

제
2
장

및 노심쉬라우드집합체(core shroud assembly)로 구성되어 있다.

노심지지배럴집합체는 노심지지배럴 상단의 상부플랜지가 원자로압력용기의 턱에 놓여 지지된다. 원자로압력용기와 원자로내부구조물은 노심지지배럴의 플랜지에 부착된 4개의 등간격 정렬키(alignment key)에 의해 정렬되는데, 등간격으로 배치된 키는 원자로압력용기 턱과 상부덮개(closure head)내의 키홈에 삽입된다.

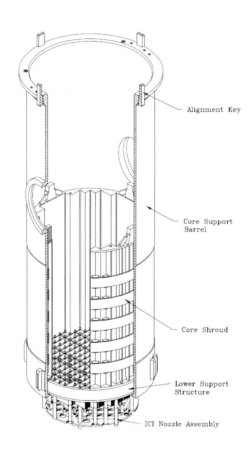

〈그림 2.1-3〉 노심지지배럴집합체 [2.1-7]

노심지지배럴은 노심을 직접 지지하는 긴 원통형 구조물로 상부에는 외향 플랜지가 용접이 되어 있고 4개의 정렬키가 부착된다. 노심지지배럴 중앙부에는 원자로냉각재가 노심으로부터 빠져나가도록 유동출구 노즐이 180도 간격으로 2개가 있다. 그리고 노심부에 해당되는 노심지지배럴에서는 그 두께가 얇아지는데 이는 노심으로부터 나오는 방사선 조사로 인한 열 때문에 노심지지배럴 중앙부의 온도가 상승하는 것을 막기 위함이다.

노심지지배럴 하부플랜지는 하부지지구조물을 지지 및 고정하고 제 위치에 있도록 하며,

유연용접(flexure weld)에 의해 하부지지구조물과 연결된다. 하부지지구조물은 격자형 지지보(support beam)를 통하여 하중을 노심지지배럴 하부플랜지로 전달함으로써 노심을 지지한다. 지지보 위에 설치된 지지핀(fuel insert pin)들은 핵연료집합체 하단의 위치를 잡아준다. 노심쉬라우드집합체는 원자로냉각재 유로를 형성하고, 냉각재우회유량을 제한하며 하부지지구조물에 의해 지지되고 고정된다. 노심지지배럴의 하단부는 원자로압력용기와 접촉되는 6개의 방진기에 의해 과도한 횡방향 및 비틀림 운동이 제한된다.

○ 노심지지배럴

노심지지배럴은 상단의 외향 링플랜지(external ring flange)와 하단의 내향 링플랜지(internal ring flange)를 포함하는 수직원통 구조물이다. 노심지지배럴은 원자로압력용기의 턱에 의해 지지되며 노심지지배럴은 핵연료집합체가 놓이게 되는 하부지지구조물을 지지한다. 또한 90도 간격으로 4개의 정렬키(alignment key)가 노심지지배럴 플랜지 속으로 열박음(shrink-fitting)되어 설치된다. 원자로압력용기, 상부덮개 및 상부안내구조물집합체는 원자로압력용기 플랜지 부위에서 각 부품들의 플랜지에 마련된 홈에 정렬키가 삽입됨으로써 정렬된다.

노심지지배럴 상부에는 원자로압력용기 노즐의 내부 돌출부와 연계하여 원자로압력용기의 입구와 출구사이의 냉각재 우회를 최소화하기 위한 2개의 출구노즐이 있다. 노심지지배럴 구조물은 배럴의 상단부에서 지지되므로 냉각재 유동으로 인한 진동이 발생할 수 있으므로 진동제한기인 방진기가 노심지지배럴 하단의 외부에 설치된다. 방진기는 배럴 원주를 따라 위치한 6개의 등간격 붙임쇠(lug)로 구성되고, 원자로압력용기 상의 대면붙임쇠(mating lug)와 더불어 요철집합체(tongue-and-groove assembly)로 작용한다.

2개의 붙임쇠 대면부품간의 틈새를 최소화함으로써 진동의 폭이 제한된다. 원자로 조립시 원자로내부구조물이 원자로압력용기 속으로 내려올 때, 원자로압력용기 붙임쇠는 노심지지배럴 붙임쇠와 축방향으로 결합된다. 노심지지배럴의 반경방향과 축방향 팽창은 수용되나 횡방향 운동은 제한된다. 원자로압력용기 붙임쇠에는 볼트로 체결되는 Inconel X-750 심(shim)이 부착된다. 노심지지배럴 붙임쇠와 원자로압력용기 붙임쇠의 마주보는 면은 마모를 최소화하기 위해 스텔라이트(stellite)로 표면경화 처리가 되어 있다.

노심지지배럴 상부플랜지에 노심지지배럴집합체의 인양을 위한 3개의 구멍이 120도 간격으로 뚫려있고, 그 안으로 인양볼트 삽입통(lifting bolt insert)이 각각 들어가 있다. 그리고 상부플랜지에 원자로압력용기 감시시험편함(surveillance capsule assembly)을 인출하기 위한 공구가 드나들 수 있는 구멍이 6개가 뚫려있다.

제2장

○ 하부지지구조물 및 노내핵계측기 노즐집합체

하부지지구조물 및 노내핵계측기 노즐집합체는 핵연료집합체와 노심보호체가 제 위치에 있도록 하며 이들 기기를 지지하고 노내핵계측기 노즐들을 안내한다. 이 구조물은 짧은 지지기둥(column boss), 지지보(support column), 밑판(bottom plate), 노내핵계측기 노즐(ICI nozzle) 및 노내핵계측기 노즐지지판(ICI nozzle support plate)으로 구성되는 용접구조물이다. 하부지지구조물은 계란상자형(egg-crate fashion)의 격자형 보 집합체(grid beam assembly)와 이를 둘러싸고 있는 짧은 원통으로 구성되어 있다. 보의 양단은 원통에 용접되며, 핵연료집합체 지지핀이 보의 상부에 부착된다. 보의 하부에는 적절한 유동분포를 제공하기 위한 유동구멍을 갖는 평판이 용접된다. 이 평판은 노내핵계측기 노즐, 지지기둥 및 노내핵계측기 노즐지지판을 지지한다. 원통은 주냉각재의 흐름을 안내하고, 원통의 하부에 위치한 구멍은 노심쉬라우드집합체를 통과하는 우회유량을 제한한다. 노내핵계측기 노즐지지판은 노내핵계측기 노즐을 횡방향으로 지지한다. 이 평판에는 필요한 유동분포를 얻기 위한 유동구멍이 마련되어 있다.

○ 노심쉬라우드집합체

노심쉬라우드집합체(core shroud assembly)는 노심을 둘러싸고 있으며 냉각재 우회유량을 제한한다. 노심쉬라우드집합체는 원자로 냉각재가 노심을 우회하지 못하도록 막고 노심 안으로 적절히 흘러갈 수 있도록 설계된 용접 수직판 집합체이다. 원주방향의 보강링 및 상하단의 판들(top and bottom plates)은 노심쉬라우드집합체를 횡방향으로 지지한다. 링들은 전길이 용접(full length weld)된 늑쇠(rib)와 수평 버팀쇠(brace)에 의해 수직판에 부착된다. 노심쉬라우드집합체의 외부원주와 노심지지배럴 사이의 작은 틈새인 환형부를 통한 상향 냉각재 유동에 의해 노심쉬라우드집합체에 발생되는 열응력이 최소화된다. 4개의 안내돌출부(guide lug)가 90도 등간격으로 노심쉬라우드집합체 상부에 수직 상방향으로 튀어나와 있으며, 돌출부 양쪽으로 표면경화된 안내붙임쇠(guide lug insert)가 상부안내구조물집합체, 노심쉬라우드집합체 및 하부지지구조물 사이의 정렬을 위해 상부안내구조물 핵연료정렬판의 대응하는 표면경화된 홈속으로 삽입된다. 그리고 이 돌출부의 수평방향 강성을 증가시키기 위하여 양쪽으로 지지대(gusset)가 용접된다.

2) 상부안내구조물집합체

상부안내구조물집합체는 핵연료집합체의 상단을 정렬하고 횡방향으로 지지하며 제어봉 간격을 유지하도록 하며 원자로 운전중 핵연료집합체를 위쪽에서 눌러주어 중대사고시 핵연료집합체가 제 위치로부터 이탈하여 들어 올려지는 것을 방지하고, 상부 플레넘(upper plenum)에서 원자로 냉각재의 횡방향 유동의 영향으로부터 제어봉을 보호하는 구조물로 상부안내구조물 지지배럴집합체(UGS barrel assembly)과 제어봉보호체(CEA shroud assembly) 및 안내지지구조물(guide structure support system)로 구성된다.

○ 상부안내구조물 지지배럴집합체

상부안내구조물 지지배럴집합체는 상부안내구조물 지지배럴(UGS barrel cylinder), 핵연료정렬판(fuel alignment plate), 상부안내구조물 지지판(UGS support plate) 및 제어봉안내관들(CEA guide tubes)로 구성된다. 상부안내구조물 지지배럴은 상단이 링플랜지에, 하단은 원형의 상부안내구조물 지지판에 용접된 수직원통 구조물로 구성되어 있다. 상부안내구조물집합체를 지지하는 부재는 상부플랜지이며 원자로 운전중에 플랜지의 상부는 원자로 압력용기 상부덮개와 접촉한다. 상부플랜지의 하면은 노심지지배럴 상부플랜지 위에 놓여있는 누름링(holddown ring)에 의해 지지된다. 상부안내구조물 플랜지와 누름링은 90도 등간격으로 정밀가공 되고 정위치된 4개의 키홈에 의해 노심지지배럴 정렬키와 결합된다.

상부안내구조물 지지배럴 상부플랜지에 상부안내구조물집합체를 인양하기 위한 3개의 구멍이 120도 간격으로 뚫려있고, 그 안으로 인양볼트 삽입통(lifting bolt insert)이 들어 있으며, 인양장치의 안내를 위해 안내붙임쇠(lift rig guide)도 용접된다. 그리고 상부플랜지에 제어봉보호체의 수평방향의 변위를 제한할 수 있도록 2개씩 한 쌍으로 이루어진 방진기 블록(snubber block)이 90도 간격으로 4군데에 용접되어 있다.

핵연료정렬판은 원통형 제어봉안내관에 의해 상부안내구조물 지지판 아래에 연결된다. 이 관은 정렬판 안으로 압연되고 용접되어, 상부안내구조물 지지판과 핵연료정렬판에 부착된다. 핵연료정렬판은 핵연료집합체의 상단이 제어봉안내관들의 하단에 정렬될 수 있도록 설계된다. 핵연료정렬판의 가장자리에는 4개의 등간격 홈이 있으며, 핵연료정렬판의 키홈은 노심과 원자로 상부덮개 및 제어봉집합체 구동장치를 정확히 정렬하는 수단을 제공한다. 이 홈은 노심쉬라우드집합체와 정렬되기 위해 노심쉬라우드집합체로부터 돌출된 스텔라이트 표면경화된 안내붙임쇠와 맞닿게 된다. 제어봉안내관은 핵연료집합체 누름장치의 상방향 힘을 지지한다. 이 힘은 제어봉안내관을 통해 정렬판으로부터 상부안내구조물 지지판으로 전달된다.

○ 제어봉보호체

제어봉보호체의 기능은 제어봉집합체의 횡방향 변위를 제한하고 제어봉집합체들을 서로 격리하는 것이다. 제어봉보호체는 격자형태로 연결된 수직판과 수직관의 집합체로 구성되며 상부안내구조물 지지판에 놓이게 되고, 12개의 결합봉에 의해 고정된다. 이 결합봉의 하단은 상부안내구조물 지지판에 용접되고 제어봉보호체의 상부에서 볼트로 체결되며 초기장력이 주어진다. 수직관과 연결용 수직판에는 냉각재가 드나들 수 있도록 많은 구멍이 뚫려 있다. 그리고 수직관과 용접된 연결용 수직판의 구조물에 강성을 주기 위한 3개의 원통형 실린더가 상부, 중간부, 그리고 하부에 용접되어 있다.

○ 안내지지구조물

제어봉집합체 연장축(CEA extension shaft)은 안내지지구조물(guide structure support system, or top hat)에 의해 안내된다. 원자로내부구조물을 원자로압력용기 안에 설치하고 나서 원자로덮개를 설치할 때 제어봉집합체 연장축이 직립하여 원자로압력용기 덮개에 설치된 깔때기 안으로 들어갈 수 있도록 지지하는 역할을 한다. 안내지지구조물 상판은 4-finger 제어봉집합체와 12-finger 제어봉집합체가 통과할 수 있도록 가공되고, 동시에 제어봉집합체 연장축이 수직방향으로 통과하고 수평방향으로 지지될 수 있는 구조를 가지고 있다. 안내지지구조물은 상부안내지지구조물 상부플랜지 윗면에 볼트로 체결된다. 그리고 90도 간격으로 창이 나 있어 제어봉보호체에 용접된 방진 플랜지(snubber flange)가 안내지지구조물 밖으로 돌출되어 나와 상부안내지지구조물 상부플랜지 윗면에서 제어봉보호체의 수평방향의 변위를 제한할 수 있도록 한다.

○ 누름링

누름링(holddown ring)은 정상운전 하중 하에서 스프링으로 작용하여 구조물이 움직이지 않도록 상부안내구조물집합체 플랜지와 노심지지구조물의 플랜지에 축력을 제공해 준다. 누름링은 상부안내구조물 상부플랜지 하부에 고리로 연결되어 운반된다. 누름링은 원자로압력용기의 턱에서 원자로압력용기와 내부구조물 사이의 열팽창 차이를 흡수할 수 있도록 설계된다.

○ 가열접점 열전대 보호관

상부안내구조물 180도 간격으로 2개의 가열접점 열전대 보호관(HJTC shroud assembly)이 수직으로 서 있다. 이 가열접점 열전대(Heated Junction Thermo-Couple; HJTC)는 제어봉 안내관의 위치까지 들어가서 원자로냉각재상실사고(Loss Of Coolant Accident; LOCA) 시 노심상부의 수위를 검출하기 위해 설치된다. 이 가열접점 열전대를 보호하기 위한 구조물로 상부 및 하부 열전대 보호관으로 나뉘어 하부는 제어봉보호체에 들어가고 상부는 안내지지구조물 상부 쪽으로 돌출되어 나와 있다.

3) 유동분배통

Alloy 690으로 제작되는 유동분배통(flow skirt)은 유동구멍을 가진 짧은 수직원통으로서, 수직원통 내부에 2개의 보강링이 용접되어 구조적으로 보강된다. 유동분배통은 노심입구에서 유동분포의 불균형을 줄이고, 원자로압력용기 하부에서 와류의 발생을 방지하기 위해 사용된다. 유동분배통은 원자로압력용기의 하부헤드에 용접되는 9개의 등간격 지지구조물에 의해 지지된다. 이는 원자로압력용기와 유동분배통의 열팽창 차이로 발생하는 열응력을 완화시켜 준다.

2.1.2.3 재질

원자로내부구조물의 제작에 사용되는 재료는 주로 Type 304 오스테나이트 스테인리스강이며, 원자로압력용기에 용접되는 유동분배통은 Alloy 690으로 제작된다. 원자로내부구조물이 제작될 때, 용접이 가능한 부위에는 모두 용접으로 체결된다. 그러나 기계적 연결이 요구되는 부위에는 체결기구(볼트 및 너트)가 사용되며, 이 체결기구는 단일고장의 경우에도 제자리에서 이탈되지 않도록 설계된다. 체결기구의 재료로서는 보통 고강도 스테인리스강이 사용되지만, 비교적 중요하지 않은 부위로 응력이 크게 발생하지 않는 상부안내구조물상의 스터드나 너트에는 Type 316 스테인리스강이 사용된다. 마모가 예상되는 부위에는 표면경화처리를 위해 스텔라이트 재료가 사용되나, 상호부품간에 접촉되는 부위이나 마모가 적게 발생되는 부위에는 모재로서 S21800 스테인리스강이 사용된다. 누름링은 SA182 F6NM의 마르텐사이트계 스테인리스강을 사용하는데 이는 용접구조물이 아니므로 용접성이 좋지 않은 재료를 사용해도 무방하다. SA453 및 SA638-Gr.660 재료가 볼트 및 핀 재료로 사용된다. 방진기 블록, 인양볼트 삽입통과 같이 내마모성이 요구되는 부위에 대해서는 SA479 S21800이 사용된다.

2.1.2.4 취급

1) 인양장치

원자로내부구조물 인양장치는 상부안내구조물집합체나 노심지지배럴집합체를 원자로압력용기로부터 들어내는데 사용되는 스테인리스강으로 제작되는 구조물이다.

○ 노심지지배럴집합체 인양장치

노심지지배럴집합체를 원자로압력용기로부터 검사 목적 등으로 들어내는데 사용되는 인양장치에서 들쇠뭉치(clevis assembly) 하부는 삼각대 구조로 되어 있으며, 들쇠뭉치 상부의 꿸대(clevis pin)는 인양장치를 격납건물 크레인 훅으로 연결해 주는 역할을 한다. 이 인양장치 하부의 도리(spreader beam weldment assembly)에는 인양장치를 노심지지배럴 플랜지에 볼트로 체결하기 위한 짧은 기둥이 120도 간격으로 세 군데 붙어 있다. 이러한 노심지지배럴집합체 인양장치와 노심지지배럴집합체의 체결은 핵연료재장전기 브리지 위에서 수동으로 이루어진다. 이 인양장치가 제 위치를 잡도록 하기 위한 안내축통(guide bushing) 두 개가 인양장치에 붙어 있으며, 이 안내축통 속으로 원자로압력용기 안내핀이 끼워져 들어가게 된다.

○ 상부안내구조물집합체 인양장치

상부안내구조물집합체를 원자로압력용기로부터 들어내는데 사용되는 인양장치에서는 상부안내구조물 플랜지의 세 군데와 접촉하여 끌어올리기 위한 세 개의 긴 기둥을 도리가 지지하고 있다. 이러한 상부안내구조물집합체 인양장치와 상부안내구조물집합체의 체결은 작업대(제어봉집합체 지지판) 위에서 수동으로 이루어진다. 이 인양장치가 제 위치를 잡도록 하기 위한 안내축통이 인양장치 상부와 하부에 각각 두 개씩 붙어 있으며, 이 안내축 통속으로 원자로압력용기 안내핀이 끼워져 들어가게 된다. 상부안내구조물집합체 인양장치와 노심지지배럴집합체 인양장치에서 들쇠뭉치, 연장축 뭉치(tie rod assembly) 및 도리는 공동으로 사용되며, 인양장치를 사용하여 격납건물 크레인 훅으로 원자로내부구조물을 인양하기 이전에 목적에 맞는 인양장치로 변환된다. 제어봉집합체가 상부안내구조물 속으로 인출된 후, 제어봉집합체 연장축들을 붙잡아 줄 수 있는 고정장치, 즉 제어봉집합체 연장축 걸쇠기구(CEA extension shaft latch mechanism)가 작업대에 붙어 있다. 고정장치들이 잡고 있던 연장축들을 풀어주기 위해서는 연장축들을 약간 들어 올렸다가 놓아야 작동되도록 함으로써 제어봉집합체 연장축들을 잡아주는 고정구가 확실한 잠금역할을 할 수 있도록 되어 있다.

2) 저장대

원자로내부구조물을 핵연료 재장전, 검사나 유지보수를 위하여 원자로압력용기로부터 인출하여 놓아두는 스테인리스강 구조물이 원자로내부구조물 저장대다. 원자로내부구조물 저장대는 재장전 수조 바닥에 설치되며 노심지지배럴 저장대와 상부안내구조물 저장대가 있다.

○ 노심지지배럴 저장대

노심지지배럴 저장대는 제어봉집합체의 유지와 보수를 위해 상부안내구조물이 인출되어 저장대에 올려져 있는 기간 동안 원자로내부구조물 인양장치를 지지하도록 설계된다. 노심지지배럴 저장대는 세 지점에서 노심지지배럴집합체를 지지하도록 설계되며, 이 때 노심지지배럴의 하부플랜지 바닥면은 노심지지배럴 저장대 패드에 접촉하게 된다. 노심지지배럴 저장대는 재장전수조 바닥면에 설치된 매설물에 영구적으로 고정된다. 노심지지배럴 저장대에 노심지지배럴집합체가 얹혀있을 때 노내핵계측기 노즐이 재장전수조 바닥면과 닿지 않을 뿐만 아니라 노심지지배럴집합체 하부를 검사하기 위해 카메라가 들어갈 수 있는 충분한 간격을 유지할 수 있도록 설계된다. 노심지지배럴 저장대 상부에는 원자로내부구조물 인양장치를 고정시키기 위한 나사구조물 고정대가 마련되어 있다.

○ 상부안내구조물 저장대

상부안내구조물 저장대는 상부안내구조물집합체를 인출하여 보관하기 위한 구조물로 원자로 가동중에는 원자로내부구조물 인양장치를 보관하고 지지하는 역할을 한다. 상부안내구조물 저장대는 네 지점에서 상부안내구조물집합체를 지지하도록 설계되며, 이 때 핵연료정렬판의 네 군데 90도 간격으로 난 키홈의 하부 바닥면이 상부안내구조물집합체 저장대 패드에 접촉하게 된다. 상부안내구조물 저장대는 재장전수조 바닥면에 설치된 매설물에 영구적으로 고정된다. 상부안내구조물 저장대에 상부안내구조물집합체가 얹혀있을 때 제어봉안내관이 재장전수조 바닥면과 닿지 않을 뿐만 아니라 핵연료정렬판의 하부와 제어봉안내관을 검사하기 위해 카메라가 들어갈 수 있는 충분한 간격을 유지할 수 있도록 설계된다. 상부안내구조물 저장대에는 원자로내부구조물 인양장치를 고정시킬 수 있는 120도 간격으로 3개의 인양장치 고정대가 설치된다.

3) 운반대

용접 조립된 원자로내부구조물을 건설현장으로 운송하기 위한 구조물이 원자로내부구조물 운반대이다. 이 운반대는 제작된 원자로내부구조물이 운송도중 과도한 하중을 받지 않도록 설계되어 있으며, 구조물을 누운 상태로 운송한 후에 수직으로 세울 수 있도록 로커(rocker)가 붙어있다. 또한 원자로내부구조물이 운송 중에 받은 하중을 기록하기 위하여 가속도계가 설치되어 있다. 원자로내부구조물 운반대는 노심지지배럴집합체 운반대, 노심보호체 운반대, 상부안내구조물집합체 운반대, 누름링 운반대 등이 있다.

2.1.3 가압기

가압기(pressurizer)는 그림 2.1-1 및 그림 2.1-4와 같이 원자로압력용기(Reactor Pressure Vessel; RPV)와 증기발생기(Steam Generator; S/G) 사이에 설치되어 있는

원통 형상의 압력용기이다. 가압기에는 전열기(heater) 및 살수노즐(spray nozzle)이 설치되어 있으며, 이를 이용하여 내부의 증기를 생성시키거나 소멸시킴으로써 원자로냉각재계통(Reactor Coolant System; RCS)의 압력을 일정하게 유지시키고 과도상태(transient conditions)가 발생할 때 원자로냉각재의 체적 변화를 보상해 주는 역할을 수행한다. 정상운전중 가압기 내부의 체적은 각각 50%의 물과 증기로 구성되어 있으며, 전열기와 살수노즐에 의해 증기와 물의 평형상태가 유지된다.

또한 가압기 상부에는 안전밸브(safety valve)가 설치되어 있어 원자로냉각재계통의 압력이 설계값 이상으로 상승하는 것을 방지하며, 하부에는 가압기 내 냉각재의 온도를 일정하게 유지시키기 위해 접촉식 침수형 전열기가 설치되어 있다. 이 외에도 여러 개의 온도, 압력 및 수위 측정용 관통구가 설치되어 있으며, 시료 채취 및 압력/수위 측정용 관통노즐들에는 오리피스가 부착되어 있어 관 파열 사고가 일어날 때 냉각재상실 유량을 제한하도록 되어 있다.

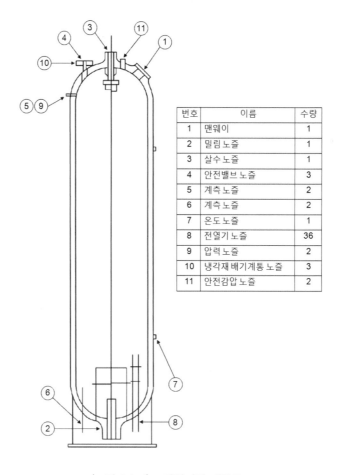

번호	이름	수량
1	맨웨이	1
2	밀림노즐	1
3	살수노즐	1
4	안전밸브 노즐	3
5	계측 노즐	2
6	계측 노즐	2
7	온도 노즐	1
8	전열기 노즐	36
9	압력 노즐	2
10	냉각재 배기계통 노즐	3
11	안전감압 노즐	2

〈그림 2.1-4〉 가압기의 개략도

2.1.3.1 가압기 구조

가압기 내부에는 교체 가능한 직접 침수형의 전열기가 하부 덮개에 수직방향으로 설치되어 있다. 또한 가압기 외부에는 살수노즐, 밀림노즐, 안전밸브 그리고 압력 및 수위계측을 위한 노즐들이 부착되어 있다. 이외에 가압기 상부에는 내부구조물(internal structure)의 검사를 위한 접근로로서 보수용 출입구(man way)가 설치되어 있다.

가압기 밀림관(surge line)은 원자로냉각재계통의 고온관(hot leg) 중 하나에 연결되어 있으며 살수관(spray line)은 원자로냉각재펌프 방출구의 저온관(cold leg)에 연결되어 있다. 한편 전열기는 진동과 지진에 의한 하중으로부터 손상을 받지 않도록 가압기 내부에 단단히 지지되어 있다.

가압기는 원자로냉각재계통 내 운전압력을 유지하는 역할과 함께 화학 및 체적제어계통(Chemical and Volume Control System; CVCS)과 더불어 부하 변화(load change) 시 또는 가열(heat-up) 및 냉각(cool-down) 시에 원자로냉각재의 체적 변화를 보상하는 역할을 한다. 전출력(full power) 운전 시 가압기에는 포화증기가 약 절반정도 채워져 있으며, 원자로냉각재계통의 압력은 가압기 내 유체의 온도를 계통의 필요 압력에 상응하는 포화온도로 유지함으로써 조절이 가능하다.

가압기 내부의 열성층(thermal stratification) 현상을 방지하고 살수 제어밸브가 열릴 때 열충격(thermal shock)을 줄이기 위해서 밀림관 및 살수관 내에 적정 온도가 유지될 수 있도록 소량의 살수가 가압기 내에 연속적으로 흐르게 한다. 또한 보조 살수관(auxiliary spray line)은 충전펌프(charging pump)로부터 발전소 가열시 가압기 내에 살수가 되도록 하고 원자로냉각재펌프가 정지되는 경우 냉각작용이 이루어지도록 한다.

1) 압력용기

가압기는 상, 하부에 반구형 헤드(head)가 부착된 수직 원통형 용기로서, 재질은 탄소강(carbon steel)이고 내부 표면은 스테인리스강으로 피복 용접이 되어 있다. 가압기에는 밀림관 노즐, 살수 노즐, 안전밸브 노즐, 수위 및 압력 측정용 노즐, 온도측정 노즐, 원자로냉각재 배기계통 노즐 및 침수형 전열기 노즐들이 설치되어 있고, 상부헤드에는 작업구가 존재하여 내부 검사 및 살수헤드 조정에 사용될 수 있다. 한편 각 노즐에는 열응력을 감소시키기 위해 열소매가 설치되어 있고, 노즐 주변에는 밀림망(surge screen)이 설치되어 가압기로부터 냉각재계통으로 이물질이 유입되지 않도록 해주며, 여기에 전열기 지지판이 설치된다.

2) 안전밸브

안전밸브는 2차 계통뿐만 아니라 발전소 보호계통과 연결되어 계통의 압력을 설계압력의 특정 한계 이내로 제한하도록 하며, 설계에서 가장 심각한 조건인 부하 상실(loss of load)과 원자로 정지(reactor trip) 지연의 동시 발생이 고려된다. 안전밸브는 스프링 작동형이고 배압 보상이 되어 있으며, 이를 통과한 유체는 원자로배수탱크(Reactor Drain Tank; RDT)로 방출된다.

3) 살수관

살수관은 가압기 상부헤드와 저온관을 연결하는 배관으로서, 노심 전후의 차압(differential pressure)으로 하여금 살수유량의 구동수두가 되도록 하였으며, 원자로냉각재펌프들이 운전중일 경우 다른 펌프들이 정지되더라도 살수 운전이 가능하도록 설계되어 있다.

각 살수유량 제어밸브를 통하여 저온관으로부터 오는 살수관은 공동모관에서 합쳐져서 가압기 살수헤드로 유입되며, 각 살수제어 밸브에는 우회관(bypass line)이 제공되어, 각 밸브당 유량이 정상운전중에 흐르도록 조정됨으로써 살수노즐에 대한 열충격이 방지된다.

또한 우회살수 유량은 가압기 내의 냉각재를 연속적으로 소량씩 바꾸어 줌으로써, 가압기와 원자로냉각재계통 유로간의 붕산농도를 균일화시켜 주고, 붕산농도가 수위에 따라 성층화(stratification)되는 것을 방지한다. 공통 살수모관에는 하나의 보조 살수관이 설치되며, 이는 정상 살수유량이 불충분하거나 사용할 수 없을 경우 충전펌프로부터 보조 살수를 공급받는다. 한편 정상 살수관을 통해 저온관으로 보조 살수가 유입되지 않도록 체크밸브가 설치되어 있다.

4) 배기관

각 가압기 압력밸브의 입구관에 소구경 관이 연결되어 공통 가압기 배기헤더를 형성하며, 원자로압력용기 헤드배기관과 결합되기 전에 밸브에 의해 차단된다. 배기는 원자로배수탱크나 직접 격납용기 대기로 연결되고, 가압기 헤드배기는 증기영역 시료채취에 사용되며 재장전수 수위 지시에 연결하여 사용될 수 있다.

5) 지지물

가압기는 하부헤드에 부착된 원통형 지지물(cylindrical skirt)에 의해 지지되고, 상부에 설치된 전단 러그(shear lug)들에 의해 수평방향으로 지지된다.

6) 계측기

가압기의 각종 변수 계측을 위해 보호, 제어 및 지시 채널이 설치되어 있으며, 대부분의 지시는 발전소 감시계통(Plant Monitoring System; PMS)으로 입력된다. 계측기에는 다음과 같은 종류가 있다.

○ 협대역 압력 보호채널
○ 광대역 압력 보호채널
○ 압력 제어채널
○ 압력 지시채널
○ 온도 계측기
○ 수위 계측기
○ 누설 감지기

2.1.3.2 가압기 설계기준

가압기는 안전 1등급(safety class 1) 기기로서 모든 부속기기는 원자로냉각재계통의 과도조건을 허용할 수 있어야 하며, ASME Boiler & Pressure Vessel Code, Sec. III, NB에 제시된 허용응력(allowable stress) 및 피로(fatigue) 한계를 넘지 않아야 한다. 즉, 가압기는 ASME Boiler & Pressure Vessel Code의 허용 한계를 초과하지 않으면서 모든 설계 과도상태를 견딜 수 있어야 한다. 가압기의 설계기준은 다음과 같으며, 주요 설계변수를 정리하여 표 2.1-2에 나타내었다.

○ 가압기의 체적은 안전주입신호(safety injection signal) 설정치(set point) 이상의 압력과 원자로 고압력 정지신호 이하 범위에서 과도상태가 발생하더라도 냉각재계통의 압력을 유지할 수 있을 만큼 충분히 커야 하며, 또한 냉각재계통의 질량변화와 관련한 충전(charging)과 추출(letdown) 유량을 최소화하기에 충분하여야 한다.
○ 가압기 내 물의 체적은 원자로가 정지될 때 냉각재계통의 수축에 의한 물의 방출을 감당할 수 있어야 하고, 또한 부하가 발생할 경우 수위 감소에 의해 전열기가 노출되지 않을 만큼 충분히 커야 한다.

제 2 장

〈표 2.1-2〉 가압기의 주요 설계변수

Parameter		Design Value
Design Pressure		2,500psia (175.8kg/cm^2)
Design Temperature		700°F (371.1℃)
Normal Operating Pressure		2,250psia (158.2kg/cm^2)
Normal Operating Temperature		652.7°F (344.8℃)
Internal Free Volume		1,800ft^3 (51.0m^3)
Normal Operating Water Volume		900ft^3 (25.5m^3)
Normal Operating Steam Volume		900ft^3 (25.5m^3)
Heater	Power Consumption Per Unit	50kW (Total 1,800kW)
	Maximum Heatup/Cooldown Rate	200°F/hr (111℃/hr)
	Type	Immersion
	Outside Diameter	1.25in (31.8mm)
	Number of Units	36 EA

○ 가압기 내 증기의 체적은 어떠한 부하 변동에도 냉각재계통의 체적 변화로 인한 압력의 변동을 감당할 수 있어야 하고, 2차측의 부하가 감소될 때 온도 증가에 의한 체적 팽창에 의해 가압기의 수위가 안전밸브 노즐에 도달하지 않고 수위 증가를 수용하기에 충분하여야 한다.

○ 원자로냉각재가 가열될 때 적합한 정도의 과냉각(sub-cooling)이 유지되도록 가압기의 온도(또는 압력)를 보장할 수 있는 속도로 가열할 수 있는 충분한 전열기 용량을 확보하여야 한다.

2.1.4 증기발생기

가압경수형 원자력발전소는 원자로압력용기를 중심으로 하는 1차측과 터빈−발전기를 중심으로 하는 2차측으로 구분되어 있다. 원자력발전소에서 전기를 생산하기 위해서는 원자로의 노심을 거쳐 가열된 고온의 냉각재를 터빈을 회전시키기 위한 증기로 변환시켜야 한다. 바로 이러한 기능을 수행하는 기기가 그림 2.1−5에 나타낸 증기발생기이다.

제 2 장

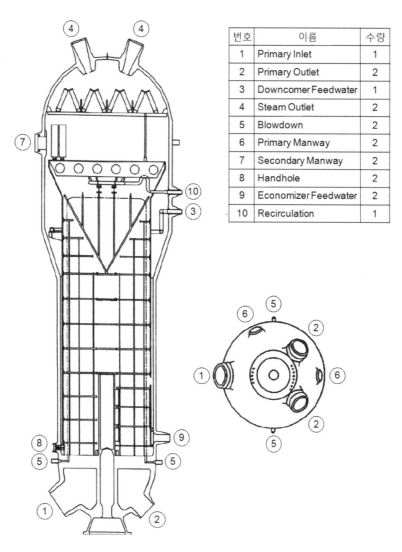

번호	이름	수량
1	Primary Inlet	1
2	Primary Outlet	2
3	Downcomer Feedwater	1
4	Steam Outlet	2
5	Blowdown	2
6	Primary Manway	2
7	Secondary Manway	2
8	Handhole	2
9	Economizer Feedwater	2
10	Recirculation	1

〈그림 2.1−5〉 증기발생기의 개략도

증기발생기는 핵반응에 의해 생긴 1차측의 열을 2차측으로 전달하는 역할을 수행하고 원자로냉각재의 압력경계를 구성하는 대형 열교환기로서, 다음과 같은 기능을 수행한다.

○ 원자로냉각재 압력경계의 건전성 유지
○ 원자로 정지 능력 및 안전정지 상태의 유지
○ 사고 후 소외 피폭을 막거나 줄이는 능력의 유지

2.1.4.1 증기발생기 구조

증기발생기는 원자로냉각재계통의 각 유로 당 1개씩 설치되어 있으며, 원자로냉각재계통과 연결되어 있는 입구노즐(inlet nozzle)부터 출구노즐(outlet nozzle)까지의 1차 계통과 급수계통(feedwater system)과 연결되어 있는 급수노즐(feedwater nozzle)부터 주증기계통(main steam system)과 연계되어 있는 증기 출구노즐(steam outlet nozzle)까지의 2차 계통으로 구성된다. 또한 증기발생기는 증발기 부분과 증기드럼(steam drum) 부분으로 구분할 수 있는데, 증발기 부분은 U-형태의 열교환기로 구성되고, 증기드럼 부분은 증발기 부분의 상부에 위치한 습분 분리장치(moisture separator)로 이루어져 있다.

증기발생기의 1차측 헤드에는 수직 분리판(divider plate)이 설치되어 입구 및 출구 공동부를 분리하고 있으며, 원자로냉각재는 고온관으로부터 증기발생기 1차측 헤드에 설치된 입구노즐로 유입되어 U-형태의 전열관을 통과하면서 2차측 급수에 열을 전달한 후 출구노즐을 거쳐 저온관으로 보내진다.

한편 2차측 급수는 증기발생기 상부로 공급되는 하향 유로와 하부로 유입되는 예열 급수로 구분된다. 상부로 공급되는 하향 유로의 냉각재는 별도의 통로를 통하여 U-전열관 외측으로 흘러 1차측 예열 영역에서 예열 급수와 혼합된 후 과냉 상태의 증기가 되며, 다시 습분 분리기를 통과하면서 건포화 증기로 변환되어 터빈에 공급된다.

1) 1차측 설비

증기발생기의 1차측 압력경계는 증기발생기 용기의 반구형 하부헤드(chamber), 관판(tube sheet) 및 관 다발(tube bundle)로 구성되며, 하부헤드에는 1개의 입구관(고온관), 2개의 출구관(저온관), 2개의 작업구(man way)와 4개의 계기 노즐용 관통구가 위치한다.

관판은 관 다발과 함께 1차측과 2차측의 경계가 되는 부분으로 약 500mm 두께의 탄소강으로 제작되며, 여기에 전열관이 고정된다. 관판은 하부헤드와 하부 쉘(lower shell)의 증발기(evaporator)에 용접되며, 1차측은 Ni-Cr-Fe 합금으로 피복되어 있다.

관 다발은 수천 개의 U-형태 전열관으로 구성되어 있으며, 일반적으로 Ni-Cr-Fe 합금인 Alloy 600/690/800 등으로 제작된다. 관 다발은 균일한 격자모양으로 배열되어 있으며, 관판에 수압 확관(hydraulic expansion), 기계적 확관(mechanical expansion) 또는 폭발 확관(explosive expansion) 방법으로 관판의 관구멍(tube hole)에 팽창 및 밀착 용접되어 있다.

하부헤드는 탄소강으로 제작된 반구 형태로서, 격리판에 의해 입구 및 출구 공간으로 분리되며, 모든 1차측 표면은 부식방지를 위해 스테인리스강으로 피복된다. 하부헤드에는 일반적으로 원자로냉각재 입구노즐 1개, 출구노즐 2개 및 1차측 계측노즐과 1차측 배수노즐 등이 설치되어 있다.

2) 2차측 설비

2차측 증기발생기의 경계는 관판의 2차측, 관 지지대(support plate), 하부 쉘, 원추형 변환부(conical transition section), 상부 쉘, 상부헤드로 구성되고, 급수 입구, 증기 출구, 증기 취출구, 관판 배수, 시료 채취 노즐들과 압력 측정구 및 수위 측정구가 연결되며, 보수 및 검사를 위해 작업구가 상부 쉘에, 손구멍(hand hole)이 하부 쉘에 각각 설치되어 있다.

관 지지대는 물과 증기의 유동에 의한 진동(flow induced vibration)으로부터 관 다발을 지지하는 역할을 수행하며, 지지대 외측에는 쉬라우드가 설치되어 있어 관 다발을 통한 급수의 상향 유로, 쉬라우드와 외측 동체사이의 재순환(recirculation) 경로 및 주급수의 하향 유로를 형성한다. 한편 관 다발의 상부측 곡관부(U-bend)에는 유체의 흐름에 의한 진동을 방지하기 위해 진동 방지대(Anti-Vibration Bar; AVB)를 설치하여 관 다발을 지지하고 있다.

급수 예열기(economizer)는 대향류(counterflow) 열교환기로서 증기발생기 저온관측의 유입 급수를 대략 포화온도까지 예열시키는 장치이며, 전열관의 저온관측에 설치되어 있다. 급수 예열기는 상대적으로 저온인 급수를 증발부분과 분리시켜 증기발생기의 대수평균 온도차를 증가시킨다. 이로써 효율적인 열전달을 하고, 가열면적을 증가시키지 않으면서 고온, 고압에서 운전이 가능하도록 하여 2차측을 더 효율적으로 운전할 수 있게 해준다. 급수 예열기로의 급수는 적절한 유량 분배를 위해 노즐을 통해 관 다발의 저온관을 둘러싸는 수실(water box)로 유입되어 수실 전 주변에 걸쳐 일정 유량이 출구 구멍을 통하여 공급된다. 이후 급수는 유량 분배판(flow distribution baffle)과 관판 사이에서 중심방향으로 흐름으로써 상향으로의 급수분포가 적절하도록 해주며, 계속 상향 이동함에 따라 점차 가열되어 급수예열기 출구에 도달하면 거의 포화상태가 되고 이후 증발부분으로 유입된다. 급수 예열기 영역과 증발영역은 분리판에 의해 구분이 되며, 이 분리판은 동체 및 증기발생기 내부 중앙에 위치한 원통형 지지대에 의해 고정된다.

한편 관 다발 영역에서 생성된 증기는 2단계의 습분 분리장치를 통과하면서 거의 완전한 건조 증기가 된다. 또한 증기발생기 출구노즐에는 유량 제한기가 설치되어, 주증기관 파열 (Main Steam Line Break; MSLB)과 같은 사고가 발생하면 증기의 방출을 제한하여 격납용기 내 압력과 온도를 제한한다. 이외에 취출수 계통은 증기발생기 내의 수질 개선을 위해 설치된 것으로, 증기발생기에서 발생한 용해성, 비용해성 불순물 및 부식 생성물을 제거하는 기능을 수행한다.

3) 지지물

증기발생기는 원추형 통(conical skirt)에 나사로 체결된 미끄럼 기초(base)에 의해 바닥이 지지되며, 미끄럼 기초는 마찰이 적은 베어링 위에 얹혀 열팽창을 수용할 수 있다. 또한 유압 충격지주(shock strut) 뭉치가 설치되어 있어 운전중에도 변형이 가능하여 관 파열이나 지진과 같은 동적부하에 대해서는 과잉응력을 받지 않도록 대응하는 역할을 수행한다.

4) 계측기

증기발생기에는 수위 및 압력측정 등을 위한 여러 개의 계측기가 설치되어 있는데 이 중 보호 기능(protection function)을 개시하는 변수들은 4개의 독립적인 측정채널이 제공되며, 발전소 보호계통의 자동 동작을 개시하기 위해서는 2개 이상의 채널이 설정치를 초과해야 한다. 이러한 2/4채널 논리는 1개 계기의 이상으로 인한 오동작을 예방하기 위한 것이다. 보호 기능을 수행하는 계기 채널은 안전관련 무정전전원공급장치(Uninterrupted Power Supply; UPS)로부터 전원 공급을 받는다. 계측기에는 다음과 같은 종류가 있다.

- ○ 광대역 보호채널
- ○ 협대역 보호채널
- ○ 협대역 제어채널
- ○ 수위 지시채널
- ○ 사고 후 수위 감시채널
- ○ 증기압력 보호채널

2.1.4.2 증기발생기 설계기준

증기발생기는 안전 1등급 기기로서 전열관을 포함하여 모든 부속기기는 원자로냉각재계통의 과도조건을 허용할 수 있어야 하며, ASME Boiler & Pressure Vessel Code, Sec. III, NB에 제시된 허용응력 및 피로 한계를 넘지 않아야 한다. 즉, 증기발생기는 ASME Boiler & Pressure Vessel Code의 허용응력 한계를 초과하지 않으면서 모든 설계 과도상태를 견딜 수 있어야 한다.

전열관 및 전열관 지지물의 설계와 제작에서 2차측 유동에서 생기는 진동과 원자로냉각재펌프에서 생기는 진동이 모두 고려되어야 한다. 아울러, 증기발생기는 증기노즐의 파단으로 야기되는 취출력과 급수노즐 중 어느 하나가 파단되는 경우에도 견딜 수 있어야 한다. 한편 전열관은 일부를 폐쇄(plugging) 하더라도 설계 성능을 발휘할 수 있도록 충분한 여유를 두어 설계된다. 증기발생기의 주요 설계변수를 정리하여 표 2.1-3에 나타내었다.

〈표 2.1-3〉 증기발생기의 주요 설계변수

	Parameter	Design Value
Primary Side	Design Temperature	650°F (343.3℃)
	Design Pressure	2,500psia (174.7kg/cm^2)
	Inlet Temperature	621.2°F (327.3℃)
	Outlet Temperature	564.5°F (295.8℃)
	RCS Flow Rate per SG	60.75×10^{6}lb/hr (27.56×10^{6}kg/hr)
	Pressure Drop	42psid (2.95kg/cm^2)
Secondary Side	Design Temperature	575°F (301.6℃)
	Design Pressure	1,270psia (89kg/cm^2)
	Feedwater Temperature	450°F (232.2℃)
	Total Steam Flow	12.72×10^{6}lb/hr (5.77×10^{6}kg/hr)
	Steam Pressure at Full Power	1,070psia (75kg/cm^2)
	Steam Quality	99.75%
Common	Primary Normal Operating Pressure	2,250psia (158kg/cm^2)
	Secondary Normal Operating Pressure	1,070psia (75kg/cm^2)
	Heat Transfer Rate per SG	4.82×10^{9}BTU/hr (1.22×10^{9}kcal/hr)

제 2 장

2.1.5 배관

원자력발전소 기기 가운데 배관 계통은 그 길이가 1호기 당 수십 km에 달하며, 기계 설비의 약 40%를 차지하는 열수송 계통의 핵심 기기이기 때문에 기기의 역할 상 건전성 확보에 많은 노력이 요구되고 있다. 특히 원자로냉각재의 압력경계이며 방사성 물질 차폐 경계인 1차 계통 배관들은 파손된다면 원자력발전소의 안전에 직접적으로 영향을 미치기 때문에 전 수명기간 동안에 그 건전성이 보장되어야 한다. 따라서 엄격한 기준과 규격[2.1-8 ~ 2.1-10]에 따라 설계, 제작, 설치, 시험, 검사되고 있다.

본 절에서는 한국표준형원전 설계 특성을 기반으로 주요 계통의 배관 특성에 대해 기술하였다.

2.1.5.1 원자로냉각재계통 배관

한국표준형원전의 경우는 원자로압력용기를 중심으로 두 개의 열전달 루프(loop)로 구성되어 있다. 그리고 각각의 루프는 1개의 고온관과 2개의 저온관으로 구성되어 있다. 고온관의 경우는 원자로압력용기 출구노즐에서 증기발생기 입구노즐까지의 대구경 배관(약 42in)으로 이 배관을 통해 원자로압력용기 내에서 핵연료봉의 연쇄 핵분열 반응을 통해 가열된 1차 원자로냉각재가 증기발생기까지 전달된다. 저온관은 증기발생기에서 열교환을 마친 1차 원자로냉각재가 다시 증기발생기에서 원자로압력용기로 전달되는 배관으로, 증기발생기 출구노즐에서 원자로냉각재펌프의 흡입 노즐까지의 배관과 원자로냉각재펌프의 방출 노즐에서 원자로압력용기의 입구노즐까지의 배관으로 구성되어 있다. 증기발생기 출구노즐에서 원자로냉각재펌프의 흡입 노즐까지의 배관을 통상 흡입관(suction leg)이라 하며, 원자로냉각재펌프의 방출 노즐에서 원자로압력용기의 입구노즐까지의 배관을 펌프 방출관(pump discharge leg)이라고 한다. 또한 가압기와 원자로압력용기의 고온관은 가압기 밀림관(pressurizer surge line)으로 연결되어 있다. 그림 2.1-6은 한국표준형원전의 원자로냉각재계통 배관 구성 및 그 연결을 도식적으로 나타낸 것으로 참고문헌 [2.1-11]에 보다 자세한 설명이 나타나 있다. 또한 각 기기에 연결되는 배관계통에 대한 설명은 앞 절 해당 기기에 대한 설명에서 기술되어 있다(예: 증기발생기에 연결되어 있는 주급수 배관(main feed water piping, 그림 2.1-6의 MFW) 등).

제 2 장

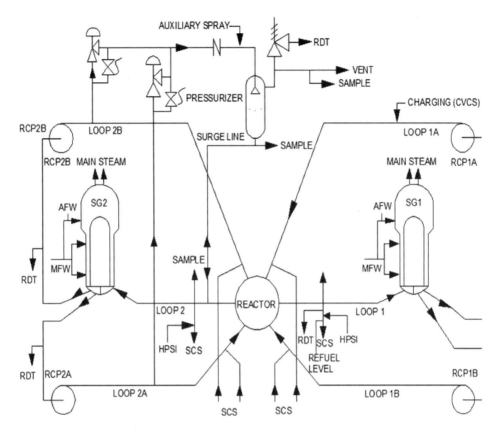

〈그림 2.1-6〉 한국표준형원전 원자로냉각재계통 배관 구성 (참고문헌 [2.1-11]을 참고하여 재작성)

앞서 기술한 바와 같이 한국표준형원전의 경우에는 원자로압력용기와 2개의 증기발생기가 2개의 고온관으로 연결되어 있다. 또한 각 고온관은 정지냉각계통(Shutdown Cooling System; SCS)과 연결되어 있다. 각각의 루프에는 2개의 저온관이 연결되어 있고 각 저온관에는 원자로냉각재펌프가 설치되어 있기 때문에 총 4개의 저온관과 4개의 원자로냉각재펌프가 설치되어 있다.

2.1.5.2 주증기계통 배관

주증기배관은 2대의 증기발생기 2차 계통에서 1차 계통과의 열교환으로 생성된 증기를 고압 터빈으로 전달하는 역할을 수행한다(그림 2.1-6의 MAIN STEAM). 각 주증기배관은 격납건물을 관통하여 고정되어 있으며, 열팽창에 의한 변형을 충분히 유연성 있게 수용할 수 있도록 벨로우즈를 이용하여 연결되어 있다. 주증기계통 배관은 각 증기발생기당 2개로 한국표준형원전의 경우 총 4개의 주증기배관이 설치되어 있으며 배관의 외경은 약 26in 정도이다.

2.1.5.3 안전주입계통 배관

안전주입계통(Safety Injection System; SIS) 배관의 주 역할은 원자로냉각재상실사고와 같은 설계기준 사고가 발생하면 노심냉각을 위한 수단을 제공하는 것이다. 비상노심냉각계통은 원자로냉각재상실사고 후 노심의 변형과 핵연료가 용융되는 것을 방지하는 역할을 수행한다. 또한, 안전주입계통은 증기관파단사고와 같은 예상치 않은 사고가 발생하면 노심에 부반응도를 증가시키기 위하여 원자로냉각재계통에 붕산수를 주입하는 기능도 담당한다. 그리고 증기발생기 전열관 파단사고나 제어봉집합체 인출사고와 같은 사고에서도 안전주입이 자동적으로 시작된다. 또한 2차측 완전급수상실사고가 발생하면 안전주입계통은 안전감압계통과 더불어 방출 및 주입을 통하여 붕괴열을 제거하는 기능을 제공한다[2.1-11].

2.1.5.4 정지냉각계통 배관

원자로는 정지 후에도 노심 잔열이 발생하기 때문에 이를 적절하게 냉각하여야만 노심 온도의 지속적 상승에 따른 원자로압력용기 및 핵연료 손상을 방지할 수 있다. 이와 같이 원자로 정지 후 원자로냉각재계통의 잔열을 제거하기 위한 수단이 정지냉각계통(SCS) 혹은 잔열제거계통(Residual Heat Removal System; RHRS)이다. 모든 정지냉각계통 배관은 오스테나이트 스테인리스강으로 제작되며 대부분 용접으로 연결되어 있다. 또한 정지냉각계통 배관의 설계압력은 900psig이고 설계온도는 400°F이다.

2.2 손상기구

2.2.1 손상사례

2012년 8월 기준으로 31개국에서 총 435기의 원자력발전소를 운영하고 있으나, 1956년 영국 Calder Hall 원자력발전소가 최초의 상업운전을 시작한 이후 크고 작은 사고 및 고장이 일어나고 있다. 잘 알려진 사고는 1979년 미국 TMI(Three Mile Island) 2호기에서 운전원 조작 실수로 인한 국제원자력사고등급(International Nuclear Event Scale; INES) 5의 중대사고, 1986년 우크라이나의 Chernobyl 4호기에서의 운전원 조작 실수로 인한 INES 7의 노심용융 사고, 2011년 일본 Fukushima 원자력발전소에서 지진해일 및 전원상실에 의한 INES 7의 중대사고가 있었다. 본 항에서는 이러한 예상치 못한 대형사고를 제외하고, 정상운전 및 설계기준사고(Design Basis Accident; DBA) 범위 내에서 주목할 만한 기기 고장을 다루고자 한다.

핵심 기기인 원자로압력용기의 경우 2012년 벨기에 Doel 3호기에서 수천 개 이상의 균열이 발생되어 발전이 정지되었으며, 현재 이에 따른 정밀 조사가 진행 중에 있다. 또한 2000년 미국 Oconee 1호기를 시작으로 2012년 우리나라 영광 3호기까지 여러 발전소의 원자로 압력용기 상부 제어봉구동장치 안내관과 하부 계측관에서 일차수응력부식균열(Primary Water Stress Corrosion Cracking; PWSCC)에 의한 냉각재 누설이 발생하였으며, 그림 2.2-1은 이 중 대표적인 누설 흔적을 보여주는 것이다.

(a) Oconee 1호기   (b) Davis Besse 원자력발전소

〈그림 2.2-1〉 PWSCC에 의한 원자로압력용기 상부 누설 발생사례 [2.2-1]

원자로내부구조물의 경우 1980년대 이후 프랑스 원전에서 조사유기응력부식균열에 의한 다수의 배플포머 볼트(baffle former bolts) 균열이 발견된 후 미국과 벨기에 원전 등에서 결함이 추가로 발견된 바 있으며, 손상 사례 및 가능성이 점차 증대되고 있다. 가압기에서도 여러 결함 검출 사례가 있는데, 우리나라의 경우 1993년 영광 2호기 가동중검사 중에 가압기 상부 안전주입 노즐 용접부에서 최초의 결함이 발견됨에 따라 파괴역학에 입각한 피로 균열 성장 평가가 수행되었다. 증기발생기의 손상은 주로 전열관에서 발생하여 파단으로 확대될 수 있는데, 안전성뿐만 아니라 경제성 측면에서 문제가 대두될 경우 기기 전체를 교체하는 상황으로 이어지게 된다. 1979년 미국 Surry 2호기에서 처음으로 증기발생기가 교체가 이루어진 이후 유럽, 일본, 우리나라를 포함하여 상당수의 증기발생기가 교체된 바 있으며, 2002년에는 울진 4호기에서 전열관파단(Steam Generator Tube Rupture; SGTR)이 발생하였다. 그림 2.2-2는 증기발생기 전열관에서 발견된 대표적인 균열 형상을 보여주는 것이다.

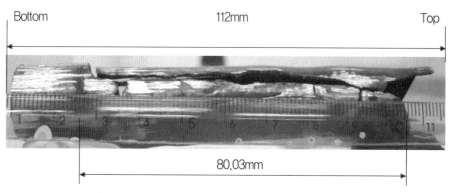

〈그림 2.2-2〉 증기발생기 전열관 균열 형상 [2.2-2]

한편 주요기기를 연결하는 배관은 특성 상 손상빈도가 가장 높고 손상기구 또한 상당히 다양하다. 1990년대 이후 최근까지 주목을 받고 있는 손상으로 일본 Tsuruga 2호기 재생 열교환기 엘보우와 미국 Farley 2호기 안전주입 및 잔열제거계통 배관 용접부 그리고 프랑스 Civaux 1호기 잔열제거계통 배관 엘보우의 열피로 균열, 미국 V.C. Summer 원자력발전소 원자로냉각재계통 고온관 노즐과 배관 사이 이종금속 맞대기 용접부(dissimilar metal butt weld)에서의 PWSCC, 미국 Surry 2호기 및 일본 Mihama 3호기 급수배관에서의 유동가속부식 균열을 들 수 있다. 그림 2.2-3은 이들 각각의 대표적인 손상사례를 보여주고 있다.

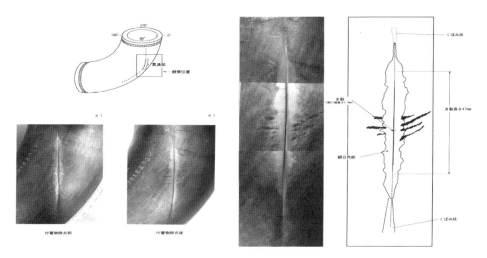

(a) 열피로 균열 형상

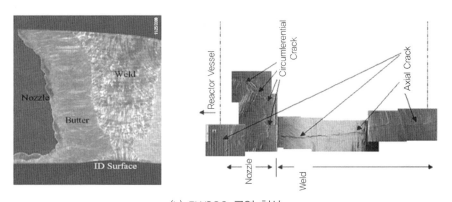

(b) PWSCC 균열 형상

(c) 유동가속부식 결함 형상

〈그림 2.2-3〉 주목할 만한 배관 손상사례 [2.2-2 ~ 2.2-5]

2.2.2 열화기구 일반사항

원자력발전소 주요기기의 안전성 확보를 위해서는 열화기구(degradation mechanism)를 정의하고 설계 및 운영에 미치는 영향을 분석하여 적합한 완화 또는 관리 방안을 수립하여야 한다[2.2-6 ~ 2.2-40]. 본 절에서는 원자로압력용기, 원자로내부구조물, 가압기, 증기발생기, 안전 1등급 배관에서 발생할 수 있는 주요 열화기구의 일반적인 특징에 대해 살펴보고자 한다. 이 외의 피팅부식(pitting corrosion), 틈새부식(crevice corrosion) 및 덴팅(denting), 미생물 유도부식(microbiologically-induced corrosion) 및 오염(fouling), 수소취화(hydrogen embrittlement) 및 지연균열(delayed cracking), 진동 및 수격하중(water hammer) 등에 의한 동하중 영향, 크리프(creep) 등은 논외로 한다.

2.2.2.1 피로 손상기구

기기 설계코드에 유일하게 명시되어 있는 손상기구인 피로(fatigue)는 온도, 압력, 외부하중 등 다수의 정상 및 비정상 과도운전 조건들이 반복될 때 발생한다. 기기에 작용하는 응력의 크기가 재료의 항복 또는 인장 강도보다 충분히 작다 할지라도 반복적인 작용으로 인해 피로 손상 및 파손을 유발시킬 수 있으므로, 수명기간 동안의 피로파괴 가능성을 평가하는 것은 파손방지 차원에서 매우 중요하다. 그림 2.2-4는 대표적인 피로파괴 표면을 보여준다.

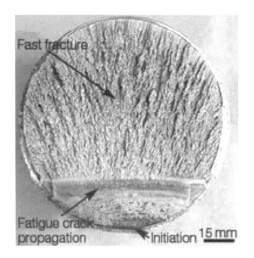 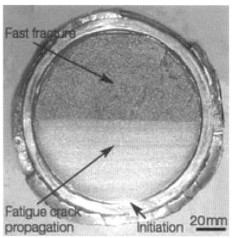

〈그림 2.2-4〉 피로파괴 표면 [2.2-41]

현재 채택되고 있는 가장 대표적인 피로평가 방법은 ASME Boiler & Pressure Vessel Code, Sec. III[2.2-6]에 규정되어 있다. 각 과도상태별로 식 (2.2-1)과 같은 형태의 피크응력(peak stress, S_p)을 구한 후 주기성을 고려하여 피크응력의 50%에 해당하는 교번응력(alternating stress)을 결정한다. 피로곡선(fatigue curve)으로부터 교번응력에 해당하는 허용 주기수를 구하여 설계 또는 운전 과도상태 주기수와 비교하고, 이를 전체 과도상태에 적용하여 계산된 누적피로사용계수(Cumulative Usage Factor; CUF)를 통해 수명기간 동안의 피로손상 정도를 평가하고 기기의 안전성을 입증하는데 활용할 수 있다.

$$S_p = K_1 C_1 \frac{P_o D_o}{2t} + K_2 C_2 \frac{D_o}{2I} M_i + K_3 C_3 E_{ab} |\alpha_a T_a - \alpha_b T_b| +$$

$$\frac{1}{2(1-\nu)} K_3 E_a |\Delta T_1| + \frac{1}{1-\nu} E_a |\Delta T_2| \qquad (2.2-1)$$

여기서 K_i 및 $C_i(i=1,2,3)$는 응력지수(stress indices), P_o는 압력, D_o는 배관외경, t는 배관두께, M_i는 모멘트, I는 관성모멘트, ν는 Poisson의 비, $\Delta T_i(i=1,2)$는 선형 및 비선형 온도구배를 나타낸다.

2.2.2.2 부식 손상기구

1) 응력부식균열

응력부식균열(Stress Corrosion Cracking; SCC)은 부식환경과 인장응력 하에서 민감재료의 균열을 생성하는 손상기구이다. 그림 2.2-5에 나타낸 SCC는 재료, 응력 상태, 환경에 따라 재료의 입계 또는 입내에서 발생하는데 기기 파손 및 누설, 발전소 정지, 강화 가동중검사(augmented ISI), 해석 및 보수, 그리고 궁극적으로는 기기 교체를 유발할 수 있다. 이 중 입계응력부식균열(Intergranular SCC; IGSCC)은 결정경계에 따른 선택적 침입에 의해 특성화되고 오염물질이 존재하는 순수(pure water) 또는 수화학 환경에서 발생할 수 있으며, 입내응력부식균열(Transgranular SCC; TGSCC)은 금속 내 결정평면을 따라 선택적 침입에 의해 특성화되며 오염물질과도 관련이 있다.

사실상 SCC는 발전소에 사용되는 모든 합금에 영향을 미칠 수 있으며, 다음 조건이 동시에 충족될 때 발생한다.

○ 민감한 재료
○ 작용 및 잔류 인장응력
○ 부식반응을 위한 화학적 기력을 제공하는 환경

따라서 위의 3가지 인자 중 하나라도 충족되지 않거나 일정 수준으로 저감시킬 수 있으면 SCC는 발생하지 않는다.

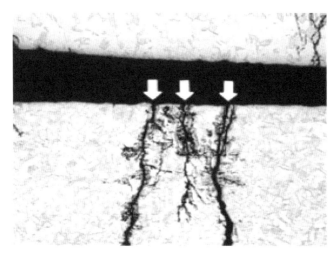

〈그림 2.2-5〉 응력부식균열 사례

　재료 측면에서 Type 316, Type 347, CF3 및 CF3M과 같은 저탄소 오스테나이트 스테인리스강은 고온 냉각재 환경에서 IGSCC 저항성이 있으며, Type 304NG, Type 304L, Type 316L 또한 적합한 것으로 알려져 있다. 고강도 저인성 탄소강의 경우 최소 항복강도가 35ksi 이하이면 적합하고, Alloy 82 니켈계 용접금속도 대부분 냉각재 환경에 적합한 것으로 간주된다. 그러나 Alloy 600, Alloy X-750, Alloy 182 용접금속은 일부 조건에서 IGSCC에 민감함을 보여주고 있다. 오스테나이트 스테인리스강에서 예민화 열처리(sensitization)와 냉간가공(cold work)은 SCC를 유발할 수 있으므로, 용접이나 성형 후 고용화 열처리(solution heat treatment) 및 담금질(water quenching)하는 것이 좋다. 또한 부식 환경에 노출된 영역에서 용접부의 연삭(grinding)은 SCC를 유발할 수 있으므로 최소화되어야 한다.
　응력 측면에서는 적합한 열처리를 수행하거나 숏피닝(shot peening) 또는 기계적 방법 등으로 압축응력을 부여하여 잔류 인장응력을 완화함으로서 SCC를 저감시킬 수 있다. 환경 측면에서는 산화성 수화학 환경이라 하더라도 염화물과 황산염이 없다면 95℃ 이하에서 오스테나이트 스테인리스강의 IGSCC는 중요하지 않다. 그러나 염화물 또는 황화물이 있다면 상온과 같은 저온에서도 IGSCC가 발생할 수 있으며, 황산염과 염화물 또는 불화물이 있다면 산소가 존재하지 않더라도 모든 오스테나이트 스테인리스강에서 TGSCC가 발생할 수 있다. 또한 화학제어 개선 및 오염 저감을 통해 SCC 발생을 줄일 수 있다.

2) 일반부식

일반부식(general corrosion)은 부식환경에 의해 금속이 다소 균일하게 얇아지거나 손실되는 손상기구이다. 감육(wall thinning)과 부식 생성물의 축적 등을 유발하며, 이는 기기 파손 또는 누설과 다른 문제로 이어질 수 있다. 급수 가열기의 탄소강 튜브와 증기발생기 전열관에서 감육이 발생한 사례가 있고, 이 외에 증기 분리기, 재열기, 증기 배관에서도 일반부식이 일어나고 있다.

기기의 설계특성에 따라 차이가 있으나 재료 측면에서는 부식률(corrosion rate)이 0.127mm/yr 이상이면 손상이 발생할 수 있기 때문에 적절한 재료 선택 및 환경 관리가 필요하다. Cr, Mo, Al을 많이 함유한 합금은 부식 저항성이 높으며, 탄소강의 내부식성 향상을 위해 소량의 Cu 또는 Ni을 첨가하기도 한다. 일반부식이 심한 경우 스테인리스강을 사용할 수 있으나, 약 95℃ 이상의 산소를 많이 함유한 물에서는 SCC와 같은 다른 잠재적인 문제를 유발할 수 있다. 또한 피복이나 코팅 등 적합한 방식을 적용하여 재료의 부식 저항성을 높일 수 있다.

부식 문제를 예방하기 위해 설계 측면에서는 틈새나 날카로운 노치, 급격한 굽힘, 이종금속과 같은 이종성 등을 피하여야 하며, 가공할 때는 잔류응력을 완화해야 한다. 발전소를 기동 또는 정지하는 경우 가능하다면 산화환경을 피하고 운전중 온도 및 유속을 낮추는 방안을 고려할 필요가 있으며, 부식억제제를 첨가할 경우 다른 문제가 일어나지 않도록 세심한 주의가 필요하다.

3) 입계부식공격

입계부식공격(Intergranular Corrosion Attack; IGA)은 결정에서 부식은 거의 없고 입계 또는 입계 근처에서 불순물이나 함금 성분의 과잉 또는 결핍에 의해 국부적 부식이 일어나는 손상기구이다. 그림 2.2-6에 나타낸 IGA는 IGSCC와 매우 유사하지만 단일균열 대신 광범위한 입계공격 및 결정탈락 형태로 발생하며, 심각한 강도 및 연성의 상실로 인해 파손에 이를 수 있다. 구체적인 사항에서 차이는 있으나 튜브 및 관판(tube sheet), 안전단 (safe end) 및 열소매(thermal sleeve), 불완전 용입에 의해 배관 용접부에 형성된 틈새들은 IGA를 유발할 수 있다.

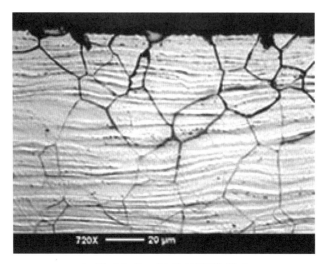

〈그림 2.2-6〉 입계부식공격 사례

재료 측면에서는 약 400~815℃ 범위에서 가열 또는 서냉되는 오스테나이트 스테인리스강이나 Type 430과 같은 고크롬 페라이트 스테인리스강의 경우 IGA에 민감하다. 또한 고탄소 오스테나이트 스테인리스강이 민감한 조건에서 부식환경에 노출될 경우, Alloy 600과 같은 니켈 합금이 황 및 염화물 환경에 노출될 경우, 스테인리스강 용접봉이 Ni-Cr-Fe 합금에 부적절하게 사용된 경우, 통기 수준에 따라 다르지만 Alloy 690이 부식환경에 노출된 경우 등에서 IGA가 발생할 수 있다. 따라서 사실상 거의 모든 합금에서 환경에 따라 IGA에 민감하므로 고용화 열처리, 저탄소 함량, 탄소 안정화 성분 첨가 등을 대안으로 고려하여야 한다.

설계와 제작 측면에서 될 수 있으면 틈새를 피하여야 하며, 냉간 및 열간가공을 제한하거나 고용화 열처리를 수행하여야 한다. 오스테나이트 스테인리스강 또는 Alloy 600 용접부에서 예민화가 발생할 수 있기 때문에 일반적으로 용접 후 열처리(Post Weld Heat Treatment; PWHT)를 수행하지 않으나, 페라이트 배관재료에 오스테나이트 스테인리스강을 용접하는 경우 PWHT가 수행될 수 있기 때문에 주의가 필요하다. 용접 입열(heat input)은 고품질의 건전한 용접부를 만들기 위해 최소로 하여야 한다.

4) 부식피로 및 균열성장

반복하중 조건에서 재료의 거동은 크게 2가지 범주의 재료특성으로 규정할 수 있다. 첫 번째는 2.2.2.1 피로 손상기구에서 설명한 바와 같이 피로균열을 형성하는 반복수명(cyclic life)과 관련이 있는 $S-N$ 피로특성이며[2.2-6, 2.2-9], 두 번째는 이미 존재하는 결함의 균열성장과 관련이 있는 피로특성[2.2-8, 2.2-11]이다. 부식피로 및 균열성장은 이러한 반복하중 조건에서 재료특성에 냉각재 환경의 해로운 영향을 추가로 고려한 손상기구이다. 아직까지 운전중인 기기의 파손이 원자로냉각재의 영향에 의한 것이라는 결정적 근거는 없으나, 실험실에서 수행된 특정 조건에서의 시험결과가 피로수명 감소를 보여주기 때문에 이에 대한 검토가 필요하다.

시험결과에 따르면 $S-N$ 피로수명은 원자로냉각재의 온도, 용존산소량, 유속과 같은 수화학적(water chemistry) 인자와 변형률 진폭 및 변형률 속도와 같은 기계적 변수의 복합적인 영향을 받아 일반적으로 감소하였다. 가장 큰 환경영향은 고온, 높은 용존산소량, 큰 변형률 진폭, 낮은 변형률 속도의 조합에서 관찰되었다. 시험은 탄소강 및 저합금강, 오스테나이트 스테인리스강 및 고니켈 합금을 대상으로 수행되었다. 재료 측면에서 탄소강 및 저합금강 모재 및 용접재에 대한 결과는 유사하고, 오스테나이트강의 예민화 열처리는 환경영향에 대한 민감도를 증가시키며, 니켈합금의 열처리 영향은 명확하지 않은 것으로 나타났다. 설계 측면에서 환경영향에 기여하는 과도상태를 최소화할 필요가 있으며, 시험결과를 반영한 상세해석이 요구된다.

5) 유동가속부식

유동가속부식(Flow Accelerated Corrosion; FAC)은 환경에 의해 재료의 용해율(rate of dissolution)이 증가하는 손상기구이다. 그림 2.2-7은 보호 산화막이 연속적이거나 국부적으로 제거된 결과로서, 유동유기부식(flow assisted corrosion)으로도 불리고 유체에 의해 모재가 기계적으로 제거된 침식과는 차이가 있다. FAC는 고에너지의 단상(single phase)의 물 또는 2상(two phase) 증기를 운반하는 배관에서 주로 발생하는데, 그 속도는 재료성분, 온도, 습증기율, pH, 산소량, 유속, 형상 등 많은 변수들 사이의 복합적인 상호작용에 의해 영향을 받는다.

보호 산화막의 FAC 저항성은 Cr을 비롯해 Cu, Mo와 같은 합금성분에 의해 크게 증가한다. 재료 측면에서 보면 FAC는 탄소강 배관계통에서 주로 발생하며, 12% 이상의 크롬 함량을 갖는 스테인리스강은 사실상 FAC에 면역성이 있다. 1~2% 크롬을 함유한 합금강은 탄소강에 비해 FAC 속도를 4~10배 이상 늦출 수 있고, 0.1% 정도의 미량의 크롬도 상당한 영향을 줄 수 있다.

설계 측면에서는 배관 및 기기 방향의 급격한 변경과 분기관 및 오리피스 등 난류와 와류를 일으키는 형상을 최소화하고, 2% 크롬 합금강과 같이 저항성이 있는 재료를 이용하며, FAC를 유발하는 계통의 기타 조건을 고려할 필요가 있다. 또한 민감한 계통에서 기기의 주기적인 검사는 필수적이다.

제 2 장

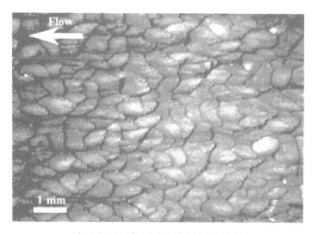

〈그림 2.2-7〉 유동가속부식 사례

6) 침식 및 침부식

침식(erosion)은 유체 내 부유 고형물에 의한 기계적 마모이며, 침부식(erosion corrosion)
은 침식과 더불어 부식이 동시에 일어나는 손상기구이다. 침식은 부식이 없어도 일어날 수 있
지만 부식은 일반적으로 침식 과정을 가속시킬 수 있으며, 이들 모두 유체에 노출된 금속의
손실을 유발한다. 그림 2.2-8은 튜브 침부식 사례를 보여주는 것이다.

〈그림 2.2-8〉 침부식 사례

경도, 강도, 변형률에너지, 가공경화율이 높은 재료의 선택, 인성 증가를 위한 열처리, 손
상 예방을 위한 코팅 등을 통해 저항성을 증진시킬 수 있다. 일반적으로 스테인리스강 및
니켈합금, 코발트계 합금이 이에 해당된다. 설계 측면에서 유속을 감소시키거나 유동경로의
반경 증가 및 불연속 제거를 통해 공동현상(cavitation)의 가능성을 감소시킬 필요가 있다.

2.2.2.3 취화 손상기구

1) 조사유기응력부식균열

조사유기응력부식균열(Irradiation Assisted Stress Corrosion Cracking; IASCC)은 방사선 및 고온수 환경에 노출된 스테인리스강 및 니켈합금의 입계균열 손상기구이다. IASCC는 산화를 유발하는 고온 수질환경의 결정입계서 방사선 조사, 수화학 처리, 중성자에 의한 원소(Cr) 및 불순물(S, Si, P)의 분산에 기인하는 것으로 알려져 있으며, 운전하중 또는 제작과정에서의 응력도 균열생성에 기여하는 인자이다. 그림 2.2-9는 대표적인 IASCC 손상 사례를 보여주는 것으로서, 가압경수로 계통 스테인리스강의 경우 중성자 조사량(neutron fluence)이 $2 \times 10^{21} \mathrm{n/cm^2}$ 이상일 때 관찰된다.

〈그림 2.2-9〉 조사유기응력부식균열 사례 [2.2-42]

재료 측면에서 오스테나이트 스테인리스강이 IASCC에 가장 민감하다고 단언할 수는 없으나, 크롬 결핍이 가장 중요한 원인인 것으로 알려져 있기 때문에 불순물과 함께 크롬함량을 최소화하여야 한다. Type 304 및 Type 316 오스테나이트 스테인리스강의 IASCC 민감도는 물의 용존산소 함유량이 줄어들수록 감소하므로 수화학 제어를 통해 완화시킬 수 있다. 설계 측면에서는 중성자 조사를 많이 받는 기기의 운전하중과 제작 중 발생하는 잔류응력을 최소화하여야 하며, 예민화 열처리에도 주의할 필요가 있다.

2) 열취화

열취화(Thermal-aging Embrittlement; TE)는 고온에서 장기간 노출될 때 재료의 노치 충격특성 및 파괴인성이 상실되는 손상기구이다. 항복강도, 인장강도, 연성과 같은 다른 성질의 변경이 동반될 수 있으며, 손상이 발생하는 특정 온도는 합금의 종류, 열처리, 제작절차에 따라 다르다. 이외의 유지 또는 반복 응력 및 변형률, 중성자 조사, 화학적 반응과 같은 다른 환경인자의 영향은 별개의 문제이다.

재료 측면에서 오스테나이트 스테인리스강의 주조등급, 용접재료, 이중 미세구조 특성에 따라 TE가 발생할 수 있다. 이에 영향을 미치는 금속학적 인자는 페라이트상의 존재이며, 민감도는 페라이트 함량에 좌우된다. 낮은 등급의 합금강 용접열영향부(Heat Affected Zone; HAZ) 및 SA508 Class 4와 같은 고강도 합금강 모재에서도 일어날 수 있다. TE는 정련한 니켈합금 및 니켈-크롬-철 합금에서 발생하지 않고, 탄소강 및 저합금강의 경우 무시할 수 있을 정도이며, Type 304, Type 316, Type 347 합금도 기본적으로 취화에 둔감한 것으로 알려져 있다.

설계 측면에서 TE를 최소화하기 위해서는 재료 및 제작과정을 신중하게 선택하여야 한다. 탄소강 및 저합금강의 경우 냉간변형을 최소화하는 제작과정을 따르도록 하고, 정련한 오스테나이트 스테인리스강의 경우 저페라이트 함량 용접과 함께 저탄소 등급을 사용하여야 한다. 주조 오스테나이트강은 TE 최소화를 위해 저탄소 및 저페라이트 함량이어야 하고 강도 요건을 충족하여야 한다.

3) 조사취화

조사취화(Radiation Embrittlement; RE)는 중성자 조사에 의한 미세조직 변화로 항복강도 및 인장강도가 증가하고 연성 및 파괴인성이 감소하는 손상기구이다. 미세조직의 변화 형태로 아주 작은 석출물, 미세공동과 같은 공동 클러스터(vacancy cluster), 전위루프와 같은 간극 클러스터(interstitial cluster) 생성 등을 들 수 있는데, 조사손상 속도론(rate theory)과 결부된 석출물의 거동과 합금의 열역학적인 기본원리로부터 예측할 수 있다.

재료 측면에서 망간 및 니켈 등의 원소와 섞인 구리 과잉 석출물 또는 공동이 민감재료의 경화 특성에 영향을 미치는 주요 인자이며, 이외에 인화물과 작은 탄화물도 영향을 미치는 것으로 알려져 있다. 일반적으로 페라이트 저합금강에서 고속 중성자조사량이 $10^{18} \sim 10^{20} n/cm^2$ 범위의 1.0MeV 보다 큰 에너지를 갖는 경우 RE를 고려하고 있다.

설계 및 운전 측면에서 RE를 고려하는 대표적 기기는 원자로압력용기이다. 중성자 조사량이 증가함에 따라 연성-취성 천이온도가 증가하고 최대흡수에너지(upper shelf energy)는 감소하며 압력-온도 운전한도에도 영향을 미치게 된다. 따라서 낙중시험, 샤르피 충격시험, 파괴저항 시험 등과 이에 상응하는 해석을 통해 RE의 영향을 분석하여야 하며, 구체적 사항은 별도의 문서[2.2-43, 2.2-44]에서 확인할 수 있다.

2.2.2.4 기타 손상기구

1) 프레팅 및 마모

프레팅(fretting)은 일반적으로 두 접촉면이 매우 작은 진폭의 반복운동을 받을 때 발생하는 마모 손상기구이며, 기본적인 과정은 다음과 같다.

① 초기 부착
② 파편의 생성을 동반하는 진동
③ 접촉 영역에서의 피로 및 마모

한편 마모는 고체 표면이 다른 고체, 액체, 기체 또는 이들의 조합에 따른 기계적 운동으로 제거되거나 이동하는 손상기구이다. 접촉, 부식, 침식, 피로 등에 기인한 다양한 마모 형태가 있으며, 사용중에 변화를 일으킬 수 있다.

재료 측면에서 모재의 선택, 열처리, 표면 변화, 부식 요소, 마감 처리 등 여러 인자를 고려하여야 한다. 설계 측면에서는 접촉면 사이에서의 상대적인 진동 또는 움직임을 줄이거나 응력을 낮추는 방안을 고려하여야 한다.

2) 열피로

열피로(thermal fatigue)는 2.2.2.1 피로 손상기구에서 다루었던 것과 유사하나, 열적 주기하중, 열성층(thermal stratification), 난류관통(turbulent penetration)과 같은 현상에 기인한다는 점에서 차이가 있다. 열성층은 서로 다른 유체가 합류할 때 밀도 차이에 의해 고온의 유체와 저온의 유체가 충분히 혼합되지 않고 층을 이루는 현상이다. 고온 및 고압의 냉각재가 흐르는 배관 내에서의 열성층이 대표적이며, 상부와 하부 온도 차이에 기인한 굽힘응력에 의해 심할 경우 배관 또는 지지대 등에서 예상치 못한 변형이 생길 수 있다. 열성층이 주기적으로 반복되면 심각한 열피로 손상 또는 균열 생성의 원인이 될 수 있으며[2.2-45, 2.2-46], 난류관통은 난류유동 조건에 의해 배관의 열피로 파손을 유발할 수 있다.

2.2.3 원자로압력용기

가압경수로형 원자로압력용기 벽체(shell) 및 플랜지(flange), 상부덮개(top closure head) 및 하부덮개(bottom head), 제어봉구동장치 틀(housing), 냉각재 입구 및 출구노즐, 관통부 등에서 발생할 수 있는 손상기구를 정리하면 표 2.2-1과 같다. 이러한 원자로 압력경계(Reactor Coolant Pressure Boundary; RCPB) 기기는 원자로내부구조물, 원자로냉각재계통 및 비상노심냉각계통과 연결되어 있다.

2.2.4 원자로내부구조물

가압경수로형 원자로압력용기 내부구조물 중에서도 CE(Combustion Engineering) 타입의 경우, 상부안내구조물 집합체(upper guide structure assembly), 제어봉보호체(CEA shroud assembly), 노심지지배럴(core support barrel), 노심쉬라우드집합체(core shroud assembly), 하부지지구조물 집합체(lower support structure assembly) 등에서 발생할 수 있는 손상기구를 정리하면 표 2.2-2와 같다.

2.2.5 가압기

가압경수로형 가압기 중에서도 CE 타입의 경우 벽체, 피복재, 분무 및 밀림 배관과 노즐, 노즐 안전단, 가열기 시스(sheath) 및 슬리브(sleeve), 계측 관통부, 분무 덮개(spray head) 등에서 발생할 수 있는 손상기구를 정리하면 표 2.2-3과 같다. 가압기는 원자로냉각재계통을 비롯한 다수의 계통 및 기기와 연결되어 있다.

2.2.6 증기발생기

증기발생기 중 우리나라에 도입된 재순환형(recirculating type)의 경우 내부구조물, 물/증기 노즐 및 안전단 등에서 발생할 수 있는 손상기구를 정리하면 표 2.2-4와 같다. 증기발생기는 원자로냉각재계통 및 연결배관, 격납건물 격리기기, 주증기계통, 주급수계통, 증기발생기 취출계통, 보조급수계통 등과 연결되어 있다.

2.2.7 배관

원자력발전소의 주요기기는 방대한 배관으로 연결되어 있으며, 안전성 측면에서 중요한 격납건물 내 원자로냉각재계통 및 연결배관, 비상노심냉각계통(Emergency Core Cooling System; ECCS), 화학 및 체적제어계통(Chemical and Volume Control System; CVCS) 안전 1등급 배관에서 발생할 수 있는 손상기구를 정리하면 표 2.2-5와 같다.

〈표 2.2-1〉 원자로압력용기 손상기구

Component	Material	Environ−ment	Aging Effect / Mechanism	Aging Management Program
Bottom−mounted instrument guide tube (external to bottom head)	Stainless steel	Reactor coolant	Cracking due to SCC	A plant−specific aging management program
Closure head: Stud assembly	High−strength, low−alloy steel	Air with reactor coolant leakage	Cracking due to SCC	"Reactor Head Closure Stud Bolting"
			Cumulative fatigue damage	"Metal Fatigue"
			Loss of material due to general, pitting, and crevice corrosion, or wear	"Reactor Head Closure Stud Bolting"
Control rod drive head penetration: Flange bolting	Stainless steel	Air with reactor coolant leakage	Cracking due to SCC, loss of material due to wear	"Bolting Integrity"
Control rod drive head penetration: Nozzle welds	Nickel alloy	Reactor coolant	Cracking due to PWSCC	"ASME Sec. XI", "Water Chemistry", "Cracking of Nickel−Alloy Components and Loss of Material due to Boric Acid−induced Corrosion"
Control rod drive head penetration: Pressure housing	CASS	Reactor coolant 〉250° C	Loss of fracture toughness due to thermal aging embrittlement	"Thermal Aging Embrittlement of Cast Austenitic Stainless Steel (CASS)"
	Stainless steel, nickel alloy	Reactor coolant	Cracking due to SCC, PWSCC	"ASME Sec. XI", "Water Chemistry"
External surfaces: Reactor vessel top head and bottom head	Steel	Air with borated water leakage	Loss of material due to boric acid corrosion	"Boric Acid Corrosion", "Cracking of Nickel−Alloy Components and Loss of Material due to Boric Acid−induced Corrosion"
Nozzle safe ends and welds: Inlet, outlet, safety injection	Stainless steel, nickel alloy welds and/or buttering	Reactor coolant	Cracking due to SCC, PWSCC	"ASME Sec. XI", "Water Chemistry", "Cracking of Nickel−Alloy Components and Loss of Material due to Boric Acid−induced Corrosion"

제
2
장

〈표 2.2-1〉 원자로압력용기 손상기구(계속)

Component	Material	Environ-ment	Aging Effect / Mechanism	Aging Management Program
Nozzles: Inlet, outlet, safety injection	Steel (with or without cladding), steel (with stainless steel or nickel alloy cladding)	Reactor coolant and neutron flux	Loss of fracture toughness due to neutron irradiation embrittlement	"Reactor Vessel Surveillance"
Penetrations: Head vent pipe (top head), instrument tubes (top head)	Nickel alloy	Reactor coolant	Cracking due to PWSCC	"ASME Sec. XI", "Water Chemistry", "Cracking of Nickel-Alloy Components and Loss of Material due to Boric Acid-induced Corrosion"
Reactor vessel components: Flanges, nozzles, penetrations, pressure housings, safe ends, thermal sleeves, vessel shells, heads and welds	Steel (with or without nickel alloy or stainless steel cladding), stainless steel, nickel alloy	Reactor coolant	Cumulative fatigue damage	"Metal Fatigue"
Vessel shell: Upper shell, intermediate shell, lower shell (including beltline welds)	SA508 Class2 forgings clad (with stainless steel) using a high-heat-input welding process	Reactor coolant	Crack growth due to cyclic loading	"ASME Sec. XI"
	Steel (with or without cladding), steel (with stainless steel or nickel alloy cladding)	Reactor coolant and neutron flux	Loss of fracture toughness due to neutron irradiation embrittlement	"Reactor Vessel Surveillance"
Vessel shell: Vessel flange	Steel	Reactor coolant	Loss of material due to wear	"ASME Sec. XI"

〈표 2.2-2〉 원자로내부구조물 손상기구

Component	Material	Environ—ment	Aging Effect / Mechanism	Aging Management Program
Control Element Assembly (CEA): Shroud assemblies, instrument guide tubes in CEA assemblies	Stainless steel	Reactor coolant and neutron flux	Cracking due to SCC and fatigue	"Water Chemistry", "PWR Vessel Internals"
Core shroud assemblies (all plants): Guide lugs and guide lug insert bolts	Stainless steel	Reactor coolant and neutron flux	Cracking due to fatigue, loss of material due to wear, loss of preload due to thermal and irradiation enhanced stress relaxation	"Water Chemistry", "PWR Vessel Internals"
Core shroud assemblies (for bolted core shroud assemblies): Shroud plates and former plates	Stainless steel	Reactor coolant and neutron flux	Cracking due to IASCC, loss of fracture toughness due to neutron irradiation embrittlement, change in dimension due to void swelling	"Water Chemistry", "PWR Vessel Internals"
Core shroud assemblies (for bolted core shroud assemblies): Barrel—shroud bolts with neutron exposures greater than 3 dpa	Stainless steel, nickel alloy	Reactor coolant and neutron flux	Cracking due to IASCC, loss of preload due to thermal and irradiation enhanced stress relaxation, loss of fracture toughness due to neutron irradiation embrittlement	"Water Chemistry", "PWR Vessel Internals"
Core shroud assemblies (for bolted core shroud assemblies): Core shroud bolts (accessible)	Stainless steel, nickel alloy	Reactor coolant and neutron flux	Cracking due to IASCC	"Water Chemistry", "PWR Vessel Internals"

제 2 장

〈표 2.2-2〉 원자로내부구조물 손상기구(계속)

Component	Material	Environ-ment	Aging Effect / Mechanism	Aging Management Program
Core shroud assemblies (for bolted core shroud assemblies): Core shroud bolts (accessible)	Stainless steel, nickel alloy	Reactor coolant and neutron flux	Cracking due to IASCC, loss of preload due to thermal and irradiation enhanced stress relaxation, loss of fracture toughness due to neutron irradiation embrittlement, change in dimension due to void swelling	"Water Chemistry", "PWR Vessel Internals"
Core shroud assemblies (welded): Shroud plates and former plates	Stainless steel	Reactor coolant and neutron flux	Loss of fracture toughness due to neutron irradiation embrittlement, change in dimension due to void swelling	"PWR Vessel Internals"
Core shroud assembly (for welded core shrouds in two vertical sections): Core shroud plate–former plate weld	Stainless steel	Reactor coolant and neutron flux	Cracking due to IASCC	"Water Chemistry", "PWR Vessel Internals"
Core shroud assembly (for welded core shrouds in two vertical sections): Gap between the upper and lower plates, remaining axial welds in shroud plate-to-former plate	Stainless steel	Reactor coolant and neutron flux	Change in dimension due to void swelling, cracking due to IASCC	"PWR Vessel Internals", "Water Chemistry"

<표 2.2-2> 원자로내부구조물 손상기구(계속)

Component	Material	Environ-ment	Aging Effect / Mechanism	Aging Management Program
Core shroud assembly (for welded core shrouds with full-height shroud plates)	Stainless steel	Reactor coolant and neutron flux	Cracking due to IASCC, loss of fracture toughness due to neutron irradiation embrittlement	"Water Chemistry", "PWR Vessel Internals"
Core support barrel assembly: Lower cylinder welds and remaining core barrel assembly welds, lower flange weld, surfaces of the lower core barrel flange weld	Stainless steel	Reactor coolant and neutron flux	Loss of fracture toughness due to neutron irradiation embrittlement, cracking due to SCC and fatigue, cumulative fatigue damage	"PWR Vessel Internals", "Water Chemistry", "Metal Fatigue"
Core support barrel assembly: Upper core barrel flange, upper core support barrel flange weld	Stainless steel	Reactor coolant and neutron flux	Loss of material due to wear, cracking due to SCC	"PWR Vessel Internals", "Water Chemistry"
Incore instrumentation (ICI): ICI thimble tubes	Zircaloy-4	Reactor coolant and neutron flux	Loss of material due to wear	A plant-specific aging management program
Lower support structure: Core support column, core support column bolts and welds	CASS	Reactor coolant and ncutron flux	Loss of material due to neutron irradiation and thermal embrittlement	"PWR Vessel Internals"
	Stainless steel	Reactor coolant and neutron flux	Loss of material due to neutron irradiation embrittlement, cracking due to SCC and fatigue	"PWR Vessel Internals", "Water Chemistry"

제 2 장

〈표 2.2-2〉 원자로내부구조물 손상기구(계속)

Component	Material	Environ—ment	Aging Effect / Mechanism	Aging Management Program
Lower support structure: Core support plate	Stainless steel	Reactor coolant and neutron flux	Loss of fracture toughness due to neutron irradiation embrittlement, cracking due to fatigue, cumulative fatigue damage	"PWR Vessel Internals", "Water Chemistry", "Metal Fatigue"
Lower support structure: Deep beams	Stainless steel	Reactor coolant and neutron flux	Cracking due to SCC, IASCC and fatigue, loss of fracture toughness due to neutron irradiation embrittlement	"Water Chemistry", "PWR Vessel Internals"
Reactor vessel internal components	Stainless steel, nickel alloy	Reactor coolant and neutron flux	Cumulative fatigue damage, loss of material due to pitting and crevice corrosion, cracking due to SCC and IASCC, loss of fracture toughness due to neutron irradiation embrittlement, change in dimension due to void swelling, loss of preload due to thermal and irradiation enhanced stress relaxation, loss of material due to wear	"Metal Fatigue", "Water Chemistry", "PWR Vessel Internals"

〈표 2.2-2〉 원자로내부구조물 손상기구(계속)

Component	Material	Environ‑ment	Aging Effect / Mechanism	Aging Management Program
Reactor vessel internals: Core support structure	Stainless steel, nickel alloy, CASS	Reactor coolant and neutron flux	Cracking or loss of material due to wear	"ASME Sec. XI"
Upper internals assembly: Fuel alignment plate	Stainless steel	Reactor coolant and neutron flux	Cracking due to fatigue, cumulative fatigue damage	"Water Chemistry", "PWR Vessel Internals", "Metal Fatigue"

제
2
장

〈표 2.2-3〉 가압기 손상기구

Component	Material	Environ-ment	Aging Effect / Mechanism	Aging Management Program
Vessel shell	Low-alloy steel, carbon steel	Reactor coolant	Cumulative fatigue damage, cracking due to cyclic loading, SCC and PWSCC	"ASME Sec. XI", "Water Chemistry"
Vessel cladding	Stainless steel, nickel alloy	Reactor coolant	Cumulative fatigue damage	"ASME Sec. XI"
Spray and surge nozzles, welds	Low-alloy steel, stainless steel clad, nickel alloy	Reactor coolant	Cumulative fatigue damage, cracking due to SCC	"ASME Sec. XI", "Water Chemistry", "Cracking of Nickel-Alloy Components and Loss of Material due to Boric Acid-induced Corrosion"
Heater sheathes and sleeves	Nickel alloy	Reactor coolant	Cracking due to SCC and PWSCC, loss of material due to wear	"ASME Sec. XI", "Water Chemistry"
Instrument penetrations	Nickel alloy, nickel alloy clad	Reactor coolant	Cracking due to PWSCC	"ASME Sec. XI", "Water Chemistry", "Cracking of Nickel-Alloy Components and Loss of Material due to Boric Acid-induced Corrosion"
Spray head	Nickel alloy	Reactor coolant	Erosion, embrittlement, cumulative fatigue damage, cracking due to SCC and PWSCC	"Water Chemistry", "ASME Sec. XI", "One-Time Inspection"

〈표 2.2-4〉 증기발생기 손상기구

Component	Material	Environ—ment	Aging Effect / Mechanism	Aging Management Program
Closure bolting	Steel	Air with reactor coolant leakage	Cracking due to SCC	"Bolting Integrity"
	Steel, stainless steel	Air – indoor	Loss of preload due to thermal effects, gasket cree and self–loosening	"Bolting Integrity"
External surfaces	Steel	Air with borated water leakage	Loss of material due to BAC	"Boric Acid Corrosion"
Instrument penetrations and primary side nozzles, safe ends, welds	Steel (with nickel alloy clad), nickel alloy	Reactor coolant	Cracking due to PWSCC	"ASME Sec. XI", "Water Chemistry", "Cracking of Nickel–Alloy Components and Loss of Material due to Boric Acid–induced Corrosion"
Pressure boundary and structural: Steam nozzle and safe end, feedwater nozzle and safe end	Steel	Secondary feedwater or steam	Wall thinning due to FAC	"Flow–Accelerated Corrosion"
Primary side components: Divider plate	Stainless steel	Reactor coolant	Cracking due to SCC	"Water Chemistry"
	Steel (with nickel alloy clad), nickel alloy	Reactor coolant	Cracking due to PWSCC	"Water Chemistry"
Recirculating steam generator components: Flanges, penetrations, nozzles, safe ends, lower heads and welds	Steel (with or without nickel alloy or stainless steel clad), stainless steel, nickel alloy	Reactor coolant	Cumulative fatigue damage	"Metal Fatigue"

제 2 장

〈표 2.2-4〉 증기발생기 손상기구(계속)

Component	Material	Environ-ment	Aging Effect / Mechanism	Aging Management Program
Steam generator components: Shell assembly	Steel	Secondary feedwater or steam	Loss of material due to general, pitting and crevice corrosion	"Water Chemistry", "One-Time Inspection"
Steam generator components: Top head, steam nozzle and safe end, upper and lower shell, feedwater (FW) and auxiliary FW nozzle and safe end, FW impingement plate and support	Steel	Secondary feedwater or steam	Cumulative fatigue damage	"Metal Fatigue"
Steam generator components: Upper and lower shell, transition cone, new transition cone closure weld	Steel	Secondary feedwater or steam	Loss of material due to general, pitting and crevice corrosion	"ASME Sec. XI", "Water Chemistry"
Steam generator feedwater impingement plate and support	Steel	Secondary feedwater	Loss of material due to erosion	A plant-specific aging management program
Steam generator structural: Tube support lattice bars	Steel	Secondary feedwater or steam	Wall thinning due to FAC and general corrosion	"Steam Generators", "Water Chemistry"
Steam generator structural: Tube support plates	Steel	Secondary feedwater or steam	Ligament cracking due to corrosion	"Steam Generators", "Water Chemistry"
Steam generator structural: U-bend supports including anti-vibration bars	Steel, chrome plated steel, stainless steel, nickel alloy	Secondary feedwater or steam	Cracking due to SCC, loss of material due to fretting, general pitting and crevice corrosion	"Steam Generators", "Water Chemistry"

〈표 2.2-4〉 증기발생기 손상기구(계속)

Component	Material	Environ-ment	Aging Effect / Mechanism	Aging Management Program
Steam generator: Primary nozzles, nozzle to safe end welds, manways; flanges	Stainless steel, steel with stainless steel clad	Reactor coolant	Cracking due to SCC	"ASME Sec. XI", "Water Chemistry"
Tubes	Nickel alloy	Secondary feedwater or steam	Changes in dimension due to corrosion of carbon steel tube support plate	"Steam Generators", "Water Chemistry"
Tubes and sleeves	Nickel alloy	Reactor coolant	Cracking due to PWSCC	"Steam Generators", "Water Chemistry"
		Reactor coolant and secondary FW/steam	Cumulative fatigue damage	"Metal Fatigue"
		Secondary FW or steam	Cracking due to IGA and ODSCC, loss of material due to fretting, wear, wastage and pitting corrosion	"Steam Generators", "Water Chemistry"
Tube-to-tube sheet welds	Nickel alloy	Reactor coolant	Cracking duc to PWSCC	"Water Chemistry", A plant-specific aging management program
Upper assembly and separators including: FW inlet ring and support	Steel	Secondary FW or steam	Wall thinning due to FAC	"Steam Generators", "Water Chemistry"

제
2
장

〈표 2.2-5〉 배관 손상기구

Component	Material	Environ-ment	Aging Effect / Mechanism	Aging Management Program
RCS Class 1 piping, fittings and branch connections < NPS 4	Stainless steel, steel with stainless steel clad	Reactor coolant	Cracking due to SCC, IGSCC and thermal/ mechanical and vibratory loading	"ASME Sec. XI", "Water Chemistry", "One-Time Inspection of Class 1 Small-bore Piping"
RCS Class 1 piping, piping components, and piping elements	CASS	Reactor coolant	Cracking due to SCC	Monitoring and control of primary water chemistry. A plant-specific aging management program
	CASS	Reactor coolant > 250°C	Loss of fracture toughness due to thermal aging embrittlement	"Thermal Aging Embrittlement of Cast Austenitic Stainless Steel"
	Stainless steel, steel with stainless steel clad	Reactor coolant	Cracking due to SCC	"ASME Sec. XI", "Water Chemistry"
RCS Class 1 pump casings, valve bodies	CASS	Reactor coolant > 250°C	Loss of fracture toughness due to thermal aging embrittlement	"ASME Sec. XI"
	Stainless steel, steel with stainless steel clad	Reactor coolant	Cracking due to SCC	"ASME Sec. XI", "Water Chemistry"
RCS external surfaces	Steel	Air with borated water leakage	Loss of material due to BAC	"Boric Acid Corrosion", "Cracking of Nickel-Alloy Components and Loss of Material due to Boric Acid-induced Corrosion"
RCS piping, piping components and piping elements	Nickel alloy	Reactor coolant or steam	Cracking due to PWSCC	"ASME Sec. XI", "Water Chemistry", "Cracking of Nickel-Alloy Components and Loss of Material due to Boric Acid-induced Corrosion"

〈표 2.2-5〉 배관 손상기구(계속)

Component	Material	Environ—ment	Aging Effect / Mechanism	Aging Management Program
ECCS/CVCS external surfaces	Steel	Air with borated water leakage	Loss of material due to BAC	"Boric Acid Corrosion"
ECCS/CVCS Orifice (miniflow recirculation)	Stainless steel	Treated borated water	Loss of material due to erosion	A plant-specific aging management program
ECCS/CVCS piping, piping components and piping elements	CASS	Treated borated water > 250°C	Loss of fracture toughness due to thermal aging embrittlement	"Thermal Aging Embrittlement of Cast Austenitic Stainless Steel"
	Stainless steel	Treated borated water	Cumulative fatigue damage, cracking due to SCC, loss of material due to pitting and crevice corrosion	"Metal Fatigue", "Water Chemistry"

제 2 장

2.3 비파괴검사

2.3.1 개요

비파괴검사는 구조물 또는 기기를 구성하고 있는 물질을 파괴하지 않고 그 내부의 상황을 파악하는 것이다. 이는 비파괴시험에 의해서 얻어진 결과에 따라 그 성능을 추정하는 지식으로 물질의 건전재와 결함재의 물리적 성질을 비교하고, 그 차이에서 결함의 모양을 추정하는 검사이다. 비파괴검사에는 특별한 검사기기 또는 장비가 없어도 육안으로 검사가 가능한 육안검사, 액체침투제를 검사부위에 적용하여 결함을 알아내는 침투탐상검사, 자력의 원리를 이용하여 결함을 탐지하는 자분탐상검사, 외부전류를 재료내로 유도시켜 위상각과 전압의 변화를 측정하여 결함을 검출하는 와전류탐상검사, 방사선을 결함 부위에 투과하여 결함을 탐지하는 방사선투과검사, 초음파를 검사할 부위에 입사시켜 결함을 탐상하는 초음파 검사, 그리고 압력유지기기 또는 계통의 누설여부를 확인하기 위한 누설검사 등이 있다. 이들 비파괴검사는 원자력발전소의 구조물, 기기 및 배관의 용접부에 대한 가동전검사 및 가동중검사에 적용하고 있다. 그리고 비파괴검사의 목적은 재료의 불연속부 탐지, 변형측정, 두께측정(판, 배관) 및 결함의 검출, 위치, 크기 및 형상 측정 등이다. 특히 육안검사는 외관을 검사하는 방법이고, 침투탐상검사 및 자분탐상검사는 물체의 표면 또는 표면 직하의 결함을 탐상할 수 있는 표면검사방법이며, 방사선투과검사 및 초음파검사는 물체의 내부를 검사할 수 있는 체적검사이다.

2.3.2 일반요건

1) 비파괴검사 절차
모든 비파괴검사는 검사원이 만족할 수 있도록 검증된 상세절차서에 따라 수행되어야 한다. 검사절차서의 검증 및 검사원의 자격인정기록은 검사원이 요구할 때 제시할 수 있도록 준비되어야 한다.

2) 검사후 처리
비파괴검사 후 검사재료가 사용된 부위는 재료시방서 또는 절차시방서에 따라 완전히 세척되어야 한다.

3) 용접부 및 용접금속 피복의 검사 시기

용접부 및 용접금속 피복의 제작 및 설치중 비파괴검사는 아래의 ①~⑦에서 정한 시기에 수행되어야 한다.

① 용접부의 방사선투과검사는 중간 또는 최종 용접 후 열처리를 한 다음에 실시되어야 한다. 그러나 아래 ㉮ 및 ㉯의 사항은 예외이다.

  ㉮ P-No.1 재료로 제작한 배관, 펌프 및 밸브의 용접부에 대한 방사선투과검사는 용접 후 열처리를 하기 전에 실시되어도 좋다.

  ㉯ 중간 또는 최종 용접 후 열처리를 한 다음 초음파검사를 실시한다면, P-No.1 재료로 제작한 용기의 용접부와 P-No.3 재료로 제작한 기기의 용접부에 대한 방사선투과검사는 중간 또는 최종 용접 후 열처리 전에 시행되어도 좋다. 초음파검사와 합격기준은 적용코드 요건에 따라야 한다.

② 용접 후 열처리를 한 후에는 반드시 용접부에 대해 자분탐상검사 또는 침투탐상검사를 실시해야 한다. 다만, P-No.1으로 된 용접부는 용접 후 열처리를 하기 전 또는 용접 후 열처리를 하고 난 다음 중 어느 때 실시하여도 좋다. 용접 단계별 용접부의 자분탐상 또는 침투탐상검사는 용접 후 열처리 전에 수행되어도 된다.

③ 페라이트계 재료에 오스테나이트 또는 고니켈계 재료를 이음하거나 페라이트계 재료를 연결하기 위하여 오스테나이트 또는 고니켈합금 용가재를 사용하는 이음부와 같이 용기벽을 관통하는 모든 이종금속의 용접 이음부는 최종 용접 후 열처리를 한 다음에 검사하여야 한다.

④ 피복될 용접표면에 대한 자분탐상 또는 침투탐상검사는 피복을 하기 전에 수행되어야 한다. 용접 후 열처리를 하고 나면 접근이 불가능하게 되는 용접표면에 대한 자분탐상 또는 침투탐상검사는 접근이 가능할 때에 수행해야 한다. 이 검사는 용접 후 열처리 전에 수행하여도 된다.

⑤ 용접금속 피복부에 중간 또는 최종 용접 후에 열처리를 한 다음에 검사를 해야 한다. 단, P-No.1, 3 및 11 재료에 입힌 피복재의 검사는 중간 또는 최종 용접 후 열처리 전 또는 후에 실시되어도 된다.

⑥ 오스테나이트계 스테인리스강 및 비철재료의 모든 이음부는 요구되는 중간 또는 최종 용접 후 열처리가 수행된 다음 침투탐상검사가 수행되어야 한다. 튜브-관판 이음부에 본 요건이 적용되지 않는다.

⑦ 페라이트계 재료의 일렉트로 슬래그 용접부에 대한 초음파검사는 결정립미세화처리

(grain refining heat treatment)된 후, 또는 최종 용접 후 열처리 다음에 수행되어야 한다.

4) 용접홈면(weld edge preparation surface)의 검사

두께가 2in 이상인 재료의 A, B, C 및 D 범주(그림 2.3-1) 이음부와 유사 이음부에 대한 완전 용입홈면은 자분탐상검사 또는 침투탐상검사가 수행되어야 한다. 검사지시는 아래 ①, ② 및 ③의 허용기준에 따라 평가되어야 한다.

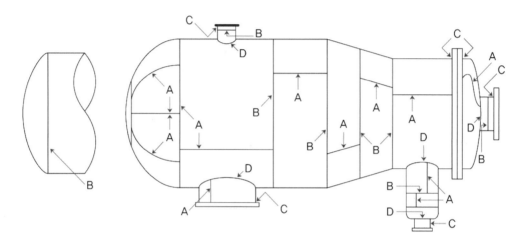

〈그림 2.3-1〉 용접범주 A, B, C, D 용접이음의 대표적인 위치 [2.3-1]

① 길이가 $\frac{1}{16}$ in(1.6mm)를 초과하는 지시만을 유관 불완전(relevant imperfections)으로 간주되어야 한다.

② 길이가 1in(25mm)를 초과하지 않는 라미나형 불완전은 허용되므로 보수할 필요가 없다. 길이가 1in를 초과하는 모든 라미나형 불완전의 크기는 초음파검사로 측정되어야 한다. 길이가 1in를 초과하는 불완전의 경우, 불완전의 깊이 또는 $\frac{3}{8}$ in(10mm)중 작은 값을 기준으로 용접보수를 해야 한다. 단, 초음파검사 결과 해당 제품에 대한 초음파검사 요건을 만족하기 위해서 더 깊이 보수를 해야 하는 경우는 제외된다.

③ 아래 ㉮~㉯의 비 라미나형 불완전의 지시는 불합격으로 간주된다.

　㉮ 길이가 $\frac{3}{16}$ in(4.8mm)를 초과하는 선형지시

　㉯ 긴 지름이 $\frac{3}{16}$ in(4.8mm)를 초과하는 원형지시

㉺ 지시의 끝과 끝의 간격이 $\frac{1}{16}$in(1.6mm) 이하인 일직선상에 놓여 있는 4개 이상의 지시

④ A, B, C 및 D 범주 이음부 및 이와 유사한 용접부에 대한 용접홈면의 용접보수부위는 표면에의 접근이 불가능하게 되기 전에 자분탐상검사 또는 침투탐상검사가 실시되어야 한다. 이 검사는 용접 후 열처리를 수행하기 전 또는 후 아무 때나 실시되어도 좋다.

5) 용접부 및 인접 모재의 검사

A, B, C 및 D 범주 용접 이음부와 배관, 펌프 및 밸브의 이와 대등한 용접이음부에 대해 표면검사를 실시할 때, 용접부 외표면 및 접근 가능한 내표면 그리고 용접부 양 측면에서 최소한 $\frac{1}{2}$in(13mm)의 인접 모재부를 검사범위에 포함시켜야 한다.

2.3.3 비파괴검사 방법

2.3.3.1 육안검사

육안검사(visual test)는 광범위한 검사로서 검사를 수행하는데 특별한 장비 및 재료가 필요하지 않다. 일반적으로 검사품의 표면상태, 접합면의 배열상태, 형상 또는 누설의 증거와 같은 것을 판정하는데 적용한다. 비파괴검사에서 발견되는 전체 결함의 60% ~ 70%까지 육안검사로 발견이 가능하다. 육안검사는 비파괴검사자격을 보유한 자가 수행하여야 하며, 특히 검사자의 시력(근거리 시력)이 중요하므로 검사자는 주기적으로 시력검사를 받아야 한다. 육안검사에 주로 사용되는 장비 또는 도구로 거울, 확대경, 게이지 등이 있다. 육안검사는 절차서에 따라 수행되어야 하며, 검사절차서에 최소한 아래의 사항이 포함되어야 한다.

① 사용된 기법의 변경
② 간접육안검사 보조도구
③ 필요시 검사원의 기량요건
④ 조명강도

검사자는 육안검사를 완료한 후에 보고서를 작성하여야 하며, 보고서에 아래의 사항을 포함시켜야 한다.

① 검사일자
② 사용된 절차서 식별번호 및 개정번호
③ 사용된 기법
④ 검사결과
⑤ 비파괴검사원 식별 및 적용기술기준이 요구할 경우 자격등급
⑥ 검사를 한 부품이나 기기의 식별

2.3.3.2 침투탐상검사

침투탐상검사(liquid penetration test)는 표면으로 개방되어 있는 균열, 기공, 용입부족, 오버랩 등과 같은 불연속부의 탐상에 적합한 비파괴검사방법이다. 침투탐상검사는 용접품, 단조품, 주강품, 플라스틱, 세라믹 등 금속 및 비금속 제품의 표면에 개방되어 있는 결함의 검출에 적용되고 있으며, 다공질이 아닌 재질의 표면 결함탐지에 적용되며, 검사에 사용되는 침투매체로 제품의 성질자체가 영향 받을 수가 있다. 일반적으로 검사결과 지시되는 결함의 크기는 실제보다 크게 나타난다. 그리고 검사자는 검사자격을 보유(Level 1, 2, 3)하여야 하며, 특히 색맹이 아니고 규정된 코드 및 기술기준(codes and standard)에서 요구하는 수준의 시력을 지녀야 한다.

2.3.3.3 자분탐상검사

자분탐상검사(magnetic particle test)는 강자성체의 표면 또는 표면직하에 있는 불연속부(결함)를 검출하기 위하여 강자성체를 자화시키고 자분을 적용하여 누설자장(leakage field)에 의하여 자분이 모이거나 붙어서 불연속부의 윤곽을 형성, 그 위치, 크기, 형태 및 넓이 등을 검사하는 방법 중의 하나이다. 특히 강자성체 물질(Fe, Co, Ni 등)의 결함 검출에 적용되며, 강자성체의 표면 및 표면직하에 있는 불연속부(결함) 검출에 적용된다. 자분탐상검사는 검사할 시험편 표면의 자화, 시험편 표면에 자분적용, 자분에 의한 지시 모양의 관찰 및 기록 등 3가지의 중요한 과정이 있으며, 자분탐상검사 시에 자분형성 및 자분지시 모양에 영향을 주는 요인은 아래와 같다.

　① 자장의 방향과 강도
　② 자화방법
　③ 불연속(결함)의 크기, 형태 및 방향
　④ 자분의 특성 및 적용방법
　⑤ 시험편의 자화특성
　⑥ 부품의 형태
　⑦ 부품 표면의 특성

제
2
장

　자분탐상검사는 표면균열검사에 적합하며, 육안으로 자분 지시모양을 볼 수 있는 특성 등 여러 가지의 장점이 있는 반면, 검사 후 제품에 잔류자장이 남음으로 인한 재료 가공성 및 재질변형 가능성 존재할 수 있는 저해요인과 강자성체가 아닌 검사체를 검사하기가 곤란한 제한이 있는 단점도 있다.

2.3.3.4 방사선투과검사

　방사선투과검사(radiographic test)에 사용되는 선원(source)으로는 X-선, γ-선 등이 있다. 고준위 선원은 고침투율(high penetrating ability)을 가지고 있다.

　1) 선원의 특성
　X-선, γ-선의 생성과 형태 : 비파괴검사에 사용되고 있는 X-선과 γ-선은 keV 범위에서 MeV의 범위까지 사용이 가능하다. X-선과 γ-선은 물리적인 양에 의하여 구별되는 것이 아니고 각각의 생성 방법 및 형태에 따라 다르다. 방사선에너지의 크기가 클수록 침투능력이 크다. X-선 및 γ-선은 전기자기적인 방사선이다(그림 2.3-2 참조).

　2) X-선의 생성
　X-선은 X-선 튜브에서 전기적으로 생성되거나 가속된 전자들에 의하여 가속기에서 생성된다. 필라멘트를 가열함으로서 양극과 음극사이의 높은 전압(튜브전압)의 차로 인하여 가속된 음극전자가 양극방향으로 방출한다. 가속된 전자는 양극(타겟: 텅스텐 재질)에 부딪쳐서 X-선을 지속적으로 생성한다. 이 때 운동에너지는 열 및 X-선으로 변환되는데, X-선으로 변환되는 비율 즉 X-선 생성률은 약 2~4% 정도이다.

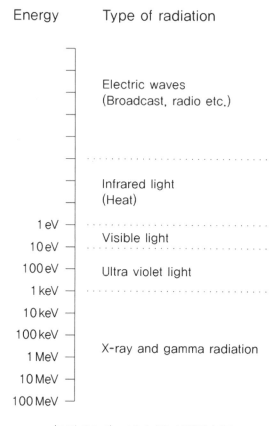

〈그림 2.3-2〉 에너지별 선원의 분류

3) γ-선의 생성

γ-선은 Ir-192, Co-60, Se-75와 같은 방사성동위원소의 핵붕괴로 생성된다. γ-선은 형태에 따라 하나 또는 여러 개의 전형적인 선-스펙트럼 형상을 가지고 있다. 재료시험에 사용되는 동위원소는 안전한 상태의 모(parent) 동위원소에 중성자를 반응시켜 인공적으로 생성된다. 방사성물질의 방사능(activity)은 초당 평균 핵붕괴 숫자를 나타낸다.

방사능 감소의 측정에는 반감기가 사용되며, 방사능의 세기가 반으로 줄어드는 기간을 반감기라 한다. 방사능의 세기는 두 번의 반감기가 지나면 1/4이 되고, 세 번의 반감기가 지나면 1/8로 줄어든다. Ir-192의 반감기는 74일이고, Se-75의 반감기는 118일, Co-60의 반감기는 5.3년이다.

4) 방사선 에너지, 방사선강도, 투과율

방사선 에너지의 투과율은 선원의 질에 의하여 결정된다. 고준위 방사선은 고 투과율을 가지고 있다. 예를 들면, 저준위 방사선(40 ~ 80keV)은 얇은 벽을 가진 알루미늄 등의 방사선투과검사에 적합하며, 고준위 방사선(1MeV 이상)은 강처럼 두꺼운 벽을 투과하기에 적합하다. 방사선 선원은 재료의 밀도(철, 동, 알루미늄), 투과를 위한 벽두께에 따라 선정되어야 한다(그림 2.3-3 참조).

5) X-선의 에너지 분포

X-선 튜브는 연속스펙트럼을 가지고 있다. 즉 X-선의 분포는 X-선 튜브의 전압에 의해 좌우되며, 평균에너지의 크기는 선 표면길이의 1/2이다. X-선 튜브에서 전류의 증가는 에너지의 크기(intensity)를 증가시키고, 노출시간을 짧게 한다. 또한 X-선 튜브에서 전압이 증가되면 에너지의 크기와 평균에너지가 증가되고, 노출시간이 짧게 되며, 명암(contrast)이 저하된다.

6) γ-선의 스펙트럼 라인

동위원소(Ir-192, Co-60, Se-75)의 붕괴는 감마선을 생성한다. 감마선원은 스펙트럼 라인(spectrum lines)을 가지며, 에너지의 크기는 일정한 값 즉 고정된 값이다. 방사능은 연속적으로 붕괴하며, 감마선원의 주요인자로 선원의 형태, 방사능, 제원(초점의 크기) 등이 있다.

7) 유효초점과 명확도

① 가속된 전자들이 충돌하는 X-선 튜브의 양극물질이 있는 지역을 열적초점이라 하며, 광학초점(optical focus)은 중앙빔의 방향에 열적초점에 반사되어 생성된다. 광학초점의 크기는 전형적인 튜브에서 대략 20도의 양극(타겟) 기울기에 의해 영향을 받는다.

② 작은 유효초점은 명확도(sharpness)를 좋게 하고, 작은 초점은 유효초점을 작게 하며, 에너지의 강도를 낮게 한다.

③ 감마선원의 경우 큰 선원은 방사능의 세기가 크고, 고강도이다.

8) X-선 튜브 및 감마선원에서 빔의 제원

X-선 튜브의 기하학적인 형상은 그림 2.3-4와 같으며, 20도 양극을 가진 직접 빔 튜브는 40도의 입사각을 갖는 유리의 형태를 가진다. 필름길이는 필름초점거리에 의하여 결정되며, 48cm의 필름초점거리는 700mm이어야 한다. 초점의 위치는 튜브에 표시되어 있다.

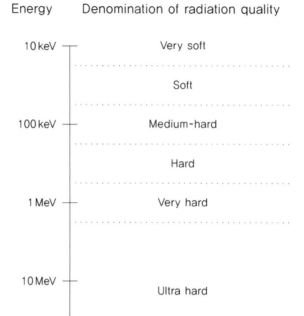

〈그림 2.3–3〉 에너지별 방사선의 품질

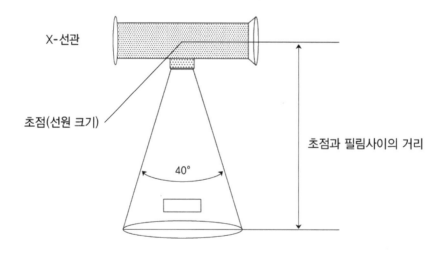

〈그림 2.3–4〉 X–선관 및 감마선원의 빔 치수

9) X-선 및 감마선의 감쇠

선원으로부터 출발된 최초의 빔이 시험편을 통과함으로서 검사가 이루어진다. X-선 및 감마선의 특성은 투과력이 좋고, 직선 빔이어서 검사시험편의 내부결함을 검사할 수 있다. 방사선이 검사시험편을 통과할 때 초기 방사선의 강도는 저하된다. 초기 방사선의 강도가 저하되는 원인은 흡수(absorption)와 산란(scattering)이다. 흡수와 산란을 감쇠 (attenuation)라 한다. 산란인자는 검사재료를 통과한 방사선의 강도와 초기 방사선의 강도의 비를 말한다. 고준위 방사선은 산란이 적으며, 검사재료가 두꺼울수록 산란은 커지게 된다.

10) 명암

명암은 밝고 어두움의 정도를 나타낸다. 사진밀도의 큰 차이는 명암을 구별하기가 쉽다. 검사시험편의 두께가 얇은 지역에서는 필름에 어둡게 나타나고, 두께가 두꺼운 지역에서는 밝게 나타난다.

11) 반가층

반가층(Half Value Thickness; HVT)은 방사선이 재료를 통과한 후 초기 방사능의 세기가 1/2로 감소하는 재료의 두께를 말하며, HVT는 방사성물질의 에너지와 재료에 따라 다르다. 강의 경우에 에너지별 HVT는 표 2.3-1과 같다.

2.3.3.5 초음파검사

초음파검사(ultrasonic test)란 재료의 표면 또는 내부에 존재하는 불연속부(결함)를 검출하기 위해 초음파를 재료에 전달시켜 검사하는 비파괴검사방법의 하나이다. 음파를 이용한 검사는 예로부터 사용하였던 검사방법으로, 종이나 그릇 등의 깨짐 여부를 알기 위하여 두드려 본다거나, 의사가 타진하여 보는 방법 등이 있다. 지금도 이러한 음파의 특성을 이용하는 검사법이 여러 분야에서 이용되고 있다. 또한 귀로 들을 수 없는 고주파음도 레이더의 개발 등 과학의 발달에 따라 여러 분야에서 이용이 가능하게 되었고, 이것을 음향기술의 개발에 따라 브라운관에서도 관측이 가능하게 되었다. 대체로 음향에 의한 검사는 공진법, 투과법, 펄스반사법으로 나누고 있으며, 이중에서도 특히 에코에 의한 검사방법, 즉 펄스 반사법이 초음파검사에 많이 이용되고 있다. 펄스 반사법은 제1차 세계대전에서 잠수함을 발견하는 병기에 이용하기 시작한 방법이다. 전파로 해저통신을 할 수 있는 레이더가 발명되었고, 이 레이더 기술과 초음파 기술의 결합으로 초음파검사법이 개발되었다. 비파괴검사의 최종적인 목적은

제 2 장

〈표 2.3-1〉 에너지별 HVT(Steel)

에너지(E)	Half Value Thickness
100keV	2mm
200keV	6mm
300keV	8mm
Ir-192	14mm

재료 또는 부품 등의 사용중에 파괴여부를 판단하기 위하여 결함의 유무, 결함의 크기 및 형태를 정확히 파악하는데 있듯이 초음파검사도 주로 결함의 검출에 사용된다. 초음파검사가 적용되는 분야도 상당히 넓어 철, 비철류의 소재로부터 선박, 교량, 압력용기 등의 제품 및 항공기, 자동차, 철도차량의 부품, 기계류 부품 등에 이르기까지 많은 분야의 제품들이 검사의 대상이 된다. 탐상 가능한 결함으로는 균열, 개재물, 라미네이션 등 재료 고유의 불연속으로부터, 가동중 불연속 및 피로균열과 같은 사용중 불연속까지 대부분의 결함검출에 적용되고 있다. 적절한 초음파검사를 수행하기 위하여 기술자의 자격인정과 교육훈련 및 충분한 경력을 갖추고 있어야 한다.

2.3.3.6 누설검사

누설검사(leak test)는 압력용기 또는 압력유지계통의 누설여부를 확인하기 위하여 수행하는 시험이다. 수압시험 또는 가압시험 전에 수행하며, 가압식 및 기포검사법과 압력변동검사법이 있다.

2.3.4 가동중검사

2.3.4.1 가동중검사의 목적 및 적용범위

원자로냉각재 압력경계 안전 1등급 부품 및 안전 2, 3등급 부품의 시간 경과에 따른 취약화 정도와 감시와 평가 수행상태를 확인하는데 목적이 있다.

적용범위는 발전소 초기 시운전시의 가동전검사를 포함하며, 안전 1, 2, 3등급 기기, 부품 및 구조물에 대하여 검사대상 계통 범위의 적합성, 접근성, 검사범주 및 방법, 검사주기, 검사결과 평가, 계통 누설시험 및 수압시험, 시험 면제 부품, 검사요건 완화에 대하여 검사한다.

2.3.4.2 가동중검사의 허용기준

1) 검사대상 계통범위

모든 안전등급의 압력유지 부품과 압력용기, 배관, 펌프, 원자로냉각재의 일부 또는 원자로냉각재계통에 연결되는 밸브 중 다음 밸브까지 포함한다.

① 같은 계통이 일차 격납건물(primary containment)을 뚫고 외부까지 연결될 때 격납건물 외부와 내부를 격리시킬 수 있는 밸브로써 격납건물 내부의 최외각에 있는 격리 밸브 (단순 체크 밸브는 대상에서 제외)

② 일차 격납건물 내부에 있는 배관계통으로써 원자로 정상운전중 normally closed 되는 2개의 밸브 중 고압력 쪽에서 보았을 때 두 번째 놓인 normally closed 밸브까지

③ 가압기에 연결된 두 개의 안전배관(safety line)과 방출배관(relief line)에 있는 안전밸브와 방출밸브

④ 상기 ②항의 밸브 중 둘 다 열려있거나 닫혀있거나 혹은 둘 중 하나가 열려있는 경우에 한 밸브가 열릴 때 다른 하나의 밸브는 자동적으로 닫혀 고립시킬 수 있는 밸브까지

2) 접근성

접근성 확보를 위하여 다음과 같은 사항들을 고려해야 한다. 다음에 열거한 사항들은 공간적 차원의 접근성 확보를 위한 고려사항이다. 이 외에도 침전물, 부식생성물이 침적되는 기기의 표면처리, 방사화를 최소화하기 위한 기기재료의 선정, 방사선조사 효과의 차폐 등이 고려되어야 한다. 원전설계자나 기기제작자는 다음에 열거한 접근성 확보요건의 이행여부를 점검하고 확인할 수 있는 절차를 문서화하여 시행하고 발전사업자는 이를 감독하고 확인해야 한다.

① 비파괴검사와 시험 수행에 적절한 접근통로와 이격거리를 확보할 수 있는 기기설계 및 배치.

② 가동중 공인검사원, 비파괴검사원, 검사장비의 접근통로와 계단, 비계 등의 전용 구조물

③ 구조부착물, 방사선차폐체, 보온재 등 제거와 일시보관을 위한 충분한 공간

④ 장비, 기기 및 기타 자재들의 제거, 분해, 보관에 필요한 취급 설비(호이스트 등)의 설치와 지지에 필요한 공간

⑤ 구조적 결함이나 지시가 발견되어 지정된 방법 이외에 다른 방법의 비파괴검사를 필요로 할 경우 이러한 대체 비파괴검사를 위한 공간

⑥ 보수와 교체 활동과 관련된 필요한 운전의 수행

3) 검사범주 및 방법

육안검사, 표면검사, 체적검사 방법, 기법, 절차 등은 관련 코드의 "시험 및 검사" 요건과 일치하여야 한다. 대체 검사방법, 여러 방법의 조합, 또는 새로 개발된 기법은 코드에 규정된 방법과 동등하거나 우수하여야 한다. 초음파 탐상검사 수행자의 검증시험에 관한 방법, 절차, 요건 등은 코드의 요건을 만족하여야 한다. 원자로압력용기의 초음파 탐상검사에 관한 방법, 절차 및 요건은 규제지침에 규정되어 있는 규제입장을 반영하여야 한다.

4) 검사주기

검사 및 수압시험은 각 10년 가동주기 동안에 완료되어야 한다. 검사계획 일정은 코드의 "시험 및 검사"가 적용되어야 한다.

5) 검사결과 평가

결함 평가기준은 코드의 "허용기준"과 일치되어야 한다. 불합격된 부품의 보수나 교체 계획은 코드의 "보수절차"가 적용되어야 한다. 보수 및 교체에 대한 판정기준은 코드의 "허용기준"이 적용되어야 한다.

6) 계통누설 및 수압시험

안전등급 압력유지 부품에 대한 누설 및 수압시험 계획은 코드의 "계통 압력" 요건과 일치하여야 한다. 가열, 냉각 및 계통 수압시험중의 운전제한사항은 운영기술지침서와 일치하여야 한다.

7) 코드면제

코드에 의한 "시험으로부터 면제 부품" 기준을 만족시키면 코드 검사가 면제될 수 있다. 신청자는 검사계획에 코드에 따른 면제 항목을 제시하여야 한다.

8) 검사요건에 대한 완화요청

건설과정의 설계, 형상 혹은 재질의 제한으로 인하여 검사가 불가능하면 코드 요건에 따라 완화될 수 있고 대체요건이 부과될 수 있다.

2.3.4.3 가동중검사 계획의 검토절차

1) 검사대상 계통의 범위 검토
　① 안전성분석보고서의 자료가 허용기준을 만족하는지 검토한다.
　② 원자로냉각재 압력경계에 대한 신청자의 정의와 허용기준 사이의 차이점이 명시되어야 하고, 그 적합성 뒷받침 여부의 확인을 위하여 안전성분석보고서의 자료를 검토한다.

2) 접근성
　① 접근성 관련 자료가 허용기준을 만족하는지 검토한다.
　② 시험 및 검사를 위하여 계통 부품에 접근을 위한 공간이 충분한지 확인한다.
　③ 방사선의 영향을 받는 부품의 원격검사를 위한 대책수립여부를 확인한다.
　④ 가동중검사용 원격검사 장치의 타당성을 확인한다.

3) 검사범주 및 방법
　① 검사기술이 허용기준과 일치하는지를 확인한다.
　② 대체 검사방법이 제안된 경우는 그 결과가 시험방법 및 허용기준의 요건과 부합여부를 검토한다.
　③ 비파괴검사원의 자격인정 및 재자격인정이 요건을 만족하는지 확인한다.
　④ 초음파탐상검사를 수행하는 검사원에 대해서 코드의 요건 "초음파검사를 위한 비파괴시험요원 인증"을 만족하는지 확인한다.
　⑤ 새로운 허가신청에 대해서 초음파탐상검사 시스템과 관련하여 코드의 요건 "초음파 시스템 기량검증"을 만족하는지 확인한다.
　⑥ 원자로압력용기 검사와 관련하여 규제지침에 규정되어 있는 요건이 가동중검사 계

획에 반영되었는지 확인한다.

4) 검사주기
① 가동중검사 계획에서 모든 지역 및 부품의 검사 일정계획이 허용기준을 만족하는지 검토한다.

5) 검사결과의 평가
① 제출된 자료의 내용이 허용기준과 일치하는지 검토한다.

6) 계통누설 및 수압시험
① 원자로냉각재계통 수압시험에 관한 운영기술지침서가 허용기준과 일치하는지 확인한다.
② 가열, 냉각, 그리고 계통 수압시험중의 운전제한에 대한 기술지침이 기술되어 있는지 확인한다.

7) 면제
① 검사에 대한 면제가 코드 요건 "시험으로부터 면제"의 기준과 일치하는지 확인한다.

8) 검사 요건에 대한 완화요청
① 설계, 형상, 건설 재료의 제한에 의한 코드 요건의 비현실성을 보여 주었는지를 판정한다.

9) 기타 검사계획
① 탄소강 또는 저합금강의 고에너지 배관에서 침식과 부식에 의한 두께감육 감시 장기계획이 수립되었는지 확인한다.
② 붕산 누출에 의한 원자로냉각재 압력경계의 부식현상 탐지와 대비가 계획되었는지 확인한다.

2.3.4.4 가동중검사 결과 평가

충분한 자료와 정보 제출여부 확인 및 아래와 같은 결론을 내릴 수 있는 검토가 이루어졌는지 확인한 후에 심사보고서를 작성한다.

① 가동중 유해한 결함이 선정된 용접부 및 용접 열영향부에 발생했는지 발전소 가동 전과 수명기간 동안 주기적으로 검사한다.
② 원자로냉각재 압력경계에 검사원이 쉽게 접근할 수 없는 지역의 원격검사를 위한 장비가 개발 및 설치되어 있는지 검토한다.
③ 가동중검사 계획은 가동전검사 및 가동중검사 계획으로 구성되어 있는지 검토한다.
④ 원자로냉각재 압력경계의 압력유지 부품에 대한 주기적인 검사와 누설 및 수압시험 실시, 가동중에 발생되는 구조적인 열화 또는 기밀성 상실의 징후를 감지하여 부품 의 안전기능이 저하되기 전에 보수할 수 있다는 보증을 제시하였는지 검토한다.

2.3.4.5 가동중검사 시 주요검사내용

가동중검사에 대한 정기검사에서 확인하는 주요 내용은 아래와 같다.

① 장기 가동중검사계획서 및 가동중점검계획서의 적합성을 검토한다.
② 가동전검사에서 제기되었던 사항의 관리상태를 확인한다.
③ 시험 및 검사부위 선정의 적합성을 검토한다.
④ 시험 및 검사장비 검·교정, UT 검교정 시험편의 적합성을 검토한다.
⑤ 시험 및 검사종사자 자격의 적합성을 검토한다.
⑥ 비파괴시험 및 점검 절차서의 적합성을 검토한다.
⑦ 시험결과(자동초음파 검사, 수동초음파검사)의 적합성을 검토한다.
⑧ 안전등급 탄소강 배관의 침식과 부식에 대한 두께 감육 감시절차 및 두께측정방법 등의 적합성을 검토한다.
⑨ 주요한 보수내용 및 절차의 적합성을 검토한다.

참고문헌

2.1-1.　Jhung, M.J., Hwang, W.G., 1996, "Seismic Response of Reactor Vessel Internals for Korean Standard Nuclear Power Plant," Nuclear Engineering and Design, Vol. 165, pp. 57~66.

2.1-2.　ASME, "SA-533, Specification for Pressure Vessel Plates, Alloy Steel, Quenched and Tempered, Manganese-Molybdenum and Manganese-Molybdenum-Nickel," B&PV Code, Sec. II.

2.1-3.　ASME, "SA-508, Specification for Quenched and Tempered Vacuum-Treated Carbon and Alloy Steel Forgings for Pressure Vessels," B&PV Code, Sec. II.

2.1-4.　ASME, "SA-302, Specification for Pressure Vessel Plates, Alloy Steel, Manganese-Molybdenum and Manganese-Molybdenum-Nickel," B&PV Code, Sec. II.

2.1-5.　ASME, "SA-516, Specification for Pressure Vessel Plates, Carbon Steel, for Moderate- and Lower- Temperature Service," B&PV Code, Sec. II.

2.1-6.　Korea Electric Association, 2010, "Core Support Structure," MNG, Korea Electric Power Industry Code.

2.1-7.　Jhung, M.J., 1996, "Shell Response of Core Barrel for Tributary Pipe Break," International Journal of Pressure Vessels and Piping, Vol. 69, pp. 175-183.

2.1-8.　ASME, 2011, "Rules for Construction of Nuclear Facility Components," B&PV Code, Sec. III.

2.1-9.　ASME, 2011, "Rule for Inservice Inspection of Nuclear Power Plant Components," B&PV Code, Sec. XI.

2.1-10.　ANSI/ANS, 1996, "American National Standard," B31.1.

2.1-11.　한국원자력연구원, 1996, "한국형 표준원전 계통실무," Vol. 1, p. 102.

2.2-1.　Allen, L.H., Jr., 2004, "Cracking in Alloy 600 Penetration Nozzles-A Regulatory Perspective," Proceeding of 12th International Conference on Nuclear Engineering, ICONE12-49226.

2.2-2.　http://www.kins.re.kr/.

2.2-3.　http://www.kaeri.re.kr/.

2.2-4. http://www.nrc.gov/.

2.2-5. USNRC, 2000, "Crack in Weld Area of Reactor Coolant System Hot Leg Piping at V.C. Summer," IN 2000-172000.

2.2-6. ASME, 2007, "Rules for Construction of Nuclear Facility Components," B&PV Code, Sec. III.

2.2-7. ASME, 2008, "Environmental Effects on Components," B&PV Code, Sec. III, App. W.

2.2-8. ASME, 2007, "Rule for Inservice Inspection of Nuclear Power Plant Components," B&PV Code, Sec. XI.

2.2-9. Korea Electric Association, 2005, "Nuclear Mechanical", MN, Korea Electric Power Industry Code.

2.2-10. Korea Electric Association, 2010, "Environmental Effects on Components," App. W, Korea Electric Power Industry Code.

2.2-11. Korea Electric Association, 2005, "Inservice Inspection of Nuclear Power Plant," MI, Korea Electric Power Industry Code.

2.2-12. Shah, V.N. and Macdonald, P.E., 1993, "Aging and Life Extension of Major Light Water Reactor Components," Elsevier Science Publishers, Amsterdam, Netherlands.

2.2-13. USNRC, 1995, "Application of NUREG/CR-5999 Interim Fatigue Curves to Selected Nuclear Power Plant Components," NUREG/CR-6260.

2.2-14. USNRC, 1998, "Effects of LWR Coolant Environments on Fatigue Design Curves of Carbon and Low-Alloy Steels," NUREC/CR-6583.

2.2-15. USNRC, 1999, "Effects of LWR Coolant Environments on Fatigue Design Curves of Austenitic Stainless Steels," NUREC/CR-5704.

2.2-16. USNRC, 2007, "Effects of LWR Coolant Environments on the Fatigue Life of Reactor Materials." NUREC/CR-6909.

2.2-17. USNRC, 1988, "Boric Acid Corrosion of Carbon Steel Reactor Pressure Boundary Components in PWR Plants," Generic Letter 88-05.

2.2-18. USNRC, 1986, "Degradation of Reactor Coolant System Pressure Boundary Resulting from Boric Acid Corrosion," Information Notice 86-108.

2.2-19. USNRC, 2002, "Reactor Pressure Vessel Head Degradation and Reactor Coolant Pressure Boundary Integrity," Bulletin 2002-01.

2.2-20. USNRC, 2002, "Reactor Pressure Vessel Head and Vessel Head Penetration Nozzle Inspection Program," Bulletin 2002-02.

2.2-21. USNRC, 2002, "Recent Experience with Degradation of Reactor Pressure Vessel Head," Information Notice 2002-11.

2.2-22. USNRC, 2003, "Recent Experience with Reactor Coolant System Leakage and Boric Acid Corrosion," Information Notice 2003-02.

2.2-23. USNRC, 2005, "Plant Experience with Alloy 600 Cracking and Boric Acid Corrosion of Light-Water Reactor Pressure Vessel Materials," NUREC-1823.

2.2-24. ASME, 2006, "Alternative Examination Requirements for PWR Reactor Vessel Upper Heads with Nozzles Having Pressure-Retaining Partial-Penetration Welds," Code Case N-729-1.

2.2-25. ASME, 2009, "Alternative Examination Requirements and Acceptance Standards for Class 1 PWR Piping and Vessel Nozzle Butt Welds Fabricated with UNS N06082 or UNS W86182 Weld Filler Material With or Without Application of Listed Mitigation Activities," Code Case N-770.

2.2-26. USNRC, 1994, "Estimation of Fracture Toughness of Cast Stainless Steels During Thermal Aging in LWR Systems," NUREC/CR-4513, Rev. 1.

2.2-27. USNRC, 1991, "High-Energy Piping Failures Caused by Wall Thinning," Information Notice 91-18.

2.2-28. USNRC, 1997, "Rupture in Extraction Steam Piping as a Result of Flow-Accelerated Corrosion," Information Notice 97-84.

2.2-29. USNRC, 2006, "Secondary Piping Rupture at the Mihama Power Station in Japan," Information Notice 2006-08.

2.2-30. USNRC, 1991, "Generic Safety Issue 79, Bolting Degradation or Failure in Nuclear Power Plants," Generic Letter 91-17.

2.2-31. USNRC, 1988, "Rapidly Propagating Cracks in Steam Generator Tubes," Bulletin 88-02.

2.2-32. USNRC, 1995, "Circumferential Cracking of Steam Generator Tubes," Generic Letter 95-03.

2.2-33. USNRC, 1997, "Degradation of Steam Generator Internals," Generic

Letter 97-06.

2.2-34. USNRC, 2006, "Steam Generator Tube Integrity and Associated Technical Specifications," Generic Letter 2006-01.

2.2-35. USNRC, 2001, "Recent Foreign and Domestic Experience with Degradation of Steam Generator Tubes and Internals," Information Notice 2001-16.

2.2-36. USNRC, 2002, "Recent Experience with Plugged Steam Generator Tubes," Information Notice 2002-02.

2.2-37. USNRC, 2002, "Axial Outside-Diameter Cracking Affecting Thermally Treated Alloy 600 Steam Generator Tubing," Information Notice 2002-21.

2.2-38. USNRC, 2003, "Failure to Detect Freespan Cracks in PWR Steam Generator Tubes," Information Notice 2003-05.

2.2-39. USNRC, 2005, "Indications in Thermally Treated Alloy 600 Steam Generator Tubes and Tube-to-Tubesheet Welds," Information Notice 2005-09.

2.2-40. USNRC, 2008, "Cracking Indications in Thermally Treated Alloy 600 Steam Generator Tubes," Information Notice 2008-07.

2.2-41. http://www.google.co.kr/search.

2.2-42. 박정순, 2012, "장기가동원전 안전성 확보 규제기술 개발," 제16회 원자력안전기술정보회의.

2.2-43. USNRC, 1988, "Radiation Embrittlement of Reactor Vessel Materials," RG 1.99, Rev. 2.

2.2-44. USNRC, 1995, "Fracture Toughness Requirements," 10CFR50, App. G.

2.2-45. USNRC, 1988, "Thermal Stress in Piping Connected to Reactor Coolant System," Bulletin 88-08.

2.2-46. USNRC, 1988, "Pressurizer Surge Line Thermal Stratification," Bulletin 88-11.

2.3-1. Korea Electric Association, 2010, "Nuclear Mechanical - Class 1 Components," MNB, Korea Electric Power Industry Code.

제3장 원전기기 건전성 평가기초

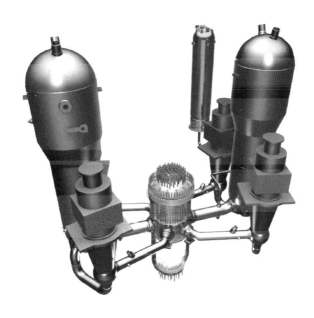

제3장 원전기기 건전성 평가기초

원전 주요 기기의 건전성 유지는 발전소의 안전성 확보와 관련하여 매우 중요한 사항이다. 특히 원자로 냉각재의 압력경계(Reactor Coolant Pressure Boundary; RCPB)이면서 방사성 물질의 차폐경계인 1차 계통 기기들은 손상이나 파손이 발생할 경우 안전에 직접적이고 심각한 영향을 줄 수 있을 뿐만 아니라 다른 기기 또는 구조물에 간접적인 영향을 미칠 수 있기 때문에 발전소 전 수명기간 동안 충분한 건전성이 보장되어야 한다. 현재 원자력 산업계에서 설계 및 제작할 때 주로 고체역학에 기반을 둔 기술기준을 적용하고, 가동전검사(Pre-Service Inspection; PSI)와 가동중검사(In Service Inspection; ISI)를 통해 지속적으로 건전성을 확인하며, 필요시 파괴역학에 근거한 평가 및 조치를 취하고 있다. 본 장에서는 고체역학 및 파괴역학을 이해함에 있어 필수적인 매개변수들을 정의하고 해당되는 재료물성 결정방법과 특징, 그리고 기기건전성 평가방법에 대해 기술하고자 한다.

3.1 고체역학

3.1.1 개요

파손(failure)이란 기기가 더 이상 의도된 기능을 수행하지 못하게 된 상태를 의미한다. 따라서 기기의 파손 방지를 위해서는 기기에 작용하는 하중에 의해 기기에 나타나는 특성과 해당 기기의 재료가 하중을 견딜 수 있는 능력을 비교하여 재료가 현재 작용하는 하중 상태에서 충분한 안전여유도를 가지고 견딜 수 있음을 입증해야 한다.

이를 위해서는 기기에 작용하는 하중과 재료가 견딜 수 있는 능력을 서로 연관시켜 줄 수 있는 평가 매개변수가 필요하게 된다. 이러한 평가 매개변수는 물리적으로 타당해야 하며, 계산하기 쉬워야 하며, 그리고 실험적으로 측정하기도 쉬워야 한다. 고체역학 개념에 근거한 기기 설계 및 평가에서는 균열이 존재하지 않는 기기를 다루며 응력, 변형률, 그리고 변형에너지와 같은 평가 매개변수가 작용하중에 의한 기기 특성과 재료가 해당 하중에 대해 견딜 수 있는 능력을 서로 연관시키기 위해 사용된다.

본 절에서는 이와 같은 고체역학의 주요 매개변수인 응력과 변형률의 주요 특성에 대해 기술하였다. 또한 응력과 변형률 특성을 활용한 기기 피로 평가에 대해서도 간략하게 기술하였다.

3.1.2 응력

기기에 하중이 외력으로 작용하면 기기 내의 임의의 위치에서는 이러한 작용 외력에 의한 내력(internal force)이 발생하게 되는데 이와 같은 내력에 의해 발생하는 단위 면적당 하중 세기를 응력(stress)이라 정의한다. 따라서 US 규격 단위에서 응력의 기본단위는 psi(lb/in^2)이며, SI 단위계에서는 응력 기본단위가 N/m^2(=Pa) 이다. 만약 하중을 매개변수로 하여 기기를 설계하게 되면 파손에 도달하는 하중의 크기가 구조물의 형상 등에 따라서도 달라지기 때문에 하중과 형상이 모두 변수로 고려되어야 하지만 이와 같은 응력 개념을 이용하면 단위 면적당 하중 세기로 구조물 설계 및 평가가 가능하므로 응력이라는 단일 변수만으로 기기의 설계 혹은 평가를 수행할 수 있게 된다.

그림 3.1-1(a)는 하중이 외력으로 작용하는 기기의 형상을 간략하게 나타낸 것이다. 만약 그림 3.1-1(b)와 같이 기기를 절단하여 기기 내부의 임의의 한 점 "O"를 정의하면, 기기 내부의 "O"점에는 그림 3.1-1(a)의 외력($F_1 \sim F_4$)에 의해 내력이 발생하게 되며, 이 내력의 크기 및 방향은 그림 3.1-1(b)와 같이 절단된 부분에 대한 자유물체도를 작성하고 이에 대한 평형(equilibrium) 조건을 고려하면 구할 수 있다. 그림 3.1-1(b)에서 한 점 "O"를 포함하는 미소면적 ΔA를 정의하고, 평형 조건으로 구한 해당 미소 면적에 작용하는 내력은 벡터(vector)이므로 이를 각각 $x-$, $y-$, 그리고 $z-$축 성분으로 분리할 수 있다. 여기서 미소면적 ΔA는 편의상 $x-$축에 수직한 평면으로 정의된다.

이와 같이 미소 면적 ΔA에 작용하는 힘을 벡터로 성분 분해하면 1개의 성분은 ΔA 평면에 수직한 방향의 힘이 되며, 2개의 성분은 ΔA 평면에 평행한 방향의 힘이 된다. 여기서 미소 면적에 수직인 1개의 성분(ΔF_x)은 수직력(normal force)이 되며, 2개의 평행한 성분($\Delta V_y, \Delta V_z$)은 전단력(shear force)이 된다. 여기서 각각의 수직력 성분과 전단력 성분을 미소 면적 ΔA로 나누고 이를 0으로 수렴시키면 점 "O"에 발생하는 3개의 응력 성분이 결정된다.

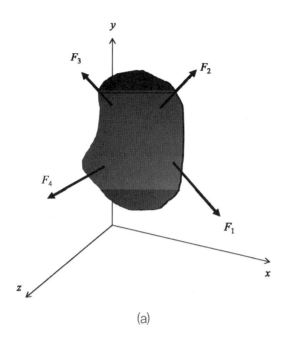

(a)

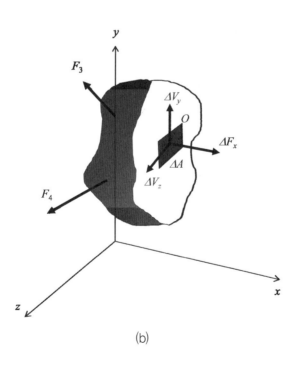

(b)

〈그림 3.1-1〉 (a) 외력이 작용하는 기기 (b) 외력에 의해 기기 내 한 점 O에
작용하는 내력의 벡터 분력

$$\sigma_x = \lim_{\Delta A \to 0} \frac{\Delta F_x}{\Delta A}$$

$$\tau_{xy} = \lim_{\Delta A \to 0} \frac{\Delta V_y}{\Delta A} \tag{3.1-1}$$

$$\tau_{xz} = \lim_{\Delta A \to 0} \frac{\Delta V_z}{\Delta A}$$

식 (3.1-1)에서 수직력에 의한 응력을 수직응력(normal stress)이라 정의하며 전단력에 의한 응력을 전단응력(shear stress)이라 정의한다. 그리고 수직응력과 전단응력은 각각 σ 와 τ로 표기된다. 만약 σ의 방향이 표면 바깥쪽, 즉 양의 x-축 방향이면 이는 인장응력이 며 양의 수직응력으로 정의된다. 반대로 σ의 방향이 표면 안쪽이면, 즉 음의 x-축 방향이 면 이는 압축응력이며 음의 값을 갖게 된다. 또한 전단응력에서 2개의 하첨자 가운데 첫 번 째 하첨자는 작용하는 평면(식 (3.1-1)의 경우는 x-축에 수직인 평면)을 의미하며, 두 번째 하첨자는 작용 방향을 의미한다. 수직응력과 동일하게 작용하는 응력의 방향이 각각 y-축과 z-축의 양의 방향이면 양의 값을 갖는 전단응력이 된다.

그리고 위의 과정을 y-축과 수직인 평면 및 z-축과 수직인 평면에 대해 반복하면 위와 동 일하게 2개의 수직력과 4개의 전단력 성분을 얻을 수 있으며, 앞의 x-축과 수직인 평면의 결 과와 더하면 전체 3개의 수직응력 성분과 6개의 전단응력 성분을 3차원 공간상에 존재하는 기기 내의 한 점 "O"에 대해 정의할 수 있게 된다. 한 점 "O"에 작용하는 이와 같은 응력 성 분을 도식적으로 나타내기 위해 한 점 "O"를 편의상 육면체 요소로 나타내어 응력 성분을 표 시하면 그림 3.1-2와 같다. 여기서 각 변의 길이를 매우 작다고 가정하면 한 점에서의 응력 상태로 표현할 수 있다. 그림 3.1-2에서 응력 성분을 나타낸 각 평면의 뒷면의 경우에 한 점 "O"에서의 평형 조건을 만족하기 위해 앞면에 표현된 응력 성분들과 크기는 같고 방향은 서로 반대인 응력이 작용하게 된다. 따라서 3차원 공간상의 한 점 "O"의 응력 상태를 정의하기 위 해서 그림 3.1-2의 9개의 응력 성분, 즉 $\sigma_x, \sigma_y, \sigma_z, \tau_{xy}, \tau_{xz}, \tau_{yx}, \tau_{yz}, \tau_{zx}, \tau_{zy}$만이 필요하게 된다. 일반적으로 그림 3.1-2에서 응력이 표현된 평면을 양의 평면(positive plane)으로 정의 하며 반대쪽에 대응되는 평면을 음의 평면(negative plane)으로 정의한다.

그림 3.1-2의 응력 요소가 평형 조건(모멘트 평형)을 만족하기 위해서는 다음과 같이 서 로 교차하는 전단응력(cross-shear stress)은 동일해야 한다[3.1-1].

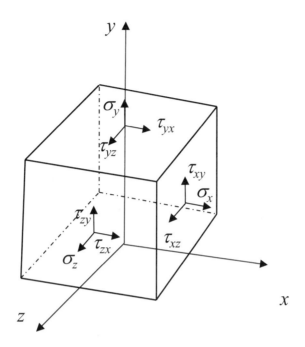

〈그림 3.1-2〉 기기 내의 한 점 "O"에 작용하는 3차원 응력 상태

$$\tau_{xy} = \tau_{yx}, \; \tau_{xz} = \tau_{zx}, \; \tau_{yz} = \tau_{zy} \qquad\qquad (3.1\text{--}2)$$

따라서 3차원 응력상태에 대한 성분의 개수는 9개에서 6개, 즉 $\sigma_x, \sigma_y, \sigma_z, \tau_{xy}, \tau_{xz}, \tau_{yz}$ 로 감소된다. 즉, 한 점에서의 3차원 일반 응력 상태를 모두 표현하기 위해서는 6개의 응력 성분이 필요하게 된다.

3.1.3 평면응력과 Mohr 원

두께가 얇은 판재에 대해 각 두께 평면 중심에 하중이 작용하거나 혹은 하중이 작용하지 않는 기기 표면의 경우에는 한 표면상의 응력이 모두 "0"이 되는 경우가 발생하는데 이는 기기 설계에서 일반적으로 나타나는 응력 상태이며, 이와 같은 응력 상태를 평면응력(plane stress) 상태라 한다. 실제 설계에서 대부분의 임계 위치는 외부 표면이 되는 경우가 많으므로 평면응력 상태는 실제적으로도 매우 중요하다. 그림 3.1-3에 z-방향 응력 성분이 없다고 가정하여 평면응력 상태를 도식적으로 나타내었다.

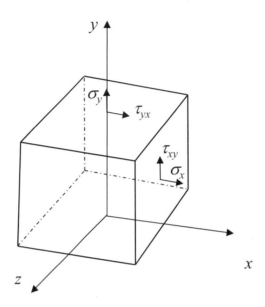

〈그림 3.1-3〉 평면응력 상태 (z-방향 응력 성분이 없다고 가정)

즉, 그림 3.1-2와 비교하면 평면응력 조건에서 $\sigma_z = \tau_{zx} = \tau_{zy} = 0$이며, 평형조건에 의해서 $\tau_{xy} = \tau_{yx}$이다. 비록 평면응력 상태를 2차원 응력 상태로 표현하는 것이 타당하기는 하지만 보다 엄밀하게 그림 3.1-3을 $\sigma_z = \tau_{xz} = \tau_{zx} = \tau_{yz} = \tau_{zy} = 0$인 3차원 응력 상태로 인식하는 것이 보다 바람직하다.

일반적으로 한 점의 응력 상태는 고려하는 평면의 방향에 따라 달라진다. 기기 설계에서 전술한 성분 응력이 직접 강도 설계에 적용되는 경우는 매우 특수한 경우이며, 대부분의 경우에 성분 응력 대신 한 점에서 나타나는 최대 인장응력이나 최대 전단응력 등이 설계 목적으로 사용된다. 따라서 한 점에서 평면의 위치에 따른 응력의 변화 및 최대 수직응력 혹은 최대 전단응력의 크기 및 방향을 결정하는 것은 매우 중요하다.

이와 같은 평면의 방향에 따른 수직응력과 전단응력의 변화를 고찰하기 위해 그림 3.1-4와 같이 ϕ만큼 반시계 방향으로 회전된 새로운 평면의 수직응력 σ와 전단응력 τ의 상태를 고려한다(x_1-y_1 평면). 그림 3.1-4에 나타낸 바와 같이 각 성분 응력에 미소 면적을 곱해 힘으로 치환한 후 ϕ만큼 회전된 x_1-y_1축에 대해 힘의 평형을 고려하면 다음과 같다.

$$\sigma A_o \sec\phi - \sigma_x A_o \cos\phi - \tau_{xy} A_o \sin\phi - \sigma_y A_o \tan\phi \sin\phi - \tau_{yx} A_o \tan\phi \cos\phi = 0 \qquad (3.1\text{-}3)$$

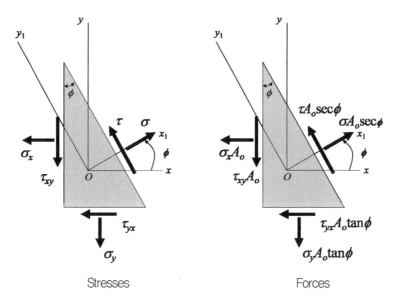

Stresses   Forces

〈그림 3.1-4〉 ϕ만큼 반시계 방향으로 경사진 평면에 작용하는 수직응력과 전단응력

$$\tau A_o \sec\phi + \sigma_x A_o \sin\phi - \tau_{xy} A_o \cos\phi - \sigma_y A_o \tan\phi \cos\phi + \tau_{yx} A_o \tan\phi \sin\phi = 0 \qquad (3.1\text{-}4)$$

여기서 교차 전단응력 $\tau_{xy} = \tau_{yx}$ 이므로 이를 대입하여 위의 두 식을 정리하면 다음과 같이 된다.

$$\sigma = \sigma_x \cos^2\phi + \sigma_y \sin^2\phi + 2\tau_{xy}\sin\phi\cos\phi = 0 \qquad (3.1\text{-}5)$$

$$\tau = -\left(\sigma_x - \sigma_y\right)\sin\phi\cos\phi + \tau_{xy}\left(\cos^2\phi - \sin^2\phi\right) \qquad (3.1\text{-}6)$$

위의 두 식을 삼각함수 관계식을 이용하여 재정리 하면 다음과 같다.

$$\sigma_{x1} = \left(\frac{\sigma_x + \sigma_y}{2}\right) + \left(\frac{\sigma_x - \sigma_y}{2}\right)\cos 2\phi + \tau_{xy}\sin 2\phi \qquad (3.1\text{-}7)$$

$$\tau_{x1y1} = -\left(\frac{\sigma_x - \sigma_y}{2}\right)\sin 2\phi + \tau_{xy}\cos 2\phi \qquad (3.1\text{-}8)$$

위의 식을 평면응력 조건에 대한 응력 변환식이라 한다. 따라서 $x-y$축에 대한 기존의 성분 응력과 고려하고자 하는 평면의 회전각 정보만 알면 ϕ만큼 회전한 평면의 수직응력과 전단응력 상태를 결정할 수 있게 된다. 그림 3.1-4에서 y축에 대한 수직응력은 식 (3.1-7)에 ϕ대신 $\phi + 90$도를 대입하여 결정할 수 있다. 여기서 주의할 점은 비록 실제 관심있는 평면은 ϕ만큼 회전한 평면이지만 위의 식에는 삼각함수 관계식을 이용한 재정리로 인해 2ϕ가 사용되었다는 점이다.

전술한 바와 같이 기기설계 측면에서 이와 같은 변환 응력 가운데 수직응력과 전단응력의 최대값이 큰 의미를 갖는다. 먼저 수직응력의 최대값이 발생하는 평면의 위치는 식 (3.1-7)을 ϕ에 대해 미분하고 이를 0과 같다고 하여 다음과 같이 구할 수 있다.

$$\tan 2\phi_p = \frac{2\tau_{xy}}{\sigma_x - \sigma_y} \tag{3.1-9}$$

식 (3.1-9)는 2개의 $2\phi_p$ 값을 정의하며, 각각 최대 수직응력 σ_1과 최소 수직응력 σ_2에 해당한다. 이 2개의 최대/최소 수직응력을 주응력(principle stresses)이라 하며, 해당 방향을 주응력 방향(principal direction)이라 정의한다. 식 (3.1-9)의 tangent 해에서 알 수 있듯이 두 주응력 방향은 90도 간격이다. 즉 그림 3.1-4에서 만약 x_1축이 최대 주응력(최대 수직응력) 방향이면 y_1축은 최소 주응력(최소 수직응력) 방향이 된다. 식 (3.1-9)를 정리하여 식 (3.1-8)에 대입하면 $\tau = 0$이 되며 이는 주응력이 나타나는 평면에서 전단응력은 0임을 의미한다.

동일한 방법으로 식 (3.1-8)을 ϕ에 대해 미분하고 이를 0과 같다고 하여 다음과 같이 구할 수 있다.

$$\tan 2\phi_s = -\frac{\sigma_x - \sigma_y}{2\tau_{xy}} \tag{3.1-10}$$

마찬가지로 식 (3.1-10)은 극한 전단응력이 나타나는 2개의 $2\phi_s$ 값을 정의한다. 주응력과 마찬가지로 최대 전단응력을 포함하는 두 평면은 90도 간격이며, 식 (3.1-10)을 정리하며 식 (3.1-7)에 대입하면 다음과 같이 표현된다.

$$\sigma = \frac{\sigma_x + \sigma_y}{2} \tag{3.1-11}$$

이는 최대 전단응력이 발생하는 평면에 수직응력으로 평균 수직응력이 작용함을 의미한다. 또한 식 (3.1-9)와 식 (3.1-10)을 비교하면 2개의 tangent는 음의 역수 관계이며 이는 두 각 ϕ_p와 ϕ_s가 45도의 간격임을 의미하며 따라서 주응력 면과 최대 전단응력면은 서로 ± 45도 만큼 떨어져 있음을 의미한다.

최종적으로 2개의 주응력과 최대 전단응력은 앞에서 정의한 주응력각과 최대 전단응력각을 이용하여 다음과 같이 구할 수 있다.

$$\sigma_1, \sigma_2 = \frac{\sigma_x + \sigma_y}{2} \pm \sqrt{\left(\frac{\sigma_x - \sigma_y}{2}\right)^2 + \tau_{xy}^2} \tag{3.1-12}$$

$$\tau_1, \tau_2 = \sqrt{\left(\frac{\sigma_x - \sigma_y}{2}\right)^2 + \tau_{xy}^2} \tag{3.1-13}$$

식 (3.1-12)와 식 (3.1-13)을 이용하면 최대 전단응력과 주응력 사이에는 다음의 관계가 성립한다.

$$\tau_{\max} = \frac{\sigma_1 - \sigma_2}{2} \tag{3.1-14}$$

그러나 식 (3.1-14)로 정의되는 최대 전단응력이 기기의 한 점에서 실제로 나타나는 실제 최대 전단응력이 아닐 수도 있는 경우에 주의하여야 한다. 이러한 경우는 평면응력 조건에서 식 (3.1-12)로 정의되는 2개의 주응력의 부호가 같은 경우(모두 양 혹은 모두 음인 경우)에 발생하며, 이와 구분하여 특별히 식 (3.1-14)로 정의되는 최대 전단응력을 면내 최대 전단응력(in-plane maximum shear stress)이라 한다.

임의의 평면에 대한 응력 상태 및 최대 주응력과 최대 전단응력을 결정하기 위해 위의 식 (3.1-7) ~ 식 (3.1-14)를 사용할 수 있지만 모어 원(Mohr's circle)을 이용하면 이를 보다 쉽게 구할 수 있다.

식 (3.1-7)의 우측 첫째 항을 좌변으로 옮기고 이와 같이 정리된 식 (3.1-7)과 식 (3.1-8)의 양변을 제곱하여 더하면 다음과 같은 원의 방정식을 얻을 수 있다.

$$\left(\sigma_{x1} - \frac{\sigma_x + \sigma_y}{2}\right)^2 + \tau_{x1y1}^2 = \left(\frac{\sigma_x - \sigma_y}{2}\right)^2 + \tau_{xy}^2 \tag{3.1-15}$$

제
3
장

식 (3.1-15)는 σ와 τ를 각각 수평축과 수직축으로 하며 원점이 $((\sigma_x + \sigma_y)/2, \ 0)$, 반지름이 R $= \sqrt{\left(\dfrac{\sigma_x - \sigma_y}{2}\right)^2 + \tau_{xy}^2}$ 인 원의 방정식이 되며, 이를 도식적으로 나타내면 그림 3.1-5와 같다.

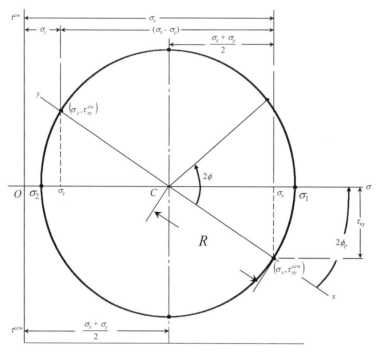

〈그림 3.1-5〉 평면응력 상태에 대한 모어 원

따라서 원의 기하학적 특성을 이용하면 주응력과 최대 전단응력, 그리고 각 방향을 쉽게 구할 수 있으며, 식 (3.1-9) ~ 식 (3.1-14)로 정의되는 다양한 특성을 원의 기하학적 특성을 통해 확인할 수 있다. 이 때 그림 3.1-4에서 반시계방향으로 ϕ만큼 평면을 회전시켰기에 응력요소와 모어 원 상의 회전방향을 일치시키기 위해 모어 원의 경우도 반시계방향의 전단응력을 σ축 아래에 도시하고 시계방향의 전단응력을 σ축 위에 일반적으로 표시한다.

3.1.4 3차원 응력 상태

전술한 바와 같이 주응력이 발생하는 평면에서는 모든 전단응력이 0이기에 만약 3차원의 경우에도 특정 방향에 대해 모든 전단응력이 0이 된다면 이 면에 대해 작용하는 3개의 수직응력은 곧 주응력이 된다. 그러나 3개의 수직응력과 6개의 전단응력이 존재하는 일반적인 3차원의 경우라면 전술한 평면응력과 같이 쉽게 주응력을 정의할 수 없으며 다음과 같은 3차방정식의 해를 구해야 한다[3.1-2].

$$\sigma^3 - \sigma^2(\sigma_x + \sigma_y + \sigma_z) + \sigma(\sigma_x\sigma_y + \sigma_y\sigma_z + \sigma_z\sigma_x - \tau_{xy}^2 - \tau_{yz}^2 - \tau_{zx}^2)$$
$$- (\sigma_x\sigma_y\sigma_z + 2\tau_{xy}\tau_{yz}\tau_{zx} - \sigma_x\tau_{yz}^2 - \sigma_y\tau_{zx}^2 - \sigma_z\tau_{xy}^2) = 0 \tag{3.1-16}$$

위의 방정식으로 구한 3개의 주응력을 $\sigma_1 \geq \sigma_2 \geq \sigma_3$이라 정의하면 이는 그림 3.1-6과 같은 그림으로 표현된다. 또한 각 원의 반지름은 1-2 평면, 1-3 평면, 2-3 평면에 대한 최대 전단응력(τ_{1-2}, τ_{2-3}, τ_{1-3})을 의미한다. 여기서 하첨자 1, 2, 3은 각각 각 평면을 구성하는 축을 의미한다. 주응력의 크기가 $\sigma_1 \geq \sigma_2 \geq \sigma_3$이기 때문에 3차원 응력 상태에서 최대 전단응력은 세 개의 전단응력 가운데 $\tau_{\max} = \tau_{1-3}$이 된다. 따라서 3차원 응력 상태에서 최대 전단응력을 구할 경우 항상 주응력의 크기에 주의해야 한다.

제
3
장

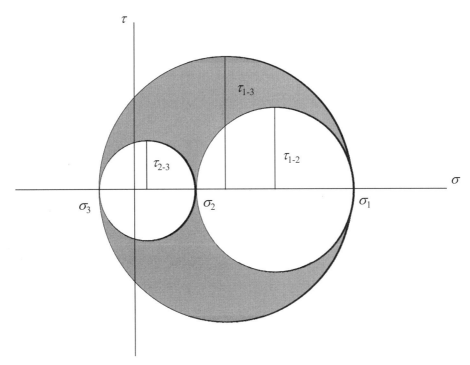

〈그림 3.1-6〉 3차원 응력 상태에 대한 모어 원

전술한 바와 같이 3차원 응력 상태에서 최대 전단응력을 결정할 경우 주응력의 크기와 부호에 주의해야 한다. 다시 여기서 평면응력 상태를 고려하면 3개의 주응력 가운데 하나의 주응력은 0이 된다. 이 때 편의상 그림 3.1-6에서 1-2번 축을 기기 상의 평면을 정의하는 축으로 정의하고 3번 축을 주응력이 0인 축으로 정의한다. 이 때 만약 나머지 2개의 주응력 σ_1, σ_2의 부호가 다르다면, 즉 하나는 양이고 다른 하나는 음이라면 최대 전단응력은 $\tau_{\max} = \tau_{1-2}$가 된다. 그리고 이 최대 전단응력은 기기의 평면 내에서 발생하므로 면내 최대 전단응력이 된다. 반면 $\sigma_3 = 0$인 평면응력 조건에서 나머지 2개의 주응력 σ_1, σ_2의 부호가 모두 양 혹은 모두 음으로 같다고 하면 최대 전단응력은 $\tau_{\max} = \tau_{1-3}$이 되며 이는 기기 상의 평면인 1-2번 평면이 아닌 기기 밖으로 향하는 축과 이루는 평면인 1-3번 평면에서 최대 전단응력이 발생하므로 이를 면외 최대 전단응력(out-of-plane maximum shear stress)이라 한다. 이러한 면외 최대 전단응력은 내압이 작용하는 두께가 얇은 실린더 등에서 발생할 수 있다. 이에 대해서는 뒤에서 보다 자세히 설명한다.

3.1.5 변형률과 Hooke의 법칙

만약 기기에 축하중이 작용한다면 이에 대응하는 수직 변형률은 $\epsilon = \delta/l$로 정의된다. 여기서 δ는 수직 변형량이며, l은 전체 길이다. 만약 축방향을 x-축 방향으로 정의하면 수직응력과 수직변형률은 다음과 같은 Hooke의 법칙으로 나타낼 수 있다.

$$\sigma_x = E\epsilon_x \qquad (3.1\text{-}17)$$

여기서 E는 재료의 탄성계수(Young's modulus)이다.

만약 Hooke의 법칙이 성립하는 탄성재료에서 σ_x만 인장방향으로 작용하고 $\sigma_y = \sigma_z = 0$인 경우를 고려하자. 이 경우 $\sigma_y = \sigma_z = 0$ 이라 하더라도 y-, z-축 방향의 수직변형률도 0인 것은 아니다. 재료가 인장하중을 받고 있을 때 인장하중이 작용하는 축방향 변형률뿐만 아니라 하중방향에 수직인 방향으로 수축도 발생하게 되며, 만약 등방성, 선형 탄성 재료로 가정하면 이와 같은 수축되는 변형률은 축방향 인장 변형률과 비례한다. 이 축방향 변형률과 가로방향 수축 변형률의 비를 포아송비(Poisson's ratio)라 한다. 전술한 바와 같이 σ_x만 인장 방향으로 작용하고 $\sigma_y = \sigma_z = 0$인 경우라면 포아송의 비는 다음과 같이 정의된다.

$$\nu = -\frac{\epsilon_y}{\epsilon_x} = -\frac{\epsilon_z}{\epsilon_x} \tag{3.1-18}$$

따라서 σ_x만 작용하는 경우에도 $y-$ 및 $z-$축 방향으로 수직변형률이 발생하며 식 (3.1-18)에 따라 $\epsilon_y = \epsilon_z = -\nu\epsilon_x$가 된다. 이를 다시 정리하면 다음과 같이 표현된다.

$$\epsilon_x = \frac{\sigma_x}{E}, \epsilon_y = \epsilon_z = -\nu\epsilon_x = -\nu\frac{\sigma_x}{E} \tag{3.1-19}$$

만약 $\sigma_x, \sigma_y, \sigma_z$가 동시에 작용한다면 3개의 수직응력에 대응되는 수직변형률은 Hooke의 법칙과 포아송비의 정의를 이용하여 다음과 같이 표현된다. 이 때 3개의 수직응력이 동시에 작용함에 따라 나타나는 상호작용은 변형률이 매우 작기 때문에 무시할 수 있다고 가정한다.

$$\epsilon_x = \frac{1}{E}\{\sigma_x - \nu(\sigma_y + \sigma_z)\}$$

$$\epsilon_y = \frac{1}{E}\{\sigma_y - \nu(\sigma_x + \sigma_z)\} \tag{3.1-20}$$

$$\epsilon_z = \frac{1}{E}\{\sigma_z - \nu(\sigma_x + \sigma_y)\}$$

앞에서 수직응력과 수직변형률의 관계를 정의할 때 전단응력의 영향은 고려하지 않았다. 그러나 일반적인 응력 상태에서 각 면에 전체 6개의 전단응력이 존재한다. 그러나 이러한 전단응력에 의한 변형량은 매우 작기 때문에 수직변형률에 거의 영향을 미치지 않는다고 가정한 것이다. 순수 전단응력이 작용할 때 전단변형률(shear strain, γ)은 그림 3.1-7과 같이 응력요소의 직각부에 발생하는 상대적인 각변화로 정의된다. 그림 3.1-7에서 전단응력은 왼쪽 면과 아랫면에도 작용하지만 편의상 나타내지 않았다.

만약 3차원 상의 3개의 평면을 모두 고려한다면 전단에 대한 Hooke의 법칙은 다음과 같이 정의된다.

$$\tau_{xy} = G\gamma_{xy}, \tau_{yz} = G\gamma_{yz}, \tau_{zx} = G\gamma_{zx} \tag{3.1-21}$$

제 3 장

여기서 상수 G는 전단탄성계수 또는 강성계수로 정의된다.

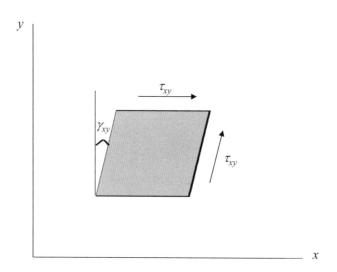

〈그림 3.1-7〉 전단응력이 작용하는 $x-y$ 평면에서 전단변형률의 정의

선형 탄성, 균질 등방성 재료의 경우 탄성계수, 전단탄성계수, 포아송비 사이에는 다음과 같은 관계가 성립한다.

$$G = \frac{E}{2(1+\nu)} \tag{3.1-22}$$

3.1.6 압력용기에 발생하는 응력

고압의 유체를 전달하는 배관, 압력용기 등에서는 압력에 의해 접선방향 및 반경방향 응력이 동시에 발생하며, 그 값은 반지름 방향 위치에 따라 변한다. 만약 그림 3.1-8과 같이 실린더형 기기가 내압과 외압을 동시에 받고 있다면 반경방향 위치 r에 따른 접선방향 혹은 원주방향 응력(σ_h)과 반경방향 응력(σ_r)은 다음과 같이 표현된다[3.1-3].

$$\sigma_h = \frac{p_i r_i^2 - p_o r_o^2 - r_i^2 r_o^2 (p_o - p_i)/r^2}{r_o^2 - r_i^2}, \ \sigma_r = \frac{p_i r_i^2 - p_o r_o^2 + r_i^2 r_o^2 (p_o - p_i)/r^2}{r_o^2 - r_i^2} \tag{3.1-23}$$

만약 내압(p_i)만 작용하는 경우라면 위의 식은 다음과 같이 표현된다.

$$\sigma_h = \frac{r_i^2 p_i}{r_o^2 - r_i^2}\left(1 + \frac{r_o^2}{r^2}\right), \quad \sigma_r = \frac{r_i^2 p_i}{r_o^2 - r_i^2}\left(1 - \frac{r_o^2}{r^2}\right) \tag{3.1-24}$$

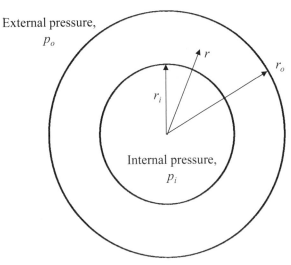

〈그림 3.1-8〉 내압과 외압이 동시에 작용하는 실린더

압력용기의 end-cap 효과를 고려하면 축방향 응력(σ_l)은 다음과 같이 표현된다.

$$\sigma_l = \frac{r_i^2 p_i}{r_o^2 - r_i^2} \tag{3.1-25}$$

만약 내압이 작용하는 압력용기의 두께가 매우 얇다면 이는 평면응력 조건으로 해석이 가능하다. 일반적으로 가장 많이 사용되고 있는 얇은 실린더형 압력용기와 구형 압력용기에 대해 응력해석은 다음과 같다. 그림 3.1-9는 내압이 작용하는 두께가 얇은 실린더를 나타낸 것이다. 실린더 구조물은 축대칭 형상이며 내압이 작용하기 때문에 그 어떤 전단응력도 발생하지 않으며 평면응력 조건이므로 반경방향 응력은 0이 된다. 따라서 내압으로 발생하는 원주방향 응력과 축방향 응력은 바로 주응력이 되며 각각 σ_1과 σ_2로 정의될 수 있다.

먼저 원주방향 응력을 결정하기 위해서 배관 단면을 절단하고 힘의 평형을 고려하면 원주방향 응력은 다음과 같이 구해진다.

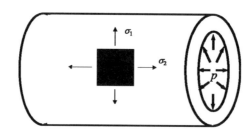

〈그림 3.1-9〉 내압이 작용하는 두께가 얇은 실린더의 응력 상태

$$\sigma_1 = \frac{pr}{t} \qquad\qquad (3.1\text{-}26)$$

여기서 r은 실린더의 평균반경이며, t는 실린더의 두께이다.

실린더의 축방향으로 힘의 평형을 고려하면 축방향 응력은 다음과 같이 구해진다.

$$\sigma_2 = \frac{pr}{2t} \qquad\qquad (3.1\text{-}27)$$

3.1.4절에 기술된 내용을 참고하면 실린더 상의 1-2 평면에서 얻어지는 최대 면내전단응력은 다음과 같이 정의된다.

$$\tau_{1-2} = \frac{\sigma_1 - \sigma_2}{2} = \frac{pr}{4t} \qquad\qquad (3.1\text{-}28)$$

그리고 평면응력 조건이기에 $\sigma_3 = 0$임을 고려하면 최대 전단응력은 1-3 평면에서 발생하며 이는 최대 면외 전단응력에 해당한다.

$$\tau_{\max} = \tau_{1-3} = \frac{\sigma_1 - \sigma_3}{2} = \frac{pr}{2t} \qquad\qquad (3.1\text{-}29)$$

그림 3.1-10은 내압 p가 작용하는 구형 압력용기를 나타낸 것이다. 형상의 대칭성으로 인해 절단 방향과 관계없이 모든 절단면은 원형 단면 형태이며 이에 따라 단면에 상관없이 모든 응력성분은 동일하며 따라서 $\sigma_1 = \sigma_2$의 관계가 성립한다. 또한 내압에 의해 어떤 전단응력도 발생하지 않으며 평면응력 조건이기 때문에 두 응력은 바로 주응력이 된다. 구형 용기의 중심에 대해 절단하고 힘의 평형을 고려하면 두 주응력은 다음과 같이 정의된다.

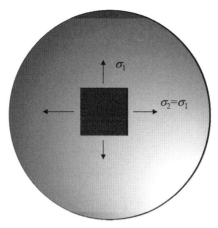

〈그림 3.1-10〉 내압이 작용하는 두께가 얇은 구형 압력용기의 응력 상태

$$\sigma_1 = \sigma_2 = \frac{pr}{2t} \qquad\qquad (3.1\text{--}30)$$

이 두 개의 주응력은 3차원 모어 원상에 한 점으로 표현되고 $\sigma_3 = 0$의 평면응력 조건을 함께 고려하면 구형 압력용기 표면 내에 존재하는 1-2 평면에 대한 면내 전단응력은 0이 되며 구형 압력용기의 최대 전단응력은 다음과 같이 표현되는 면외 전단응력이 된다.

$$\tau_{\max} = \frac{\sigma_1}{2} = \frac{pr}{4t} \qquad\qquad (3.1\text{--}31)$$

3.1.7 고주기 피로

대부분의 경우 금속재료 기기는 재료의 항복강도 보다 작용응력이 충분히 작도록 설계되어도 만약 작용하중이 반복적으로 작용하다면 점진적으로 누적되는 손상에 의해 미세 균열이 발생하게 되는데 이를 피로 파손(fatigue failure)이라 한다. 이러한 피로 파손은 누적된 손상으로 인해 갑작스럽게 발생하기 때문에 매우 위험하다.

일반적으로 피로 파손은 작용하는 하중 범위에서 파손이 발생하는 사이클 수(N)로 수명을 예측한다. 통상 $1 \leq N \leq 10^3$ 사이클 수명은 저주기 피로(low cycle fatigue)로 분류하고 $N > 10^3$인 경우는 고주기 피로(high cycle fatigue)로 구분한다.

고주기 피로의 경우에는 응력을 기반으로 한 S–N 선도를 이용하여 피로 수명을 평가하며 작용하는 응력이 작아 구조물은 탄성적으로 거동하며 이에 따라 피로 수명은 길어지게 된다. $S\text{-}N$ 선도를 결정하는 대표적인 방법은 R. R. Moore의 회전 빔 실험이다. 그림 3.1-11은 $S\text{-}N$ 선도를 작성하기 위한 반복 응력 조건을 나타낸 것이다. 회전 빔 실험에서는 그림 3.1-11에 나타낸 응력진폭을 변화시키며 각 응력진폭에서 파손이 발생할 때까지의 회전수를 기록한다. 여기서 응력진폭의 1/2을 교번응력(alternating stress, σ_a)이라 한다.

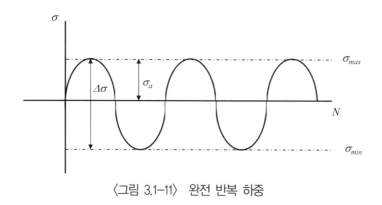

〈그림 3.1-11〉 완전 반복 하중

이와 같은 실험 결과를 도식적으로 나타낸 것이 그림 3.1-12의 $S\text{-}N$ 선도이다. $S\text{-}N$ 선도에서 수직축을 피로강도($S{\fallingdotseq}\sigma_a$)라 한다. 그림 3.1-12는 $S\text{-}N$ 선도를 재료의 인장강도로 무차원화하여 나타내었다. 그림 3.1-12에서 특정 피로강도 이하에서는 아무리 많은 사이클 (약 10^6 사이클 이상)이 작용하여도 피로에 의한 파손이 발생하지 않는데 이 피로강도를 내구한도(endurance limit, S_e)라 한다. 그림 3.1-12에 나타낸 바와 같이 일반적으로 금속재료의 경우 $N{=}10^3$ 에서 피로강도는 재료의 인장강도와 $0.9 S_u$의 관계를 갖는 것으로 알려져 있으며, 내구한도의 경우에는 다음의 관계가 성립하는 것으로 알려져 있다[3.1-4].

$$S_e = 0.5 S_u \text{ for } S_u \le 200\,ksi$$
$$S_e = 100\,ksi \text{ for } S_u > 200\,ksi$$

(3.1-32)

만약 그림 3.1-13에 나타낸 바와 같이 완전 반복응력 조건이 아닌 평균응력(σ_m)이 존재하는 반복응력 조건이라면 평균응력을 영향을 고려한 고주기 피로평가를 수행해야 한다. 평균응력 효과를 고려한 고주기 피로평가를 위해 사용되는 것이 그림 3.1-14와 같이 피로수명이 동일하게 되는 평균응력과 교번응력의 쌍을 나타낸 Haigh 선도이다.

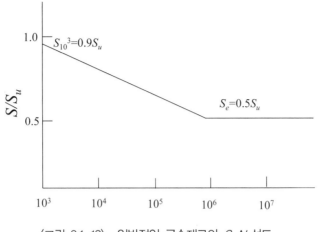

〈그림 3.1-12〉 일반적인 금속재료의 S-N 선도

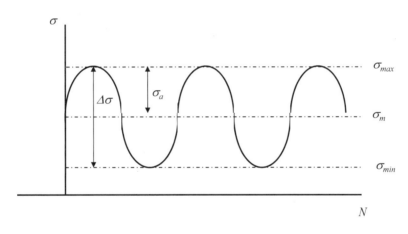

〈그림 3.1-13〉 평균응력이 존재하는 변동 응력

제
3
장

그림 3.1-14의 Haigh 선도에서 평균응력 축의 원점에서는 $\sigma_m = 0$이므로 y-축 상에 위치한 교번응력은 S-N 선도에서 각 수명 사이클에 해당하는 피로강도임을 알 수 있다. 이에 따라 10^6 등수명선의 경우 $\sigma_m = 0$인 y-축 상에 위치한 교번응력값은 내구한도인 S_e가 된다. 이와 같은 Haigh 선도를 작성하기 위해서 매우 많은 실험이 수행되어야 하기 때문에 다양한 근사식이 제시되었으며, 만약 $N = 10^6$ 수명선을 기준으로 무한 수명 설계를 수행할 경우 근사식들은 다음과 같이 표현된다. 즉, 부연 설명을 하면 아래의 근사식은 그림 3.1-14의 등수명선에 대해 σ_a 축과의 교점을 S_e로 정의했기 때문에 $N = 10^6$ 선도에 대한 근사식, 즉 무한수명 설계를 위한 식이 된다.

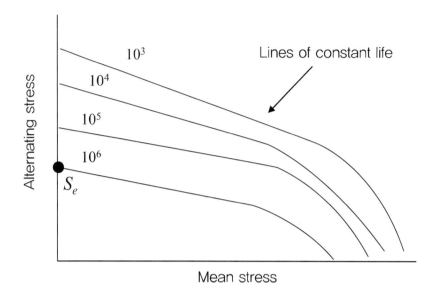

<그림 3.1-14> 등수명에 대한 Haigh 선도

$$\text{Soderberg (미국, 1930)} \quad \frac{\sigma_a}{S_e} + \frac{\sigma_m}{S_y} = 1 \qquad (3.1\text{-}33)$$

$$\text{Goodman (영국, 1899)} \quad \frac{\sigma_a}{S_e} + \frac{\sigma_m}{S_u} = 1 \qquad (3.1\text{-}34)$$

$$\text{Gerber (독일, 1874)} \quad \frac{\sigma_a}{S_e} + \left(\frac{\sigma_m}{S_u}\right)^2 = 1 \qquad (3.1\text{-}35)$$

$$\text{Morrow (미국, 1960)} \quad \frac{\sigma_a}{S_e} + \frac{\sigma_m}{\sigma_f} = 1 \qquad (3.1\text{-}36)$$

만약 평균응력을 고려하여 유한수명 설계를 한다면 식 (3.1-33) ~ 식 (3.1-36)으로 정의 된 근사식을 이용하여 y-축과의 교점(교번응력, σ_a)을 찾은 후 (위 근사식의 S_e 자리에 해 당하는 교번응력값) 이 값을 완전 반복 조건에 대한 $S-N$ 선도에 대입하여 해당 수명을 찾 으면 된다.

특히 $S-N$ 선도를 결정하기 위해 사용되는 피로시험 시험편과 실제 구조물은 여러 조건 이 다르기 때문에 실제 구조물 조건을 고려하기 위해서는 일반적으로 크기의 영향, 하중 형태의 영향, 표면 처리의 영향, 표면 조도의 영향, 온도 및 가동 환경의 영향 등을 고려하여 내구한도를 수정해주어야 한다.

만약 응력 진폭이 다양한 반복 하중을 받는다면 Miner의 법칙(Miner's rule)을 이용하여 각 교번응력에 의한 피로 손상을 누적하여 누적피로손상값이 1에 도달하면 피로 파손이 발생하는 것으로 간주된다. Miner의 법칙은 다음과 같이 표현된다.

$$\sum \frac{n_i}{N_i} = 1 \qquad\qquad (3.1\text{-}37)$$

여기서 n_i는 각 교번응력이 실제로 작용한 횟수를 의미하며 N_i는 각 교번응력에 해당하는 피로 수명을 의미한다.

제
3
장

3.2 파괴역학

3.2.1 개요

고체역학에 기반을 둔 기기 설계 또는 안정적인 운영은 주요 부위에 작용하는 응력을 계산하고 그 값을 재료의 항복강도 또는 인장강도와 비교하는 방식으로 진행하며, 불확실성을 감안하여 추가적인 안전여유도를 고려하게 된다. 그러나 엄격한 기술기준에 따라 설계 및 제작됨에도 불구하고 운전중인 발전소에서 기기 손상 및 파손 사례들이 발생하고 있다. 손상 및 파손은 인류가 기기 또는 구조물을 설계하거나 새로운 재료를 적용할 때 직면하게 되는 필연적인 문제이며 다양한 원인에 기인하는데, 기본적으로 제작 또는 운전 중 생성된 균열 등 예상치 못한 결함에 의해 영향을 받게 된다. 파괴역학은 재료과학에 근거한 응용역학의 한 분야이며, 결함이 존재하는 기기 또는 구조물의 건전성을 공학적으로 분석하고 파손 방지에 활용하기 위해 제안되었다. 그림 3.2-1은 기기 설계 및 건전성 평가 개념을 나타낸 개략도로서, 고체역학의 경우 결함이 존재하지 않는 기기의 작용응력과 강도를 비교하는 반면 파괴역학은 결함이 존재할 때 이론 또는 해석을 통해 계산한 균열진전력(crack driving force)과 실험을 통해 결정한 균열저항력(crack resistance force)을 비교하는 방식을 채택한다.

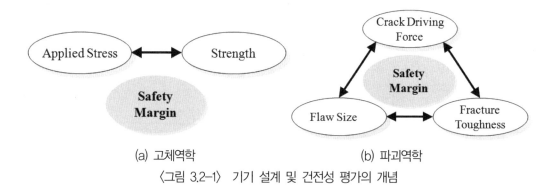

(a) 고체역학   (b) 파괴역학

〈그림 3.2-1〉 기기 설계 및 건전성 평가의 개념

역사적 관점에서 보면 초기의 파괴역학 연구는 1920년 Griffith가 이상적 취성 재료(brittle material)를 가정하여 파괴응력과 결함크기 사이의 관계를 정량화한 것에서 유래를 찾을 수 있다. 다소 소강상태를 보이던 후속 연구는 세계 2차대전 중 미국이 군수물자와 병력 수송을 위해 중형규격의 리버티선(Liberty ship)을 대량 건조하는 과정에서 전기를 맞게 된다. 대형 구조물의 신속한 접합을 위해 기존 리벳방법을 당시로서는 혁신적인 용접방법으로 변환하였으나, 작업자의 미숙련성과 불충분한 재료 인성(toughness)에 의해 국부적 응력 집중으로 결함이 발생하여 2,700여 척 중 약 400척이 파손되었고 그 중 90척의 상태는 심각한 수준이었다. 1957년 미국 해군연구소에 근무하던 Irwin은 Griffith 모델을 확장하여 금속체 균열선단(crack-tip) 부근의 응력과 변위를 단일 상수로 설명할 수 있음을 보이고, 항공기 및 증기터빈 로터의 파손 예측에 성공적으로 적용하였다. Irwin에 의해 선형 탄성 파괴역학(Linear Elastic Fracture Mechanics; LEFM)의 기본사항이 정립된 이후, 연구자들의 관심은 균열선단에서의 소성(plasticity) 분석으로 전환되었다. 대표적인 예로 Irwin과 Dugdale 등은 균열선단에서의 항복현상(yielding phenomenon)을 보정하기 위한 해석기법을 개발하였으며, 영국 용접연구소(현재 미국 Edison 용접연구소)에 근무하던 Wells 등은 파손에 선행하여 상당한 소성이 발생될 때 적용할 수 있는 대체 매개변수를 제안하였다.

1967년 Brown 대학의 Rice는 균열선단에서의 재료 비선형 거동을 특성화하기 위해 새로운 매개변수를 개발하였으며, 이는 탄소성 파괴역학(Elastic Plastic Fracture Mechanics; EPFM)의 비약적 발전으로 이어지게 된다. Harvard 대학의 Hutchinson과 Rice 및 Rosengren은 비선형 재료의 새로운 매개변수와 균열선단 응력장(stress field) 사이의 관계를 정량화 하였고, Westinghouse 연구소의 Begley와 Landes는 원전용 강재의 파괴인성(fracture toughness)을 특성화 하였다. 1980년대에 들어서면서 미국 전력연구원(Electric Power Research Institute; EPRI)은 Shih와 Hutchinson의 방법론에 기반을 둔 파괴역학 설계편람을 출판하였고, Shih는 Wells와 Rice가 제안한 매개변수 사이의 연관성을 입증하였으며, 이 외에도 동적 파괴역학의 이론적 근거들이 다수 개발되었다. 1980년대 후반까지 20여 년간은 파괴역학의 성숙기에 해당되어 시간의존적인 재료 비선형 거동 반영, 복합재료의 특성화, 국부(local)-전역(global) 파괴를 연계할 수 있는 손상역학 모델의 개발 등이 이루어졌다. 2000년 이후 현재까지는 정보기술의 발전이 전체 연구 분야에 영향을 미치면서 다차원(multi-scale) 재료 거동 및 복잡한 연성 현상 분석, 가혹한 환경에 사용할 수 있는 신재료 개발 등으로 이어지고 있다.

공학적 관점에서 바라 본 파괴역학의 구성 요소는 다양하다. 그림 3.2-2에 나타낸 바와 같이 재료과학과 연속체 역학이 학문적 토대를 담당할 뿐만 아니라 제작, 재료시험, 비파괴검사(Non-Destructive Examination; NDE)도 요구되며, 이와 상응하는 수치해석 기법과 산업적 경험이 어우러질 때 종합적이고 체계적인 기기의 파손 방지 및 분석이 가능하게 된다.

제
3
장

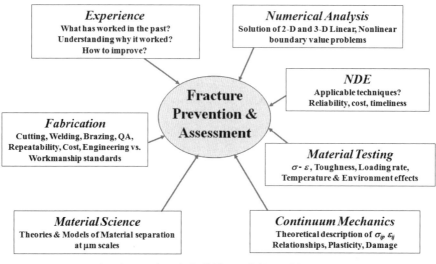

〈그림 3.2-2〉 파괴역학을 구성하는 공학적 요소

한편 그림 3.2-3은 재료 거동과 특성에 따라 파괴역학 평가법을 분류한 것이다. 협의적 측면에서는 전술한 LEFM과 EPFM으로 양분할 수 있으나, 광의적 측면에서는 재료의 순단면 소성붕괴(net section plastic collapse)에 입각한 한계하중(Limit Load; LL) 방법을 포함하여 분류하기도 한다. 원전기기 건전성 분석을 위해서는 재료 거동 및 특성과 더불어 기기의 중요도 등을 함께 고려하여야 하며, 해당 평가법에 적합한 매개변수를 사용하여야 한다. 현재 우리나라가 보유하고 있는 가압경수로(Pressurized Light Water Reactor; LWR) 또는 가압중수로(Pressurized Heavy Water Reactor; PHWR) 형 원전은 일반적으로 330℃ 이하의 온도와 15.5MPa 이하의 압력으로 운전된다. 이 때 적용할 수 있는 대표적 파괴역학 매개변수로 에너지해방률(energy release rate), 응력확대계수(Stress Intensity Factor; SIF), J-적분(J-integral), 균열선단열림변위(Crack Tip Opening Displacement; CTOD) 등이 있으며, 각 매개변수의 특징 및 역학적 근거를 차례대로 기술해 보고자 한다.

3.2.2 에너지해방률

Griffith[3.2-1]는 에너지 보존법칙에 착안하고 선형 탄성재료에서 균열이 성장할 때 표면력(surface traction) 소멸로 인해 에너지가 감소한다는 가정을 부여하여 최초의 파괴 에너지 기준을 제안하였다. 그림 3.2-4와 같이 일정한 인장응력 σ를 받는 두께 B인 무한판의 내부에 길이 $2a$인 관통균열(through-wall crack)이 존재한다고 생각해 보자. 이는 평면응력 조건에 해당하는데 균열의 크기가 커지기 위해서는 재료의 표면 에너지보다 큰 포텐셜 에너지가 필요하고, 균열면적(A) 증가분에 대한 에너지 평형상태는 다음과 같이 표현할 수 있다.

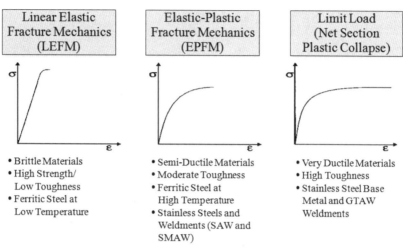

〈그림 3.2–3〉 파괴역학 평가법의 분류

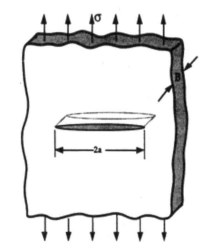

〈그림 3.2–4〉 인장응력이 작용하는 무한판 내부에 관통균열이 존재하는 경우

$$\frac{d\Pi}{dA} + \frac{dW_s}{dA} = 0 \qquad (3.2\text{–}1)$$

여기서 Π는 내부 변형률 에너지와 외력에 의한 포텐셜 에너지, W_s는 새로운 균열표면 생성에 요구되는 일(work)이다.

Griffith는 Inglis[3.2-2]의 응력해석 결과와 균열에 의해 2개의 표면이 생성되는 것을 고려하여 Π와 W_s를 식 (3.2-2) 및 식 (3.2-3)과 같이 정리하였다.

$$\Pi = \Pi_o - \frac{\pi\sigma^2 a^2 B}{E} \tag{3.2-2}$$

$$W_s = 4aB\gamma_s \tag{3.2-3}$$

여기서 Π_o는 균열이 없는 무한판의 포텐셜 에너지, σ는 작용응력, a는 균열길이의 1/2, E는 탄성계수, γ_s는 재료의 표면 에너지이다. 투영된 균열면적($2aB$)과 이에 상응하는 표면적($2A$)을 감안하여 미분한 후에 식 (3.2-1)에 대입하면 파괴응력(fracture stress)을 결정할 수 있다. 식 (3.2-6)으로 유도된 Griffith 모델은 후속 연구를 통해 표면균열(surface crack)이나 내재균열(embedded crack) 그리고 평면변형률(plane strain) 조건 등으로 확대 적용된 바 있다.

$$-\frac{d\Pi}{dA} = \frac{\pi\sigma^2 a}{E} \tag{3.2-4}$$

$$\frac{dW_s}{dA} = 2\gamma_s \tag{3.2-5}$$

$$\sigma_f = \left(\frac{2E\gamma_s}{\pi a}\right)^{1/2} \tag{3.2-6}$$

Irwin[3.2-3]은 Griffith의 이론적 모델을 보다 실용적인 공학적 에너지 접근법으로 발전시키는데 크게 기여하였다. 에너지 접근법에서는 균열면적에 대한 포텐셜 에너지의 변화를 에너지해방률(G)로 정의하고, 이 값이 임계치에 도달할 때 파괴가 발생하는 것으로 판단한다. 따라서 그림 3.2-4에 나타낸 무한판의 경우 G와 G_c는 각각 식 (3.2-8)과 식 (3.2-9)로 표현할 수 있다.

$$G = -\frac{d\Pi}{dA} \tag{3.2-7}$$

$$G = \frac{\pi\sigma^2 a}{E} \tag{3.2-8}$$

$$G_c = \frac{\pi\sigma_f^2 a_c}{E} \tag{3.2-9}$$

여기서 G_c는 임계 에너지해방률, a_c는 임계 균열길이의 1/2이다.

탄성재료의 포텐셜 에너지는 식 (3.2-10)과 같이 물체에 저장되는 내부 변형률 에너지(U)와 외력에 의한 일량(W)의 함수로 구분할 수 있다. Irwin은 이를 그림 3.2-5에 도시한 균열이 존재하는 평판에 적용하여 에너지해방률을 구체화하였다.

$$\Pi = U - W \tag{3.2-10}$$

먼저 하중 P가 일정한 하중제어 조건에서의 포텐셜 에너지는 식 (3.2-13)과 같이 유도되므로, 이를 식 (3.2-7)에 대입하여 G를 정리할 수 있다.

$$U = \int_0^\Delta P d\Delta = \frac{P\Delta}{2} \tag{3.2-11}$$

$$W = P\Delta \tag{3.2-12}$$

$$\Pi = -U \tag{3.2-13}$$

$$G = \frac{dU}{dA} = \frac{1}{B}\left(\frac{dU}{da}\right)_P = \frac{P}{2B}\left(\frac{d\Delta}{da}\right)_P \tag{3.2-14}$$

변위 Δ가 일정한 변위제어 조건에서는 $W=0$이므로, 식 (3.2-16)과 같이 유도된 포텐셜 에너지를 식 (3.2-7)에 대입하여 G를 다시 정리할 수 있다.

$$U = \int_0^P \Delta dP = \frac{P\Delta}{2} \tag{3.2-15}$$

$$\Pi = U \tag{3.2-16}$$

$$G = -\frac{dU}{dA} = -\frac{1}{B}\left(\frac{dU}{da}\right)_\Delta = -\frac{\Delta}{2B}\left(\frac{dP}{da}\right)_\Delta \tag{3.2-17}$$

제 3 장

다음의 식 (3.2-18)로 정의되는 탄성재료의 강성을 식 (3.2-14)와 식 (3.2-17)에 대입할 때 두 가지 조건에서의 G 는 식 (3.2-20)과 같이 동일하다.

$$C = \frac{\Delta}{P} \tag{3.2-18}$$

$$\left(\frac{dU}{da}\right)_P = -\left(\frac{dU}{da}\right)_\Delta \tag{3.2-19}$$

$$G = \frac{P^2}{2B}\frac{dC}{dA} \tag{3.2-20}$$

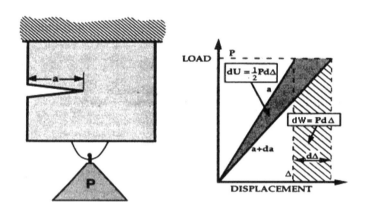

(a) 하중제어 조건

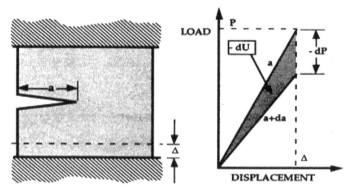

(b) 변위제어 조건

〈그림 3.2-5〉 균열이 존재하는 평판

한편 식 (3.2-20)의 타당성은 기하학적으로도 입증할 수 있다. 그림 3.2-5의 오른쪽에 나타낸 바와 같이 하중제어 조건의 경우 균열진전량 da는 외력 P에 의한 변형률 에너지의 증가로 귀결되고 $dW=0$인 변위제어 조건의 경우 변형률 에너지는 감소한다.

$$(dU)_P = Pd\Delta - \frac{Pd\Delta}{2} = \frac{Pd\Delta}{2} \qquad (3.2\text{-}21)$$

$$(dU)_\Delta = -\frac{\Delta dP}{2} \qquad (3.2\text{-}22)$$

하중제어 및 변위제어 조건에서 도출된 변형률 에너지 변화의 차이는 $dPd\Delta/2$로 무시할 수 있으므로 $(dU)_P{=}{-}(dU)_\Delta$이다. 따라서 탄성재료 평판 내부의 균열 a가 $a{+}da$로 성장할 때 P와 Δ를 알면 대수학적으로 결정된 식 (3.2-20)과 같이 에너지해방률을 일반화할 수 있다. 파괴역학적 평가에 사용되는 G는 $[FL^{-1}]$의 차원을 갖는다.

3.2.3 응력확대계수

3.2.3.1 응력해석 접근법

구조물에 외력이 작용할 때 일반적으로 등방성 선형 탄성재료 거동을 가정하여 내부 응력에 대한 이론해를 유도할 수 있다. Westergaard[3.2-4], Williams[3.2-5], Irwin[3.2-6] 등은 균열이 존재하는 특수한 경우의 초기 해법을 제안한 바 있는데, 그림 3.2-6과 같이 균열선단을 원점으로 극좌표계를 정의한 후 응력장을 결정하였다.

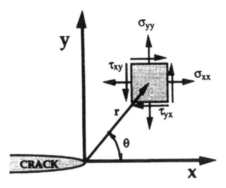

〈그림 3.2-6〉 균열선단 좌표축 및 응력장

$$\sigma_{ij} = \left(\frac{k}{\sqrt{r}} \right) f_{ij}(\theta) + \sum_{m=0}^{\infty} A_m r^{\frac{m}{2}} g_{ij}^{(m)}(\theta) \qquad (3.2\text{-}23)$$

여기서 σ_{ij}는 응력텐서, k는 작용응력과 균열길이의 함수인 상수, r 및 θ는 극좌표축, $f_{ij}(\theta)$는 1차 항 무차원 함수, A_m은 m차 항 상수, $g_{ij}(m)$은 m차 항 무차원 함수이다.

식 (3.2-23)에서 1차 항은 형상에 무관하게 $1/\sqrt{r}$에 비례하지만 고차항은 형상에 따라 달라진다. 또한 평면 내 미소면(infinitesimal area)의 위치가 균열선단에 가까워질수록 1차 항은 무한대가 되는 반면 고차항은 유한하거나 0인 상태를 유지한다. 따라서 수학적 타당성에도 불구하고 균열이 존재하는 모든 구조물에서 응력 특이성(stress singularity)이 발생하여 공학적 적용은 어렵게 된다.

3.2.3.2 응력확대계수의 개념

균열에 작용하는 하중은 그림 3.2-7에 도시한 3가지 이상적 형태로 구분할 수 있다. 모드(mode) I의 경우 주하중이 균열면에 수직하게 작용하여 균열을 여는 형태이고, 모드 II와 모드 III의 경우 각각 평면 내·외 전단하중에 의해 균열면을 서로 어긋나게 하는 형태이다. 균열이 존재하는 구조물은 이러한 모드 중 하나 또는 둘 이상이 조합된 하중을 받는 것으로 모사될 수 있다.

Irwin은 식 (3.2-23)의 불명료한 비례 상수 k를 응력확대계수 K로 대체하고 고차항을 제외한 후 응력장을 재정리하였다. 작용하는 하중 형태를 고려하여 K_I, K_{II}, K_{III}로 표시하였는데, 이 때 $K = k\sqrt{2\pi}$ 의 관계를 갖는다.

$$\lim_{r \to 0} \sigma_{ij}^{(I)} = \frac{K_I}{\sqrt{2\pi r}} f_{ij}^{(I)}(\theta) \qquad (3.2\text{-}24)$$

$$\lim_{r \to 0} \sigma_{ij}^{(II)} = \frac{K_{II}}{\sqrt{2\pi r}} f_{ij}^{(II)}(\theta) \qquad (3.2\text{-}25)$$

$$\lim_{r \to 0} \sigma_{ij}^{(III)} = \frac{K_{III}}{\sqrt{2\pi r}} f_{ij}^{(III)}(\theta) \qquad (3.2\text{-}26)$$

단순히 개념적 설명을 위한 표현이지만, 위 식에서 각 응력성분은 $K_i (i=I,\ II,\ III)$에 비례한다. 등방성 선형 탄성재료를 대상으로 수학적 전개를 통해 얻은 구체적 응력장과 변위장 (displacement field)은 표 3.2-1과 표 3.2-2에서 확인할 수 있다.

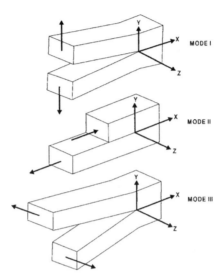

〈그림 3.2-7〉 균열에 작용하는 하중 형태

〈표 3.2-1〉 균열선단 응력장

응력	Mode I	Mode II	Mode III
σ_{xx}	$\dfrac{K_I}{\sqrt{2\pi r}}\cos\left(\dfrac{\theta}{2}\right)\left[1-\sin\left(\dfrac{\theta}{2}\right)\sin\left(\dfrac{3\theta}{2}\right)\right]$	$-\dfrac{K_{II}}{\sqrt{2\pi r}}\sin\left(\dfrac{\theta}{2}\right)\left[2+\cos\left(\dfrac{\theta}{2}\right)\cos\left(\dfrac{3\theta}{2}\right)\right]$	N/A
σ_{yy}	$\dfrac{K_I}{\sqrt{2\pi r}}\cos\left(\dfrac{\theta}{2}\right)\left[1+\sin\left(\dfrac{\theta}{2}\right)\sin\left(\dfrac{3\theta}{2}\right)\right]$	$\dfrac{K_{II}}{\sqrt{2\pi r}}\sin\left(\dfrac{\theta}{2}\right)\cos\left(\dfrac{\theta}{2}\right)\cos\left(\dfrac{3\theta}{2}\right)$	N/A
σ_{zz}	N/A (평면응력) $\nu(\sigma_{xx}+\sigma_{yy})$ (평면변형률)	N/A (평면응력) $\nu(\sigma_{xx}+\sigma_{yy})$ (평면변형률)	N/A
τ_{xy}	$\dfrac{K_I}{\sqrt{2\pi r}}\cos\left(\dfrac{\theta}{2}\right)\sin\left(\dfrac{\theta}{2}\right)\cos\left(\dfrac{3\theta}{2}\right)$	$\dfrac{K_{II}}{\sqrt{2\pi r}}\cos\left(\dfrac{\theta}{2}\right)\left[1-\sin\left(\dfrac{\theta}{2}\right)\sin\left(\dfrac{3\theta}{2}\right)\right]$	N/A
τ_{xz}	N/A	N/A	$-\dfrac{K_{III}}{\sqrt{2\pi r}}\sin\left(\dfrac{\theta}{2}\right)$
τ_{yz}	N/A	N/A	$\dfrac{K_{III}}{\sqrt{2\pi r}}\cos\left(\dfrac{\theta}{2}\right)$

[주] ν : 포아송비

<표 3.2-2>   균열선단 변위장

변위	Mode I	Mode II	Mode III
u_x	$\dfrac{K_I}{2\mu}\sqrt{\dfrac{r}{2\pi}}\cos\left(\dfrac{\theta}{2}\right)\left[\kappa-1+2\sin^2\left(\dfrac{\theta}{2}\right)\right]$	$\dfrac{K_{II}}{2\mu}\sqrt{\dfrac{r}{2\pi}}\sin\left(\dfrac{\theta}{2}\right)\left[\kappa+1+2\cos^2\left(\dfrac{\theta}{2}\right)\right]$	N/A
u_y	$\dfrac{K_I}{2\mu}\sqrt{\dfrac{r}{2\pi}}\sin\left(\dfrac{\theta}{2}\right)\left[\kappa+1-2\cos^2\left(\dfrac{\theta}{2}\right)\right]$	$-\dfrac{K_{II}}{2\mu}\sqrt{\dfrac{r}{2\pi}}\cos\left(\dfrac{\theta}{2}\right)\left[\kappa-1-2\sin^2\left(\dfrac{\theta}{2}\right)\right]$	N/A
u_z	N/A	N/A	$\dfrac{2K_{III}}{\mu}\sqrt{\dfrac{r}{2\pi}}\sin\left(\dfrac{\theta}{2}\right)$

[주] μ : 전단계수(shear modulus), $\kappa =(3-\nu)/(1+\nu)$ (평면응력), $\kappa =3-4\nu$ (평면변형률)

균열선단 주변의 응력분포 및 특이성은 r과 θ의 함수인 스칼라 값(K_i)으로 정량화되는데, 특히 균열평면($\theta =0$)에서 모드 I 응력장은 x-방향 및 y-방향 수직응력이 동일하고 전단응력은 0이 되므로 다음과 같이 표현될 수 있다.

$$\sigma_{xx} = \sigma_{yy} = \frac{K_I}{\sqrt{2\pi r}} \tag{3.2-27}$$

재료가 응력 및 변형률의 임계조합에서 국부적으로 파손된다고 가정하고 G_c와 유사한 개념의 파괴인성(K_{Ic})을 고려하면 $K_I=K_{Ic}$일 때 파괴가 발생하는 것으로 판단할 수 있다. 이 때 사용되는 응력확대계수는 $[FL^{-3/2}]$의 차원을 갖는다.

그림 3.2-4에 나타낸 것처럼 평판에 비해 균열크기가 작은 경우 전술한 $K = k\sqrt{2\pi}$의 관계는 수학적으로 식 (3.2-28)과 같이 유도되는데, 이는 균열선단 특이성이 인장응력과 균열크기의 제곱근에 비례하고 경계조건의 영향을 받지 않음을 의미한다.

$$K_I = \sigma\sqrt{\pi a} \tag{3.2-28}$$

그러나 보다 복잡한 실제 형상은 경계조건의 영향을 받게 되므로, 실험 또는 수치해석을 통한 보정이 필요하다. 일례로 그림 3.2-8에 도시한 반무한판 내 모서리균열(edge crack)

과 폭이 유한한 평판 내 중앙균열(center crack)의 응력확대계수는 각각 다음과 같이 나타낼 수 있다.

$$K_I = 1.12\sigma\sqrt{\pi a} \tag{3.2-29}$$

$$K_I = \sigma\sqrt{\pi a}\,f(a/W) \tag{3.2-30}$$

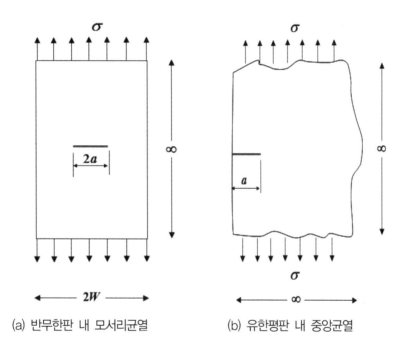

(a) 반무한판 내 모서리균열   (b) 유한평판 내 중앙균열

〈그림 3.2-8〉 인장응력이 작용하고 관통균열이 존재하는 평판의 대표적 형상

　식 (3.2-29)에서 K_I이 12% 증가한 이유는 상이한 경계조건에 의해 구속이 완화되어 균열이 더 많이 벌어졌기 때문이다. 식 (3.2-30)의 $f(a/W)$는 하중 및 형상에 따른 무차원 상수이며, 대표적인 파괴역학 시험편에 대한 세부사항은 표 3.2-3에 발췌하여 정리한 편람 [3.2-7 ~ 3.2-9] 등에서 확인할 수 있다. 유사한 방식으로, 관통균열이 존재하는 배관의 K_I은 표 3.2-4의 식[3.2-9] 등을 이용하여 구할 수 있다.

　한편 조합하중을 받는 복합 모드의 경우, 선형 중첩의 원리에 의해 각 응력성분 또는 동일한 모드의 응력확대계수를 합산할 수 있으나, 상이한 모드의 응력확대계수를 더할 수는 없다.

〈표 3.2-3〉 파괴역학 시험편의 응력확대계수 결정을 위한 무차원 상수

형상	$f(a/W)$
Single Edge Notched Tension (SENT)	$\dfrac{\sqrt{2\tan\dfrac{\pi a}{2W}}}{\cos\dfrac{\pi a}{2W}}\left[0.752+2.02\left(\dfrac{a}{W}\right)+0.37\left(1-\sin\dfrac{\pi a}{2W}\right)^3\right]$
Single Edge Notched Bend (SENB)	$\dfrac{3\dfrac{S}{W}\sqrt{\dfrac{a}{W}}}{2\left(1+2\dfrac{a}{W}\right)\left(1-\dfrac{a}{W}\right)^{3/2}}\left[1.99-\dfrac{a}{W}\left(1-\dfrac{a}{W}\right)\left\{2.15-3.93\left(\dfrac{a}{W}\right)+2.7\left(\dfrac{a}{W}\right)^2\right\}\right]$
Center Cracked Tension (CCT)	$\dfrac{\sqrt{\dfrac{\pi a}{2W}}}{\sqrt{1-\dfrac{a}{W}}}\left[1.122-0.561\left(\dfrac{a}{W}\right)-0.205\left(\dfrac{a}{W}\right)^2+0.471\left(\dfrac{a}{W}\right)^3+0.190\left(\dfrac{a}{W}\right)^4\right]$
Compact Tension (CT)	$\dfrac{2+\dfrac{a}{W}}{\left(1-\dfrac{a}{W}\right)^{3/2}}\left[0.886-4.64\left(\dfrac{a}{W}\right)-13.32\left(\dfrac{a}{W}\right)^2+14.72\left(\dfrac{a}{W}\right)^3-5.60\left(\dfrac{a}{W}\right)^4\right]$

[주] $K_I=\dfrac{P}{B\sqrt{W}}f(a/W)$

〈표 3.2-4〉 관통균열이 존재하는 배관의 응력확대계수 결정식

형상	응력확대계수(K)	
Pipe with a through-wall crack	Axial tension	$K_I = \sigma_t(\pi R\theta)^{0.5} F_t$ $\sigma_t = P/2\pi Rt$ $F_t = 1 + A\left[5.3303(\theta/\pi)^{1.5} + 18.773(\theta/\pi)^{4.24}\right]$ $A = \left[0.125(R/t) - 0.25\right]^{0.25}$ for $5 \le R/t \le 10$ $A = \left[0.4(R/t) - 3.0\right]^{0.25}$ for $10 \le R/t \le 20$
	Bending moment	$K_I = \sigma_b(\pi R\theta)^{0.5} F_b$ $\sigma_b = M/\pi R^2 t$ $F_b = 1 + A\left[4.5967(\theta/\pi)^{1.5} + 2.6422(\theta/\pi)^{4.24}\right]$ $A = \left[0.125(R/t) - 0.25\right]^{0.25}$ for $5 \le R/t \le 10$ $A = \left[0.4(R/t) - 3.0\right]^{0.25}$ for $10 \le R/t \le 20$
	Internal pressure	$K_I = \sigma_m(\pi R\theta)^{0.5} F_m$ σ_t is the longitudinal membrane stress $F_m = 1 + 0.1501\lambda^{1.5}$ for $\lambda \le 2$ $F_m = 0.8875 + 0.2625\lambda$ for $2 < \lambda \le 5$ $\lambda = \theta(R/t)^{0.5}$

제 3 장

$$\sigma_{ij}^{(total)} = \sigma_{ij}^{(I)} + \sigma_{ij}^{(II)} + \sigma_{ij}^{(III)} \tag{3.2-31}$$

$$K_I^{(total)} = K_I^{(A)} + K_I^{(B)} + K_I^{(C)} \tag{3.2-32}$$

$$K_I^{(total)} \ne K_I + K_{II} + K_{III} \tag{3.2-33}$$

3.2.3.3 K와 G의 관계

에너지해방률은 균열진전에 의한 포텐셜 에너지의 변화를 정량화할 수 있는 전역 매개변수이고, 응력확대계수는 균열선단 주변의 응력, 변형률, 변위를 특성화할 수 있는 국부 매개변수이다. 인장응력이 작용하는 무한판 내부에 관통균열이 존재할 때 식 (3.2-8)과 식 (3.2-28)의 관계를 조합하면 K_I과 G 사이의 관계는 다음과 같다.

$$G = \frac{K_I^2}{E^{'}} \tag{3.2-34}$$

평면응력 조건에서 $E^{'}=E$이고, 평면변형률 조건에서 $E^{'}=E/(1-\nu^2)$이다. 또한 K_{Ic}와 G_c 사

이에서도 동일한 관계가 성립하므로, 선형 탄성재료의 경우 에너지해방률과 응력확대계수는 기본적으로 서로 대등한 매개변수이다.

Irwin[3.2-6]은 추가연구를 통해 관통균열이 존재하는 무한판에서 유도된 식 (3.2-34)를 모드 I에서 일반적으로 적용할 수 있음을 입증한 바 있다. 또한 이 방법을 모드 II 및 모드 III에 반복 적용하여, 3가지 하중 형태가 모두 존재할 때 다음 관계가 성립함을 보였다.

$$G = \frac{K_I^2}{E'} + \frac{K_{II}^2}{E'} + \frac{K_{III}^2}{2\mu} \tag{3.2-35}$$

그러나 위 식은 평면형 균열이 일정한 형상을 유지하면서 성장한다는 가정에서 유도된 것이므로 실제 복합 모드 파괴에 적용하기에는 다소 무리가 있다.

3.2.3.4 소성역과 유효 응력확대계수

예리한 균열에 대한 선형 탄성 응력해석은 균열선단에서의 응력이 무한할 것으로 예측하나, 실제 재료에서는 유한하고 금속의 소성과 같은 비선형 재료거동으로 인해 응력이완은 더욱 촉진된다. 따라서 균열선단의 비탄성 영역 성장과 더불어 점차 부정확해지는데, 어느 정도의 항복이 발생하면 간단한 보정이 가능하나 광범위한 항복이 발생하는 경우 새로운 매개변수를 적용하여야 한다.

균열선단의 항복영역(yielding zone) 또는 금속의 소성역(plastic zone) 추정 및 LEFM 매개변수인 응력확대계수의 보정은 다음 두 가지 방법을 통해 가능하다. 첫 번째는 선형 탄성 해석에 기반을 둔 Irwin 모델을 이용하는 것이고, 두 번째는 선형 탄성 해석 결과를 중첩하는 Dugdale-Barenblatt 모델을 이용하는 것이다.

1) Irwin 모델

균열평면($\theta = 0$)에서 선형 탄성재료의 모드 I 응력장은 식 (3.2-27)로 유도된 바 있다. Irwin은 평면응력 조건인 경우 y-방향 수직응력이 재료의 단축 항복강도(σ_{YS})와 같아질 때 탄성-소성 거동의 변화가 발생하는 것으로 가정한 후, 이 항복기준을 식 좌변에 대입하고 r에 대해 정리하여 다음과 같이 소성역 크기에 대한 1차 근사(first approximation) 결과를 제시하였다.

$$r_y = \frac{1}{2\pi}\left(\frac{K_I}{\sigma_{YS}}\right)^2 \qquad (3.2\text{-}36)$$

변형률 경화를 무시하면 응력분포는 그림 3.2-9의 실선으로 나타낸 바와 같이 $r=r_y$일 때 $\sigma_{yy}=\sigma_{YS}$로 표현할 수 있으며, 이는 균열선단에서의 응력 특이성이 항복에 의해 잘린 형태가 된다. 또한 평면변형률 조건인 경우 3축 응력 상태에 의해 항복이 억제되므로 r_y는 평면응력 조건의 1/3로 작아지게 된다.

$$r_y = \frac{1}{6\pi}\left(\frac{K_I}{\sigma_{YS}}\right)^2 \qquad (3.2\text{-}37)$$

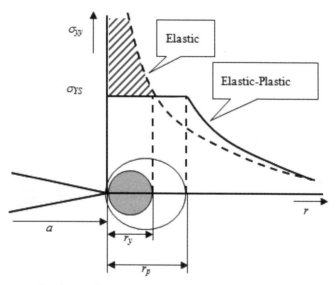

〈그림 3.2-9〉 Irwin의 소성역 크기 근사 및 응력분포

소성역 크기에 대한 1차 근사는 선형 탄성 응력해석에 기반을 두고 있기 때문에 실제 상황과 다소 차이를 보인다. 즉, 빗금 친 영역은 탄성재료에 관한 것이므로 항복이 발생할 때 탄소성재료의 평형조건을 만족하지 않는다. 따라서 소성역의 크기가 커져야 하며, 이는 다음과 같이 2차 근사(second approximation)로 이어지게 된다.

$$\sigma_{YS}r_p = \int_0^{r_y}\sigma_{yy}dr = \int_0^{r_y}\frac{K_I}{\sqrt{2\pi r}}dr \qquad (3.2\text{-}38)$$

$$r_p = \frac{1}{\pi}\left(\frac{K_I}{\sigma_{YS}}\right)^2 \tag{3.2-39}$$

여기서 소성역의 크기(r_p)는 1차 근사를 통해 구한 r_y 보다 2배 커지게 된다.

한편 Irwin[3.2-10]은 식 (3.2-36) 및 식 (3.2-37)의 소성역 크기를 고려하여 다음과 같이 실제 균열보다 다소 긴 유효 균열길이(effective crack length, a_{eff})를 정의하고, 이에 따른 유효 응력확대계수를 제안하였다.

$$a_{eff} = a + r_y \tag{3.2-40}$$

$$K_{eff} = \sigma\sqrt{\pi a_{eff}}\,f(a_{eff}) \tag{3.2-41}$$

여기서 $f(a_{eff})$는 형상 보정계수이다. 소성역 보정 없이 K_I을 구하고 1차 근사를 통해 a_{eff}를 결정한 후 식 (3.2-41)을 토대로 K_{eff}를 계산하는 이 방법은, 유사한 과정을 거쳐 타원형 및 반타원형 내재결함(embedded flaw) 등에도 적용이 가능하다.

2) Dugdale-Barenblatt 모델

스트립 항복(strip yield) 모델로 더 잘 알려져 있으며, Dugdale[3.2-11]과 Barenblatt [3.2-12]에 의해 제안되었다. 그림 3.2-10과 같이 인장응력을 받는 변형률 경화가 없는 무한판 내부에 길고 가느다란 소성역을 가정하면, 실제 균열보다 긴 관통균열이 존재하는 평면응력 조건이 된다. 이 모델에서 길이 $2a+2\rho$ 인 관통균열에 인장응력이 작용할 때의 응력확대계수($K_I^{(tension)}$) 그리고 소성역의 길이(ρ)에 균열닫힘(crack closure) 응력 σ_{YS}가 작용할 때의 응력확대계수($K_I^{(closure)}$)가 고려된다. 선형 중첩의 원리에 의해 $K_I^{(tension)}$과 $K_I^{(closure)}$이 서로 상쇄될 때 ρ는 Taylor 급수전개에서 고차항을 제외하여 다음과 같이 유도된다.

$$K_I^{(tension)} = \sigma\sqrt{\pi(a+\rho)} \tag{3.2-42}$$

$$K_I^{(closure)} = -2\sigma_{YS}\sqrt{\frac{a+\rho}{\pi}}\cos^{-1}\left(\frac{a}{a+\rho}\right) \tag{3.2-43}$$

$$\rho = \frac{\pi^2 \sigma^2 a}{8 \sigma_{YS}^2} = \frac{\pi}{8}\left(\frac{K_I}{\sigma_{YS}}\right)^2 \tag{3.2-44}$$

식 (3.2-44)는 $\sigma \ll \sigma_{YS}$인 상태에서 유효하다. 아울러 Irwin의 1차 근사 결과인 식 (3.2-39)와 유사하므로, 이를 통해 추정한 소성역의 크기도 서로 비슷하다.

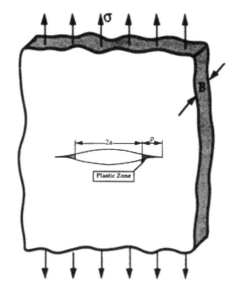

〈그림 3.2-10〉　Dugdale–Barenblatt 모델의 개념도

한편 Dugdale-Barenblatt 모델 이용 시 $a_{eff}=a+\rho$ 로 설정하면 K_{eff}를 결정할 수 있다.

$$K_{eff} = \sigma \sqrt{\pi a \sec\left(\frac{\pi \sigma}{2 \sigma_{YS}}\right)} \tag{3.2-45}$$

그러나 위 식이 보수적인 결과를 도출하는 점에 착안하여 Burdekin과 Stone[3.2-13]은 다음과 같이 스트립 항복 모델에 기반을 둔 보다 실제적인 K_{eff} 계산식을 제시하였다.

$$K_{eff} = \sigma_{YS} \sqrt{\pi a} \left[\frac{8}{\pi^2} \ln \sec\left(\frac{\pi \sigma}{2 \sigma_{YS}}\right)\right]^{1/2} \tag{3.2-46}$$

그림 3.2-11은 식 (3.2-28)에 의한 K와 식 (3.2-41) 및 식 (3.2-46)으로 표현되는

K_{eff}를 무차원화하여 비교한 것으로서, 전술한 바와 같이 순수 LEFM 해석으로 구한 응력확대계수와 응력 사이의 관계는 선형적이다. 그러나 $0.5\sigma_{YS}$ 보다 큰 응력이 작용할 때 소성역 보정을 거친 유효 응력확대계수들은 선형성을 벗어나게 되고, 두 가지 소성역 보정 결과도 약 $0.85\sigma_{YS}$까지만 서로 일치한다. 이러한 비교 결과를 토대로 1970년대 구조 기기의 파괴 평가에 필요한 실용적 방법을 도출하는 과정에서 Irwin 모델 대신 스트립 항복 모델을 주로 사용하였으며, 현재의 파손평가도표(Failure Assessment Diagram; FAD)에 이르게 되었다.

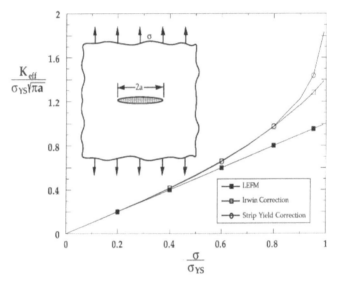

〈그림 3.2-11〉 소성역 보정 유무 및 방법에 따른 무차원 응력확대계수의 비교

지금까지의 소성역 관련 내용은 편의상 균열평면($\theta=0$)에 국한하여 기술되었으나, 적절한 항복기준을 표 3.2-1에 정리된 균열선단 응력장 예측식에 대입하면 모든 각도에서의 소성 정도를 추정할 수 있다. 이를 위해 다음의 von Mises 방정식을 고려해 보자.

$$\sigma_e = \frac{1}{\sqrt{2}} \sqrt{(\sigma_1 - \sigma_2)^2 + (\sigma_1 - \sigma_3)^2 + (\sigma_2 - \sigma_3)^2} \qquad (3.2\text{-}47)$$

여기서 σ_e는 유효 응력(effective stress)이고, $\sigma_i(i=1, 2, 3)$는 식 (3.2-48)과 같이 결정되는 주응력(principal stress)이며, 항복은 $\sigma_e=\sigma_{YS}$일 때 발생한다.

$$\sigma_1 = \frac{\sigma_{xx} + \sigma_{yy}}{2} + \sqrt{\left(\frac{\sigma_{xx} - \sigma_{yy}}{2}\right)^2 + \tau_{xy}^2}$$

$$\sigma_2 = \frac{\sigma_{xx} + \sigma_{yy}}{2} - \sqrt{\left(\frac{\sigma_{xx} - \sigma_{yy}}{2}\right)^2 + \tau_{xy}^2} \qquad (3.2\text{-}48)$$

$$\sigma_3 = 0 \ (plane \ stress)$$
$$= \nu(\sigma_1 + \sigma_2) \ (plane \ strain)$$

표 3.2-1에 제시된 모드 I 응력장을 식 (3.2-48)에 대입하면

$$\sigma_1 = \frac{K_I}{\sqrt{2\pi r}} \cos\left(\frac{\theta}{2}\right)\left[1 + \sin\left(\frac{\theta}{2}\right)\right]$$

$$\sigma_2 = \frac{K_I}{\sqrt{2\pi r}} \cos\left(\frac{\theta}{2}\right)\left[1 - \sin\left(\frac{\theta}{2}\right)\right] \qquad (3.2\text{-}49)$$

$$\sigma_3 = 0 \ (plane \ stress)$$
$$= \frac{2\nu K_I}{\sqrt{2\pi r}} \cos\left(\frac{\theta}{2}\right) \ (plane \ strain)$$

식 (3.2-49)를 식 (3.2-47)에 대입한 후 항복기준을 적용하면, 모드 I 평면응력 및 평면 변형률 조건에서의 소성역은 각각 다음과 같이 θ 의 함수로 정리된다.

$$r_y(\theta) = \frac{1}{4\pi}\left(\frac{K_I}{\sigma_{YS}}\right)^2\left[1 + \cos\theta + \frac{3}{2}\sin^2\theta\right] \ (plane \ stress)$$

$$(3.2\text{-}50)$$

$$r_y(\theta) = \frac{1}{4\pi}\left(\frac{K_I}{\sigma_{YS}}\right)^2\left[(1 - 2\nu)^2(1 + \cos\theta) + \frac{3}{2}\sin^2\theta\right] \ (plane \ strain)$$

　그림 3.2-12는 식 (3.2-50)을 토대로 작성한 균열선단 소성역의 크기와 형상을 보여주는 것이다. 두 가지 경우가 상당한 차이를 보이는 이유는 평면변형률 조건일 때 항복이 억제되어 동일한 K_I 값에서도 소성역의 크기가 상대적으로 작기 때문이다.

　식 (3.2-51)과 식 (3.2-52)는 각각 모드 I과 동일한 절차에 따라 유도한 모드 II 및 모드 III 조건에서의 소성역을 정리한 것이며, 그림 3.2-13은 이에 해당하는 소성역의 크기와 형상을 도식적으로 나타낸 것이다.

제 3 장

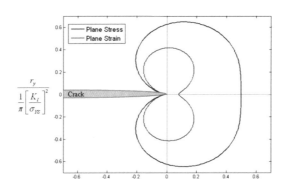

〈그림 3.2-12〉 모드 I 조건에서 균열선단 소성역의 크기 및 형상

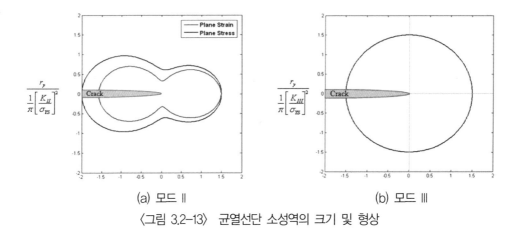

(a) 모드 II   (b) 모드 III

〈그림 3.2-13〉 균열선단 소성역의 크기 및 형상

$$r_y(\theta) = \frac{2}{\pi}\left(\frac{K_{II}}{\sigma_{YS}}\right)^2\left[3 + \sin^2\left(\frac{\theta}{2}\right) - \frac{9}{4}\sin^2\theta\right] \ (plane\ stress)$$

$$r_y(\theta) = \frac{2}{\pi}\left(\frac{K_{II}}{\sigma_{YS}}\right)^2\left[3 + \sin^2\left(\frac{\theta}{2}\right) - \frac{9}{4}\sin^2\theta - 4\nu(1-\nu)\sin\theta\right] \ (plane\ strain)$$

(3.2-51)

$$r_y(\theta) = \frac{3}{2\pi}\left(\frac{K_{III}}{\sigma_{YS}}\right)^2\left[\sin^2\theta + \cos^2\theta\right]$$

(3.2-52)

한편 식 (3.2-50) ~ 식 (3.2-52)는 순수 LEFM에서 도출한 결과이므로 엄밀한 의미에 서 정확하지 않다. 상세 탄소성 유한요소해석 결과[3.2-14]는 유효 균열길이와 응력 재분포 를 고려한 소성역 역시 실제 상황과 완전하게 일치하지 않음을 보고한 바 있다. 따라서 비 교적 타당하기는 하나, 재료의 탄성-소성 거동 경계의 대략적 파악을 위한 용도로 사용하는

것이 바람직하다.

3.2.4 J-적분

3.2.4.1 비선형 에너지해방률

금속의 경우 초기의 예리한 균열선단은 소성 변형에 의해 둔화(blunting)되고, 이로 인해 응력, 변형률, 변위 분포의 변화를 초래하게 된다. Rice[3.2-15]는 선형 탄성 영역으로부터 비선형 탄성 영역으로 재료 거동을 확장함으로서 LEFM의 한계를 극복하고자 하였으며, 이때 사용된 비선형 에너지해방률(J)의 정의는 다음과 같다.

$$J = -\frac{d\Pi}{dA} \tag{3.2-53}$$

여기서 J를 제외한 인자들은 선형 에너지해방률(G)을 정의하는 과정에서 언급된 것과 동일하다.

그림 3.2-14는 균열이 존재하는 평판의 비선형 하중-변위 선도를 나타낸 것이다. 하중제어 조건에서의 포텐셜 에너지는 식 (3.2-54)와 같이 유도되므로, U^* 및 단위두께(unit thickness)를 고려하여 식 (3.2-53)에 대입하면 J를 구할 수 있다.

$$\Pi = U - W = U - P\Delta = -U^* \tag{3.2-54}$$

$$U^* = \int_0^P \Delta \, dP \tag{3.2-55}$$

$$J = \left(\frac{dU^*}{da}\right)_P \tag{3.2-56}$$

변위제어 조건에서 $W = 0$이므로 $\Pi = U$의 관계가 성립하고, 하중제어 조건과 마찬가지로 식 (3.2-53)에 대입하면 J를 구할 수 있다.

$$J = -\left(\frac{dU}{da}\right)_\Delta \tag{3.2-57}$$

제
3
장

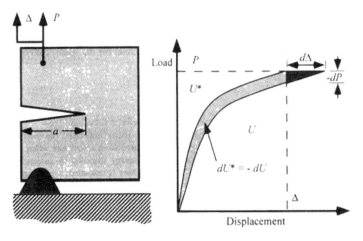

〈그림 3.2-14〉 균열이 존재하는 평판의 비선형 하중-변위 선도

이 때 하중제어 및 변위제어 조건에서 도출된 변형률 에너지 변화의 차이는 $dPd\Delta/2$로 무시할 수 있기 때문에 $(dU^*)_P = -(dU)_\Delta$이다.

한편 J는 U와 U^*의 정의에 기초하여 식 (3.2-58) 및 식 (3.2-59)와 같이 하중과 변위의 함수로 나타낼 수 있다. 적분을 통해 얻은 두 식의 결과는 동일하며, 비선형 탄성재료 평판 내부의 균열 a가 $a+da$로 성장할 때 P와 Δ를 알면 에너지해방률을 결정할 수 있다.

$$J = \left(\frac{\partial}{\partial a}\int_0^P \Delta\, dP\right)_P = \int_0^P \left(\frac{\partial \Delta}{\partial a}\right)_P dP \tag{3.2-58}$$

$$J = -\left(\frac{\partial}{\partial a}\int_0^\Delta P\, d\Delta\right)_\Delta = -\int_0^\Delta \left(\frac{\partial P}{\partial a}\right)_\Delta d\Delta \tag{3.2-59}$$

결국 J는 탄소성 재료에 유용하게 적용될 수 있는 에너지해방률의 보다 일반적 표현으로 볼 수 있으므로, 선형 탄성재료의 경우 모드 I 하에서 다음 관계가 성립한다.

$$J = G = \frac{K_I^2}{E'} \tag{3.2-60}$$

다만 변형률 에너지가 상당 수준의 균열 성장 또는 제하(unloading) 등에 의해 복원되지 않을 경우 비선형 탄성 거동이라는 가정을 위배할 수 있으므로 주의가 필요하다.

3.2.4.2 *J*-적분의 개념

그림 3.2-15에 도시한 것처럼 균열선단을 감싸는 임의의 반시계 방향 적분경로(Γ)를 고려할 때 다음과 같이 *J*-적분을 결정할 수 있다.

$$J = \int_{\Gamma} \left(w dy - T_i \frac{\partial u_i}{\partial x} ds \right) \tag{3.2-61}$$

여기서 w는 식 (3.2-62)로 정의되는 변형률 에너지 밀도, T_i는 식 (3.2-63)으로 정의되는 표면력 벡터, u_i는 변위 벡터, ds는 적분경로 상의 미소 길이, σ_{ij}는 응력 텐서, ε_{ij}는 변형률 텐서, n_j는 Γ에 수직한 단위 벡터이다.

$$w = \int_0^{\epsilon_{ij}} \sigma_{ij} d\epsilon_{ij} \tag{3.2-62}$$

$$T_i = \sigma_{ij} n_j \tag{3.2-63}$$

Rice는 식 (3.2-61)의 *J*-적분이 경로에 무관함을 보였을 뿐만 아니라 식 (3.2-53)으로 정의된 준정적 조건(quasistatic condition)에서 선형 또는 비선형 에너지해방률과 동일함을 입증하였다. 따라서 *J*-적분은 이상적 비선형 탄성재료의 파괴역학적 평가에 사용될 수 있으며, $[FL^{-1}]$의 차원을 갖는다.

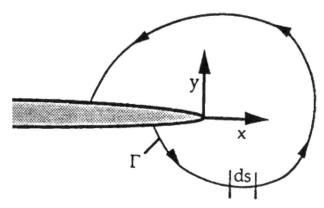

〈그림 3.2-15〉 균열선단을 감싸는 임의의 적분경로

3.2.4.3 HRR 특이성

Hutchinson[3.2-16]과 Rice 및 Rosengren[3.2-17]은 각각의 독자적인 연구를 통해 비선형 탄성재료에서의 변형이 단축 응력-변형률 데이터 커브 피팅(curve fitting)에 널리 사용되는 다음의 R-O(Ramberg-Osgood) 식을 따르는 것으로 가정하였다.

$$\frac{\epsilon}{\epsilon_0} = \frac{\sigma}{\sigma_0} + \alpha \left(\frac{\sigma}{\sigma_0} \right)^n \tag{3.2-64}$$

여기서 σ_0는 일반적으로 항복강도에 해당하는 기준응력(reference stress), $\epsilon_0 = \sigma_0 / E$, α는 무차원 상수, n은 변형률 경화지수이다.

또한 소성역에 포함되는 균열선단 매우 가까운 거리에서의 탄성 변형률은 전체 변형률에 비해 매우 작으므로, 상응하는 응력 및 변형률 거동은 J-적분을 이용한 단순 멱급수(power law) 형태로 표현할 수 있음을 보았다.

$$\sigma_{ij} = k_1 \left(\frac{J}{r} \right)^{\frac{1}{n+1}}$$

$$\epsilon_{ij} = k_2 \left(\frac{J}{r} \right)^{\frac{n}{n+1}} \tag{3.2-65}$$

여기서 k_1과 k_2는 비례 상수이다.

식 (3.2-65)에 적합한 경계조건을 부여하면 다음과 같이 실제 응력 및 변위 분포를 결정할 수 있는데, 이는 선형 탄성재료(n=1)의 경우 $1/\sqrt{r}$ 특이성을 보이는 LEFM 이론과도 일치한다.

$$\sigma_{ij} = \sigma_0 \left(\frac{EJ}{\alpha \sigma_0^2 I_n r} \right)^{\frac{1}{n+1}} \widetilde{\sigma}_{ij}(n, \theta) + higher-order\ terms$$

$$\epsilon_{ij} = \frac{\alpha \sigma_0}{E} \left(\frac{EJ}{\alpha \sigma_0^2 I_n r} \right)^{\frac{n}{n+1}} \widetilde{\epsilon}_{ij}(n, \theta) + higher-order\ terms \tag{3.2-66}$$

여기서 I_n은 그림 3.2-16과 같이 n의 영향을 받는 적분상수, $\widetilde{\sigma}_{ij}$ 및 $\widetilde{\epsilon}_{ij}$는 그림 3.2-17과 이 n과 θ의 영향을 받는 극좌표계 무차원 함수이며, 평면응력 및 평면변형률과 같은 응력상태에 의해서도 영향을 받는다.

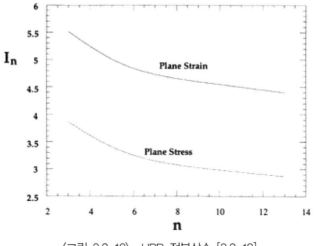

〈그림 3.2-16〉 HRR 적분상수 [3.2-18]

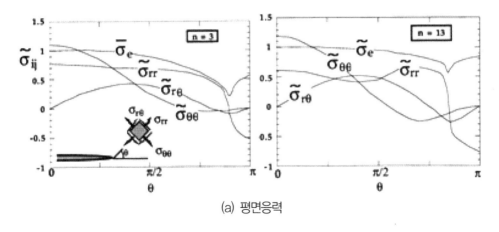

(a) 평면응력

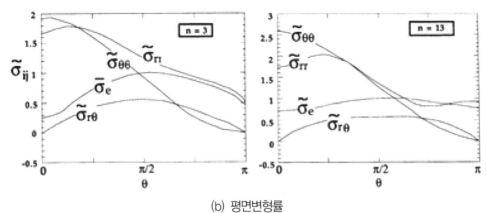

(b) 평면변형률

〈그림 3.2-17〉 대표적인 HRR 무차원 함수 [3.2-18]

제
3
장

식 (3.2-66)에서 고차항을 무시하면 균열선단 부근에서의 비선형 탄성 거동을 유추할 수 있는데, Hutchinson, Rice, Rosengren의 머리글자를 따서 HRR 특이성이라고 부른다. 소규모 항복(small-scale yielding) 조건일 때 응력은 탄성 영역 내에서 $1/\sqrt{r}$, 소성 영역 내에서 $r^{-1/(n+1)}$에 비례하여 변화하므로, J-적분은 LEFM 매개변수인 K와 유사하게 HRR 특이성의 크기뿐만 아니라 소성역 내에서의 조건을 나타낼 수 있다.

3.2.4.4 J-제어 파괴

대규모 변형에 의해 균열 둔화 및 국부적 3축 응력 감소가 발생하면 그림 3.2-18에 나타낸 바와 같이 균열선단 아주 가까운 곳에서의 유한한 응력장은 전술한 HRR 특이성과 차이를 보이게 된다[3.2-19]. J-제어 파괴(J-controlled fracture)는 J를 이용하여 균열선단 조건을 특성화하는 상황을 의미하며, 정류균열(stationary crack)에 의한 파괴 개시(fracture initiation)와 안정적인 균열 성장(stable crack growth)으로 구분하여 설명할 수 있다.

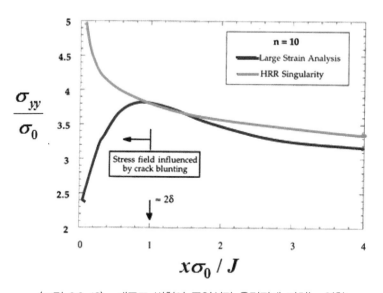

〈그림 3.2-18〉 대규모 변형이 균열선단 응력장에 미치는 영향

1) 정류 균열

그림 3.2-19는 재료의 소성이 균열선단 응력에 미치는 영향을 보여주기 위해 y-방향 수직응력(σ_{yy})과 균열선단으로부터의 거리(r) 사이의 관계를 로그 좌표계에 나타낸 개략도이

다. 이 때 r은 비균열 단면 길이(uncracked ligament length)와 같이 구조물을 특성화할 수 있는 길이(L)로 무차원화하였다.

그림 3.2-19(a)는 소규모 항복이 발생하는 경우이며, K와 J 모두 균열선단 조건을 특성화할 수 있다. L에 비해 균열선단으로부터 짧은 거리에서 응력은 $1/\sqrt{r}$에 비례하는데, 이 영역을 K-지배 구역(K-dominated zone)이라 한다. 또한 한 방향(monotonic) 준정적 하중을 가정하면 소성역 내부에 J-지배 구역이 생성되는데, 이 영역에서는 탄성 특이성이 더 이상 적용되지 않고 HRR 특이성에 의해 응력이 $r^{-1/(n+1)}$에 비례적으로 변화한다. 따라서 소규모 항복 조건에서 비록 $1/\sqrt{r}$ 특이성이 완벽하게 적용되지는 않지만 K를 이용한 균열선단 특성화가 가능하며, 이와 유사하게 HRR 특이성이 적용되지 않는 매우 작은 영역이 존재하지만 J를 이용한 균열선단 특성화가 가능하다.

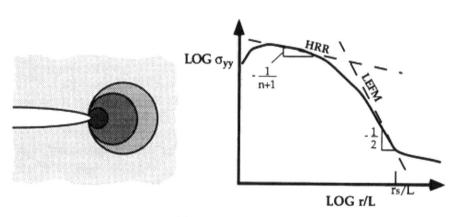

(a) 소규모 항복 조건

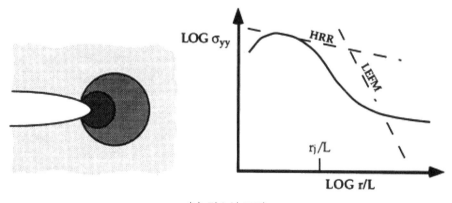

(b) 탄소성 조건

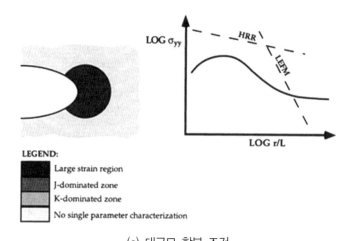

LEGEND:
- Large strain region
- J-dominated zone
- K-dominated zone
- No single parameter characterization

(c) 대규모 항복 조건

〈그림 3.2-19〉 대규모 변형이 균열선단 응력장에 미치는 영향 [3.2-18]

그림 3.2-19(b)는 탄소성 조건을 보여주는 것으로, 소성역의 크기가 상대적으로 증가함에 따라 K-지배 구역은 사라지고 J-지배 구역만 어느 정도 유지됨을 보여준다. 즉, 탄소성 조건에서 K는 그 의미를 상실하는 반면 J는 파괴 기준으로서의 적합성을 유지한다. 마지막으로 그림 3.2-19(c)는 대규모 항복이 발생하는 경우이며, 유한 변형률 영역이 커짐에 따라 J마저도 균열선단 조건을 특성화할 수 없다. 따라서 대규모 항복 조건에서는 단일 매개변수를 이용한 파괴역학을 적용하기 어렵고, J는 크기와 형상에 의해 변화하게 된다.

한편 균열선단에서의 HRR 특이성은 비선형 탄성 거동을 규명하기 위한 하나의 해법일 뿐 J-지배를 위해 반드시 충족되어야 할 전제조건이 아니므로, 실제 응력장이 HRR 응력장에서 다소 벗어난다 하더라도 J-지배가 타당할 수 있고 J를 이용한 파괴역학적 평가도 가능하다. 이는 대부분의 재료 특성이 HRR 해석의 기반이 되는 이상적 거동에 전적으로 부합하지 않으며, Ramberg-Osgood 식을 따른다 하더라도 HRR 해석이 유효한 영역은 제한적이기 때문이다. 그러나 대규모 항복과 시험편 또는 구조물의 경계와 균열선단 사이의 상호작용에 의해 J-적분이 점차 균열선단 특성화 매개변수로서의 타당성을 잃게 됨을 유념할 필요가 있다.

2) J-제어 균열 성장

안정적인 균열 성장은 정류 균열에서의 특성화 길이(L)와는 다른 치수 문제를 고려하여야 한다. 대표적인 예로 균열 길이의 변화를 들 수 있는데, 초기값 대비 변화량이 상당히 큰 경우 J는 균열선단 조건을 특성화하지 못할 수 있다. 그림 3.2-20은 J-제어 조건에서의 균열 성장을 도식화한 것으로, 진전하는 균열선단 뒤에서 탄성적으로 제하되는 부분과 균열

제
3
장

바로 앞에서 응력성분이 급변하는 부분이 모두 J-지배 구역 내에 포함되어야 한다. 만일 균열이 J-지배 구역 밖으로 성장한다면 J-적분은 균열선단 특성화 매개변수로서의 타당성을 잃게 된다.

그림 3.2-21은 무한판과 같이 이상적인 소규모 항목 조건에서의 3단계에 걸친 균열저항 거동을 보여주는 개략도이다. 첫 번째 단계는 정류 균열에 해당하며, 이 때 저항곡선의 기울기는 균열 둔화에 의한 것이다. 두 번째 단계에서 균열은 성장되기 시작하는데, 균열선단의 응력 및 변형률은 초기 균열 및 균열 둔화의 영향을 받을 수 있다. 세 번째 단계는 초기 균열의 영향이 미치지 않는 정상상태 조건에 도달한 경우이다. 국부적인 응력 및 변형률은 균열 성장에 무관하고 저항곡선의 기울기는 평평해 지는데, 크기가 유한한 시험편 또는 구조물에서는 쉽게 관찰하기 어렵다.

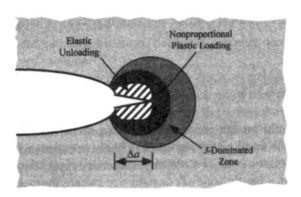

〈그림 3.2-20〉 J-제어 균열 성장 [3.2-18]

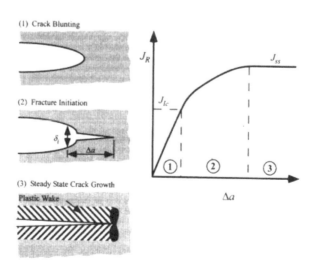

〈그림 3.2-21〉 소규모 항복 조건에서의 균열저항 거동 [3.2-18]

3.2.4.5 구속효과 정량화

McClintock[3.2-20]은 평면변형률 및 완전소성 조건 하에서 변형률 경화가 없는 다양한 형상에 대해 미끄럼선 이론(slip line theory)을 적용하여 소성변형 및 응력 상태를 추정하였으며, 그림 3.2-22는 대표적 결과를 보여주고 있다. 소규모 항복 조건에 해당하는 그림 3.2-22(a)의 경우 균열선단 부근의 최대 주응력은 작용응력의 약 3배 수준이며, 인장하중을 받는 이중 모서리 노치(Double Edge Notched Tension; DENT) 평판의 최대 주응력도 소규모 항복 조건과 유사하였다. 그러나 굽힘하중을 받는 단일 모서리 노치(Single Edge Notched Bending; SENB) 평판에 대한 그림 3.2-22(c)의 경우 최대 주응력은 작용응력의 약 2.5배 수준으로 다소 낮았으며, 인장하중을 받는 중앙균열 평판에 대한 그림 3.2-22(d)의 최대 주응력은 이보다 더 낮게 나타났다.

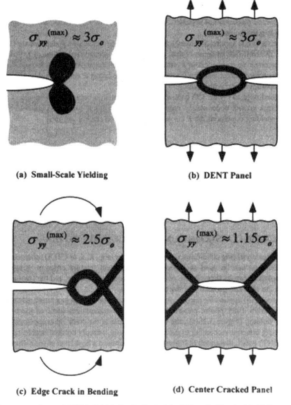

(a) **Small-Scale Yielding**　　　(b) **DENT Panel**

(c) **Edge Crack in Bending**　　　(d) **Center Cracked Panel**

〈그림 3.2-22〉 다양한 형상에서의 소성변형 및 응력 상태 [3.2-20]

기존 파괴역학에서는 균열선단으로부터 먼 곳의 응력장 및 변위장은 형상에 좌우될 수 있으나 균열선단 부근의 응력장 및 변위장은 형상에 무관하게 유사한 것으로 인식하여 단일 매개변수를 사용하여 왔다. 이러한 접근법은 완전소성 조건 하에서 변형률 경화가 없는 재료의 균열선단 응력이 형상에 좌우되고 유일하지 않음을 보여주는 그림 3.2-22와 배치된다. 또한 다수의 실험 및 유한요소해석 결과[3.2-21 ~ 3.2-23]에서 역시 정도의 차이는 있으나 K 및 J로 정량화 되는 파괴인성도 형상의 영향을 받음을 보여준 바 있다. 한편 McClintock을 비롯한 다수의 연구자들이 대규모 항복 발생 시 파괴역학 적용의 어려움을 보고하였음에도 불구하고 재료의 변형률 경화 현상을 고려하면 형상의 영향은 그리 심각하지 않을 수 있다. 또한 DENT 및 SENB 시험편과 같이 상대적으로 높은 3축 응력 상태를 유지할 경우 상당 수준의 소성이 존재하더라도 단일 매개변수 파괴역학은 대체적으로 타당하다.

1980년대 중반 이후 논란을 불식시키고 단일 매개변수 파괴역학의 한계를 극복하기 위한 다수의 연구가 수행되어 왔다. 대부분은 균열선단 조건의 특성화를 위해 K 및 J를 보조하는 T-응력, Q-매개변수, q-매개변수 등을 추가로 도입하고 있는데[3.2-24], 이 중 가장 널리 인용되고 있는 2가지 매개변수에 대해 기술하고자 한다.

1) 탄성 T-응력

Williams가 등방성 탄성재료에 대해 유도한 식 (3.2-23)을 다시 살펴보면, 1차 항은 $1/\sqrt{r}$ 특이성을 나타내고, 2차 항은 r의 상수이며, 3차 항은 $\sqrt{r}$에 비례하는 등의 형태이다. 전술한 바와 같이 기존 파괴역학에서는 1차 항만을 취하여 식 (3.2-24) ~ 식 (3.2-26)과 같이 단일 매개변수로 균열선단 응력장 및 변위장을 결정하였다. 그러나 후속 연구[3.2-25, 3.2-26]에서 3차 이상의 고차항과는 달리 2차 항은 소성역의 형태 및 응력 상태에 충분한 영향을 미칠 수도 있는 것으로 판명되었으며, 이를 반영한 평면변형률 조건에서의 모드 I 응력장은 다음과 같다.

$$\sigma_{ij} = \frac{K_I}{\sqrt{2\pi r}} f_{ij}(\theta) + \begin{bmatrix} T & 0 & 0 \\ 0 & 0 & 0 \\ 0 & 0 & \nu T \end{bmatrix} \tag{3.2-67}$$

여기서 T는 균일한 x-방향 응력이다.

T-응력의 영향은 그림 3.2-23과 같이 균열을 포함하는 반원형 또는 원형 모델을 생성한 후 식 (3.2-67)에 상응하는 표면력을 작용시켜 분석할 수 있다. 이 방법은 수정 경계층 (Modified Boundary Layer; MBL) 해석으로 불리며, 임의 형상 내부의 균열선단 조건을 모사하기 위한 것이다.

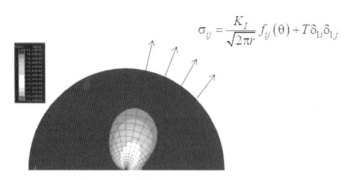

$$\sigma_{ij} = \frac{K_I}{\sqrt{2\pi r}} f_{ij}(\theta) + T\delta_{1i}\delta_{1j}$$

〈그림 3.2-23〉 수정 경계층 해석 모델

그림 3.2-24는 유한요소법 기반의 MBL 해석으로 구한 T-응력의 영향을 나타낸 것이다 [3.2-27]. 엄밀한 의미에서 단일 매개변수 파괴역학은 T=0의 특별한 경우에만 타당하며, 이는 소성역의 크기가 균열길이 및 시험편 또는 구조물의 크기에 비해 무시할 정도로 작은 소규모 항복조건에 해당한다. 그림에서 볼 수 있듯이 균열선단 응력장은 $T<0$인 경우 상당히 많이 감소하는 반면 $T>0$인 경우 소규모 항복 조건에 비해 다소 높아지더라도 상대적 영향은 적다. 또한 HRR 응력장은 T=0일 때의 응력장과 일치하지 않음을 주목할 필요가 있는데, 이는 고차항의 영향이 클 때 식 (3.2-23)의 1차 항만을 고려하는 HRR 해석이 부정확해 질 수 있음을 의미하나 전술한 근거에 따라 J-적분의 함수로서의 단일 매개변수 접근법은 유효하다.

균열이 존재하는 시험편 또는 구조물이 모드 I 하중을 받는 경우 T-응력은 K_I과 유사하게 작용하중의 정량화 척도이며, 두 매개변수 사이의 관계는 2축비(biaxiality ratio, β)로 나타낼 수 있다.

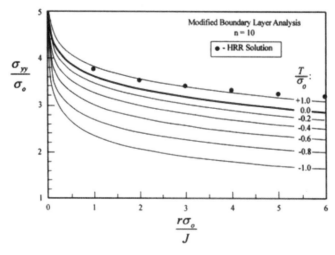

〈그림 3.2-24〉 T-응력의 영향

$$\beta = \frac{T\sqrt{\pi a}}{K_I} \tag{3.2-68}$$

대표적인 예로 인장응력이 작용하는 무한판 내부에 관통균열이 존재할 때(그림 3.2-4 참조) $\beta = -1$이며, 이는 인장응력 σ에 의해 x-방향으로 $-\sigma$ 값을 갖는 T-응력을 유발함을 의미한다. 다음 식은 표 3.2-3에 정리한 시험편의 T-응력 결정에 사용될 수 있다.

$$T = \frac{\beta P}{B\sqrt{\pi a}W}f\left(\frac{a}{W}\right) \tag{3.2-69}$$

다양한 형상 및 하중 조건에서의 2축비는 균열선단 정수압 응력(hydrostatic stress) 차이와 밀접한 관련이 있는 상대적 구속효과(constraint effect)를 파악하는 정성적 지표로, MBL 해석과 연계한 T-응력은 균열선단 응력장을 추정하는 정량적 지표로 사용될 수 있다. 작용하중에 대한 T-응력을 식 (3.2-68) 또는 식 (3.2-69)로부터 유추한 후 이에 상응하는 균열선단 응력장을 MBL 해석으로부터 결정하는 방식이다. T-응력을 응력확대계수 또는 J-적분과 연계한 K-T 이론과 J-T 이론[3.2-28, 3.2-29]은 구속효과를 고려한 2-매개변수 파괴역학 평가법으로 사용될 수 있으나, 대규모 항복이 발생하는 경우 소성변형에 의해 오차가 증가하는 한계를 지니고 있다.

2) J-Q 이론

균열이 존재하는 시험편 또는 구조물의 비선형 탄성 응력장은 전술한 식 (3.2-66)을 통해 유추할 수 있다. 이를 1차 항에 해당하는 HRR 응력장 그리고 고차항의 합이자 HRR 응력장에서 벗어나는 값을 정량화한 편차응력장(difference field, $(\sigma_{ij})_{Diff}$)으로 구분하면 다음과 같다.

$$\sigma_{ij} = (\sigma_{ij})_{HRR} + (\sigma_{ij})_{Diff} \tag{3.2-70}$$

또한 HRR 응력장 대신 소규모 항복 조건을 의미하는 T=0인 경우를 기준해(reference solution)로 채택하여 표현하기도 한다.

$$\sigma_{ij} = (\sigma_{ij})_{T=0} + (\sigma_{ij})_{Diff} \tag{3.2-71}$$

O'Dowd와 Shih[3.2-30, 3.2-31]는 편차응력장이 균열선단 전방의 거리 및 각도에 따라 비교적 일정하고 수직응력이 전단응력에 비해 상대적으로 크다는 점에 착안하여, 그림

3.2-25와 같이 Q-매개변수 기반의 근사적 편차응력장을 제안하였다.

$$\sigma_{ij} = \left(\sigma_{ij}\right)_{T=0} + Q\sigma_0\delta_{ij} \quad \left(|\theta| \leq \frac{\pi}{2}\right) \tag{3.2-72}$$

$$Q \equiv \frac{\sigma_{yy} - \left(\sigma_{yy}\right)_{T=0}}{\sigma_0} \quad at\ \theta = 0,\ \frac{r\sigma_0}{J} = 2 \tag{3.2-73}$$

여기서 δ_{ij}는 Kronecker delta이다.

Q-매개변수는 T-응력과 유사하게 소규모 항복 조건일 때 0이며 변형에 의해 점차 음의 값을 갖게 된다. 따라서 소성변형이 크지 않을 경우 형상이나 변형률 경화지수(n) 및 온도 등의 변화를 감안하여 T-응력과 관계를 맺을 수 있으며, J-적분과 연계한 J-Q 이론은 구속효과 정량화를 위한 확장된 형태의 2-매개변수 파괴역학 평가법으로 유용하게 사용될 수 있다.

2-매개변수 파괴역학 평가법은 다양하게 응용되고 있는데, 대표적인 예로 벽개파괴 (cleavage fracture) 재료의 파괴인성 궤적(toughness locus)을 들 수 있다. 기존 단일 매개변수 파괴역학에서는 파괴인성을 재료 상수로 간주하여, 시험편에서 구한 파괴인성값을 구조물에 그대로 적용하고 있다. 그러나 J-Q 이론에서의 파괴인성은 더 이상 단일 값이 아니며 두 매개변수 사이의 임계 궤적을 정의하는 곡선 형태가 된다. 그림 3.2-26은 A515-Gr.70강의 파괴인성 궤적을 나타낸 것으로, 다소 큰 데이터의 분산에도 불구하고 구속 저감에 따른 Q-매개변수 값 감소에 의해 임계 J-적분(J_c) 값이 뚜렷하게 증가하는 경향을 확인할 수 있다. 따라서 Q-매개변수는 균열선단에서의 3축 응력 상태를 정량화할 수 있는 직접적인 수단이 될 수 있다.

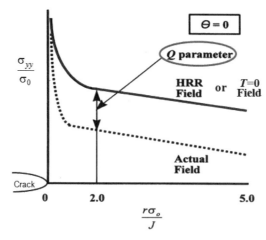

〈그림 3.2-25〉 Q-매개변수의 정의

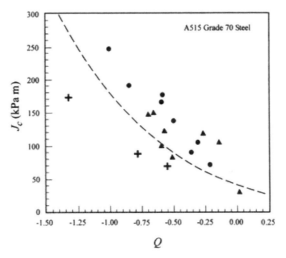

〈그림 3.2-26〉 A515-Gr.70강의 파괴인성 궤적 [3.2-32]

K-T, J-T, J-Q 접근법은 벽개파괴 뿐만 아니라 연성파괴(ductile fracture), 피로파손 (fatigue failure), 크리프손상(creep damage), FAD 등에도 확대 적용될 수 있다. 그러나 균열선단에서의 응력장과 변위장을 특성화할 수 있는 반면 상이한 구속조건이 재료의 파괴 인성에 미치는 영향을 예측할 수는 없다. 응력장 및 변위장과 파괴인성 사이의 상관관계를 도출하기 위해서는 RKR(Ritchie-Knott-Rice) 모델[3.2-33], GTN(Gurson-Tvergaard-Needleman) 모델[3.2-34 ~ 3.2-37], Rousselier 모델[3.2-38] 등 미세역학적 파손기준 을 고려한 손상역학(damage mechanics)을 적용하여야 한다.

3.2.5 균열선단열림변위

3.2.5.1 변위해석 접근법

J-적분이 미국에서 통용되기 이전에 유럽에서도 LEFM의 대체 매개변수를 찾기 위한 다 수의 연구가 수행되었다. 이 중 변위해석 접근법은 그림 3.2-27에 도시한 바와 같이 예리 한 초기 균열이 소성변형에 의한 둔화 과정을 거쳐 임계 크기로 벌어질 때 파괴가 발생한다 는 점에 착안한 것이다. 결국 균열선단에서의 수직방향 균열열림변위(Crack Opening Displacement; COD) $u_y(r)$가 파괴인성의 척도로 제안되었으며, 추가적인 논의를 거쳐 현 재 사용되고 있는 균열선단열림변위(CTOD, δ) 개념으로 발전하였다. δ는 고배율 광학현미 경을 이용한 직접 측정 또는 하중선변위로 부터의 간접 추정이 용이하므로 물리적 측면에서 상당히 효과적인 매개변수로 간주되고 있으며, [L]의 차원을 갖는다.

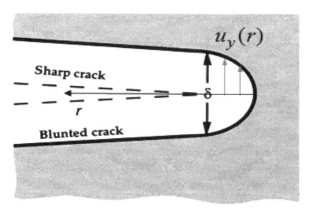

〈그림 3.2-27〉 초기 균열 둔화에 의한 균열열림변위

3.2.5.2 CTOD의 개념 및 소성역의 영향

Wells[3.2-39]는 CTOD와 응력확대계수의 상관관계를 도출하기 위한 근사 해석을 수행하였다. 이 때 표 3.2-2에 제시된 선형 탄성재료의 모드 I 균열평면(θ =0) 변위장과 소규모 항복 조건의 경계를 연계하여 y-방향 변위를 구하였다.

$$u_y = \frac{\kappa+1}{2\mu} K_I \sqrt{\frac{r_y}{2\pi}} = \frac{4}{E'} K_I \sqrt{\frac{r_y}{2\pi}} \qquad (3.2\text{-}74)$$

Irwin이 평면응력 조건일 때 소성역 크기에 대한 1차 근사 결과로 제시한 식 (3.2-36)을 식 (3.2-74)에 대입하면,

$$\delta = 2u_y = \frac{4}{\pi} \frac{K_I^2}{\sigma_{YS}E} \qquad (3.2\text{-}75)$$

의 형태로 CTOD를 결정할 수 있으며, 에너지해방률과도 관계를 맺을 수 있다.

$$\delta = 2u_y = \frac{4}{\pi} \frac{G}{\sigma_{YS}} \qquad (3.2\text{-}76)$$

또한 Burdekin과 Stone[3.2-13]이 Irwin 모델 대신 스트립 항복 모델을 사용하고 응력상태를 포괄적으로 고려하여 유도한 CTOD는 다음과 같다.

$$\delta = 2u_y = \frac{K_I^2}{m\,\sigma_{YS}E'} = \frac{G}{m\,\sigma_{YS}} \tag{3.2-77}$$

여기서 m은 응력상태와 재료특성의 영향을 받는 무차원 상수이다. 평면응력 조건에서 $E'=E$ 및 $m=1.0$이며, 평면변형률과 3차원 조건에서 $E'=E/(1-\nu^2)$ 및 $m=2.0$이다.

한편 CTOD는 다수의 연구자에 의해 조금씩 다르게 정의된 바 있는데, 그 중 2가지 방식이 널리 채택되고 있다. 첫 번째는 유한요소법 등 수치해석 측면에서 Rice[3.2-15]가 그림 3.2-28과 같이 제안한 바 있는 상·하 45도의 직선과 균열의 교점을 이용하는 방식으로, 균열이 반원형으로 둔화될 경우 그림 3.2-27과 동일한 결과를 얻을 수 있다. 실험과 관련하여서는 보통 그림 3.2-29의 SENB 시험편을 사용하는데, 힌지 모델에 입각하여 유추한 CTOD는 다음과 같다.

$$\delta = \frac{r(W-a)V}{r(W-a)+a} \tag{3.2-78}$$

여기서 r은 회전 인자(rotational factor)로서, 0~1 사이의 무차원 상수이다. 이후 공인된 시험법[3.2-40, 3.2-41]에서는 위 식을 탄성 및 소성 성분으로 구분하여 식 (3.2-79)와 같이 보완된 형태를 제시하고 있다. 이 때 K_I은 하중과 시험편 치수를 표 3.2-3의 해당 식에 대입하여 결정할 수 있으며, 소성 회전 인자(r_p)는 전형적인 시험편 형상 및 재료의 경우 약 0.44의 값을 갖는다.

$$\delta = \delta_{el} + \delta_{pl} = \frac{K_I^2}{m\,\sigma_{YS}E'} + \frac{r_p(W-a)V_p}{r_p(W-a)+a} \tag{3.2-79}$$

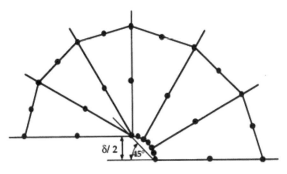

〈그림 3.2-28〉 수치해석법을 이용한 균열선단열림변위 결정 [3.2-15]

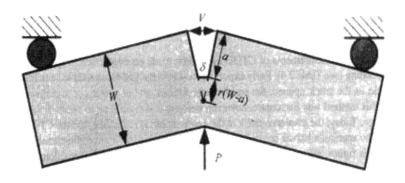

〈그림 3.2-29〉 실험에 의한 SENB 시험편의 균열선단열림변위 결정 [3.2-41]

3.2.5.3 CTOD와 J의 관계

선형 탄성 조건에서 $J=G$의 관계가 성립하기 때문에 Burdekin과 Stone[3.2-42]이 스트립 항복 모델을 사용하여 유도한 식 (3.2-77)은 J-적분의 함수로 간단히 변환될 수 있다.

$$J = m \sigma_{YS}\delta \tag{3.2-80}$$

그러나 재료 거동이 LEFM의 타당성 한계를 넘어서는 경우 추가적인 고려가 필요하다.

Shih[3.2-43]는 HRR 해석을 통해 다음과 같이 균열선단에서의 변위를 계산하고, 이를 J-적분 및 재료의 유동 특성과 비교하였다.

$$u_i = \frac{\alpha \sigma_0}{E}\left(\frac{EJ}{\alpha \sigma_0^2 I_n r}\right)^{\frac{n}{n+1}} r \widetilde{u}_i(n, \theta) \tag{3.2-81}$$

여기서 $\widetilde{u}_i$는 $\widetilde{\sigma}_{ij}$ 및 $\widetilde{\epsilon}_{ij}$와 유사하게 n과 θ의 영향을 받는 무차원 함수이다. Rice가 제안한 그림 3.2.5-2의 CTOD 결정 방식을 채택하고 기하학적 분석을 거치면, 두 매개변수 사이의 관계는

$$\delta = \frac{d_n J}{\sigma_0} \tag{3.2-82}$$

로 유도된다. 이 때 d_n은 다음 식으로 표현되는 무차원 상수이다.

$$d_n = \frac{2\widetilde{u_i}(\pi, n)\left[\dfrac{\alpha\,\sigma_0}{E}\left\{\widetilde{u_x}(\pi, n) + \widetilde{u_y}(\pi, n)\right\}\right]^{1/n}}{I_n} \qquad (3.2\text{-}83)$$

따라서 CTOD와 J-적분은 균열선단에서의 비선형 거동을 특성화할 수 있는 대등한 매개변수이며, 재료의 파괴인성은 CTOD 또는 J-적분으로 정량화될 수 있다. 또한 J-제어 파괴는 CTOD-제어 파괴를 의미하며, 역의 관계뿐만 아니라 구속효과 정량화 매개변수로서의 호환성도 성립한다. 다만 Shih의 연구에서 HRR 해석으로 구한 그림 3.2-18의 응력장이 $r < 2\delta$ 조건에서 정확하지 않은 반면 변위장은 대규모 소성변형이 발생함에도 식 (3.2-82) 와 전반적으로 잘 일치한 점은 특이할만한 사항이다.

제 3 장

3.3 재료물성 시험평가

기기의 건전성을 평가하기 위해서는 먼저 기기를 구성하고 있는 재료의 물성을 정확히 파악하여야한다. 여기서 언급하는 재료물성의 범주에는 열전도도, 융점 등의 물리적 성질과 화학적 성질도 포함될 수 있으나, 구조적 건전성 문제에서는 대부분 인장특성이나 파괴인성 등 파괴거동과 관련된 기계적 물성들을 지칭한다. 이러한 물성들은 관련 코드나 참고용 데이터베이스 등에서 입수할 수도 있으나, 경우에 따라서는 해석의 대상이 되는 기기 자체의 재료특성 값이 요구된다. 기기건전성 평가자가 재료시험을 직접 수행하는 경우는 별로 없지만, 신뢰성 높은 해석평가를 위해서는 건전성 평가 수행자가 재료시험에 대한 어느 정도의 지식을 갖추고 있어야 할 것이다. 본 절에서는 기기건전성 평가를 위해 필요한 재료물성 값을 구하기 위한 표준재료시험법에 대해 설명한다.

원전 구조재료의 기계적 및 파괴적 특성은 ASME Code Sec. II의 SA370[3.3-1] 등 합의된 표준 시험방법과 절차에 따라 측정되어야 하며, 국제적으로 통용되는 표준시험방법들은 미국재료시험협회(ASTM)에 등재되어있다. 또한 우리나라의 KS, 일본의 JIS 등 여러 국가들에서도 자국의 표준 체계를 가지고 있으며, 그 내용은 대부분 ASTM 규격과 본질적으로 유사하다.

본 절에서는 재료의 파괴거동과 관련된 다양한 재료물성들의 특징과 그 값들을 결정하기 위한 표준시험방법에 대해 살펴보기로 한다.

3.3.1 인장시험

재료의 기계적 특성 중에 가장 기본이 되는 물성은 인장시험을 통해 얻어지는 강도특성이다. 인장시험에서 측정하는 주요 특성값은, 항복강도, 인장강도, 균일연신률, 총연신률, 파단강도, 단면수축률 등이다. 그림 3.3-1은 인장시험으로부터 얻어지는 응력-변형률 선도에서 위에 언급한 각각의 특성들을 간략히 나타낸 것이다. 인장시험시 하중은 시험기에 장착된 로드셀로 측정하고 연신량(변형량)은 시험편에 장착하는 연신량계(extensometer)로 측정한다(그림 3.3-2). 그러나 아주 정확한 변형량의 측정이 필요치 않을 때에는 시험기 스트로크(stroke)의 변위가 연신량을 대변하기도 한다. 탄성계수의 측정이 필요할 때는 매우 고정밀도의 연신량계가 사용되어야 한다. 시험편은 그림 3.3-3과 같이 가운데 변형되는 부분의 단면적이 원형 혹은 사각형으로 일정한 게이지부 (혹은 단면감소부, 균일연신부)와 시험편에 하중을 가하기 위한 그립 부위로 구성되어 있다. 시험 중 게이지부분 내에서 안정된 변형이 발생할 수 있도록 시험편에서 최소 단면부의 크기와 시험편 게이지부의 길이, 그립부위의 최소폭 등은 표준시험법에 규격이 제시되어 있다. 다양한 모양과 크기의 시험편이 사용될 수 있으며 적용 가능한 표준에서 시험절차와 해석방법이 상세히 제공된다. 금속재료의 인장시험에서 일반적으로 사용되는 국제표준시험법은 ASTM E-8[3.3-2]이다.

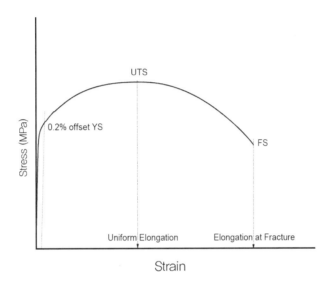

〈그림 3.3-1〉 인장시험에서 결정되는 주요 특성 파라미터

〈그림 3.3-2〉 인장시험을 위한 시험기와 시험편, 연신량게이지의 체결 상태 예시

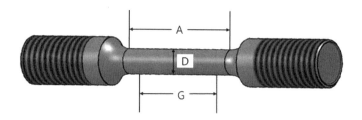

〈그림 3.3-3〉 봉상 인장시험편의 개략도

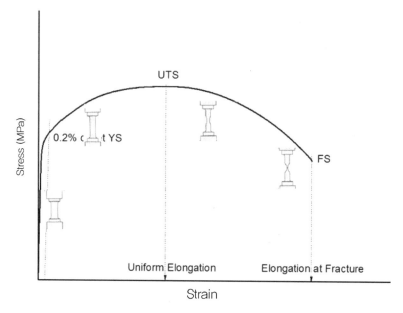

〈그림 3.3-4〉 인장시험 중 얻어지는 하중-연신량 선도

그림 3.3-2와 같이 인장시험편의 가운데 게이지부분에 연신량계(extensometer)를 부착하고 양쪽 끝 그립부분을 시험기에 걸어 일정속도로 잡아당기면 시험편의 게이지 부분 길이가 늘어나면서 하중이 변화하는 하중-연신량 선도가 그림 3.3-4와 같이 얻어진다. 그림 3.3-4의 일련의 과정들을 단계별로 설명하면 다음과 같다.

1) 시험편의 변형 초기에는 탄성변형이 발생하면서 하중이 급격하게 증가한다. 이 부분은 탄성구간 혹은 비례하중 구간이라고 부르며, 하중을 제거하면 시험편은 원래 모양(크기)으로 복원되게 된다. (실제로는 시험편의 탄성구간 내에서 하중을 제거하더라도 원상태로 완전히 복원되지는 않을 수 있다.)

2) 탄성구간의 끝 부분에서는 소성변형의 영향이 나타나기 시작하여 하중의 조그만 증가

에도 소성변형이 크게 증가하는 항복점이 나타나며, 때로는 탄소강의 경우와 같이 명확한 항복점 현상(항복강하현상)이 나타나기도 한다. 항복점 현상이 명확하지 않은 재료의 경우는 게이지 길이의 0.2% 오프셋 선과 만나는 하중점을 항복점으로 취하는 것이 일반적이다.

3) 이후에는 시험편이 늘어남에 따라 하중도 서서히 증가하는 가공경화 구간이 나타난다. 이 때까지 시험편의 게이지부 전반에 걸쳐서 균일하게 변형이 발생한다고 생각된다.

4) 최대하중점 부근에서는 일반적으로 네킹이라고 불리는 비균일 변형이 나타나기 시작한다.

5) 최대하중을 지난 이후에는 시험편의 변형이 중심부 일부분에 집중되어 시험편이 지탱할 수 있는 하중의 크기가 급격히 감소하고 최종 파단에 이르게 된다.

인장시험에서 중요한 관찰 포인트들은 그림 3.3-1과 위에 설명한 바와 같이 2)의 항복점과 4)의 최대하중점 그리고 5)의 파단점에 해당되는 하중 및 그때의 연신량 등이다.

동일한 재질의 시험편이라 하더라도 시험편이 두껍다든지, 길이가 길다든지 하면 상기의 인장시험에서 얻어지는 하중과 연신량 등은 크게 달라지기 때문에, 재료의 특성값을 얻기 위해서는 시험편에 가해진 하중을 시험편의 단면적으로 나누어 단위면적당 지탱하는 하중, 즉 응력의 단위로 나타내어야 한다. 마찬가지로 연신량도 시험편의 길이로 나누어서 단위길이당의 연신량(변형량), 즉 변형률의 단위로 나타내게 된다.

응력과 변형률을 나타내는 방법은 공칭응력–공칭변형률 방법과 진응력–진변형률 방법이 있으며, 이들에 대한 정의는 다음과 같다.

$$\text{공칭응력 (engineering stress)}: \quad S = \frac{P}{A_o} \tag{3.3-1}$$

$$\text{공칭변형률 (engineering strain)}: \quad e = \frac{\Delta L}{L_o} \tag{3.3-2}$$

$$\text{진응력 (true stress)}: \quad \sigma = \frac{P}{A} \tag{3.3-3}$$

$$\text{진변형률 (true strain)}: \quad \epsilon = \int_{L_o}^{L} \frac{dL}{L} = \ln\left(\frac{L}{L_o}\right) = \ln(1+e) \tag{3.3-4}$$

여기서 P는 외부(시험기)에서 가해주는 하중, A_o는 시험편 게이지부의 초기 단면적, L_o는 시험편 게이지부의 초기 길이, A와 L은 시험중에 변화하고 있는 시험편의 현재 단면적과 길이를 나타낸다. 연신량은 $\Delta L = L - L_o$이다.

항복강도와 인장강도, 연신률 등의 공학적 특성값을 구하는 데에는 공칭응력−공칭변형률 선도가 이용되며, Ramberg−Osgood 매개변수 등 가공경화지수의 결정, 탄소성유한요소해석 등에는 진응력−진변형률 선도가 사용된다. 가공경화 특성을 나타내는 데에 널리 사용되는 R−O 방정식은 다음과 같다.

$$\frac{\sigma}{\sigma_o} = \frac{\epsilon}{\epsilon_o} + \alpha \left(\frac{\epsilon}{\epsilon_o} \right)^n \qquad (3.3-5)$$

σ_o와 ϵ_o는 각각 항복응력과 항복 변형률을 나타낸다. α와 n은 데이터 피팅을 통해 결정되는 R−O 계수들이다.

R−O 계수를 구하기 위해서는 진응력−진변형률 선도를 각각 로그함수로 취하여 직선으로 회귀분석(regression analysis)하게 되는데, 이 때 최대 데이터 범위는 네킹의 영향을 배제하도록 4)의 최대하중점 이내로 제한되어야 할 것이다. 실제로 R−O 계수들을 구하기 위해 시험 데이터 포인트 들을 로그함수로 취하더라도 완전한 직선이 되지는 않으므로, 피팅의 구간을 어디로 설정하느냐에 따라서 R−O 계수 값들이 변화하는 경우가 많으므로 주의해야 한다.

시험결과를 응력과 변형률의 단위로 나타낸다고 하더라도, 시험편의 형상에 따라 항복강도나 인장강도, 연신률 등에 약간씩 차이를 보일 수 있다. 따라서 합의된 표준시험법에서는 시험편에 있어서 단면적 혹은 두께 대비 시험편의 길이에 대한 표준 비율 등을 설정해 놓고 있으므로, 시험자는 시험편을 준비할 때 반드시 이를 고려해야 한다.

3.3.2 압축 및 굽힘 시험

압축시험은 재료가 압축 하중을 받는 경우에 어느 정도 저항력을 나타내는 가를 측정하는 시험이다. 인장특성 만큼 일반적이지는 않지만 압축하중에 대한 재료의 저항력을 알아야 하는 경우도 많다. 압축하중을 받는 구조물의 설계 시는 물론이고 기계 및 금속의 가공 중에 압연, 단조 등 많은 공정이 압축력을 받는 상태에서 수행되므로, 정확한 평가를 위해 재료의 압축 물성값이 요구된다. 압축시험도 인장시험과 마찬가지로 하중과 변위곡선으로 부터 압축강도, 항복점, 탄성계수, 비례한계 등을 구한다. 시험편은 그림 3.3−5와 같이 위와 아래가 평평한 원기둥 형태가 사용되며, 위아래 면을 시험기로 누를 때에 접촉면의 마찰이 최소화될 수 있도록 장치를 준비한다[3.3-3]. 세라믹이나 콘크리트, 암석 등의 취성재료는 압축시험에 큰 문제점이 없으나, 금속과 같은 연성재료에서는 인장시험과는 달리 파괴를 일으키지 않으므로 압축강도를 구하기란 힘들다. 따라서 편의상 어떤 점을 파괴하는 점이라 정의하여 그 점에서 응력을 압축강도로 사용한다. 일축압축 시험이외에 3점 혹은 4점 굽힘시험이 취성재료의 강도를 평가하거나, 연성재료의 변형도를 평가하는 데에 이용되기도 한다.

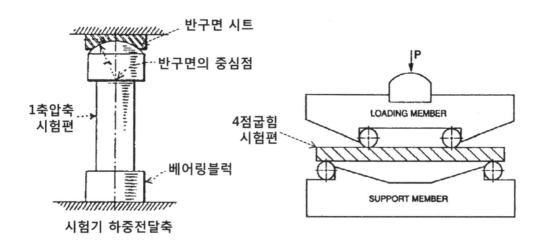

〈그림 3.3-5〉 1축압축시험 및 4점굽힘시험의 치구 및 시험편 설치 예

3.3.3 샤르피 V-노치 충격시험

인장시험이나 압축시험은 시험편의 표면에 홈이 없는 매끈한 상태에서의 강도 및 변형특성을 나타내는데, 만일 시험편에 홈(V-노치 등)이 있는 경우에는 파괴양상이 전혀 달라진다. 시험편에 홈이 깊을수록 그리고 날카로울수록 재료는 더 쉽게 파괴되려는 경향을 보인다. 극단적인 홈의 형태로서 균열을 생각할 수 있으며, 이 경우에는 파괴의 구동력이 되는 균열선단의 응력장을 이론적으로 유도할 수 있으며, 이러한 학문의 분야를 파괴역학이라고 부른다. 재료에 균열이 있을 때 파괴에 저항하는 능력을 파괴인성이라고 하며, 그에 관해서는 다음 3.3.5절에서 별도로 자세히 다룰 것이다. 엄격한 기준의 파괴역학 시험법에 의해 파괴인성을 측정하는 것은 여러 가지 재료시험법 중에서도 가장 까다로운 부분이다. 그래서 좀 더 쉽고 간단한 방법으로 파괴저항특성(파괴인성)을 평가하는 방법으로서 샤르피 충격시험이 다양한 산업계에서 널리 사용되고 있다.

샤르피 V-노치 충격시험[3.3-4]은 주로 BCC 원자결정구조를 갖는 페라이트계 철강재료

(탄소강, 저합금강 등)의 파괴인성을 간단한 방법에 의해 정성적으로 평가할 수 있는 수단으로, 1901년에 개발되어 100년 넘게 산업현장에서 널리 사용되어 왔다. 시험방법은 일정한 크기(10x10x55mm)의 사각바 시험편에 미리 정해진 모양과 크기의 홈(V-노치)을 가공한 후, 진자 운동하는 해머를 일정한 높이에서 떨어뜨려서 3점 굽힘 하중에 의해 시험편을 부러뜨리는 것이다. 그림 3.3-6은 샤르피 충격시험기의 개략도이다. 해머의 초기 위치와 시험편을 부러뜨리고 난 후의 위치에너지 차이로부터 시험편을 부러뜨리는 데에 소모된 에너지의 크기를 판단하게 된다. 이렇게 측정되는 에너지는 그림 3.3-6과 같이 시험온도에 따라 달라지며 이를 샤르피 충격(흡수에너지)곡선이라 한다.

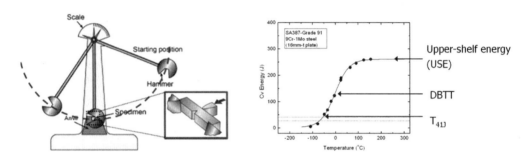

〈그림 3.3-6〉 샤르피 충격시험의 개략도와 충격흡수에너지 곡선

각각의 샤르피 충격시험편에서 측정되는 값들은 흡수에너지(absorbed energy) 이외에도, 시험편의 횡팽창량(lateral expansion)과 전단파면율(shear %) 등이 있다. 충격곡선은 각각의 시험편에 측정된 흡수에너지(absorbed energy), 전단파면율(shear %), 횡팽창량 등을 모아서 시험온도에 대해 도시한 것이다. 한 세트의 샤르피 충격곡선을 얻기 위해서는 대략 15개 이상의 시험편을 여러 온도에서 시험한 데이터가 필요하다. 보편적으로는 충격흡수에너지나 횡팽창량의 온도에 대한 그래프를 아래와 같은 hyperbolic tangent 함수로 피팅한다. 이 때 하부에너지인 최소흡수에너지(Lower Shelf Energy; LSE)와 최대흡수에너지(Upper Shelf Energy; USE)를 미리 결정하여 고정시키기도 하고, 피팅을 통해 결정되도록 자유도를 주기도 한다.

$$E = a + b \tanh(\frac{T-c}{d}) \tag{3.3-6}$$

여기서 E는 충격흡수에너지, T는 시험온도이며, a, b, c, d는 피팅상수이다.

페라이트계 철강재료의 샤르피 충격시험 곡선은 고온쪽이 높고 저온쪽이 낮은 S자 모양을 뚜렷하게 나타낸다. 즉, 고온부에서는 충격흡수에너지와 횡팽창량, 전단변형률이 큰 연성파괴가 발생하며, 저온부에서는 그 반대인 취성파괴가 발생한다. 그 중간 온도 구역에서는 연성파괴와 취성파괴가 혼재된 연성-취성 천이가 발생한다. 구조물의 안전성 측면에서 가동조건은 취성파괴가 발생하는 온도구역보다 높은 온도에서 설정되는 것이 유리할 것이다. 따라서 여러 나라의 안전성 평가규정에서는 샤르피 충격시험으로부터 천이온도 특성을 나타내어주는 참조온도를 결정하여 안전기준에 활용하고 있다. 많이 사용되는 지시온도들은 30ft-lb(41J) 혹은 50ft-lb(68J) 흡수에너지에 해당하는 온도이다.

원자로압력용기 감시시험에서 샤르피 충격시험으로부터 결정되는 최대흡수에너지(USE)의 정의는 시험온도가 상단(upper-shelf) 시작온도 이상인 모든 시험편의 흡수에너지의 평균값을 의미한다[3.3-5]. 해당 시험편의 숫자는 보통 3개 이상이 요구되며, 상단 시작온도보다 +83℃(+150℉) 이상 높은 온도의 시험 데이터는 가능한 배제되어야 한다. 상단 시작온도란 그 온도 이상에서는 모든 시험편의 전단파면율이 95% 이상이 되는 온도이다.

또한 어떤 충격시험에서 허용기준이 주어진 온도에서의 최소 평균값으로 규정된 경우는 한 조건에서 3개의 시험편을 시험한 산술평균한 값을 의미하며, 추가적으로 다음과 같은 요건도 만족해야한다[3.3-1].

○ 3개의 시험편 세트로부터 평균값이 규정된 최소 평균값 이상일 것.
○ 3개 시험편 각각의 측정값 중 규정된 최소 평균값 미만인 것이 1개를 넘지 않을 것.
○ 어떤 시험편의 측정값도 규정된 최소 평균값의 2/3보다 작지는 않을 것.

만일 상기의 조건이 만족되지 못하는 경우 SA370에서는 재시험에 대한 기준도 제시하고 있는데, 3개 시험편 1세트의 시험을 추가로 실시하여 3개 모두가 규정된 최소 평균값 이상인 경우는 승인기준을 만족한 것으로 간주한다[3.3-1].

유사하게 ASME Code Sec. III, NB-2350에서는 최초 3개 시험편 중 한 개 시험편만 기준값보다 10ft-lb 혹은 5mils(0.13mm) 이내로 작은 경우만 재시험을 허용하며, 이 때 2개 시험편 1세트의 시험을 추가로 수행하여 두 개 모두가 최소 기준값을 만족하는 경우 재시험은 승인기준을 만족한 것으로 간주한다[3.3-6].

미국과 우리나라에서는 ASTM E-23이 Charpy V-Notch(CVN) 충격시험의 표준시험방법이며, 유럽 등에서는 국제표준인 ISO 규격을 따라 EN ISO-148이 표준시험방법으로 사용되기도 한다. 두 시험규격 간에는 노치의 모양이나 해머의 크기 등에 약간의 차이가 있으므로 완전히 동일한 절대값으로 상호 교차하여 활용할 수는 없으나, 샤르피 충격시험이 일종의 정성적인 파괴인성 평가법이므로 그로부터 결정하는 참조온도 들은 서로 특별한 구분

없이 사용되고 있다.

원자로압력용기의 조사취화 안전성을 평가하기 위한 감시시험에서는 샤르피 충격시험결과를 파괴특성 평가의 기준시험방법으로 적용하고 있으며, 특수한 경우에만 보다 상세한 평가를 위해 직접적인 파괴인성시험을 수행한다. 표준크기의 시험편($10 \times 10 \times 55mm$, 2mm deep notch)을 축소한 1/2이나 1/3 크기의 소형시험편이 원자로압력용기강의 조사취화 연구를 위해 사용되기도 한다. 소형시험편에 대한 샤르피 노치 시험방법은 ASTM E-2248에 별도로 표준화되어 있다[3.3-7]. 그러나 아직까지 서로 다른 크기의 시험편의 결과 들은 혼용되어 사용될 수 없으며, 샤르피 시험편의 크기 효과를 보정할 수 있는 합의된 관계식은 아직 없다. 샤르피 충격시험에서 매우 빠른 속도로 시간에 따른 하중의 변화를 측정하여 동적항복강도 등 추가적인 정보를 얻기 위해 특수한 로드셀 장치를 사용하는 계장화 충격시험방법도 ASTM E2298로 표준규격화 되어 있다[3.3-8]. 감시시험용 시료의 양에 제한이 있을 때는 샤르피 시험편의 중심부분 만을 해당재료로 만들고, 양 옆에 유사한 재료를 용접하여 온전한 시험편을 만드는 방법이 사용될 수도 있으며, 이 때 원 시료에 용접열의 영향을 배제하기 위해서 ASTM E-1253 표준절차가 준수되어야 한다[3.3-9].

3.3.4 낙중시험

낙중시험은 재료의 취성파괴 특성온도를 결정하기 위한 시험으로서, 그 목적상 샤르피 충격시험과 유사성이 있으므로 상호 보완적으로 활용된다. 시험은 원재료의 시험편에 취성균열을 유발하도록 홈이 있는 용접비드를 덧씌운 후, 온도를 변화시키면서 무게 추를 낙하 충격시켜서, 취성균열이 원재료에 완전히 전파되는 온도를 결정하는 방식으로 진행된다.

그림 3.3-7은 낙중시험(drop weight test) 시험편에 하중을 가하는 대략적인 설치도와 대표적인 시험결과의 예를 보여준다[3.3-10]. ASTM E-208에는 무연성온도 (Nil-Ductility Temperature; NDT, T_{NDT})를 결정하기 위해 3가지 시험편 크기를 기술하고 있는데 이 중 가장 작은 5/8in 두께의 시험편이 많이 사용된다. 시험편은 홈이 패어있는 취성 용접비드를 가지고 있어서 균열개시 점으로 작용한다. 시험편에 충격이 가해지면 급속도로 전파하는 균열이 시험재료에 전달된다. 시험 장치와 절차는 낙하 무게와 낙하 높이, 미리 정해진 시험편 정지변위의 조합을 통해 바깥 표면에 항복응력까지 가해지도록 시험편에 하중을 줄 수 있도록 고안되었다. 시험이 추구하는 목적은 어떤 온도 이하에서는 작은 결함에서부터도 취성파괴가 발생하고 그 온도 이상에서는 소성이 충분해서 취성파괴가 배제될 수 있는 그 특성온도를 결정하는 것이다. 이 시험은 정성적인

균열정지 시험으로서 균열전파가 최소한 시험편의 한쪽 끝단에 이르면 파단(break)으로 규정하고 그렇지 않으면 불파단(no-break)으로 규정한다. 시험은 10°F 온도 간격으로 수행되며, 무연성온도(T_{NDT})는 두 개의 시험편중 하나라도 파단되는 최고 온도로 결정된다. 즉, 그 온도보다 10°F 위에서는 두 개의 시험편 모두가 파단되지 않는 온도이다. 무연성온도는 재료상수라기 보다는 어떤 조건하에서 서로 다른 재료들을 비교하는 지시값으로서 정성적인 상관관계 인자로 주로 사용된다.

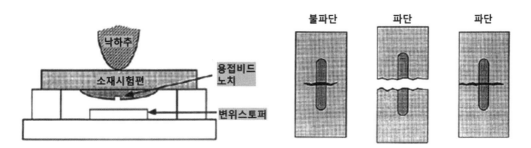

〈그림 3.3-7〉 낙중시험의 셋업 및 시험편의 파단 판정

원전기기 건전성 평가에서 자주 인용되는 파괴특성 지시값으로서 RT_{NDT}(참조온도)가 있다. RT_{NDT}는 ASME Code Sec. III, NB-2300에 정해진 절차에 따라 결정되는데, 이는 낙중시험으로부터 결정되는 무연성온도와 샤르피 시험결과의 보수적인 조합을 의미한다 [3.3-6]. 간단히 말하면 RT_{NDT}는 무연성온도와 T_{50}-60°F 중에 더 높은 온도이다. 여기서 T_{50}은 3개의 샤르피 시험편이 흡수에너지 50ft-lb 이상, 횡팽창량 0.035in 이상을 나타내는 온도를 의미한다. 원자로압력용기 재료의 RT_{NDT}는 중성자 조사에 의해 상승하게 되므로, 원자로압력용기 감시시험에서는 RT_{NDT}의 변화를 주기적으로 측정하여 안전운전 조건의 설정에 반영한다. 보다 상세한 내용은 다음 장에서 기술한다.

3.3.5 파괴인성시험

샤르피 V-노치 충격시험편에 의한 충격인성시험이 파괴인성의 정성적인 값을 제공하는 반면에 예비피로균열을 포함하는 시험편의 파괴인성 시험은 결함이 있을 때 허용되는 응력이나, 반대로 주어진 하중에서 안전한 임계 균열의 크기를 예측하는데 사용할 수 있는 정량적인 파괴저항 특성값(파괴인성)을 준다.

재료의 파괴저항 특성을 지칭하는 파괴인성(fracture toughness)이라는 용어는 원전기기 건전성 평가에서 매우 빈번하게 사용되지만, 경우에 따라서는 서로 다른 의미로 사용될 수 있기 때문에 혼선을 주기도 한다. 따라서 우선 파괴인성이라는 동일한 용어가 서로 다른 경우에 사용되는 사례를 정리해본다[3.3-6, 3.3-11, 3.3-12].

1) 샤르피 충격인성 [3.3-6]

   ASME Code Sec. III, NB-2000에서는 샤르피 충격흡수에너지를 파괴인성으로 부르고 있다. 단위는 시험편에 흡수된 에너지의 단위로서 joule(ft-lb)이다.

2) 평면변형 파괴인성(K_{IC}) [3.3-11]

   전통적인 파괴인성 시험방법으로서 비교적 저온영역에서 소성변형이 별로 없이 파단이 발생할 때 파괴개시점에서의 하중지지 능력을 응력확대계수(Stress Intensity Factor, K)의 크기로 나타낸 것이다. 단위는 균열선단의 응력장 세기가 고려되어 MPa√m(ksi √in) 라는 다소 생소한 단위가 사용된다.

3) 탄소성 파괴인성(J_{IC}) [3.3-12]

   비교적 고온에서 연성 안정균열이 진전할 때, 초기균열의 성장이 시작되는 점까지 시험편이 저항하는 능력을 J-적분의 크기로 나타낸 것이다. 단위는 kJ/m^2 (ft-lb/in^2)으로서 단위면적의 균열이 생성될 때 저항하는 에너지의 의미를 갖는다.

4) 취성 파괴인성 (K_{JC}, J_C, J_U) [3.3-12, 3.3-13]

   연성-취성 천이온도구역에서는 시험편에 뚜렷한 소성변형이 선행된 후 취성파괴가 발생하거나(J_C), 소성변형뿐 아니라 연성균열성장이 발생한 후 취성파괴가 수반되는 (J_U) 경우가 생긴다. 전자의 경우 측정되는 파괴인성은 확률통계적인 발생특성을 보이므로, 확률 이론에 근거한 별도의 해석을 통해 파괴인성 거동이 평가된다. 후자의 경우는 파괴거동이 시험편의 크기에 따라 큰 의존도를 보이므로, 정량적인 파괴인성의 척도로서 사용되지는 않는다. K_{JC}는 J_C 값을 그에 동등한 K 값으로 환산한 것으로서, 후에 설명할 마스터커브(master curve) 파괴인성 시험해석법의 기본 데이터로 사용된다.

5) 균열선단개구변위 (Crack-Tip Opening Displacement; CTOD)

   산업분야에 따라서는 CTOD를 파괴인성의 척도로 사용하기도 한다. 즉, K나 J와 같이 가해준 하중이나 에너지의 형태로 파괴인성을 나타내는 것이 아니라, 어느 정도 소성변형이 발생하는 경우 균열선단에서 파단이 일어날 때의 임계 변형량 크기를 파괴인성의 척도로 취하는 것이다.

파괴인성 시험이 다른 재료시험에 비해 가장 큰 특징은 시험편에 미리 예비균열을 가공한 후 본 시험이 수행된다는 점과, 측정된 파괴인성값과 사용된 시험편의 크기에 따라서 측정 값의 유효성 여부가 평가된다는 점이다. 따라서 시험편의 크기에 대한 유효조건은 고정되어 있거나 미리 결정되는 것이 아니라고 할 수 있지만, 가능한 큰 시험편을 사용하는 것이 시 험결과의 유효성 측면에서 유리하다. 일반적으로 사용되는 시험편 형태는 그림 3.3-8과 같 은 CT(Compact Tension) 시험편과 3점 굽힘(3-point bend) 시험편이다. 파괴인성 시험 편의 준비에서 주의해야 할 사항은 본 시험 전 시험편에 반복피로하중을 가하여 예비균열을 만드는 과정이다. 이 때 가해지는 하중에 의해 예비피로균열의 선단이 소성변형을 과하게 받지 않도록 반복하중의 최대값을 규정에 맞게 조정해야 하며, 이 값은 예비균열이 진전하 는 동안 여러 단계로 제어된다.

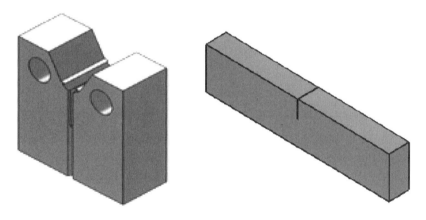

〈그림 3.3-8〉 파괴인성 시험에 사용되는 대표적 시험편 (CT, Bend)

1970년도에 최초의 파괴인성 표준시험법으로서 K_{IC} 시험법이 ASTM E399 규격으로 발간되었다. 이 시험규격에 의해 선형탄성 평면변형 파괴인성을 결정하기 위해서는 시험 편 크기에 대한 엄격한 요구조건을 만족하여야 하며, 원자로압력용기강의 경우에 이 조건 을 만족하기 위해서는 비현실적으로 큰 시험편이 필요하다. 따라서 현실적인 크기의 시험 편에서 어느 정도 소성변형이 수반되는 경우에도 파괴인성을 결정할 수 있는 표준시험방 법을 개발하는 노력이 다양하게 진행되었다. 등가에너지법 등 간이적인 방법이 있지만, 주류는 J-적분과 CTOD에 기초한 시험방법이다. 특히 J-적분이 파괴역학의 매개변수로 서 가장 널리 사용되고 있으며, 그와 연관된 표준시험방법도 1980년대와 90년대에 걸쳐서 E813, E1152, E1737 등 여러 가지가 있었다. 현재는 모든 탄소성 파괴인성 시험법이 E1820으로 통합되었다. E399 K_{IC} 시험법은 E1820의 통합된 파괴인성 시험법에도 그 내용이 포함되어 있지만 선형탄성 파괴인성 시험법으로서 별도의 규격번호를 존속하고 있다. E1921은 연성−취성 천이구역에서 취성파괴인성 측정값들의 확률통계적인 취급을 통한 파괴인성 평가법을 제시한다.

상기에 언급한 파괴인성 표준시험법들에 대해 각각 간략히 살펴보자.

3.3.5.1 K_{IC} test (선형탄성 평면변형 파괴인성 시험법) [3.3−11]

파괴역학에서 가장 기본적인 재료특성은 선형탄성 파괴역학(LEFM) 개념에 기초한 평면변형(plane strain) 파괴인성으로서 균열선단이 평면변형인 조건 하에서 균열개시에 대한 저항성으로 정의된다. 선형탄성 평면변형 파괴인성은 재료 특성으로 취급되며 K_{IC}라고 쓴다. K_{IC}는 ASTM E399 표준시험 및 해석 절차에 따라 결정되며, 시험편이 모드−I 인장하중상태에서 파괴점에 도달할 때 응력강도계수의 임계값을 의미한다.

그림 3.3−9는 선형탄성 파괴역학 시험에서 시험편에 하중을 가할 때 얻어지는 대표적인 하중−변위 선도들을 나타내며, 이 선도에서 초기기울기의 95% secant line 과 만나는 하중점으로서 P_Q를 결정하는 것이 핵심이다. 시험은 대부분 변위제어로 수행하며, 로드셀로 작용하중을 측정하면서 COD 또는 균열개구변위(Crack Mouth Opening Displacement; CMOD) 게이지를 이용하여 균열개구변위를 정밀 측정하여야 한다. 파괴인성 K_{IC}의 결정을 위해서는 시험편의 소성역이 균열크기나 시험편크기에 비해 상대적으로 작아서 재료가 궁극적으로 평면변형 선형탄성 거동을 보이는 조건이 만족되어야 한다.

시험결과로부터 파괴인성의 도출을 위한 관계식은 사용되는 시험편의 형태에 따라 다르며, CT 시험편의 경우 다음과 같다.

$$K_Q = \frac{P_Q}{B\sqrt{W}} \times f\left(\frac{a}{W}\right) \tag{3.3-7}$$

여기서 K_Q는 K_{IC}의 잠정적인 값이며, P_Q는 그림 3.3−9에서 결정된 하중점의 값, a는 초기균열깊이, W는 시험편의 폭, B는 시험편의 두께를 나타낸다.

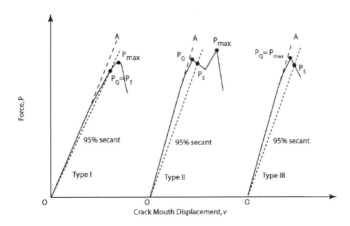

〈그림 3.3-9〉 선형탄성 파괴인성 시험에서 대표적인 하중–변위 곡선의 예

표준시험법에서는 K_{IC} 측정이 유효할 수 있는 여러 가지 조건들을 규정한다. 그 중에서 가장 중요한 조건은 다음과 같이 시험편의 두께(B)와 균열 크기(a)에 대한 상대적인 소성역의 크기에 기초한다.

$$2.5 \times (K_Q / YS)^2 \leq B, a \qquad (3.3-8)$$

여기서 YS는 0.2% 오프셋 항복강도이다.

LEFM은 균열선단 앞에 소성역이 매우 작게 국한되어 있는 경우에만 유효한 것으로 본다. 기본 원리는 시험편에 가해진 응력강도계수가 재료의 선형탄성 평면변형 파괴인성을 넘어설 때, 즉 $K_{I,app}$이 K_{IC} 보다 클 때 불안정 파괴가 발생한다는 것이다.

K_{IC}의 결정에서 가장 중요한 제약 중의 하나는 시험편의 크기가 매우 커야한다는 점이다. 원자로압력용기 재료에서 유효한 K_{IC} 측정을 위해 완벽한 평면변형 조건이 되기 위해서는 시험편의 두께가 300mm에 달해야 될 것이다. 70년대 이전에는 약 280mm에 달하는 여러 가지 크기의 CT(Compact Tension) 시험편들이 두꺼운 원자로압력용기의 강판으로부터 제작되어 유효한 K_{IC} 측정값을 얻기 위한 시험이 수행되기도 하였다. 그러나 현실적으로는 그렇게 큰 시험편을 시험하는 것은 아주 특별한 연구목적 이외에는 거의 불가능하다. 이것이 탄소성 파괴역학(Elastic Plastic Fracture Mechanics; EPFM)을 개발하게 하는 구동력이 되었다.

3.3.5.2 *J*–integral test (*J*–적분 시험, *J*$_{IC}$ 시험, *J*–*R* 곡선 시험) [3.3-12]

시험편의 균열주위에 큰 소성변형이 발생하면 탄성파괴역학(LEFM)의 가정은 위배되고

K_{IC} 시험의 유효성이 사라지므로, 구조건전성 평가를 위해서는 재료의 비선형 변형거동을 취급할 수 있는 새로운 방법이 필요하다. 결함의 크기가 작을수록 파괴에 필요한 응력은 증가하고, 일반적으로 사용되는 현실적인 크기의 파괴인성 시험편에서는 종종 파괴 이전에 항복현상이 발생한다. 따라서 소형시험편으로 대형구조물에 적용하기 위한 재료의 파괴저항성을 평가할 수 있는 새로운 방법이 필요하다. 이 때 비교적 작은 시험편에서는 큰 소성역이 발생하며, 실제 대형 구조물에서는 소성역이 작을 것이 예상되므로, 이 관계들을 보다 일반화하여 취급할 수 있는 파괴역학 개념이 요구되었다.

탄성뿐 아니라 소성변형의 영향을 고려하기 위해서 몇 가지의 방안들이 연구되어왔다. 균열선단개구변위(CTOD), R-curve 해석, 등가에너지(equivalent energy), J-적분, 국부접근법 등이다. 이 중 가장 널리 사용되는 탄소성파괴역학(EPFM) 개념은 J-적분으로서, 1968년에 Rice[3.3-14]에 의해 소개되었고 1981년도에 ASTM E813 표준시험법으로 제정되었다. J-적분은 비선형탄성 혹은 변형소성 이론이 적용되는 재료에서 균열선단 앞의 응력-변형률장을 기술하는 선적분으로서 균열선단 주위에서 경로에 무관한 값을 갖는다. 따라서 균열에서 멀리 떨어진 지역의 응력장을 해석함으로써 균열근처에서 소성변형을 받고 있는 지역의 응력장 거동을 추론할 수 있는 방법을 제공한다. J-적분의 수학적 정의는 다음과 같다.

$$J = \int_{\Gamma} \left(w\,dy - T_i \frac{\partial u_i}{\partial x}ds \right) \qquad (3.3-9)$$

실험실에서 물리적 기반의 측정을 위해서는 J-적분이 동일하게 하중을 받고 있는 두 개의 물체 사이에 단위 균열길이 당 포텐셜 에너지의 변화율로 해석될 수 있다.

$$J = -(dU/da) \qquad (3.3-10)$$

여기서 U는 포텐셜에너지, a는 균열길이이다.

균열길이가 약간 다른 시험편에서 균열을 진전시키는데 필요한 일을 계산해 주는 비선형에너지방출율 개념으로부터 J-적분을 한 개의 하중-하중선변위 시험결과로부터 결정하는 방법이 개발되어, 여러 가지 현실적인 시험편 형상에 대해 J-적분을 단일 시험으로 평가할 수 있게 되었다.

선형탄성일 경우에 J는 응력확대계수 K 및 에너지해방율 G와 다음과 같이 관계된다.

$$J = G = (K^2/E) \qquad (3.3-11)$$

여기서 E는 탄성계수이다.

평면변형인 경우에는 위의 관계식이 다음과 같이 표현된다.

$$J = G = [K^2/E(1-\nu^2)] \tag{3.3-12}$$

여기서 ν는 포아송비이다.

J-적분 개념이 임의의 비선형탄성 혹은 탄소성 변형소성 이론이 적용되는 경우에 정의되었으므로, 시험편에 균열진전 등의 탄성해중이 발생하지 않는 경우에 정확히 적용된다. 하지만 실제로는 어느 정도의 균열이 진전하거나 약간의 탄성해중이 발생하는 경우에도 공학적으로 J-적분은 유효한 것으로 받아들여지고 있다.

초창기부터 J-적분은 비교적 성숙되고 잘 받아들여지는 파괴의 판정값으로 발전되어 왔으며, 다음과 같이 다양한 경우에 대한 표준시험 방법들이 개발되었다. 즉, J_{IC}(연성균열개시에 대한 재료의 저항성), J-R 곡선(J-저항특성), J_C(벽개파괴 시의 임계 J-적분값) 등이다.

J-적분 시험의 대표적인 방법과 절차는 공통적으로 다음과 같다.

시험편은 모든 파괴인성 시험과 마찬가지로 초기균열이 있는 CT 혹은 bend 시험편 등이며, 하중을 측정하기 위한 로드셀과 시험편의 하중선 변위를 정밀하게 측정할 수 있는 게이지가 필요하다. 경우에 따라서는 균열개구변위(COD) 게이지가 사용되어 하중선변위를 간접 유추하기도 한다. 시험은 대부분 변위제어로 수행한다.

CT 시험편에 변위제어로 하중을 가하면 그림 3.3-10과 같이 O-a-b-c-d 로 진행되는 하중–하중선변위 선도를 얻게 될 것이다.

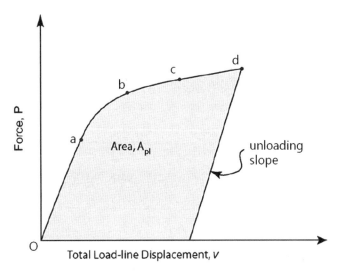

〈그림 3.3-10〉 탄소성 파괴역학 J-적분 시험중 얻어지는 하중–하중선변위 선도

만일 d점까지 하중을 가하는 동안에 시험편의 초기균열이 성장하지 않았다면, 탄성 해중선의 기울기(unloading slope)는 초기 탄성구간의 기울기와 거의 같을 것이며, 이 점에서의 J-적분값은 다음과 같이 계산된다.

$$J = \frac{K^2 (1 - \nu^2)}{E} + J_{pl} \qquad (3.3\text{-}13)$$

$$J_{pl} = \frac{\eta_{pl} A_{pl}}{B_N b_o} \qquad (3.3\text{-}14)$$

$$K = \frac{P}{\sqrt{BB_N} \sqrt{W}} \times f\left(\frac{a}{W}\right) \qquad (3.3\text{-}15)$$

$$f\left(\frac{a}{W}\right) = \frac{\left(2 + \frac{a}{W}\right)\left[0.886 + 4.64\frac{a}{W} - 13.32\left(\frac{a}{W}\right)^2 + 14.72\left(\frac{a}{W}\right)^3 - 5.6\left(\frac{a}{W}\right)^4\right]}{\left(1 - \frac{a}{W}\right)^{3/2}} \qquad (3.3\text{-}16)$$

$$\eta = 2 + 0.522\frac{b_o}{W} \qquad (3.3\text{-}17)$$

일반적으로는 d점까지 하중을 가하는 동안에 b-c 지점 부근에서 초기균열의 성장이 발생하여 d 지점에서는 초기 균열길이와 확연히 다른 균열로 성장하였다고 생각할 수 있다. 이 경우 탄성해중선의 기울기는 초기 기울기보다 작아지게 된다.

탄소성 파괴인성 시험의 첫 번째 목적은 초기균열이 언제 성장을 시작하는지를 측정하는 것이다. 초기균열의 크기가 동일한 시험편 여러 개를 만들어서 각각 a, b, c, d 지점에서 시험을 멈추고, 각 시험편을 파단하여 균열이 얼마만큼 진전했는지를 조사하면 균열이 어느 시점에 진전을 시작했는지 대략적으로 알 수 있겠으나, 이렇게 하기 위해서는 소모되는 시험편의 숫자가 너무 많을 것이고, 무엇보다 초기균열의 크기가 완벽히 같을 수가 없으므로 정확한 해석이 어려울 것이다.

만일 d 점까지 하중을 가하는 동안에 시험편의 균열이 얼마정도 성장했는지를 비파괴적으로 알 수 있는 방법이 있다면, 단일 시험편으로 J-적분값과 그에 해당하는 균열성장량을 쌍으로 여러 개를 추출하여 도시함으로써 $J\text{-}R$ 곡선을 얻고, 그로부터 균열진전의 시작점을 정의할 수 있다. 이를 위해 사용되는 대표적인 비파괴적 균열크기 측정방법이 탄성해중법과 직류전위차(Direct Current Potential Drop; DCPD)법이다. 최근에는 소위 정규화

(normalization)법이라고 불리는 하중–변위선도의 특별한 해석을 통해 균열성장량을 해석적으로 유추하는 방법도 제시되었다.

그림 3.3–11은 그림 3.3–10과 마찬가지로 CT 시험편에 변위제어로 하중을 가하는 J–적분 시험의 실제기록 샘플이다. 이 그림에서는 시험편에 하중을 가하는 도중에 주기적으로 부분 탄성해중을 시켜서 기울기의 변화를 정밀하게 관찰함으로써 균열의 성장량을 추정하는 것을 보여준다. 탄성해중선기울기방법은 현재 ASTM J–적분 시험법의 표준절차로 사용된다. 이 경우 각 점에서 균열의 크기가 다르므로 이를 고려하여 J–적분값의 계산식도 각 점을 잇는 증분 형태로 취하여 다음과 같이 수정된다.

$$J_i = \frac{K_i^2 (1 - \nu^2)}{E} + J_{pl,i} \tag{3.3-18}$$

$$J_{pl,i} = \left[J_{pl,i-1} + \frac{\eta_i}{b_{i-1}} \frac{(A_{pl,i} - A_{pl,i-1})}{B_N} \right] \times \left[1 - \frac{\gamma_i}{b_{i-1}} (a_i - a_{i-1}) \right] \tag{3.3-19}$$

$$\eta_i = 2.0 + 0.522 \frac{b_i}{W} \tag{3.3-20}$$

$$\gamma_i = 1.0 + 0.76 \frac{b_i}{W} \tag{3.3-21}$$

$$b_i = W - a_i \tag{3.3-22}$$

제
3
장

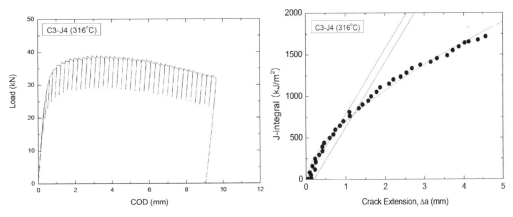

〈그림 3.3–11〉 단일시험편 탄성해중법에 의한 J–적분 시험 그래프

그림 3.3-11은 ASTM E1820 표준절차에 따라 단일시험편 탄성해중방법으로 시험한 전형적인 하중-하중선변위 곡선과 그로부터 계산된 J-균열진전량의 도표(J-저항곡선, J-R 곡선)를 보여준다. J-R 곡선 데이터에서 초기에 기울기가 큰 부분은 시험편에 실제 물리적인 균열진전이 발생하기 전 균열선단의 둔화(blunting) 과정에 의해 발생하는 균열 유효깊이의 증가를 나타낸다. 따라서 blunting line의 기울기는 재료의 인장유동특성과 관련이 깊을 것이며, ASTM 표준시험법에서는 blunting line의 기울기를 유동응력의 2배로 취하도록 한다. 즉, blunting line의 수학적 표현은 다음과 같다.

$$J = 2\sigma_f \times (\Delta a) \tag{3.3-23}$$

여기서 유동응력 σ_f는 항복강도와 인장강도의 평균값으로 취한다.

J_Q는 J-R 선도상에서 초기 blunting line의 0.2mm offset line과 만나는 점의 값으로서 정의된다. 측정된 J_Q 값이 J_{IC}로서 유효하기 위해서는 많은 판정조건과 데이터 제한 조건이 있으며, 중요한 사항들을 표 3.3-1에 정리하였다. 대표적으로는 K_{IC} 시험과 유사하게 측정된 파괴인성값과 시험편의 크기에 대한 유효성 판정 관계식이 다음과 같다.

〈표 3.3-1〉 탄소성 파괴역학 J-적분 시험시 중요 체크 포인트

체크 항목	주요 내용
예비균열의 크기	0.45~0.70W for J & δ 결정 0.45~0.55W for K_{IC} 결정
예비균열중 피로균열의 최소 크기	0.05B and 1.3mm 이상 for wide notch 0.025B and 0.6mm 이상 for narrow notch
피로하중의 최대값-1	$P_{m(bend)} = \dfrac{0.5\,Bb_o^2\,\sigma_Y}{S}$ for bend specimens $P_{m(CT)} = \dfrac{0.4\,Bb_o^2\,\sigma_Y}{(2W + a_o)}$ for CT specimens
피로하중의 최대값-2	$K_{MAX} = \left(\dfrac{\sigma_{YS}^f}{\sigma_{YS}^T}\right) \times 0.063 \cdot \sigma_{YS}^f \quad (MPa\sqrt{m})$

체크 항목	주요 내용
피로하중의 최대값-3	최종 50% 혹은 1.3mm/0.6mm (for wide/narrow notch)의 피로균열 작업시 $K_{MAX} = 0.6 \dfrac{\sigma^f_{YS}}{\sigma^T_{YS}} K_F$ K_F는 시험시 측정되는 K 값. σ^f_{YS}와 σ^T_{YS} 는 피로균열작업과 시험 온도에서 YS
하중속도 (변위제어)	하중 P_m에 도달하는 시간이 0.3~3분
Crack front uniformity	표면에서 0.005W 안쪽으로 9 point 측정값 각각이 평균값과 0.05B 이내 차이
Δa uniformity	Δa의 9-point 각각 측정값이 평균값과 50% 이내
Δa 예측값 오차	$0.2b_o$ 이하의 균열진전 경우는 $0.15\Delta a_p$ 이내, 그보다 큰 경우는 $0.03b_o$ 이내
K_{IC} qualification	$P_{max}/P_Q \leq 1.10$ $b_o > 2.5\,(K_Q/\sigma_{YS})^2$
J_C qualification	$B, b_o \geq 100\,J_Q/\sigma_Y$ $\Delta a_p < 0.2mm + J_Q/M\sigma_Y$ (M=2)
J-R curve qualification	$J_{\max} = b_o\sigma_Y/10$ and $B\sigma_Y/10$ $\Delta a_{\max} = 0.25\,b_o$
J_{IC} qualification	0.15 & 1.5mm exclusion line 사이와 $J_{\lim} = b_o\sigma_Y/7.5$ 이하의 범위 내에 5개 이상 data 점. 0.5mm offset line 앞뒤 범위에 최소 한 개 data 점. $0.4J_Q$와 J_Q 사이에 data 점 3개 이상. $B, b_o > 10\,J_Q/\sigma_Y$

제 3 장

$$10 J_Q / \sigma_Y \leq B, b_o \tag{3.3-24}$$

여기서 b_o는 초기 비균열 단면 길이($W-a_o$), 그리고 σ_Y는 항복강도이다.

참고로 동일한 재료의 파괴인성을 측정한다고 가정했을 때 대략적으로 K_{IC} 시험에 비해 1/10 정도 크기 수준의 시험편이 J-적분 시험에서는 유용하다고 말할 수 있다.

J_{IC} 값과 더불어 찢김계수(tearing modulus, T)가 원전기기 건전성 평가에서 균열의 안정성을 평가하는데 자주 사용된다[3.3-15]. 찢김계수는 J-R 곡선 상의 기울기(dJ/da)와 연관이 있으며, 균열이 성장하는 동안에 그에 대한 저항성을 나타내는 매개변수라고 이해할 수 있다. 찢김계수의 정의는 다음과 같다.

$$T = \frac{E}{\sigma_o{}^2} \cdot \frac{dJ}{da} \tag{3.3-25}$$

3.3.5.3 탄소성 취성파괴(K_{JC})에 대한 파괴인성 마스터커브 평가 [3.3-13]

만일 시험편의 초기균열이 뚜렷한 연성균열성장을 보이기 이전에 취성벽개파괴가 발생한다면 파괴가 발생하는 시점의 J-적분값 J_C는 등가의 응력강도계수 K_{JC}를 계산하는데 사용될 수 있다. 이 때 가장 큰 문제점은 측정된 K_{JC} 값이 시험편의 크기에 의존한다는 것이다. 시험편이 클수록 (두께가 두꺼울수록) 측정되는 K_{JC} 값은 작아진다. ASTM E1921로 표준규격화된 마스터커브 파괴인성 평가방법은 취성파괴시에 측정되는 K_{JC} 값을 Weibull 확률 이론에 의거하여 시험편 두께의 함수로 정량화하는 것이 가능하다는 점에 기초한다. 그 기초 이론에 대해 간략히 살펴보자.

페라이트계 강은 특정온도 범위에서 파괴인성이 온도에 따라 급격히 변하는 연성-취성 천이온도(ductile-brittle transition temperature, 이하 천이온도라고 표기) 구역을 나타낸다. 파괴역학 특성의 측면에서 J-적분 개념이 적용되는 연성구역이나 K(stress intensity factor) 개념이 적용되는 취성구역과는 달리, 어느 정도의 소성변형 혹은 소량의 안정균열진전을 포함하는 취성파괴의 양상을 나타내는 천이온도구역에서는 동일조건하에서도 측정된 파괴인성값의 편차가 매우 크기 때문에 재료의 파괴인성 특성을 정확히 평가하는 데에는 많은 문제점을 내포한다. 천이온도영역에서 선형탄성 파괴역학 표준시험법에 의한 K_{IC}를 결정하기 위해서는 매우 큰 시험편이 요구되며, 1980년대 이전의 많은 연구결과들은 비록 큰 시험편을 사용하더라도 측정된 파괴인성값의 편차가 매우 클 수 있다는 것을 보여주었다.

이 분야에 대한 1990년대 이후의 연구결과에 따르면 천이온도영역에서 측정된 파괴인성값이 큰 편차를 나타내는 것은 페라이트계 강 고유의 특성이며, 이를 확률–통계적인 개념에 기초하여 해석하는 것이 정량적으로 유력한 접근방법이 될 수 있다. 대표적으로는 취성파괴가 균열선단 앞의 응력집중부위에 위치한 국부적 취약부의 파괴에서부터 기인한다는 weakest link theory에 기초한 Weibull 확률해석법이 많이 이용된다.

K를 변수로한 3–parameter Weibull 통계법에서는 동일한 시험조건에서 어느 시험편이 K_{JC}의 파괴인성을 가질 누적확률, 즉, 외부에서 K_{JC}의 하중을 가하였을 때 시험편이 파단될 확률을 다음과 같이 표현한다.

$$P_f = 1 - \exp\left[-\left(\frac{K_I - K_{\min}}{K_o - K_{\min}}\right)^m\right] \quad \text{(3–parameter Weibull)} \tag{3.3-26}$$

여기서 K_o는 주어진 시험조건에서 재료의 특성값이며, 개념적으로는 63.2%의 파손확률을 갖는 K_{JC} 값을 의미한다. Weibull 계수 m은 확률분포의 특성을 나타내는 값으로 Weibull plot 상에서 데이터의 기울기를 나타낸다. 일반적인 Weibull 통계법에서는 m 값이 클수록 데이터의 분산이 작음을 의미하고 m 값이 너무 작을 경우는 확률분포의 신뢰도를 갖지 못하는 것으로 취급된다. Wallin 등[3.3-16]에 의하면 균열선단 응력장으로부터 유도된 이론적인 Weibull 계수는 4이며, 페라이트계 철강재료에서는 $K_{\min}$ 값을 20MPa√m 으로 취하는 것이 일반적이다.

파괴인성 시험 결과의 가장 큰 특징은 시험편의 크기가 측정되는 파괴인성값에 강한 영향을 미친다는 것이다. 시험편이 커질수록 두께방향의 구속력이 커지기 때문에 균열선단에 3축 응력의 형성을 도와 국부적인 최대응력이 높아지고, 따라서 측정되는 파괴인성값은 감소하는 것이 일반적이다. 또한 재료 내에 불규칙하게 분포되어 있을 수 있는 작은 취약부의 하나에 임계응력(critical stress)이 작용하여 벽개파괴가 시작하면 시험편 전체가 파단된다는 weakest link theory를 가정하면, 재료내의 국부적인 취약지역이 시험편의 균열 선단부근에 위치할 수 있는 확률적 개념에 의해 파괴인성의 시험편크기 의존성을 다음과 같이 확률적으로 설명할 수 있다.

그림 3.3-12는 연성–취성 천이온도구역에서 벽개파단면을 보여주는 사진이다. 사진의 상단부는 초기 피로균열면을 나타내며 하단부는 벽개파괴면이다. 파단면을 자세히 살펴보면 균열선단 앞의 어떤 한 부분에서 벽개파단이 시작되어 전체 파단으로 이어졌음을 알 수 있다. 재료의 미세조직적 특성 중에서 이러한 벽개파단의 개시점으로 작용할 수 있는 국부적 취약부는 비금속개재물, 탄화물 등 제2의 입자상들과 입계 3중점 등이다.

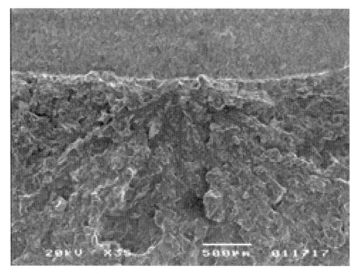

〈그림 3.3-12〉 연성-취성 천이온도구역에서 벽개파괴의 시작점을 보이는 파단면

두께가 X인 시험편의 균열선단은 X개의 단위 두께를 갖는 시험편의 합으로 생각할 수 있다. 두께가 X인 시험편이 주어진 하중에서 파손될 확률은 X개의 단위두께 시험편 중 하나 이상이 파손될 확률과 동일하므로 이는 다음과 같이 표현된다.

$$P_{f,X} = 1 - \left\{ 1 - P_{f,1} \right\}^X \tag{3.3-27}$$

여기서 $P_{f,X}$ 와 $P_{f,1}$은 각각 X두께와 단위두께 시험편에 대한 파괴확률을 의미한다. 식 (3.3-27)을 식 (3.3-26)에 대입하여 정리하면 다음과 같다.

$$P_{f,X} = 1 - \exp\left[-\left(\frac{X^{1/m} \cdot K_I}{K_o} \right)^m \right] \tag{3.3-28}$$

따라서 두께가 X인 시험편의 파괴인성지표값(characteristic fracture toughness)으로서 $K_{o,X}$은 $K_o / X^{1/m}$의 값을 갖는다. 이 개념을 3-parameter Weibull 분포에 적용하여 다시 정리하면 다음과 같이 단위 시험편(1T-CT) 크기에 대한 파괴인성치의 보정식을 얻을 수 있다.

$$K_{JC(1T)} = K_{\min} + [K_{JC(x)} - K_{\min}] \cdot \left(\frac{B_{(x)}}{B_{(1T)}} \right)^{\frac{1}{m}} \tag{3.3-29}$$

여기서 $K_{JC(x)}$ 와 $K_{JC(1T)}$는 각각 X 두께의 시험편에서 측정된 파괴인성값과 이로부터 예측되는 표준 1T-CT 시험편의 파괴인성값이며, $B_{(x)}$와 $B_{(1T)}$는 각각 시험편의 두께를 의미한다.

그림 3.3-13은 서로 크기가 다른 시험편에서 측정된 K_{JC} 값으로부터 식 (3.3-29)을 이용하여 보정된 파괴인성 값의 유사성을 나타내주는 사례이다.

ASTM E8 파괴역학 소위원회에서는 페라이트계 강에서 파괴인성 천이곡선의 모양은 시험편의 크기가 동일할 경우 재료에 따라 크게 다르지 않은 것으로 판단하여, 1T-CT 시험편에 대한 파괴인성 천이곡선을 다음과 같은 함수로 정규화하여 제시하였다.

$$K_{JC(med)} = 30 + 70 \cdot \exp[0.019\,(T - T_o)],\ MPa\sqrt{m} \tag{3.3-30}$$

여기서 T는 시험온도이며 T_o는 1T 시험편 두께로 환산한 $K_{JC(med)}$ 값이 100MPa√m 로 되는 재료고유의 특성온도(℃)로 정의된다.

3.3.5.4 ASME Code의 참조파괴인성 곡선 (Reference K_{IC}/K_{IR} curve)

파괴역학 건전성 평가를 위해서는 재료의 파괴인성 데이터 확보가 필수적이지만, 가동중인 원자로압력용기에서 조사취화 평가를 위한 파괴인성 시험편을 직접 확보하기는 용이하지 않다. 이 때문에 ASME Code에서는 재료의 충격특성으로 부터 파괴인성 특성을 보수적으로 유추할 수 있도록 참조파괴인성 곡선을 개발하여 제시하였다. 현재 사용중인 ASME Code의 참조파괴인성곡선은 미국의 압력용기위원회(Pressure Vessel Research Council; PVRC)가 1972년도에 당시의 원사로압력용기 소재에 대한 파괴인성 데이터베이스를 분석하여 [3.3-17], 모든 원자로압력용기의 파괴역학 평가에 사용하기 쉽도록 일반화하여 보수적인 하한 특성값을 설정한 것이다. 이 때 파괴인성 데이터의 시험온도들을 낙중시험의 무연성온도인 T_{NDT}로 상대 보정하여 정규화하였다. 이후 ASME Code에서는 T_{NDT}외에 샤르피 충격시험 결과까지 고려하여 보수적으로 결정한 RT_{NDT} 값을 사용하여 보다 보수적인 참조파괴인성곡선을 다음 식과 같이 제시하였다[3.3-18].

$$K_{IC} = 36.5 + 22.783*\exp(0.036(T - RT_{NDT}))\ (MPa\sqrt{m},\ ℃) \tag{3.3-31}$$

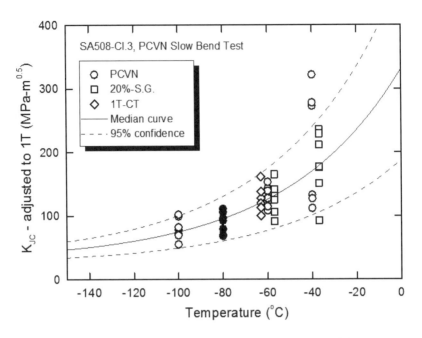

〈그림 3.3-13〉 페라이트계 철강재료의 파괴인성 마스터커브

그림 3.3-14는 ASME 참조파괴인성곡선을 개발하는데 사용되었던 파괴인성 데이터베이스와 RT_{NDT}의 안전여유도 관계를 보여준다. 직접적인 파괴인성 시험결과가 없는 대부분의 경우에는 감시시험 충격시험결과로부터 RT_{NDT} 값이 정해지면 식 (3.3-31)에 대입하여 온도에 따른 재료의 파괴인성값을 보수적으로 결정한다.

마스터커브 파괴인성 평가법은 ASTM E1921의 표준시험방법으로서 취성파괴가 발생하는 연성-취성 천이온도구역에서 실제 파괴인성시험을 수행하여 특성온도(T_o)를 결정한다. Cleavage initiation이 취성파괴를 주도하는 경우에 파괴인성은 확률적으로 시험편 두께의 함수로 표현될 수 있으며, 측정된 파괴인성값을 기준이 되는 1T-CT에 해당하는 값으로 변환하는 것이 이론적으로 가능하다. 이렇게 1T-CT 시험편 크기로 변환된 파괴인성값들은 다양한 압력용기 강에서 온도에 따라 유사하게 변화하는 경향을 보인다. 이것을 다음과 같이 특성온도(T_o)로 일반화한 단일곡선(마스터커브)으로 나타낸다[3.3-13].

$$K_{JC-median} = 30 + 70 \cdot \exp(0.019(T - T_o)) \quad (\text{MPa}\sqrt{\text{m}}, \ ℃) \qquad (3.3-32)$$

$$K_{JC-5\%LB} = 25.4 + 37.8 \cdot \exp(0.019(T - T_o)) \ (\text{MPa}\sqrt{\text{m}}, \ ℃) \qquad (3.3-33)$$

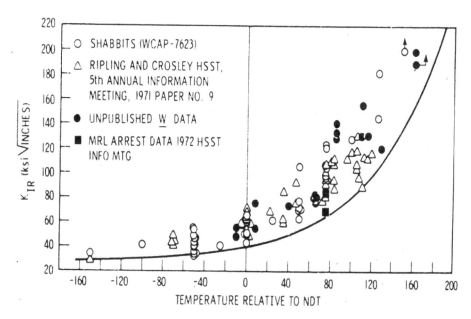

〈그림 3.3-14〉 ASME 기준파괴인성곡선의 도출 데이터 [3.3-17]

따라서 ASME 참조파괴인성 곡선과 유사하게 마스터커브 곡선에서도 참조특성온도(T_o)를 결정하면 온도에 따른 파괴인성 데이터를 확보할 수 있다. ASME 곡선과의 차이점은 마스터커브는 재료 파괴인성의 중간값과 상한값 및 하한값 등을 확률적으로 정량화할 수 있으며, 특성온도 자체를 직접 파괴인성 시험으로부터 결정하기 때문에 파괴인성 곡선의 예측 신뢰도가 다양한 재료들에서 일관되게 우수하다.

1972년도 ASME 파괴인성곡선을 도출하는데 사용되었던 174개의 파괴인성 데이터에 비해 수십배 이상 축적된 최근까지의 파괴인성 데이터베이스에 대한 분석결과는 그림 3.3-15와 같이 마스터커브 방법이 다양한 원자로압력용기의 파괴인성을 정량화하는 데에 매우 효과적이고 높은 신뢰도를 가진다는 것을 보여주었다[3.3-19]. 하지만 마스터커브를 기존의 ASME RT_{NDT} 방법 대신 원자로압력용기의 파괴역학 평가에 직접 사용하기 위해서는 ASME Code 관련 규정 및 해석절차의 대대적인 개정이 필요하며, 이에 수반되는 막대한 재평가 비용과 시간이 예상된다. 따라서 ASME Code에서는 마스터커브 평가법의 기술적 장점과 기존에 사용중인 평가절차 및 규정을 현실적으로 당장 이용할 수 있는 공학적 타협점으로서 Code Case N-629와 N-631을 제정하였다[3.3-20, 3.3-21].

Code Case N-629와 N-631에서는 기존의 ASME 파괴인성곡선을 그대로 적용하되, 온도보정 인자로서 충격시험으로 구하는 RT_{NDT} 대신에 마스터커브 파괴인성시험법으로 구하는 특성온도(T_o)를 사용할 수 있도록 하였다. ASME 곡선의 하한특성과 마스터커브의 하한특성을 일치시키기 위해서 측정된 T_o에 35°F의 온도를 부가하여 RT_{NDT}에 대응하는 RT_{To} 기준 온도를 다음과 같이 정의하였다.

$$RT_{To} = T_o + 35°F \quad \text{(Code case N-629 \& N-631)} \tag{3.3-34}$$

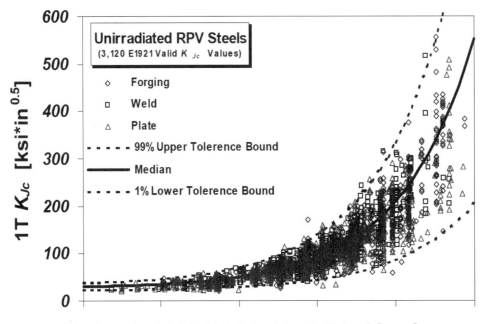

〈그림 3.3-15〉 파괴인성 데이터의 마스터커브 정규화 (T-T₀) [3.3-19]

　　Mark Kirk 등의 분석결과에 따르면, 미국 PVRC Task Group에서 원래의 참조파괴인성 곡선을 보수적으로 제정하는 데에 결정적 재료(limiting material)이었던 HSST-02 plate 의 동일한 파괴인성 데이터베이스를 RT_{To}로 재평가하면 RT_{NDT} 보다 오히려 약 17°F의 보수성을 더 갖는다[3.3-19]. 무엇보다 RT_{To} 이용의 공학적 강점은 모든 재료에서 일관된 안전여유도를 보인다는 점이다. 이는 Linde 80 용접재와 같이 초기 RT_{NDT}가 과도하게 높게 평가된 일부 소재에서는 실제적인 안전여유도를 추가로 확보할 수 있다는 것을 의미한다. 충격시험의 RT_{NDT}로 보정된 ASME 파괴인성곡선은 많은 경우 더 보수적이기는 하지만, 내재된 안전여유도가 모재와 용접재, 그리고 판재와 단조재 등 재료에 따라서 서로 달라 일관성이 부족한 결점이 있다.

3.3.5.5 균열정지 파괴인성 (K_{Ia}) [3.3-22]

균열정지 파괴인성, K_{Ia}는 불안정하게 전파하는 균열을 정지시키는 재료의 능력을 나타낸다. 균열정지 파괴인성시험은 시험편에 웨지를 사용하여 일정변위의 하중을 가하고 시험편의 노치 사이에는 변위 게이지를 사용한다. 따라서 K_{Ia} 값은 하중값이 아니라 변위값으로부터 계산된다. K_{IC}와 마찬가지로 균열정지 파괴인성 시험결과는 RT_{NDT}로 보정한 온도에 대해 K_{Ia}의 하한 곡선을 그리는데 사용된다. ASME Code에서는 참조파괴인성곡선 K_{IR} 커브가 K_{Ia} 커브와 동일하며, 여기에는 K_{Ia} 뿐 아니라 동적하중에서 측정된 파괴인성인 K_{Id}의 하한 곡선도 포함되어 있다. 이 곡선들을 결정할 당시(1972년)에는 K_{Ia}를 결정하는 시험법이 표준화 되지 않았으나, 1980년대 중반에 공동시험 프로그램을 통해 ASTM 평면변형 균열정지 파괴인성의 결정을 위한 표준시험법 ASTM E1221이 제정되게 되었다. 균열개시 파괴인성의 시험표준과 마찬가지로 ASTM E1221 표준시험 방법에도 시험편의 크기와 균열의 크기 등이 유효한 K_{Ia} 측정을 위해 만족되어야만 하는 기준들이 있다.

3.3.6 피로시험

시험편이나 구조물에 가해지는 하중의 세기가 재료의 인장응력이나 혹은 항복응력보다도 작은 경우라 하더라도, 반복적인 하중이 장기간 가해지게 되면 파손이 발생할 수 있으며, 이를 피로손상이라고 한다. 대표적인 예를 들면 가정의 주방에서 많이 쓰는 플라스틱 밀폐용기의 잠금장치를 오래 사용하면 플라스틱 연결부위에 금이 가서 깨지는 현상을 들 수 있다. 피로손상에 의한 파괴의 특징은 많은 소성변형이 발생하지 않고, 파단면이 매우 평활하다는 것이다.

원전 기기에서 반복응력에 의한 피로손상은 조사취화, 응력부식과 함께 대표적인 경년열화에 의한 수명제한 인자이다. 기계적 하중뿐 아니라 반복열응력에 의한 피로손상도 원전의 가열-냉각시에 노즐과 같은 응력집중부위에 누적될 수 있으며, 가압기와 고온관을 연결하는 밀림관은 고온의 가압수와 1차 계통수의 온도차로 인한 열응력이 반복적으로 작용하는 주요 관심 부위이다.

피로시험은 크게 두 종류로 구분된다. 첫째는 일축 인장 및 압축 시험편을 가지고 일정 응력범위 혹은 일정 변형률범위로 반복하중을 가하여 피로수명을 결정하는 시험이다. 둘째는 CT 시험편과 같은 예비균열이 있는 파괴역학 시험편을 가지고 일정하중범위로 반복하중을 가하여 균열이 진전하는 속도를 파괴역학의 매개변수(ΔK, K_{max} 등)에 대해 나타내는 피로균열성장률 시험이다.

제 3 장

3.3.6.1 일축 인장/압축 피로수명 평가시험 [3.3-23, 3.3-24]

시험편은 일축인장 시험편과 비슷하나 게이지부의 길이가 상대적으로 짧다. 또한 시험편과 시험기 정렬에 많은 주의를 기울여야 한다. 이는 압축시에 굽힘이 발생할 수도 있기 때문이다. 또한 표면의 작은 흠집에도 피로수명은 큰 영향을 받을 수 있으므로, 표면의 거칠기에도 주의하여 시험편을 축방향으로 미세연마(polishing)한 상태로 시험한다.

피로시험의 궁극적인 목표는 여러 세트의 시험을 통하여 피로응력수명($S-N$) 혹은 피로변형률수명($\varepsilon-N$)을 결정하는 것이다. 피로시험방식은 변형률제어방식(ASTM E606, strain-controlled fatigue testing)과 하중제어방식(ASTM E466, force controlled constant amplitude axial fatigue tests)이 있다. 후자의 하중제어시험은 주로 탄성변형범위 시험에 국한되므로, 소성변형까지 포함한 범위로 시험하는 전자의 변형률 제어방식을 일반적인 저주기 피로시험 표준으로 간주한다.

피로시험기에는 하중을 측정하는 로드셀과 함께 게이지부의 변형량을 장기간 안정되게 측정할 수 있는 연신량계(extensometer)가 사용된다. 특히 피로시험의 변형률범위는 일반 인장시험에 비해 훨씬 작으므로, 보다 정밀하고 안정도가 높은 연신량계가 요구된다. 시험편에 주기적으로 하중을 가하는 파형은 일반적으로 삼각파 형태이며, 변형률 속도와 총변형률범위를 전체 시험기간 동안 일정하게 유지하는 것이 일반적이다. 특수한 경우에는 홀드시간의 영향을 보기위해 사다리 파형의 하중을 가할 수도 있다.

그림 3.3-16은 변형률제어 피로시험의 어떤 한 주기 동안에 얻어지는 대표적인 응력-변형률 이력곡선(hysteresis loop)을 보여준다. 시험은 총변형률이 일정하도록 수행되며 하중주기가 진행됨에 따라 재료에 반복응력강화 혹은 반복응력연화 현상이 발생할 수 있으므로, 시험편에 가해지는 소성변형률의 범위는 주기마다 달라질 수 있다.

피로시험에서 피로수명(failure cycle, N_f)의 정의는 피로수명 정보가 사용될 최종 목적에 따라 다를 수 있으며, 일반적으로 다음과 같은 여러 가지 방법으로 정의되고 결정될 수 있다.

○ 시험편의 분리: 시험편이 완전히 두 개로 파괴되어 분리되는 시점
○ Modulus 변화: 최대 인장응력에서 해중될 때의 기울기를 E_{NT}, 최대 압축응력에서 재하중될 때의 기울기를 E_{NC}라고 하면 그 비율값 ($Q_N=E_{NT}/E_{NC}$)이 첫 사이클의 50%가 되는 시점
○ 미소균열의 생성: 시험편 표면에 일정 크기 이상의 미소균열이 탐지되는 시점
○ 하중(응력)감소: 최대 인장하중값이나 최대 인장점에서의 해중선 기울기가 균열의 생

성에 의해 50% (혹은 30% 등) 감소한 시점

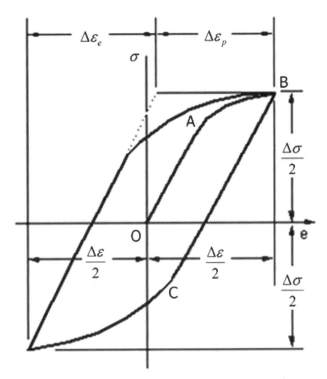

〈그림 3.3–16〉 저주기 피로시험의 응력–변형률 이력곡선(hysteresis loop)

제 3 장

피로수명의 약 50% 정도 되는 시점(half–life cycle)에서는 hysteresis loop가 거의 안정화된다. 여러 개의 시험편을 서로 다른 변형률 범위로 시험하여 안정화된 hysteresis loop를 얻고 이 때의 피크응력점들을 연결하여 반복 응력–변형률 곡선 (cyclic stress–strain curve)을 얻을 수 있다. 이 때의 반복응력–변형률 관계는 단순 인장시험으로 얻는 단조 (monotonic) 응력–변형률 선도와는 전혀 다른 것이 되나, 그 표현에 있어서는 유사한 방법으로 멱함수를 이용하여 다음과 같이 나타낸다.

$$\frac{\Delta\epsilon}{2} = \frac{\Delta\sigma}{2E} + \frac{\Delta\epsilon_p}{2} \tag{3.3–35}$$

$$\frac{\Delta\sigma}{2} = K'\left(\frac{\Delta\epsilon_p}{2}\right)^{n'} \tag{3.3–36}$$

$$\frac{\Delta\epsilon}{2} = \frac{\Delta\sigma}{2E} + \left(\frac{\Delta\sigma}{2K'}\right)^{1/n'} \tag{3.3-37}$$

여기서 응력과 변형률에 해당하는 값들이 한 주기 총 범위의 1/2로 취해지는 것에 유의할 필요가 있다.

저주기 피로시험결과로부터 피로수명은 종종 다음과 같은 관계식으로 표현된다.

$$\Delta\sigma/2 = \sigma_f'\,(2N_f)^b \tag{3.3-38}$$

$$\Delta\epsilon_p/2 = \epsilon_f'\,(2N_f)^c \tag{3.3-39}$$

$$\Delta\epsilon/2 = [\sigma_f'/E](2N_f)^b + \epsilon_f'(2N_f)^c \tag{3.3-40}$$

여기서

$\Delta\sigma$ = true stress range,

$\Delta\epsilon$ = true strain range,

$\Delta\epsilon_p$ = true plastic strain range,

N_f = cycles to failure,

$2N_f$ = reversals to failure,

n' = cyclic strain hardening exponent,

b = fatigue strength exponent,

c = fatigue ductility exponent,

K' = cyclic strength coefficient,

σ_f' = fatigue strength coefficient,

ϵ_f' = fatigue ductility coefficient, and

E = Young's modulus (modulus of elasticity).

실제로 원자력발전소에서 일어나는 주된 피로손상은 변형률 제어형태의 저주기 피로 현상에 가깝다고 할 수 있으나, ASME Code Sec. III 원전기기 설계에 피로해석이 도입된 초창기부터 현재까지 피로해석은 응력제어형 $S-N$ 선도 방법을 기반으로 한다. 이것은 실제 소성변형을 고려한 변형률제어형 피로해석에 비해 훨씬 더 간편하며, 보다 보수적인 측면이 있다. ASME Code에서 사용하는 피로설계곡선은 응력제어 피로시험뿐 아니라 변형률제어 피로시험 결과들이 포함되어 있으나, 이 때의 응력범위는 변형률 범위에 단순히 탄성계수를 곱해서 가상의 탄성(pseudo-elastic) 해석을 수행할 수 있도록 한다.

피로해석을 위해서는 재료의 적절한 피로곡선을 얻는 것이 중요하다. $S-N$ 선도라고도 불리는 피로곡선(피로수명곡선)은 피로수명(N 사이클)을 응력강도의 진폭(S_a)으로 나타낸 것이다. S_a는 기기의 관심부분에 작용하는 최대와 최소 변동응력 차이의 반을 나타낸다.

$$S_a = \frac{1}{2}(S_{\max} - S_{\min}) \tag{3.3-41}$$

원전 시스템 재료의 피로시험 데이터는 평활한 소형시험편을 사용하여 공기중에서 주로 얻어진다. 저주기 피로시험은 대부분 변형률 제어로 수행되지만, $S-N$ 선도는 총변형률범위($\Delta\epsilon_t$)에 탄성계수를 곱하여 응력진폭 형태로 표현한다. 따라서 변형률범위가 항복변형률을 넘는 경우는 S_a 값이 가상의 탄성 응력값을 나타낸다.

$$S_a = E\Delta\epsilon_t/2 \tag{3.3-42}$$

ASME Code에서는 재료별로 설계에 사용할 수 있는 피로수명선도를 제시하고 있으며, 탄소강 및 저합금강에 대해 제시된 피로수명선도는 그림 3.3-17과 같다[3.3-25]. ASME Code의 피로수명곡선은 원전의 고온환경을 고려하여 공기중 상온 피로시험 결과로부터 하중에 2배, 사이클에는 20배의 안전여유도를 감안하여 보수적으로 결정된 것이다.

최근의 연구결과들은 원전 1차 계통 고온의 순수 환경이 재료의 피로수명을 감소시키는 효과가 있는 것으로 보고하고 있으며, 이 경우에 위에서 언급한 2와 20 배의 안전여유도가 충분히 보수적인가에 의문을 갖고 환경영향에 대한 피로시험 데이터베이스 확충 및 해석방법의 설정을 위한 연구개발이 세계적으로 진행되고 있다.

원전의 설계시에는 수명기간 동안 예상되는 천이상태(가열-냉각, 온도-압력의 소규모 변화 등)를 보수적으로 가정하고, 각각의 효과를 보수적으로 합산한 총 피로누적사용계수(Cumulative Usage Factor; CUF)가 1보다 작도록 관리되어야 한다. Miner의 법칙이라고도 불리는 CUF의 정의는 다음과 같다.

$$CUF = \sum_i \frac{n_i}{N_i} \tag{3.3-43}$$

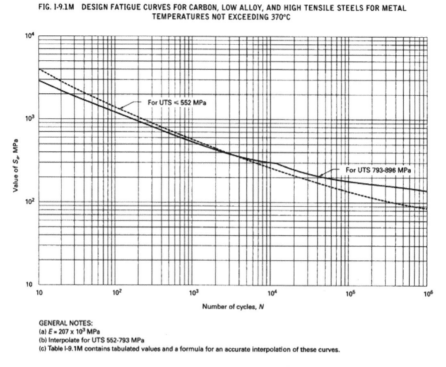

FIG. I-9.1M   DESIGN FATIGUE CURVES FOR CARBON, LOW ALLOY, AND HIGH TENSILE STEELS FOR METAL TEMPERATURES NOT EXCEEDING 370°C

GENERAL NOTES:
(a) $E = 207 \times 10^3$ MPa
(b) Interpolate for UTS 552-793 MPa
(c) Table I-9.1M contains tabulated values and a formula for an accurate interpolation of these curves.

〈그림 3.3-17〉   ASME Code, Sec. Ⅲ, 페라이트계 강의 설계피로곡선 [3.3-25]

여기서 N_i는 재료의 피로곡선에서 얻어진 어떤 하중조건에서의 허용 사이클 수이고, n_i는 설계 요건에 따라 기기의 수명기간 동안 해당 하중조건이 가해지는 사이클 수를 나타낸다.

3.3.6.2 피로균열성장률 시험 [3.3-26]

원전의 가동중에 기기에서 허용 가능한 크기의 결함이 탐지된 경우, 이 결함이 다음 정비조치 기간 동안 얼마만큼 성장할지를 예측하고 평가하는 것이 필요하다. 이를 위해서는 재료의 피로균열성장속도 특성곡선이 필요하며, 이는 잘 알려진 Paris 법칙을 따라 다음과 같이 표현된다.

$$da/dN = C(\Delta K)^n \tag{3.3-44}$$

여기서 C와 n은 재료 상수, ΔK는 응력확대계수 범위 $K_{max} - K_{min}$을 나타낸다. 오스테나이트 스테인리스강의 피로균열성장속도 사례를 그림 3.3-18에 예로 들었다. 실제 균열의 전파속도를 예측할 때는 C와 n 값을 여러 참고자료에서 구할 수 있는데, 일반적인 금속의 경우 n은 3~4이다. 가동중인 원전에서 결함이 탐지될 경우, 균열이 어느 정도의 속도를 가지고 전파하는지를 ASME Code Sec. XI에 따라 예측하는데, 현재까지는 단순히 공기중에서의 평가곡선이 주로 사용되어 왔다. 하지만 최근 원전가동 환경에서의 피로수명 감소가 보고되면서 ASME Boiler & Pressure Vessel Code, Sec. XI 균열성장평가곡선도 이와 같은 환경요인이 고려된 곡선이 제시될 예정이다. 원전환경에서 피로성장곡선에 영향을 주는 주요 인자는 시험온도 이외에 하중비와 하중속도 등이 있다.

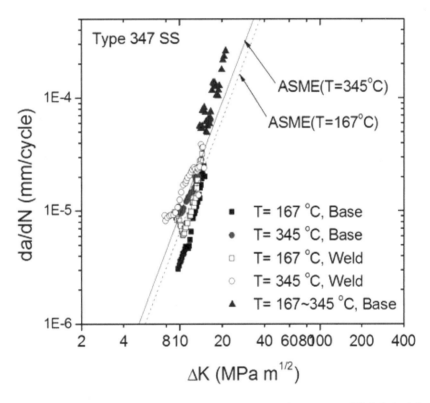

〈그림 3.3–18〉 오스테나이트강의 피로균열성장속도 da/dN curve 시험데이터 사례

3.3.6.3 환경피로영향계수

2000년대에 들어서 실제 원전 고온 수화학 환경에서 피로수명이 공기중에 비해 현격하게 저하될 수 있다는 연구결과들이 보고되었다. 이에 따라 원전 환경을 고려한 피로수명의 감소효과를 정량적으로 평가하는 모델들이 제시되고 있다.

제 3 장

미국원자력규제위원회(USNRC)에서 발간한 규제지침서(Reg. Guide 1.207)는 피로수명해석에서 환경영향계수(F_{en})를 정의하고 탄소강 혹은 저합금강의 경우와 스테인리스강, 니켈합금 재료에 대하여 각각 변형률속도(strain rate), 온도, 용존산소의 영향들을 계량화하여 제시하였다. 각 재료에 대한 환경영향계수의 표현식은 다음과 같다[3.3-27].

$$CUF_{water} = F_{en} \times CUF_{air} \qquad (3.3\text{-}45)$$

$$F_{en} = N_{air} / N_{water} \qquad (3.3\text{-}46)$$

$$F_{en} = \exp(0.632 - 0.101\ S^* T^* O^* \dot{\epsilon}^*)\ ;\quad \text{탄소강의 경우} \qquad (3.3\text{-}47)$$

$$F_{en} = \exp(0.702 - 0.101\ S^* T^* O^* \dot{\epsilon}^*)\ ;\quad \text{저합금강의 경우} \qquad (3.3\text{-}48)$$

$$F_{en} = \exp(0.734 - T^* O^* \dot{\epsilon}^*)\ ;\quad \text{스테인리스강의 경우} \qquad (3.3\text{-}49)$$

여기서 S^*, T^*, O^*, $\dot{\epsilon}^*$ 는 각각 황의 함량, 온도, 용존산소, 변형률속도에 관계된 인자들이다.

3.3.6.4 크리프-피로 시험 [3.3-28, 3.3-29, 3.3-30]

고온에서 피로시험 중 인가된 변형률이나 하중을 일정시간 유지하게 되면 크리프의 영향이 복합적으로 작용하게 된다. 실제 고온 구조물에서 반복되는 응력주기 중에 일정 하중의 가동조건이 부가되는 경우가 많으므로, 이런 특성을 조사하기 위해 크리프-피로 시험을 수행한다. 전체적인 방법은 피로시험과 동일하나 홀드시간을 주는 방식에 따라 다양한 선택의 시험이 수행된다. 즉, 홀드시간이 없는 연속피로, 최대 변형률에서 변형률이 고정된 홀드시간을 주는 경우, 최대 응력에서 응력이 고정된 홀드시간을 주는 경우 등이다. 그밖에 시험편에 가하는 인가하중 또는 인가변형률의 시간에 따른 진폭 형태에 따라 그림 3.3-19와 같이 다양한 크리프-피로 거동의 모사가 가능하다.

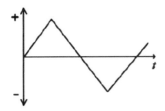

(a) Low frequency triangular wave form

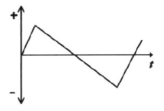

(b) Saw-tooth triangular wave form

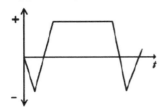

(c) Cycle with hold time at control parameter peak in tension

(d) Cycle with hold time at intermedia position of control parameter

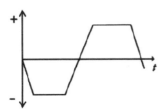

(e) Cycle with hold times at control parameters peaks in tension and compression

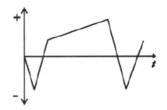

(f) Cycle with varying rates of the control parameter

〈그림 3.3-19〉 크리프-피로 시험 중 다양한 형태의 하중 또는 변형률 주기

3.3.7 크리프시험

외부에서 가해지는 하중이 일정한 상태에서도, 시간이 지남에 따라 재료에 소성변형이 발생하는 현상을 크리프라고 한다. 즉, 크리프는 시간의존성 소성변형을 지칭한다. 일반 금속재료의 경우 절대온도로 환산하여 용융온도의 약 1/2 이상이 되는 고온영역에서 주로 발생하므로, 고온 열화의 대표적 기구라고 할 수 있다. 가압경수로의 온도영역에서 구조재료의 크리프 현상이 설계의 고려대상이 아니지만, 제4세대 원전노형으로 개발되고 있는 수소생산로, 고속로 등의 고온 원자로에서는 가장 중요한 열화기구의 하나이다.

크리프는 원자단위의 열적활성화 기구에 의해 소성변형이 조장되는 현상이기 때문에, 고온 이외에 중성자 조사 등의 추가적인 활성화 요인이 합쳐지면 크리프변형이 경수로의 온도영역에서도 발생할 수 있다. 본 항에서는 금속재료에서 발생하는 일반적인 고온 크리프 현상과 그 시험평가 방법을 간략하게 정리한다.

피로시험과 마찬가지로 크리프시험도 크게 두 종류로 나눌 수 있다. 첫째는 일축 인장시험편을 가지고 일정 하중을 가하여 고온에서 시간에 따라 늘어나는 소성변형량과 파단시간 등을 측정하는 일축인장크리프시험이다. 두 번째는 CT 시험편과 같이 예비균열이 있는 파괴역학 시험편을 가지고 일정 하중을 가하여 고온에서 균열이 진전하는 속도를 파괴역학 매개변수(C^* 등)로 나타내는 크리프 균열성장률 시험이다.

3.3.7.1 일축인장크리프시험 [3.3-31]

대표적인 표준시험방법의 규격은 ASTM E139 (Standard test methods for conducting creep, creep-rupture, and stress-rupture tests of metallic materials)이다. 크리프시험(creep test), 크리프-파단 시험(creep-rupture test), 응력-파단 시험(stress-rupture test)의 명칭은 다르지만 근본적으로 시험방법은 동일하며 다만 시험의 목적에 따라 주된 측정 인자의 관점이 다를 뿐이다. 크리프시험은 어떤 응력에서 크리프 속도를 측정하는 것을 의미하며, 크리프-파단 시험은 크리프 변형이 누적되어 최종 파단에 이르기까지 시험하는 것을 의미한다. 응력-파단 시험은 변형량에 대한 관심은 없이 단지 어떤 응력에서 파단시간만을 측정한다. 따라서 일반적으로 크리프시험이라 하면 크리프-파단 시험의 범주로 생각하는 것이 좋겠다.

크리프시험은 고온에서 장기간 진행되는 것이 일반적이기 때문에, 시험편의 연신량을 안정되게 측정할 수 있는 장치 설계가 중요하다. 또한 시험편 이외에 하중전달축 등에서 크리프변형이 발생하지 않도록 고온에서 충분한 강도를 갖는 재료로 시험기의 하중전달선을 제작하는 것이 필요하다.

일축인장시험편을 크리프시험할 때 측정되는 변형량을 시간 축에 따라 도시하면 그림 3.3-20과 같은 크리프 곡선이 얻어진다. 일반 금속재료의 고온 크리프시험중 시간에 따라 나타나는 변형량을 그림 3.3-20에서 순서대로 살펴보면 다음과 같다.

1) 시험기에 시험편을 장착하고 온도를 맞춘 후 하중을 가하면, 첫 번째로 하중의 크기에 따라 즉각적으로 생기는 탄성변형 및 소성변형이 있다 (instantaneous deformation).

2) 그 다음 시간에 따라 creep rate가 변화하는 (대부분의 금속재료에서는 가공경화 현상에 의해 시간에 따라 creep rate가 감소) primary creep 영역이 나타난다.

3) Secondary creep 영역에서는 creep rate가 거의 일정하며, 일반적으로 creep rate라 하면 이 때의 값을 지칭하며, secondary creep rate, minimum creep rate,

steady state creep rate 등의 명칭으로 사용된다.

4) Secondary creep 영역의 끝부분부터는 재료의 내부에 공공들이 발생하는 등 내부손
상이 누적되어 하중지지 능력이 감소하므로, 크리프 속도가 점점 빨라져서 최종적으로
파단에 이르게 된다. 이 부분을 tertiary creep 영역으로 취급한다.

5) 재료에 따라서는 primary 영역이나 tertiary 영역이 뚜렷하지 않는 경우도 종종
있다.

크리프시험에서 중요한 측정 포인트는 minimum creep rate, time to rupture, strain
to rupture 등이다. 또한 secondary creep 영역의 시작점과 끝점, 그리고 zero time 축으
로 접선을 그었을 때 만나는 변형률 등도 참고자료로서 매우 유용하다.

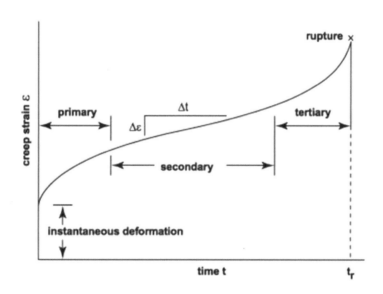

〈그림 3.3-20〉 크리프 곡선 (시간에 따른 변형률의 변화 선도)

3.3.7.2 크리프 균열성장속도 시험 (Creep Crack Growth; CCG) [3.3-32]

피로균열성장속도 시험과 유사하게 CT 시험편 등 예비균열이 있는 파괴역학 시험편을 이
용하여 고온상태 일정하중에서 시간에 따라 균열이 성장하는 속도를 측정한다. ASTM
E1457(Standard test method for measurement of creep crack growth times in
metals)이 시험절차의 표준규격이다. 크리프 성장속도를 규정하는 파괴역학 매개변수로 J-
적분의 시간의존적 형태인 C^*가 가장 널리 사용된다. 균열성장의 비파괴적 on-line 측정방

법으로는 DCPD법이 일반적으로 사용된다.

$$C^*(t) = \int_{\Gamma} \left(W^*(t)dy - T \cdot \frac{\partial \dot{u}}{\partial x}ds \right) \tag{3.3-50}$$

$$C^* = \frac{F\dot{\Delta}}{B_N(W-a)}F' \tag{3.3-51}$$

$$C^* = \frac{P\dot{\Delta}_{LLD}}{B_N(W-a)}H_{LLD}\,\eta_{LLD} \tag{3.3-52}$$

$$C^* = \frac{P\dot{\Delta}_{CMOD}}{B_N(W-a)}H_{CMOD}\,\eta_{CMOD} \tag{3.3-53}$$

여기서

$\dot{\Delta}$ = 하중선변위(Load-Line Displacement; LLD) 속도

F' = 일축크리프 특성 계수 n과 기하형상의 함수인 무차원 변수

B_N = 측면홈을 뺀 시험편의 실제 두께

W = 시험편의 폭

3.3.8 응력부식시험 [3.3-33, 3.3-34]

응력부식균열(Stress Corrosion Cracking; SCC) 혹은 환경조장균열(Environmentally Assisted Cracking; EAC)은 원전기기의 건전성을 위협하는 대표적인 재료손상기구이다. 대표적인 시험방법의 표준규격은 ASTM G129 (Standard practice for slow strain rate testing to evaluate the susceptibility of metallic materials to environmentally assisted cracking)이다. 이 시험에서 일축인장시험편이나 예비균열이 있는 파괴역학시험편 이 사용된다. 기본적인 시험개념은 일반 인장시험 및 파괴인성 시험, 그리고 크리프시험과 유사하다고 할 수 있으나, 시험이 원전의 1차 계통 냉각재를 모사한 고온고압의 수화학 환경에서 수행되므로, 시험기의 하중연결 축과 오토클레이브 사이에 누설방지 및 압력에 의한 하중의 균형을 잡아주는 특수 장치들이 필요하다. 시험결과는 시험환경에 따라 극명하게 달라지는 현상을 나타낸다. 그림 3.3-21은 SCC 시험결과의 사례를 보여준다[3.3-35]. 전체

적으로는 피로나 크리프 시험과 유사하게 외부하중이 클 때 균열의 성장속도도 커지지만, 국부적인 구간들에서는 외부의 하중 크기(K_{app})에 관계없이 일정한 균열성장속도를 나타내는 것처럼 보이기도 한다. 이는 균열진전의 기구가 균열선단에서 재료의 부식속도에 큰 영향을 받기 때문으로 여겨진다.

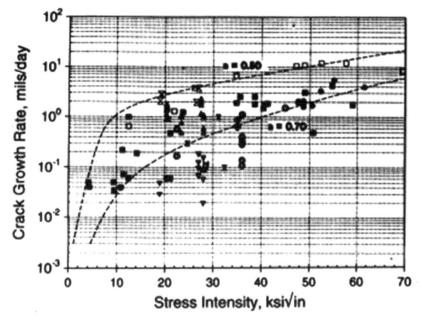

〈그림 3.3-21〉 원전 수환경에서 SCC 데이터 예 [3.3-35]

3.3.9 압입시험

파괴적 시험방법 뿐 아니라 준비파괴적 기술을 이용하여 재료의 기계적 특성을 측정할 수 있는 방법도 연구되어 왔다. 대표적인 예가 계장화압입시험(Instrumented Indentation Test; IIT)이다[3.3-36]. 이 시험은 볼 압입자를 사용하고 아주 민감한 LVDT(Linear Variable Differential Transformer)를 사용해서 얻어진 하중-변위 선도로부터 다양한 해석적 방법을 사용하여 응력-변형률 곡선을 도출하는 것이다. 최근에는 이 기술도 ISO와 ASTM 등 국제적인 표준시험절차에 등재되었다. ASTM의 표준 시험규격은 E2546 (Standard practice for instrumented indentation testing)이다.

계장화압입시험뿐 아니라 전통적인 경도시험을 통해서도 철강재료의 항복강도 혹은 인장강도를 유추하는 경험적 관계식들이 제시되고 있다[3.3-1].

3.4 결정론적 구조 건전성 평가

3.4.1 연성 및 취성 재료의 강도 설계를 위한 파손이론

전술한 바와 같이 균열이 없는 기기의 강도 설계를 위해서는 기기에 발생하는 응력과 재료의 강도를 비교해서 파손이 발생하지 않도록 해야 한다. 기기의 파손이란 영구적인 소성 변형 발생, 기하학적 형상의 완전 변화, 의도된 기능을 수행하지 못하게 된 단계 등으로 정의할 수 있다. 일반적으로 연성재료의 경우에 항복이 발생하여 영구 소성 변형이 발생하면 소성 변형으로 인해 더 이상 기기가 의도된 기능을 수행할 수 없다고 판단한다. 반면 취성 재료의 경우는 소성 변형이 거의 발생하지 않기 때문에 항복이 아닌 파괴를 기준으로 강도 설계를 수행하게 된다.

전술한 바와 같이 재료의 인장특성 측정을 위한 인장시험은 1축 인장 하중조건에서 수행된다. 그러나 실제 기기의 경우에는 2축 혹은 3축의 다축 응력이 작용하기에 응력 상태가 서로 달라 기기의 응력과 재료의 인장특성을 직접 비교할 수 없게 된다. 이에 따라 다축 응력 상태의 기기 응력과 1축 응력상태에서 측정한 재료의 인장특성을 비교하여 강도 설계를 수행하기 위한 다양한 파손이론이 항복을 기준으로 하는 연성재료와 파괴를 기준으로 하는 취성재료에 대해 제시된 바 있다. 본 절에서는 먼저 연성재료 및 취성재료의 고체역학적 강도 설계를 위한 여러 파손이론에 대해 간략히 기술한다.

3.4.1.1 연성재료에 대한 최대전단응력 이론

연성재료에 대한 1축 인장시험을 수행하면 시험편에서는 45도 방향으로 슬립 라인이 발생하고 불안정성이 발생함을 관찰할 수 있다. 인장시험에 대한 모어 원을 그리면 이 45도 방향은 인장 시험편에서 전단응력이 최대가 되는 방향임을 확인할 수 있다. 따라서 연성재료의 경우 이러한 최대 전단응력이 파손의 요인이라는 것을 유추할 수 있다. 최대전단응력 이론(maximum shear stress theory)에서는 기기에 발생하는 최대 전단응력이 재료의 인장시험 시 인장시험편이 항복될 때의 최대 전단응력과 동일하면 항복이 발생된다고 가정한다. 최대전단응력 이론은 Tresca 이론이라 하기도 한다.

인장시험에서 항복이 발생하는 순간 인장시험편에 발생하는 최대 전단응력은 $\tau_{\max} = \dfrac{\sigma_y}{2}$ 가 된다. 여기서 σ_y는 재료의 항복강도이다. 일반적인 3차원 응력 상태에서 3개의 주응력을

$\sigma_1 \geq \sigma_2 \geq \sigma_3$로 정의하면 기기에 발생하는 최대 전단응력은 $\tau_{\max} = \dfrac{\sigma_1 - \sigma_3}{2}$가 된다. 따라서 일반적인 3차원 응력 상태에서 최대전단응력 이론에 근거한 연성재료의 항복기준은 다음과 같이 표현된다.

$$\tau_{\max} = \frac{\sigma_1 - \sigma_3}{2} \geq \frac{\sigma_y}{2} \text{ or } \sigma_1 - \sigma_3 \geq \sigma_y \tag{3.4-1}$$

즉, 최대전단응력 이론을 달리 표현하면 최대 주응력의 차이가 재료의 항복강도와 동일하면 항복이 발생한다고 간주할 수 있으며 여기서 최대 주응력의 차이인 $\sigma_1 - \sigma_3$을 특별히 Tresca 등가 응력(Tresca equivalent stress)이라 하며 최대전단응력 이론은 일반적으로 보수적이기 때문에 제 4장에서 기술된 원전 기기의 강도 설계를 위해 사용되고 있다. 이 Tresca 등가 응력을 실제 원전 기기 설계시에는 응력강도(stress intensity)라 정의한다.

만약 일반적인 2차원 평면응력 상태에 대해 최대전단응력 이론을 살펴보기 위해 $\sigma_3 = 0$인 조건을 고려하면 나머지 2개의 주응력의 부호에 따라 다음과 같은 경우로 항복 기준을 구분할 수 있다.

○ $\sigma_A \geq \sigma_B \geq 0$인 경우 $(\sigma_1 = \sigma_A, \sigma_3 = 0)$
  위와 같이 정의된 주응력을 식 (3.4-1)에 대입하면 다음 항복 기준이 표현된다.

$$\sigma_A \geq \sigma_y \tag{3.4-2}$$

○ $\sigma_A \geq 0 \geq \sigma_B$인 경우 $(\sigma_1 = \sigma_A, \sigma_3 = \sigma_B)$
  위와 같이 정의된 주응력을 식 (3.4-1)에 대입하면 다음 항복 기준이 표현된다.

$$\sigma_A - \sigma_B \geq \sigma_y \tag{3.4-3}$$

○ $0 \geq \sigma_A \geq \sigma_B$인 경우 $(\sigma_1 = 0, \sigma_3 = \sigma_B)$
  위와 같이 정의된 주응력을 식 (3.4-1)에 대입하면 다음 항복 기준이 표현된다.

$$\sigma_B \leq -\sigma_y \tag{3.4-4}$$

제 3 장

식 (3.4-2) ~ 식 (3.4-4)에 정의된 항복 기준을 2개의 주응력 평면상에 나타내면 그림 3.4-1과 같이 나타내어진다.

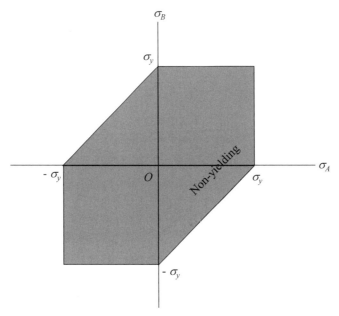

〈그림 3.4-1〉 평면응력 조건에 대한 최대전단응력 이론의 항복 궤적

그림 3.4-1에서 만약 기기의 응력 상태가 항복 궤적의 내부에 위치하면 항복이 발생하지 않으며 항복 궤적의 외부에 위치하면 항복이 발생하는 것으로 간주된다.

3.4.1.2 연성재료에 대한 변형에너지 이론

변형에너지 이론에서 단위 체적당 구조물의 변형에너지가 1축 인장시험 시 항복이 발생할 때 시험편의 단위 체적당 변형에너지와 같으면 항복이 발생하는 것으로 가정한다. 3축 응력이 작용하는 구조물에서 전체 변형 에너지에서 체적 변화만을 야기하는 변형 에너지를 빼면 순수 변형을 야기하는 기기의 단위 체적당 변형에너지는 다음과 같이 정의된다.

$$u_d = \frac{1+\nu}{3E} \left\{ \frac{(\sigma_1 - \sigma_2)^2 + (\sigma_2 - \sigma_3)^2 + (\sigma_3 - \sigma_1)^2}{2} \right\} \qquad (3.4\text{-}5)$$

1축 인장시험에서 시험편에 항복이 발생하는 시점의 시험편의 응력상태는 $\sigma_1 = \sigma_y$가 되며 $\sigma_2 = \sigma_3 = 0$이 된다. 이 응력 상태를 식 (3.4-5)에 대입하면 인장시험편이 항복될 때의 시험편의 변형 에너지를 다음과 같이 정의할 수 있다.

$$u_d = \frac{1+\nu}{3E}\sigma_y^2 \tag{3.4-6}$$

최종적으로 변형에너지 이론에서 식 (3.4-5)로 정의되는 기기의 변형에너지와 식 (3.4-6)으로 정의되는 시험편이 항복될 때의 변형에너지가 같아질 때, 기기에 항복이 발생한다고 가정한다.

$$\left\{\frac{(\sigma_1-\sigma_2)^2+(\sigma_2-\sigma_3)^2+(\sigma_3-\sigma_1)^2}{2}\right\}^{1/2} \geq \sigma_y \tag{3.4-7}$$

식 (3.4-7)의 왼쪽 항은 다축 응력이 작용하는 경우에 대한 단일 등가응력으로 생각할 수 있으며 이 등가응력을 R. von Mises의 이름을 따라서 von Mises 등가응력이라 한다. von Mises 등가응력 개념을 이용하여 식 (3.4-7)을 다시 정리하면 다음과 같이 표현할 수 있다.

$$\sigma_{Mises} = \left\{\frac{(\sigma_1-\sigma_2)^2+(\sigma_2-\sigma_3)^2+(\sigma_3-\sigma_1)^2}{2}\right\}^{1/2} \geq \sigma_y \tag{3.4-8}$$

만약 평면응력 조건$(\sigma_1=\sigma_A, \sigma_2=\sigma_B, \sigma_3=0)$을 고려하면 식 (3.4-8)의 von Mises 등가응력(σ_{Mises})은 다음과 같이 표현된다.

$$\sigma_{Mises} = \left(\sigma_A^2 - \sigma_A\sigma_B + \sigma_B^2\right)^{1/2} \tag{3.4-9}$$

또한 식 (3.4-9)의 von Mises 등가응력을 성분 응력항으로 나타내면 다음과 같이 표현된다.

$$\sigma_{Mises} = \left(\sigma_x^2 - \sigma_x\sigma_y + \sigma_y^2 + 3\tau_{xy}^2\right)^{1/2} \tag{3.4-10}$$

그림 3.4-2는 평면응력 조건에서 변형에너지 이론에 대한 파손 궤적을 나타낸 것이며, 그림 3.4-1의 최대전단응력 이론의 파손 궤적과 비교하면 최대전단응력 이론이 변형에너지 이론에 비해 보수적임을 확인할 수 있다.

변형에너지이론은 또한 von Mises 이론, octahedral shear stress 이론 등으로 일컬어지기도 한다.

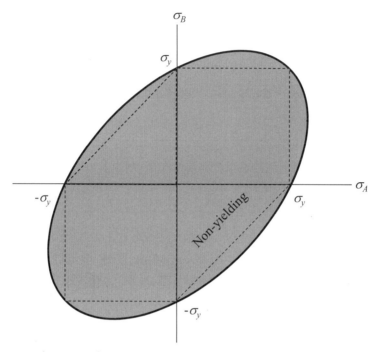

〈그림 3.4-2〉 평면응력 조건에 대한 변형에너지 이론의 항복 궤적
(내부 점선은 최대전단응력 이론에 따른 항복 궤적임)

3.4.1.3 취성재료에 대한 최대수직응력 이론

앞서 언급한 바와 같이 취성재료의 경우는 소성 변형이 거의 발생하지 않기 때문에 파괴를 기준으로 강도 설계를 수행하며 이에 따라 강도 설계의 기준 강도 역시 연성재료의 항복강도 대신 인장강도가 사용된다. 최대수직응력(maximum normal stress) 이론에서는 3개의 주응력 중 하나가 재료의 인장강도와 같아지면 파괴가 발생한다고 가정한다. 일반적인 응력 상태에서 주응력을 $\sigma_1 \geq \sigma_2 \geq \sigma_3$와 같이 나타내면 최대수직응력 이론에 따른 파괴 기준은 다음과 같이 표현된다.

$$\sigma_1 \geq \sigma_{ut} \text{ or } \sigma_3 \leq -\sigma_{uc} \qquad (3.4\text{--}11)$$

여기서 σ_{ut}와 σ_{uc}는 각각 인장강도와 압축강도이다.

만약 평면응력 상태에서 2개의 주응력이 $\sigma_A \geq \sigma_B$라면 식 (3.4-11)은 다음과 같이 표현된다.

$$\sigma_A \geq \sigma_{ut} \text{ or } \sigma_B \leq -\sigma_{uc} \tag{3.4-12}$$

그리고 위 식을 도식적으로 나타내면 최대수직응력 이론에 대한 파손 궤적을 그림 3.4-3과 같이 나타낼 수 있다.

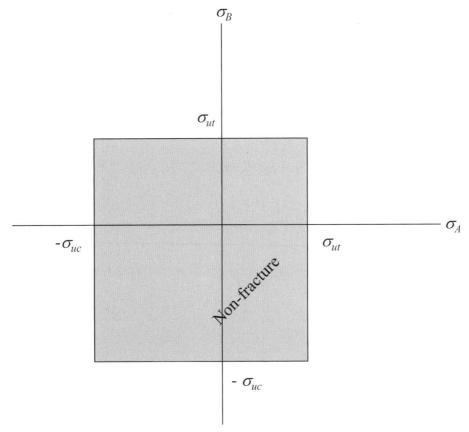

〈그림 3.4-3〉 평면응력 조건에 대한 최대수직응력 이론의 항복 궤적

3.4.1.4 취성재료에 대한 Coulomb-Mohr 이론

만약 재료의 압축강도가 인장강도에 비해 크다면 재료의 파괴를 예측하기 위해 Coulomb-Mohr 이론이 적용된다. 만약 일반적인 응력 상태에서 3개의 주응력을

$\sigma_1 \geq \sigma_2 \geq \sigma_3$와 같이 정의하면 Coulomb-Mohr 이론은 다음과 같이 표현된다.

$$\frac{\sigma_1}{\sigma_{ut}} - \frac{\sigma_3}{\sigma_{uc}} = 1 \tag{3.4-13}$$

최대전단응력과 동일하게 $\sigma_3 = 0$인 평면응력 조건을 고려하면 나머지 2개의 주응력의 부호에 따라 다음과 같은 경우로 파괴 기준을 구분할 수 있다.

○ $\sigma_A \geq \sigma_B \geq 0$인 경우 $(\sigma_1 = \sigma_A, \sigma_3 = 0)$
위와 같이 정의된 주응력을 식 (3.4-13)에 대입하면 다음 파괴 기준이 표현된다.

$$\sigma_A \geq \sigma_{ut} \tag{3.4-14}$$

○ $\sigma_A \geq 0 \geq \sigma_B$인 경우 $(\sigma_1 = \sigma_A, \sigma_3 = \sigma_B)$
위와 같이 정의된 주응력을 식 (3.4-13)에 대입하면 다음 파괴 기준이 표현된다.

$$\frac{\sigma_A}{\sigma_{ut}} - \frac{\sigma_B}{\sigma_{uc}} \geq 1 \tag{3.4-15}$$

○ $0 \geq \sigma_A \geq \sigma_B$인 경우 $(\sigma_1 = 0, \sigma_3 = \sigma_B)$
위와 같이 정의된 주응력을 식 (3.4-13)에 대입하면 다음 파괴 기준이 표현된다.

$$\sigma_B \leq -\sigma_{uc} \tag{3.4-16}$$

식 (3.4-14) ~ 식 (3.4-16)에 정의된 파괴 기준을 2개의 주응력 평면상에 나타내면 그림 3.4-4와 같이 나타난다.

Coulomb-Mohr 이론에서 만약 인장강도와 압축강도가 같고 강도로 항복강도를 대입하면 이 이론은 최대전단응력 이론과 동일한 파손 궤적을 나타내게 된다.

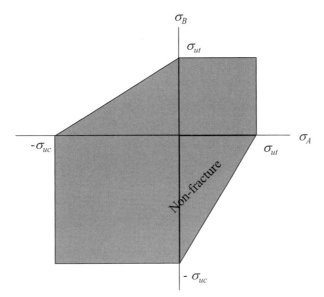

〈그림 3.4-4〉 평면응력 조건에 대한 Coulomb–Mohr 이론의 파괴 궤적

3.4.2 균열 구조물에 대한 파괴역학적 건전성 평가법

구조물에 균열이 존재할 때, 만약 기기가 크리프에 영향을 받는 온도 이하에서 운전되면 재료 거동에 따라 선형탄성, 탄소성 혹은 완전소성파괴역학에 입각한 건전성 평가가 수행되어야 한다. 일반적으로 재료의 인성이 크거나 재료의 강도가 작으면 완전소성파괴역학에 입각한 균열 구조물의 건전성 평가가 수행되며 만약 재료의 인성이 작거나 재료의 강도가 크면 선형탄성파괴역학에 입각한 균열 구조물 건전성 평가가 수행된다. 그리고 균열 선단에서의 소성역의 크기를 무시할 수 없는 경우라면 탄소성파괴역학에 입각하여 균열에 대한 구조물 건전성 평가를 수행해야 한다. 본 절에서는 완전소성파괴역학 및 탄소성파괴역학에 입각한 균열 구조물 건전성 평가기법에 대해 간략하게 기술하였다.

3.4.2.1 한계하중법에 입각한 균열 구조물 건전성 평가

완전소성파괴역학 개념에 입각한 균열에 대한 구조물 건전성 평가방법 가운데 가장 대표적인 것이 한계하중법이다. 한계하중법은 대규모 소성에 의해 균열면의 응력분포는 균일하고 균열이 있는 배관의 잔여 단면(remaining ligament)이 모두 임계응력에 도달했을 때 균열 구조물의 파단이 일어난다고 가정한다. 또한 균열 구조물의 재질이 충분히 인성이 높아

균열 구조물의 파단이 재료의 강도에 의존한다고 가정하므로 해석 결과가 재료의 파괴인성 과는 무관하다. 재료의 항복 여부를 판단하는 항복 조건(yielding criteria)은 대표적으로 3.4.1절에서 기술한 바와 같은 von Mises 항복 조건과 최대전단응력에 입각한 Tresca 항복 조건이 있으며, 인성이 큰 재료에서는 von Mises 항복 조건이 더 정확한 것으로 알려져 있다. 이에 따라 잔여 단면에서 von Mises 응력이 재료의 유동응력(flow stress)을 초과하 였을 경우, 균열 구조물은 더 이상의 하중지지능력을 상실한 것으로 볼 수 있으며 이러한 경향이 구조물 잔여 단면의 전 영역에 걸쳐 분포되었을 때 구조물은 완전 소성에 의한 소성 붕괴(plastic collapse)로 파괴된다.

한계하중법에 의한 균열 구조물 평가 시 재료의 거동은 그림 3.4-5에 나타난 바와 같이 탄성-완전소성(elastic-perfectly plastic) 재료로 일반적으로 가정된다. 그림에서 σ_f는 유동응력으로 재료의 특성에 따라 그 정의가 달라질 수 있다.

그림 3.4-6과 같이 인장하중이 작용하며 single-edge crack이 존재하는 평판을 고려해 보자. 이 때 잔여 단면이 모두 임계 유동응력 σ_f에 도달했다고 가정하면 임계 한계하중(P_L) 은 응력 평형으로부터 다음과 같이 정의된다.

$$P_L = b\sigma_f \tag{3.4-17}$$

만약 원주방향 관통균열이 존재하는 배관이 순수 굽힘 모멘트를 받는 경우 한계하중법을 이용한 최대 모멘트는 아래와 같이 구할 수 있다[3.4-1].

$$M_L = 2\sigma_f R_m^2 t(2\sin\beta - \sin\theta) \tag{3.4-18}$$

여기서 M_L은 한계 모멘트, σ_f는 유동응력, R_m은 평균반경, t는 배관의 두께, θ는 초기 균열각의 1/2, $\beta = (\pi - \theta)/2$는 균열이 존재하지 않는 배관각의 1/2이다.

이와 같은 한계하중법은 ASME Boiler & Pressure Vessel Code에서 항복강도가 낮고 파괴인성이 높은 오스테나이트계 배관의 결함 평가에 적용된다[3.4-2]. 또한 ASME Code에서는 피복아크용접(Shielded Metal Arc Weld; SMAW)이나 서브머지드 아크용접(Submerged Arc Weld; SAW)으로 용접된 오스테나이트계 배관 용접부에 대하여 Z-factor 방법을 적용하여 재료 특성으로 인한 한계하중 감소 효과를 고려한다[3.4-2].

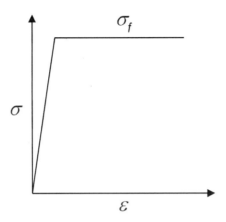

〈그림 3.4-5〉 탄성-완전소성으로 이상화된 재료의 응력-변형률 거동

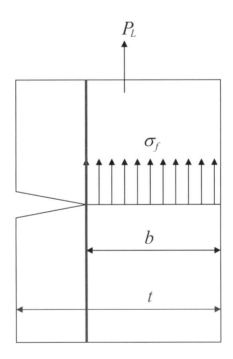

〈그림 3.4-6〉 인장하중이 작용하는 single-edge crack이 존재하는 평판

한계하중법에서 전술한 바와 같이 재료의 파괴인성 특성은 해석할 때 사용되지 않으며 오직 재료의 인장강도 특성만 알면 되기 때문에 식이 비교적 간단하여 사용하기가 매우 쉽다는 장점이 있다. 반면 일반적인 구조물이나 재료에 적용하기가 어려우며 제시된 한계하중식의 검증을 위해서는 많은 시험 데이터가 필요하다는 단점도 있다.

3.4.2.2 탄소성파괴역학법에 입각한 균열 구조물 건전성 평가

가장 널리 사용되는 탄소성파괴역학평가법에는 균열구동력도표(Crack Driving Force Diagram; CDFD)법, J/T 평가법, 파손평가도표(Failure Assessment Diagram; FAD)법 등이 있다. 기본적으로 이 세 가지 방법은 이론적으로 동일한 방법이기 때문에 어떤 방법을 적용하더라도 동일한 균열 안전성 평가 결과를 제공한다. 다만 위의 세 가지 방법을 적용하기 위해서는 균열 구조물의 탄소성파괴역학 매개변수 J-적분값을 계산하여야 하는데 이 J-적분값 계산 방법 및 정확도에 따라 균열 구조물 건전성 평가 결과가 달라질 수 있다.

CDFD 평가법은 시험에서 측정되는 균열진전 저항력(J_{mat}) 값과 역학적으로 계산되는 균열구동력(J_{app}) 값을 비교함으로써, 균열의 성장 및 파괴 과정을 상세하게 해석하는 방법이다. 그림 3.4-7은 CDFD 평가법을 도식적으로 나타낸 것으로, 안정 성장에 대한 평형 조건은 다음과 같다.

$$J(a, P) = J_R(\Delta a) \tag{3.4-19}$$

CDFD 평가법에서 하중이 고정된 경우 균열의 불안정 성장조건은 다음과 같다.

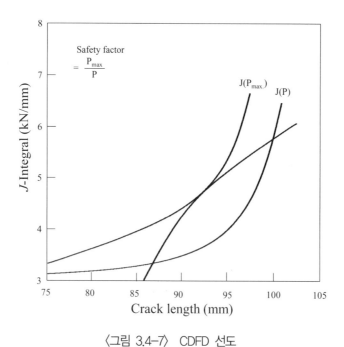

〈그림 3.4-7〉 CDFD 선도

$$\frac{\partial J_{app}}{\partial a} \geq \frac{\partial J_{mat}}{\partial a} \tag{3.4-20}$$

CDFD 선도에서 균열구동력 J-적분값은 하중제어(load control) 및 변위제어 (displacement control)의 두 가지 경우로 구할 수 있다. 하중제어 경우는 작용하중 P를 고정시키고 이에 따른 균열길이 a의 변화에 따라 J-적분값을 구하며, 변위제어의 경우는 하중선 변위를 고정시키고 이에 따른 하중의 변화를 구한 뒤, 다시 균열길이의 변화에 따라 J-적분값을 구한다. CDFD 선도에서 안전계수는 J_{mat} 곡선과 접하는 균열구동력 J_{app}에 해당하는 P_{max}을 구하여 P_{max}/P의 비로서 정의된다.

J/T 평가법의 경우, CDFD 선도의 기울기, 탄성계수(E) 및 유동응력(σ_f)을 이용하여 찢김계수(tearing modulus)를 다음과 같이 정의한다.

$$T_{mat} = \frac{E}{\sigma_f^2}\frac{dJ_{mat}}{da}, \; T_{app} = \frac{E}{\sigma_f^2}\frac{dJ_{app}}{da} \tag{3.4-21}$$

J/T 평가법에서 균열의 성장조건은 다음과 같다.

$$T_{app} \geq T_{mat} \tag{3.4-22}$$

그림 3.4-8은 J/T 평가선도를 도식적으로 나타낸 것으로, 작용하중과 균열성장의 조합으로 T_{app} 값이 T_{mat} 값보다 커지면 불안정 파괴가 일어난다. J/T 선도에서 안전계수는 불안정 파괴가 발생하는 점의 최대지지하중 P_{max}을 J-P 선도(J-Load 선도)로부터 구하여 P_{max}/P의 비로서 정의된다. USNRC는 배관 LBB 해석을 위한 탄소성 파괴역학 평가법으로 J/T 평가법을 추천하고 있다[3.4-3].

전술한 바와 같이 CDFD법, J/T법, FAD법은 근본적으로는 서로 동일하지만[3.4-4], 적용의 편이성과 확장의 용이성을 고려하여 최근에는 FAD를 이용한 방법이 각종 평가코드에 널리 적용되고 있다[3.4-5 ~ 3.4-9]. 현재 사용되고 있는 FAD는 영국의 Ainsworth가 제시한 참조응력법(reference stress method)[3.4-10]을 기반으로 작성되었다. R6 Rev. 4에서 제시된 현재의 FAD는 해석적 균열 평가법 가운데 전 세계적으로 사용되는 가장 일반적인 방법으로 현재 API 579, SAQ, BS 7910 그리고 RSE-M[3.4-11] 등의 여러 평가코드에 적용되고 있다. 현재의 FAD에서 다음과 같은 두 개의 무차원 변수가 사용된다.

제3장

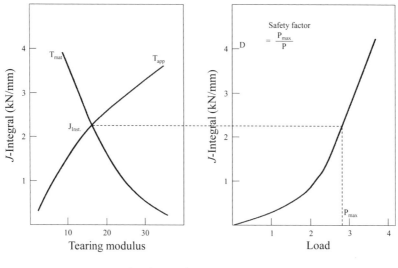

〈그림 3.4-8〉 J/T 평가선도

$$K_r = \frac{K}{K_{mat}} \tag{3.4-23}$$

$$L_r = \frac{P}{P_L} \tag{3.4-24}$$

여기서 K는 작용하중에 의한 응력확대계수(SIF)이며, K_{mat}는 재료의 대표 파괴인성치 (fracture toughness)이다. 또한 P는 작용하중이며, P_L은 재료의 항복강도(yield strength, σ_y)를 사용하여 정의된 구조물의 소성한계하중(plastic limit load)이다. 현재의 FAD는 재료의 인장 특성(tensile property) 보유율과 정확도에 따라 3가지의 식으로 구성 되어 있다. 만약 재료의 항복강도와 인장강도만을 알고 있다면 다음 옵션 1식을 사용하여 FAL(Failure Assessment Line)을 작성하는데 이는 재료물성치 및 구조물의 형상에 무관 한 가장 보수적인 하한계 곡선(lower bound curve)이다.

$$K_r = f(L_r) = \left(1 + 0.5L_r^2\right)^{-1/2}\left\{0.3 + 0.7\exp\left(-0.6L_r^6\right)\right\} \tag{3.4-25}$$

만약 재료의 전체 응력-변형률 곡선을 알고 있을 경우, 다음과 같은 구조물의 형상에 무 관한 옵션 2식을 사용하여 FAL을 작성하는데 현재 가장 일반적으로 사용되고 있다.

$$K_r = f(L_r) = \left(\frac{E\epsilon_{ref}}{L_r \sigma_y} + \frac{1}{2} \frac{L_r^3 \sigma_y}{E\epsilon_{ref}} \right)^{-1/2} \tag{3.4-26}$$

여기서 ϵ_{ref}는 진응력–진변형률 선도에서 정의되는 σ_{ref}의 진변형률을 의미한다. 또한 참조응력(σ_{ref})은 구조물의 한계 하중과 관계가 있으며 다음과 같이 정의된다.

$$\sigma_{ref} = \frac{P}{P_L} \sigma_y \tag{3.4-27}$$

여기서 P는 구조물에 작용하는 하중, P_L은 구조물의 한계하중, 그리고 σ_y는 재료의 항복강도이다.

옵션 3식은 구조물의 탄소성 J-적분을 알고 있을 때 사용되는 식으로, J-적분은 탄소성 유한요소해석이나 검증된 공학적 계산식을 사용하여 구한다. 일반적으로 옵션 3식이 가장 정확하지만 해석할 때 많은 노력이 필요하다는 단점이 있다. 옵션 3식은 다음과 같이 표현된다.

$$K_r = \sqrt{J_e / J} \tag{3.4-28}$$

그림 3.4-9는 FAD를 도식적으로 나타낸 것으로 $L_r^{\max}$는 다음과 같이 정의된다.

$$L_r^{\max} = \frac{\sigma_y + \sigma_u}{2\sigma_y} \tag{3.4-29}$$

여기서 σ_y는 재료의 항복강도이며, σ_u는 인장강도이다.

그림 3.4-9에 나타낸 바와 같이 만약 평가점이 FAL의 내부에 있으면 안전하다고 평가할 수 있고, 평가점이 FAL의 외부에 존재하게 되면 그 구조물은 안전하지 않을 수 있다고 평가된다. 또한 최대 불안정 하중은 균열길이를 증가시키며 불안정 해석을 수행하여 예측할 수 있다. 그림 3.4-10에 나타낸 바와 같이 불안정 해석을 할 때 작용하중에 의한 선도가 FAD 선도와 접하게 되는 시점이 균열 구조물의 최대하중(M_{max})이 된다.

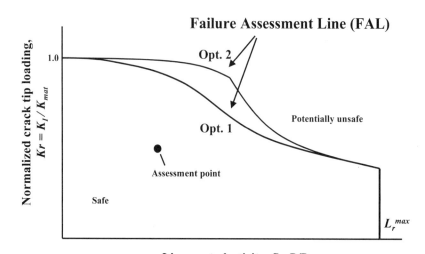

〈그림 3.4-9〉 FAD의 도식적 표현

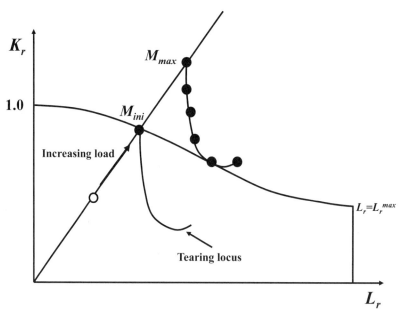

〈그림 3.4-10〉 FAD를 이용한 최대하중 예측

3.5 확률론적 파괴역학 평가

3.5.1 개요

결정론적 시스템 설계에서 고려되는 변수들에는 많은 불확실성이 내재되어 있으며 시스템의 안전성 평가를 위해서는 이러한 불확실성을 체계적으로 다루어야 한다. 기존의 결정론적 접근방법에서는 불확실성을 고려하기 위해 과거의 경험적 사실에 기초하여 설계자의 주관대로 결정한 안전계수를 사용하고 있다. 안전계수 개념은 설계자의 경험적 주관에 의해 결정되므로 불확실성의 정도를 체계적으로 고려하지 못할 뿐만 아니라 시스템의 안전성을 정량적으로 평가하기도 어렵다. 또 과거 설계경험이 없는 새로운 시스템을 설계할 때, 경험에 의한 안전계수 산정에는 한계가 있으며, 자칫 시스템 안전성에 치명적인 결과를 초래할 수도 있다.

최근에 이러한 문제점을 해결하기 위하여 시스템에 내재된 불확실성을 통계적으로 처리하고 이를 시스템 설계 과정에서 고려함으로써 시스템의 안전성을 정량적으로 평가하고자 하는 확률론적 접근방법이 다양하게 제시되고 있다.

그림 3.5-1은 구조 설계에서 결정론적 방법과 확률론적 방법을 비교한 것이다. 결정론적 방법은 설계변수의 평균치만을 입력으로 사용하거나, 보수적으로 재료물성치는 하한값을 사용하고 작용응력은 상한값을 입력으로 사용하여 출력 또한 평균치만을 구하게 되지만, 확률론적 방법은 평균치뿐만 아니라 설계변수의 분산 특성도 함께 고려하므로 응답의 결과도 평균과 분산을 함께 구하게 된다.

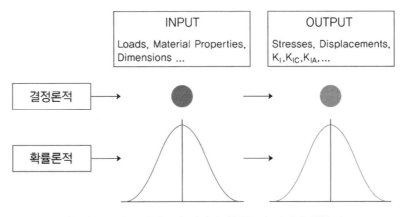

〈그림 3.5-1〉 결정론적 방법과 확률론적 방법의 입출력

그림 3.5-2는 확률론적 구조해석의 필요성을 설명하는 보 구조물이다. 이 구조물의 결정론적 방법에 의한 해석결과는 그림 3.5-3과 같다[3.5-1]. 결정론적 방법의 결과를 보면 이 구조물은 3번 절점과 5번 절점이 가장 취약하므로 설계보완을 한다면 이 두 개 절점을 보강하는 방안이 고려될 것이다. 그림 3.5-4는 확률론적 방법에 의한 해석 결과이다. 즉 외부하중과 구조재료의 항복강도의 불확실성을 고려하여 이 구조물의 파손확률을 정량적으로 평가한 것이다. 그림 3.5-4에서 보는 바와 같이 이 결과에 의하면 파손이 일어날 확률이 가장 큰 절점은 1번 절점이다.

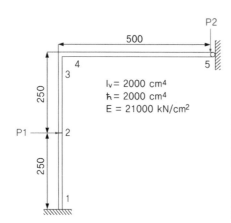

	σ_y (kN/cm^2)	P1 (kN)	P2 (kN)
Mean	24	50	-15
Variance (%)	10	30	20

〈그림 3.5-2〉 보 구조물 예제

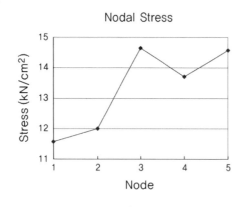

〈그림 3.5-3〉 결정론적 방법의 결과

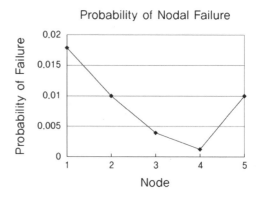

〈그림 3.5-4〉 확률론적 방법의 결과

1번 절점은 결정론적 해석방법에 의한 결과에서 응력이 가장 적게 나온 절점이지만 확률론적 방법에서는 가장 취약한 절점으로 평가되었다. 즉, 외부하중이나 항복강도의 불확실성에 의해 3번 혹은 5번 절점의 응력이 변동될 가능성이 적어 이러한 변동에 의해 이 절점의 응력이 항복응력을 초과할 가능성은 매우 적지만, 1번 절점은 외부하중이나 항복강도의 변동에 매우 민감하게 반응하여 이 절점의 응력이 항복강도를 넘을 가능성이 매우 많다는 것을 의미한다. 설계자의 관점에서 이 구조물을 보강한다면 1번 절점을 보강하는 것으로 설계방향을 결정하는 것이 타당한 것이다. 따라서 결정론적 구조해석의 결과만으로는 시스템의 안전한 정도를 정량적으로 파악하기 어려우므로 설계 과정에서 취약한 부분을 간과할 수도 있다.

예를 들어 같은 모재에서 만든 여러 개의 시험편으로 피로균열진전시험을 수행한 결과를 보면 같은 모재라 하더라도 피로균열진전 특성은 매우 다른 양상을 보이고 있다. 모재 내 재료 특성에 많은 불확실성을 내포하고 있음을 의미하며 보다 신뢰성 있는 결과를 얻기 위해서는 이러한 불확실성을 체계적으로 고려하여 설계에 반영해야 한다. 또 다른 예로 시험결과를 바탕으로 코드에서 규정한 하한곡선인 파괴인성치 K_{IC}를 보면 시험결과의 하한치를 경계로 하고 있어 보수적인 것처럼 보이지만 얼마나 보수적인지는 알 수 없으며 더욱 많은 시험을 하는 경우 이 하한 곡선을 벗어나는 결과를 얻을 수도 있다. 이와 같이 시스템의 안전설계를 위해서는 시스템에 내재된 불확실성을 설계에서 반드시 고려하여야 한다.

그림 3.5-5는 확률론적 방법과 결정론적 방법을 비교한 것이다. 결정론적인 방법은 하중(L)과 강도(R)의 평균값 차이를 고려하는 것이고 확률론적인 방법은 하중과 강도의 평균과 분산특성을 고려하는 것이다.

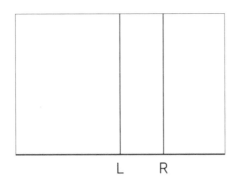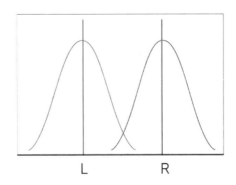

〈그림 3.5-5〉 결정론적 방법과 확률론적 방법 비교

3.5.2 확률밀도함수와 누적분포함수

확률밀도함수(Probability Density Function; PDF)는 확률변수 X가 일어날 수 있는 상대빈도를 나타내는 함수이다. 확률밀도함수 $f(x)$는 다음과 같은 성질을 가지고 있다.

$$f(x)dx = P[x \leq X \leq x + dx] \tag{3.5-1}$$

$$f(x) \geq 0 \tag{3.5-2}$$

$$\int_{-\infty}^{\infty} f(x)dx = 1 \tag{3.5-3}$$

누적분포함수(Cumulative Distribution Function; CDF)는 확률변수의 어떤 값까지 일어날 확률을 함수로 표현한 것이며 다음과 같은 성질을 가지고 있다.

$$F(x) = P[-\infty \leq X \leq x] \tag{3.5-4}$$

$$\frac{dF(x)}{dx} = f(x), \quad F(x) = \int_{-\infty}^{x} f(u)du \tag{3.5-5}$$

$$\lim_{x \to \infty} F(x) = 1, \quad \lim_{x \to -\infty} F(x) = 0 \tag{3.5-6}$$

3.5.3 신뢰성 해석

시스템의 신뢰성은 요소 신뢰성(component reliability)과 시스템 신뢰성(system reliability)으로 대별될 수 있다. 요소 신뢰성은 시스템을 구성하는 각 요소들의 안전성과 관련되며, 시스템 신뢰성은 시스템 전체의 안전성과 관련된다. 시스템의 파괴는 여러 파괴모드 중 하나로 나타낼 수 있는데, 각 파괴모드는 몇 가지 요소들의 파괴에 의해 발생하므로 시스템 신뢰성은 요소 신뢰성의 결합확률로서 고려된다.

이론상 시스템의 신뢰성평가는 다중적분의 수치계산을 필요로 한다. 즉, 불확실성을 내포하고 있는 요인들을 기본 확률변수벡터 X로 표시하고, 이를 확률변수의 결합확률밀도함수(joint probability density function)를 $f_X(X_1, X_2, \cdots, X_n)$라 하면 시스템의 파손확률 P_f는 다음과 같다.

$$P_f = 1 - \int_D f_X(X_1, X_2, \cdots, X_n)dX \tag{3.5-7}$$

여기서 D는 시스템의 안전영역이다. 기본 확률변수들에 의해 이루어지는 n차 공간에서 시스템의 안전영역과 파괴영역을 나누는 초평면을 파괴면(failure surface 혹은 failure boundary), 이 파괴면을 표현하는 식을 한계상태방정식(limit state equation)이라 한다.

$$Z = G(X) = G(X_1, X_2, \cdots, X_n) = 0 \tag{3.5-8}$$

그림 3.5-6은 이해를 돕기 위하여 확률변수가 한 개(1-D) 및 두 개(2-D)인 경우에 대한 파손확률을 도식적으로 표현한 것이다.

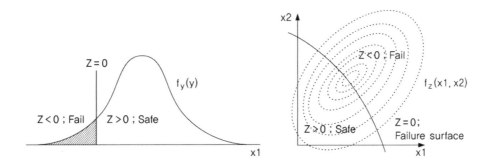

〈그림 3.5-6〉 1-D 및 2-D인 경우의 파손확률

이 때 $G(X)$를 상태함수(state function, performance function, object function)라 하는데 확률변수 X의 결합확률밀도함수에 의해 Z의 확률밀도함수 혹은 분포함수를 구한 뒤 $Z<0$ 일 때의 확률을 구하면 이것이 파손확률 P_f이다. 즉 1-D 및 2-D인 경우 파손 확률은 각각 아래 식과 같다.

$$P_f = \int_{Z<0} f_Z(x_1)dx_1 \tag{3.5-9}$$

$$P_f = \iint_{Z<0} f_Z(x_1, x_2)dx_1 dx_2 \tag{3.5-10}$$

하나의 시스템에 대한 한계상태방정식은 임의 단면의 소성항복(plastic yield), 소성붕괴

(plastic collapse), 허용변위의 초과, 좌굴, 파단 등 여러 가지 파괴조건에 따라 개별적으로 구성되며, 확률변수의 함수로서 표현된다. 각각의 파괴조건에 따라 서로 다른 파손확률이 구해진다.

만일 상태함수를 $Z=L-R$이라 하고 L 혹은 R 중 하나만이 확률변수로 취급된다면 파손확률은 그림 3.5-7 및 식 (3.5-11)과 식 (3.5-12)와 같이 간단히 구해질 수 있다.

$$P_f = \int_{-\infty}^{L} f_R(x)dx \qquad (3.5\text{-}11)$$

$$P_f = \int_{R}^{\infty} f_L(x)dx \qquad (3.5\text{-}12)$$

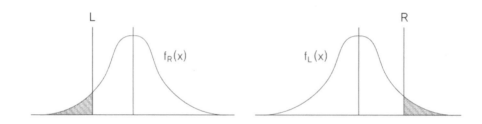

〈그림 3.5-7〉 확률변수가 하나인 경우의 파손확률

만일 L과 R이 모두 확률변수라면 파손확률은 그림 3.5-8 및 식 (3.5-13)과 같이 구해질 수 있다.

$$P_f = \int_{-\infty}^{+\infty} F_R(x) \cdot f_L(x)dx \qquad (3.5\text{-}13)$$

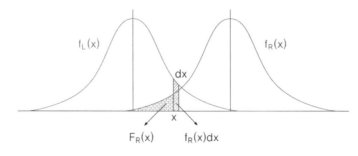

〈그림 3.5-8〉 L과 R이 독립 확률변수인 경우의 파손확률

그림 3.5-8에서 알 수 있는 바와 같이 파손확률은 확률변수의 평균과 확률밀도함수에 따라 달라짐을 알 수 있다. 즉, 평균이 같더라도 확률변수의 분산 정도에 따라 확률변수는 크게 달라질 수 있으며 그림 3.5-9는 그러한 경향을 확률변수 L의 확률밀도함수의 형태에 따라 나타낸 것이다.

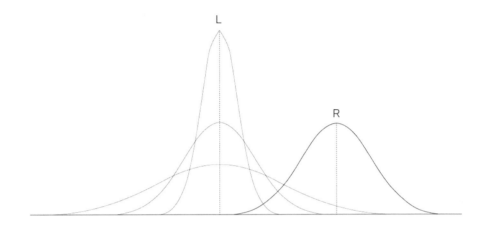

〈그림 3.5-9〉 확률밀도함수에 따른 파손확률의 변화

그림 3.5-2의 보 구조물의 예를 보면 그림 3.5-10에서 보는 바와 같이 3번 절점의 경우, 응력은 크지만 분산이 작아 파손확률이 작은 반면, 1번 절점의 경우는 응력은 작지만 분산이 커서 파손확률도 커지게 된다.

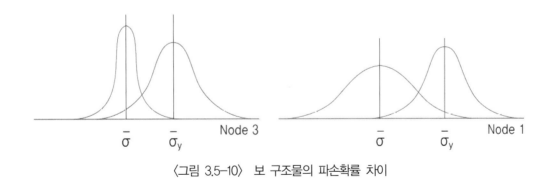

〈그림 3.5-10〉 보 구조물의 파손확률 차이

3.5.3.1 2차 모멘트 법

식 (3.5-7)에 따라 파손확률을 구한다면 정확한 파손확률을 구할 수 있지만 이를 위해서

는 여러 가지 확률변수의 결합확률밀도함수를 알아야 하는데 이것은 거의 불가능하다. 따라서 오래전부터 파손확률을 근사적으로 구하기 위한 노력이 이루어져 왔으며 그 중에서도 2차 모멘트법은 그 이론이 간단하면서도 응용 범위가 넓어 신뢰성해석 방법의 주류가 되고 있다.

2차 모멘트법은 확률변수의 통계량중 1차 모멘트(평균)와 2차 모멘트(분산)만을 사용하여 시스템의 파손확률을 구하는 방법이다. 2차 모멘트법을 간략히 소개하면, 먼저 상태함수 Z를

$$Z = R - L \tag{3.5-14}$$

라고 정의하고 R과 L 두 변수가 통계상 서로 독립인 정규분포를 가진다고 하면 Z도 정규분포를 이룬다. 따라서 Z의 평균($\overline{Z}$)과 분산(S_Z^2)은 다음과 같다.

$$\overline{Z} = \overline{R} - \overline{L} \tag{3.5-15}$$

$$S_Z{}^2 = S_R{}^2 + S_L{}^2 \tag{3.5-16}$$

$Z<0$일 때 파괴가 일어나므로 Z의 PDF를 $f_Z(\cdot)$, CDF를 $F_Z(\cdot)$이라 하면 파손확률은

$$p_f = P[Z < 0] = F(0) = \int_{-\infty}^{0} f(u)du \tag{3.5-17}$$

여기서 Z를 새로운 변수 $\hat{Z} = (Z - \overline{Z})/S_Z$로 치환하면 $\hat{Z}$는 표준정규분포 $N(0,1)$을 따르므로 $\phi(\cdot)$와 $\Phi(\cdot)$을 각각 표준정규분포의 PDF 및 CDF라 하면 식 (3.5-17)은 다음과 같이 변형된다.

$$p_f = \int_{-\infty}^{-\frac{\overline{Z}}{S_Z}} \phi(\hat{u})d\hat{u} = \Phi\left(-\frac{\overline{Z}}{S_Z}\right) = 1 - \Phi\left(\frac{\overline{Z}}{S_Z}\right) \tag{3.5-18}$$

이 식에서 보는 바와 같이 파손확률은 상태함수 Z의 평균과 표준편차에 대한 비에 의존함을 알 수 있는데, 이 비가 신뢰성지수(reliability index) β이며 다음과 같이 정의된다 [3.5-2].

$$\beta = \frac{\overline{Z}}{S_Z} \qquad (3.5\text{-}19)$$

따라서 식 (3.5-18)은 신뢰성지수를 이용하여 다음과 같이 간단히 나타낼 수 있다.

$$p_f = \varPhi(-\beta) = 1 - \varPhi(\beta) \qquad (3.5\text{-}20)$$

즉, 신뢰성지수만 알면 표준정규분포표로부터 시스템의 파손확률을 간단히 구할 수 있다. 그림 3.5-11은 1-D 및 2-D에서의 신뢰성지수 β의 의미를 표현한 것이다.

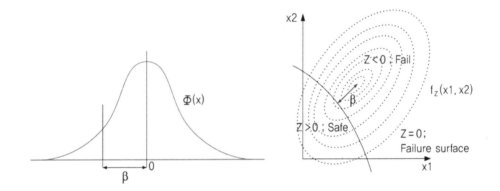

〈그림 3.5-11〉 신뢰성지수의 의미

===

(예제)
이떤 구조물의 응력 및 항복응력의 평균과 표준편차가 다음과 같다.

Random variables	Mean	Standard deviation	
		%	value
σ_y	150	10	15
σ	130	15	19.5

상태함수를 $Z = \sigma_y - \sigma$로 정의했을 때 이 구조물의 신뢰성지수 및 파손확률을 구하라.

(해답)

$$\overline{Z} = \overline{\sigma}_y - \overline{\sigma} = 150 - 130 = 20$$

$$S_Z = \sqrt{S_{\sigma_y} + S_\sigma} = \sqrt{15^2 + 19.5^2} = 24.6$$

이므로

$$\beta = \frac{\overline{Z}}{S_Z} = \frac{20}{24.6} = 0.81$$

$$P_f = \Phi(-\beta) = \Phi(-0.81) = 0.209$$

===

일반적으로 시스템의 상태함수는 식 (3.5-14)과 같이 간단히 표현되기 보다는 R과 L이 또 다른 여러 개의 확률변수들의 복잡한 함수로 표현되는 것이 일반적이다. 이러한 확률변수들의 집합을 벡터 X로 표시하면

$$X = \{X_1, X_2, \cdots, X_n\}^T \tag{3.5-21}$$

만약 상태함수가 X의 선형함수라면 한계상태방정식은 다음과 같이 표현될 수 있다.

$$Z = G(X) = \sum_{i=1}^{n} a_i X_i \tag{3.5-22}$$

확률변수 X가 모두 정규분포를 따른다면 Z도 정규분포이므로 평균과 분산을 다음과 같이 구할 수 있다.

$$\overline{Z} = \sum_{i=1}^{n} a_i \overline{X_i} \tag{3.5-23}$$

$$Var(Z) = S_Z^2 = \sum_{i=1}^{n}\sum_{j=1}^{n} a_i a_j \, \mathrm{cov}(X_i, X_j) \tag{3.5-24}$$

여기서 $\mathrm{cov}(X_i, X_j)$는 확률변수 X_i, X_j의 공분산(covariance)을 의미하며 다음과 같이 표현된다.

$$\mathrm{cov}(X_i, X_j) = p_{ij} S_{X_i} S_{X_j} \tag{3.5-25}$$

여기서 ρ_{ij}는 확률변수 X_i, X_j의 상관계수(correlation coefficient)이다.

그러나 일반 공학문제에서 한계상태방정식은 확률변수의 비선형으로 표현되는 것이 일반적인데 비선형인 경우에 Z의 분산을 구하는 것이 어려우므로 한계상태 방정식을 적당한 방법으로 선형화시켜야 한다.

상태함수 $G(X)$를 확률변수 X의 평균($\overline{X}$)에서 1차 항까지 Taylor 급수전개하여 선형화하는 경우를 평균 1계 2차 모멘트(Mean Value First Order Second Moment; MVFOSM)법이라 한다.

확률변수의 비선형 함수인 상태함수 Z를

$$Z = G(X) \tag{3.5-26}$$

라고 하면, 이를 선형화하기 위해 $G(X)$를 X의 평균값인 $\overline{X}$에서 1차 항까지 Taylor 급수전개하면 다음과 같다.

$$Z = G(\overline{X}) + \sum_{i=1}^{n} \frac{\partial G(\overline{X})}{\partial X_i}(X_i - \overline{X}_i) \tag{3.5-27}$$

따라서 Z의 평균과 분산은 다음과 같이 구해진다.

$$\overline{Z} = G(\overline{X}) \tag{3.5-28}$$

$$\sigma_Z^2 = \sum_{i=1}^{n}\sum_{j=1}^{m} \frac{\partial G(\overline{X})}{\partial X_i} \frac{\partial G(\overline{X})}{\partial X_j} \, \mathrm{cov}(X_i, X_j) \tag{3.5-29}$$

제 3 장

$G(X)$ 가 0이 되는 파괴면 상의 한 점(X*)에서 1차 항까지 Taylor 급수전개하여 선형화하는 방법을 개선 1계 2차 모멘트(Advanced First Order Second Moment; AFOSM)법이라고 하며 다음과 같이 신뢰성지수를 구할 수 있다[3.5-3].

$$\beta = \frac{\sum_{i=1}^{n} \frac{\partial G(X^*)}{\partial X_i} \partial X_i^*}{\left| \nabla G(X^*) a \right|} \tag{3.5-30}$$

3.5.3.2 확률유한요소법

앞에서 설명한 MVFOSM이나 AFOSM은 상태함수의 선형화를 바탕으로 하고 있으므로 이 방법을 시스템의 신뢰성해석에 적용하려면 상태함수가 확률변수들의 함수로 명확히 표현되어야 한다. 이것은 간단한 시스템에서는 가능하지만 시스템이 복잡해지고 확률변수가 많아지면 상태함수를 확률변수의 함수로 명확히 표현하는 것은 불가능하다. 이 경우에는 유한요소법과 같은 알고리즘에 의한 단계적 접근이 필요하다. 알고리즘의 각 단계에서의 결과들이 확률변수들에 의해 어떻게 표현되는지를 찾아내어 각 단계마다 기존의 신뢰성 방법을 적용한다면 복잡한 시스템에 대해서도 2차 모멘트법을 적용할 수 있을 것이다. 이러한 아이디어에서 출발한 것이 확률유한요소법이다. 그림 3.5-12는 확률유한요소법의 기본 개념을 도식화한 것이다[3.5-1].

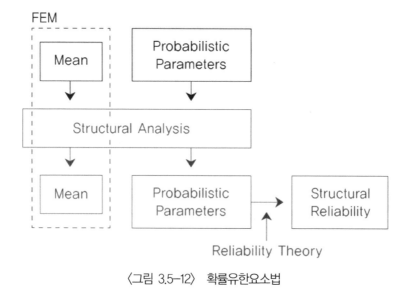

〈그림 3.5-12〉 확률유한요소법

이 그림에서 보는 바와 같이 기존의 유한요소법은 입력 변수들의 평균을 고려하여 구조해석을 수행하고 그 결과치의 평균을 구하는 방법인데 반해 확률유한요소법은 입력변수들의 평균과 분산을 고려하여 구조해석을 수행하고 그 결과치의 평균과 분산을 동시에 구하게 된다. 여기에 신뢰성 이론을 적용하면 구조물의 파손확률을 구할 수 있다. 확률유한요소법은 복잡한 구조물의 파손확률을 쉽게 구할 수 있는 강력한 해석방법이다. 확률유한요소법의 정식화 과정은 다음과 같다.

시스템 응답인 변위 U, 혹은 요소반력 f는 확률변수 X의 함수로서 다음과 같다.

$$U = U(X) \qquad (3.5\text{--}31)$$

$$f = f(X) \qquad (3.5\text{--}32)$$

여기서 확률변수 X는 외부하중, 구조치수, 재료성질, 경계조건, 결합부 강성 등 여러 가지가 될 수 있다.

선형 탄성해석을 위한 변위법의 기본 가정 하에, 경계조건을 고려하여 재구성한 전체구조물의 하중–변위 강성방정식은 다음과 같다.

$$KU = P \qquad (3.5\text{--}33)$$

여기서 K는 강성행렬, U는 변위벡터이고 P는 변위하중벡터이다. 이식의 각 항은 확률변수 X의 함수이다. 즉,

$$K = K(X) \qquad (3.5\text{--}34)$$

$$P = P(X) \qquad (3.5\text{--}35)$$

U를 X의 평균에 대해 1차 항까지 Taylor 급수전개를 하여 선형화하면 다음과 같다.

$$U - \overline{U} = \sum_{i=1}^{n} \frac{\partial \overline{U}}{\partial X_i}(X_i - \overline{X}_i) \qquad (3.5\text{--}36)$$

여기서 $\partial \overline{U}/\partial X_i$는 X의 평균값에서 계산된 변위의 X에 대한 편미분으로서 다음과 같이 구할 수 있다.

$$
\begin{aligned}
\frac{\partial \overline{U}}{\partial X_i} &= \frac{\partial}{\partial X_i}(K^{-1}\overline{P}) \\
&= \frac{\partial \overline{K}^{-1}}{\partial X_i}\overline{P} + \overline{K}^{-1}\frac{\partial \overline{P}}{\partial X_i} \\
&= -\overline{K}^{-1}\left(\frac{\partial \overline{K}}{\partial X_i}\overline{U} + \frac{\partial \overline{P}}{\partial X_i}\right) \\
&= -\overline{K}^{-1}\overline{\Omega}
\end{aligned}
\tag{3.5-37}
$$

한편

$$
(U-\overline{U})(U-\overline{U})^T = \overline{K}^{-1}\overline{\Omega}(X-\overline{X})(X-\overline{X})^T \overline{\Omega}^T \overline{K}^{-1T}
\tag{3.5-38}
$$

이므로 변위벡터의 공분산행렬 C_{UU}는 다음과 같이 구할 수 있다.

$$
C_{UU} = \overline{K}^{-1}\overline{\Omega} C_{XX} \overline{\Omega}^T \overline{K}^T
\tag{3.5-39}
$$

여기서 C_{XX}는 확률변수의 공분산행렬이다. C_{UU}의 대각요소들은 각 절점에서의 변위의 분산 정도를, 비대각 요소들은 변위간의 상관관계를 각각 나타낸다.

하중만이 확률변수인 경우는 영향계수법을 이용하여 유도할 수 있다. 임의의 자유도에서의 변위를 각 하중의 영향을 독립적으로 고려하여 다음과 같이 분리할 수 있다.

$$
U = \sum_{j=1}^{m} U_j
\tag{3.5-40}
$$

여기서 m은 하중의 개수를 의미하여 U_j는 임의의 하중 P_j만이 작용했을 때의 변위를 나타내므로 다음과 같이 정의된다.

$$
U_j = K^{-1}P_j
\tag{3.5-41}
$$

따라서 변위의 분산은 다음과 같이 구할 수 있다.

$$Var(U) = \sum_{i=1}^{m} \sum_{j=1}^{m} U_i U_j p_{ij} V_i V_j \qquad (3.5\text{-}42)$$

여기서 V_i는 하중 P_i의 분산계수(Coefficient Of Variance; COV)이다. 한편 Taylor 급수 전개하여 선형화한 변위의 공분산행렬을 하중만이 확률변수인 경우에 대해 다시 정리하면 다음과 같이 표현된다.

$$Var(U) = \sum_{i=1}^{m} \sum_{j=1}^{m} \frac{\partial U}{\partial P_i} \frac{\partial U}{\partial P_j} p_{ij} S_{p_i} S_{p_j} \qquad (3.5\text{-}43)$$

각 요소반력의 공분산행렬도 같은 방법으로 구할 수 있다. 선형탄성 유한요소해석에서 임의의 요소 반력은 다음과 같이 구한다.

$$f = ku \qquad (3.5\text{-}44)$$

확률변수 X의 평균에 대해 선형화하면

$$f - \overline{f} = \sum_{i=1}^{n} \frac{\partial \overline{f}}{\partial X_i} (X_i - \overline{X_i}) \qquad (3.5\text{-}45)$$

$\partial \overline{f} / \partial X_i$ 는 다음과 같이 구할 수 있다.

$$\begin{aligned}
\frac{\partial \overline{f}}{\partial X_i} &= \frac{\partial}{\partial X_i} [\overline{k}(\overline{K}^{-1}\overline{P})_e] \\
&= \frac{\partial \overline{k}}{\partial X_i} \overline{u} + \overline{k}\left(\frac{\partial \overline{K}^{-1}}{\partial X_i} \overline{P} + \overline{K}^{-1} \frac{\partial \overline{P}}{\partial X_i} \right)_e \\
&= \frac{\partial \overline{k}}{\partial X_i} \overline{u} + \overline{k}(\overline{K}^{-1}\overline{\Omega})_e
\end{aligned} \qquad (3.5\text{-}46)$$

이 식은 다음과 같이 표현할 수도 있다.

$$\frac{\partial \overline{f}}{\partial X_i} = \frac{\partial \overline{k}}{\partial X_i} \overline{u} + \overline{k} \left(\frac{\partial \overline{U}}{\partial X_i} \right)_e \tag{3.5-47}$$

3.5.3.3 몬테카를로 방법

몬테카를로 방법은 파괴면을 1차 또는 2차 곡선으로 근사하는 2차 모멘트 방법과 달리, 주어진 상태함수를 그대로 사용하여 확률변수 각각의 밀도함수를 바탕으로 상태함수의 밀도함수를 구하는 방법이다. 이 방법은 먼저 확률변수를 각각의 밀도함수에 맞도록 추출하고, 이 값으로 상태함수를 계산한 다음 계산된 상태함수 값으로부터 파괴여부를 판단한다. 이러한 계산을 여러 번 반복함으로써 파손확률을 구할 수 있다. 이 방법은 상태함수가 확률변수의 함수로 명확히 표현될 필요가 없어 복잡한 시스템의 신뢰성해석이 가능하다. 계산된 상태함수 값이 양이면 안전한 상태, 음이면 파괴된 상태를 의미하므로 음으로 계산된 횟수를 총 반복계산 횟수로 나누면 이 값이 곧 파손확률이 된다. 하지만 그림에서 보는 바와 같이 몬테카를로 방법으로 구조물의 신뢰성해석을 수행할 때, 구조해석 모듈이 반복계산 과정에 포함되므로 파손확률 구하는 데 많은 시간이 소요되는 단점이 있으며 복잡한 구조물에는 적용이 불가능하다.

이러한 이유로 몬테카를로 방법은 간단한 시스템에만 적용되어 오다가 1960년대 이후 컴퓨터의 급속한 발전과 더불어 신뢰성해석 방법 중 가장 강력한 방법의 하나로 인식되었으며, 이에 따라 이론 자체에도 많은 발전을 이루었는데 주로 반복계산 횟수를 적게 하면서도 비교적 정확한 해를 얻고자 하는 연구들이 많다. 그림 3.5-13은 몬테카를로 방법을 적용하여 구조물의 파손확률을 구하는 알고리즘이다.

몬테카를로 방법을 적용하기 위해서는 확률변수의 확률밀도함수에 적합한 확률변수를 추출해야 한다. 균일확률변수를 추출하는 방법 중의 하나인 Power residue method를 사용하면 0과 1 사이의 확률변수를 다음과 같이 간단히 추출할 수 있다.

$$k_i = \mathrm{int}\left(\frac{a x_i + c}{m} \right) \tag{3.5-48}$$

$$x_{i+1} = a + x_i + c - mk_i \qquad (3.5\text{--}49)$$

$$u_{i+1} = \frac{x_i}{m} \qquad (3.5\text{--}50)$$

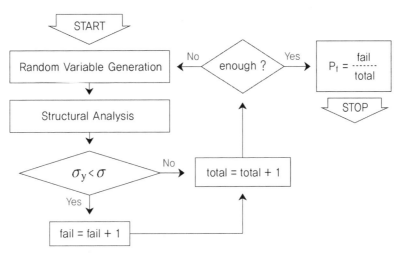

〈그림 3.5–13〉 몬테카를로 방법 알고리즘

이 식으로부터 m–1개의 확률변수를 생산할 수 있다. 다음은 Fortran 언어로 작성한 전형적인 확률변수 추출 함수이다.

```
FUNCTION G05CAF(X)
      implicit real*8(a-h,o-z)
C***************************************************************
C    THIS FUNCTION GENERATES A RANDOM NUMBER
     IN THE INTERVAL OF [0,1]
C***************************************************************
     INTEGER A,P,IX,B15,B16,XHI,XALO,LEFTLO,FHI,K
     DATA A/16807/,B15/32768/,B16/65536/,P/2147483647/
     DATA IX/4921792/
     X=X
     XHI=IX/B16
```

```
XALO=(IX−XHI*B16)*A
LEFTLO=XALO/B16
FHI=XHI*A + LEFTLO
K=FHI/B15
IX=(((XALO−LEFTLO*B16)−P)+(FHI−K*B15)*B16)+K
IF (IX.LT.0) IX=IX+P
G05CAF=FLOAT(IX)*4.656612875E−10
RETURN
END
```

마이크로소프트사의 엑셀 프로그램을 사용하는 경우는 rand() 라는 함수를 사용하여 확률변수를 추출할 수 있다. rand()는 0과 1사이에서 균일확률변수를 추출하는 함수이다. 만약 a와 b사이의 확률변수를 추출하기 위해서는 rand()(b−a)+a 또는 randbetween(a,b)를 적용하면 된다.

==
(예제)

몬테카를로 방법을 사용하여 원주율 π를 구하라. (엑셀 프로그램의 확률변수 추출함수 rand() 사용)

(해답)

오른쪽 그림과 같이 한 변의 길이가 1인 정사각형 내에 반지름이 1이고 원의 중심이 원점인 1/4원을 가정하면, 원주율 π는 원의 면적이 된다. 따라서 정사각형 내에 임의로 n개의 점을 찍었을 때 원내부에 들어있는 점의 개수를 m이라하면 원주율은 근사적으로 $m/n \times 4$가 된다. 즉, 다음과 같이 구할 수 있다.

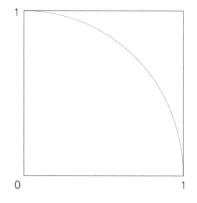

$$a = rand()$$

$$b = rand()$$

$$c = \sqrt{a^2 + b^2}$$

위의 계산을 n회 반복하였을 때 c 가 1보다 작은 경우의 수를 m이라 하면

$$\pi \approx \frac{m}{n} \times 4$$

이고 n의 수가 클수록 π에 수렴한다. 다음 표는 엑셀 프로그램을 사용하였을 때 n의 크기에 따른 π 값을 보여준다.

n	m	π
10	8	3.2000
20	15	3.0000
30	21	2.8000
40	27	2.7000
50	36	2.8800
60	43	2.8667
70	49	2.8000
80	56	2.8000
90	63	2.8000
100	73	2.9200
200	155	3.1000

==

(예제)

균일확률변수 u를 사용하여 누적분포함수가 $F_x(x) = 1 - \exp(-\lambda x)$ 인 지수분포의 확률변수를 추출할 수 있는 식을 유도하라.

(해답)

$u = F_x(x) = 1 - \exp(-\lambda x)$ 라 하고 확률변수 x에 대한 역함수를 구하면 다음과 같이 간단히 확률변수를 추출할 수 있다.

$$x = \frac{-\ln(1-u)}{\lambda}$$

===

표준정규분포를 가진 확률변수를 추출하는 방법은 다음과 같다. 표준정규분포의 누적분포함수는

$$F(x) = \int_{-\infty}^{x} \frac{1}{\sqrt{2\pi}} \exp\left(-\frac{1}{2}\hat{x}\right) d\hat{x} \tag{3.5-51}$$

이지만 이 함수의 역함수를 구하는 것은 불가능한데 Box-Muller는 다음과 같이 표준정규분포의 확률변수를 구하기 위한 식을 제안했다.

$$\begin{aligned} x_1 &= (-2\ln u_1)^{\frac{1}{2}} \sin(2\pi u_2) \\ x_2 &= (-2\ln u_1)^{\frac{1}{2}} \cos(2\pi u_2) \end{aligned} \tag{3.5-52}$$

여기서 u_1 및 u_2 는 균일확률변수이다. 평균이 m, 표준편차가 σ인 정규분포의 경우는 다음과 같이 구한다.

$$\begin{aligned} x_1 &= m + \sigma(-2\ln u_1)^{\frac{1}{2}} \sin(2\pi u_2) \\ x_2 &= m + \sigma(-2\ln u_1)^{\frac{1}{2}} \cos(2\pi u_2) \end{aligned} \tag{3.5-53}$$

===

(예제)

구조물에 내재하는 균열이 진전하는지 여부는 다음 식을 통해 결정된다.

$$Z = K_{IC} - K_I$$

여기서 K_{IC}는 파괴인성치이고 K_I은 균열선단에서의 응력확대계수이며 $Z<0$일 때 균열이 진전한다. K_{IC}는 다음과 같이 주어진다.

$$K_{IC} = 36.5 + 3.087 \exp[0.036(T - RT_{NDT} + 56)]$$

여기서 RT_{NDT}, T, K_I을 정규분포를 가지는 확률변수로 취급하여 평균과 표준편차가 다음과 같이 주어졌을 때 몬테카를로 방법을 이용하여 균열이 진전할 확률을 구하라.

Random Variables	Mean	Standard Deviation	
		%	Value
RT_{NDT}	80	20	16
T	150	15	22.5
K_I	100	10	10

제 3 장

(해답)

모두 정규분포를 따르므로 확률변수를 다음과 같이 추출할 수 있다.

$$a_1 = rand()$$

$$a_2 = rand()$$

$$RT_{NDT} = 80 + 16(-2\ln a_1)^{1/2} \sin(2\pi a_2)$$

$$b_1 = rand()$$

$$b_2 = rand()$$

$$T = 150 + 22.5(-2\ln b_1)^{1/2} \sin(2\pi b_2)$$

RT_{NDT} 및 T를 이용하여 K_{IC} 및 K_I을 다음과 같이 구한다.

$$c_1 = rand()$$

$$c_2 = rand()$$

$$K_I = 100 + 10(-2\ln c_1)^{1/2}\sin(2\pi c_2)$$

K_{IC}와 K_I으로부터 Z를 구하여 파괴여부를 확인하고 이러한 과정을 총 n회 반복했을 때 Z가 음인 경우의 수를 m이라 하면 균열이 진전할 확률은 m/n이 된다. 다음 표는 500회까지 반복 계산한 결과를 100회 단위로 정리한 것이다.

n	a_1	a_2	RT_{NDT}	b_1	b_2	T	K_{IC}	c_1	c_2	K_I	m	P_f
100	0.514	0.824	63.5	0.312	0.115	172.8	1222.0	0.339	0.509	99.2	7	0.070
200	0.738	0.957	76.7	0.210	0.235	189.6	1384.4	0.297	0.380	110.7	18	0.090
300	0.517	0.300	97.5	0.861	0.128	158.9	248.0	0.581	0.817	90.5	24	0.080
400	0.851	0.060	83.3	0.646	0.194	169.8	556.8	0.540	0.779	89.1	27	0.068
500	0.575	0.021	82.2	0.592	0.030	154.3	347.4	0.615	0.814	90.9	33	0.066

===

참고문헌

3.1-1. Crandall, S.H., Dahl, N.C. and Lardner, T.J., 1978, "An Introduction to the Mechanics of Solids," McGraw-Hill.

3.1-2. Dowling, N.E., 2007, "Mechanical Behavior of Materials," Third Edition, Pearson Education.

3.1-3. Budynas, R.G., 1999, "Advanced Strength and Applied Stress Analysis," McGraw-Hill.

3.1-4. Bannantine, J.A., Comer, J.J. and Handrock, J.L., 1990, "Fundamentals of Metal Fatigue Analysis," Prentice-Hall.

3.2-1. Griffith, A.A., 1920, "The Phenomena of Rupture and Flow in Solids," Philosophical Transactions, Series A, Vol. 221, pp. 163~198.

3.2-2. Inglis, C.E., 1913, "Stress in a Plate due to the Presence of Cracks and Sharp Corners," Transactions of the Institute of Naval Architects, Vol. 55, pp. 219~241.

3.2-3. Irwin, G.R., 1956, "Onset of Fast Crack Propagation in High Strength Steel and Aluminum Alloys," Sagamore Research Conference Proceedings, Vol. 2, pp. 289~305.

3.2-4. Westergaard, H.M., 1939, "Bearing Pressures and Cracks," Journal of Applied Mechanics, Vol. 6, pp. 49~53.

3.2-5. Williams, M.L., 1957, "On the Stress Distribution at the Base of a Stationary Crack," Journal of Applied Mechanics, Vol. 24, pp. 109~114.

3.2-6. Irwin, G.R., 1957, "Analysis of Stresses and Strains near the End of a Crack Traversing a Plate," Journal of Applied Mechanics, Vol. 24, pp. 361~364.

3.2-7. Tada, H., Paris, P.C. and Irwin, G.R., 1985, "The Stress Analysis of Cracks Handbook," 2nd Ed., Paris Productions, St. Louis, MO.

3.2-8. Murakami, Y., 1987, "Stress Intensity Factors Handbook," Pergamon Press, New York.

3.2-9. Zahoor, A., 1990, "Ductile Fracture Handbook," EPRI NP-6301, 1990.

3.2-10. Irwin, G.R., 1961, "Plastic Zone Near a Crack and Fracture Toughness," Sagamore Research Conference Proceedings, Vol. 4, pp. 63~78.

제
3
장

3.2-11. Dugdale, D.S., 1960, "Yielding in Steel Sheets Containing Slits," Journal of the Mechanics and Physics of Solids, Vol. 8, pp. 100~104.

3.2-12. Barenblatt, G.I., 1962, "The Mathematical Theory of Equilibrium Cracks in Brittle Fracture," Advances in Applied Mechanics, Vol. VII, Academic Press, NY.

3.2-13. Burdekin, F.M. and Stone, D.E.W., 1966, "The Crack Opening Displacement Approach to Fracture Mechanics in Yielding Materials," Journal of Strain Analysis, Vol. 1, pp. 145~153.

3.2-14. Dodds, R.H., Jr., Anderson, T.L. and Kirk, M.T., 1991, "A Framework to Correlate a/W Effects on Elastic-Plastic Fracture Toughness (J_c)," International Journal of Fracture, Vol. 48, pp. 1~22.

3.2-15. Rice, J.R., 1968, "A Path Independent Integral and the Approximate Analysis of Strain Concentration by Notches and Cracks," Journal of Applied Mechanics, Vol. 35, pp. 379~386.

3.2-16. Hutchinson, J.W., 1968, "Singular Behavior at the End of a Tensile Crack Tip in a Hardening Material," Journal of the Mechanics and Physics of Solids, Vol. 16, pp. 13~31.

3.2-17. Rice, J.R. and Rosengren, G.F., 1968, "Plane Strain Deformation near a Crack Tip in a Power-Law Hardening Material," Journal of the Mechanics and Physics of Solids, Vol. 16, pp. 1~12.

3.2-18. Anderson, T.L., 2005, "Fracture Mechanics - Fundamentals and Applications," 3rd Ed., CRC Press, Boca Raton, FL.

3.2-19. McMeeking, R.M. and Parks, D.M., 1979, "On Criteria for J-Dominance of Crack Tip Fields in Large-Scale Yielding," Elastic Plastic Fracture, ASTM STP 668, American Society for Testing and Materials, Philadelphia, PA, pp. 175~194.

3.2-20. McClintock, F.A., 1971, "Plasticity Aspects of Fracture," Fracture: Advanced Treatise, Vol. 3, Academic Press, New York, pp. 47~225.

3.2-21. Towers, O.L. and Garwood, S.J., 1986, "Influence of Crack Depth on Resistance Curves for Three-Point Bend Specimens in HY130," ASTM STP 905, American Society for Testing and Materials, Philadelphia, PA, pp. 454~484.

3.2-22. Anderson, T.L., 1988, "Ductile and Brittle Fracture Analysis of Surface Flaws Using CTOD," Experimental Mechanics, Vol. 28, pp. 188~193.

3.2-23. Kirk, M.T., Koppenhoefer, K.C. and Shih, C.F., 1993, "Effect of Constraint on Specimen Dimensions Needed to Obtain Structurally Relevant Toughness Measures," ASTM STP 1171, American Society for Testing and Materials, Philadelphia, PA, pp. 79~103.

3.2-24. Chang, Y.S., Kim, Y.J. and Stumpfrock, L., 2004, "Development of Cleavage Fracture Toughness Locus Considering Constraint Effects," KSME International Journal, Vol. 18, pp. 2158~2173.

3.2-25. Bilby, B.A., Cardew, G.E., Goldthorpe, M.R. and Howard, I.C., 1986, "A Finite Element Investigation of the Effects of Specimen Geometry on the Fields of Stress and Strain at the Tips of Stationary Cracks," Size Effects in Fracture, Institute of Mechanical Engineers, London, pp. 37~46.

3.2-26. Betegon, C. and Hancock, J.W., 1991, "Two Parameter Characterization of Elastic-Plastic Crack Tip Fields," Journal of Applied Mechanics, Vol. 58, pp. 104~110.

3.2-27. Kirk, M.T., Dodds, R.H., Jr. and Anderson, T.L., 1994, "An Approximate Technique for Predicting Size Effects on Cleavage Fracture Toughness(J_c) Using the Elastic T Stress," ASTM STP 1207, American Society for Testing and Materials, Philadelphia, PA, pp. 62~86.

3.2-28. Hancock, J.W., Reuter, W.G. and Parks, D.M., 1993, "Constraint and Toughness Parameterized by T," ASTM STP 1171, American Society for Testing and Materials, Philadelphia, PA, pp. 21~40.

3.2-29. Sumpter, J.D.G., 1993, "An Experimental Investigation of the T Stress Approach," ASTM STP 1171, American Society for Testing and Materials, Philadelphia, PA, pp. 492~502.

3.2-30. O'Dowd, N.P. and Shih, C.F., 1991, "Family of Crack-Tip Fields Characterized by a Triaxiality Parameter - I. Structure of fields," Journal of the Mechanics and Physics of Solids, Vol. 39, pp. 898~1015.

3.2-31. O'Dowd, N.P. and Shih, C.F., 1992, "Family of Crack-Tip Fields

Characterized by a Triaxiality Parameter - II. Fracture Applications," Journal of the Mechanics and Physics of Solids, Vol. 40, pp. 939~963.

3.2-32. Shih, C.F., O'Dowd, N.P. and Kirk, M.T., 1993, "A Framework for Quantifying Crack Tip Constraint," ASTM STP 1171, American Society for Testing and Materials, Philadelphia, PA, pp. 2~20.

3.2-33. Ritchie, R.O., Knott, J.F. and Rice, J.R., 1973, "On the Relationship between Critical Tensile Stress and Fracture Toughness in Mild Steel," Journal of the Mechanics and Physics of Solids, Vol. 21, pp. 395~410.

3.2-34. Gurson, A.L., 1977, "Continuum Theory of Ductile Rupture by Void Nucleation and Growth: Part 1 - Yield Criteria and Flow Rules for Porous Ductile Media," Journal of Engineering Materials and Technology, Vol. 99, pp. 2~5.

3.2-35. Tvergaard, V., 1981, "Influence of Voids on Shear Band Instabilities under Plane Strain Conditions," International Journal of Fracture, Vol. 17, pp. 389~407.

3.2-36. Tvergaard, V., 1982, "On Localization in Ductile Materials Containing Spherical Voids," International Journal of Fracture, Vol. 18, pp. 237~252.

3.2-37. Tvergaard, V. and Needleman, A., 1984, "Analysis of the Cup-Cone Fracture in a Round Tensile Bar," Acta Metallurgica, Vol. 32, pp. 157~169.

3.2-38. Rousselier, G., 1987, "Ductile Fracture Models and Their Potential in Local Approach of Fracture," Nuclear Engineering and Design, Vol. 105, pp. 97~111.

3.2-39. Wells, A.A., 1961, "Unstable Crack Propagation in Metals: Cleavage and Fast Fracture," Proceedings of the Crack Propagation Symposium, Vol. 1, Paper 84.

3.2-40. British Standards Institution, 1991, "Fracture Mechanics Toughness Tests, Part 1, Method for Determination of K_{Ic}, Critical CTOD and Critical J Values of Metallic Materials," BS 7448.

3.2-41. ASTM, 1999, "Standard Test Method for Crack Tip Opening Displacement(CTOD) Fracture Toughness Measurement," E1290-99.

3.2-42. Burdekin, F.M. and Stone, D.E.W., 1961, "The Crack Opening Displacement Approach to Fracture Mechanics in Yielding Materials," Journal of Strain Analysis, Vol. 1, pp. 145~153.

3.2-43. Shih, C.F., 1981, "Relationship between the *J*-Integral and the Crack Opening Displacement for Stationary and Extending Cracks," Journal of the Mechanics and Physics of Solids, Vol. 29, pp. 305~326.

3.3-1. ASTM, "Standard Test Methods and Definitions for Mechanical Testing of Steel Products," A370.

3.3-2. ASTM, "Standard Test Methods for Tension Testing of Metallic Materials," E8.

3.3-3. ASTM, "Standard Test Methods of Compression Testing of Metallic Materials at Room Temperature," E9.

3.3-4. ASTM, "Standard Test Methods for Notched Bar Impact Testing of Metallic Materials," E23.

3.3-5. ASTM, "Standard Practice for Conducting Surveillance Tests for Light-Water Cooled Nuclear Power Rector Vessels," E185.

3.3-6. ASME, 2010, "Fracture Toughness," B&PV Code, Sec. III, NB-2300.

3.3-7. ASTM, "Standard Test Method for Impact Testing of Miniaturized Charpy V-Notch Specimens," E2248.

3.3-8. ASTM, "Standard Test Method for Instrumented Impact Testing of Metallic Materials," E2298.

3.3-9. ASTM, "Standard Guide for Reconstitution of Irradiated Charpy-Sized Specimens," E1253.

3.3-10. ASTM, "Standard Test Method for Conducting Drop-Weight Test to Determine Nil-Ductility Transition Temperature of Ferritic Steels," E208.

3.3-11. ASTM, "Standard Test Method for Linear-Elastic Plane-Strain Fracture Toughness K_{IC} of Metallic Materials," E399.

3.3-12. ASTM, "Standard Test Method for Measurement of Fracture Toughness," E1820.

3.3-13. ASTM, "Standard Test Method for Determination of Reference Temperature, T_o, for Ferritic Steels in the Transition Range," E1921.

3.3-14. Rice, J.R., 1968, "A Path Independent Integral and the Approximate

Analysis of Strain Concentration by Notches and Cracks," Journal of Applied Mechanics, Vol. 35, pp. 379~386.

3.3-15. USNRC, 1982, "Resolution of the Task A-11 Reactor Vessel Materials Toughness Safety Issue," NUREG-0744.

3.3-16. Wallin K., 1984, Engineering Fracture Mechanics, Vol. 19, No. 6, pp. 1085~1093

3.3-17. WRC, 1972, "PVRC Recommendation on Toughness Requirements for Ferritic Materials," Bulletin 175.

3.3-18. ASME, 2010, "Fracture Toughness Criteria for Protection against Failure," B&PV Code, Sec. III, App. G.

3.3-19. USNRC, 2006, "Probabilistic Fracture Mechanics - Models, Parameters, and Uncertainty Treatment Used in FAVOR Version 04.1," NUREG-1807.

3.3-20. ASME, 1999, "Use of Fracture Toughness Test Data to Establish Reference Temperature for Pressure Retaining Materials," Code Case N-629.

3.3-21. ASME, 1999, "Use of Fracture Toughness Test Data to Establish Reference Temperature for Pressure Retaining Materials Other Than Bolting for Class 1 Vessels," Code Case N-631.

3.3-22. ASTM, "Standard Test Method for Determining Plane-Strain Crack-Arrest Fracture Toughness, K_{Ia}, of Ferritic Steels," E1221.

3.3-23. ASTM, "Standard Test Method for Strain-Controlled Fatigue Testing," E606.

3.3-24. ASTM, "Standard Practice for Conducting Force Controlled Constant Amplitude Axial Fatigue Tests of Metallic Materials," E466.

3.3-25. ASME, "Design Fatigue Curves," B&PV Code, Sec. III, App. I.

3.3-26. ASTM, "Standard Test Method for Measurement of Fatigue Crack Growth Rates," E647.

3.3-27. USNRC, "Guidelines for Evaluating Fatigue Analyses Incorporating the Life Reduction of Metal Components Due To the Effects of the Light-Water Reactor Environment for New Reactors," Regulatory Guide 1.207.

3.3-28. ASTM, "Standard Practice for Strain Controlled Thermomechanical Fatigue Testing," E2368.

3.3-29. ASTM, "Standard Test Method for Creep-Fatigue Testing," E2714.

3.3-30. ASTM, "Standard Test Method for Creep-Fatigue Crack Growth Testing," E2760.

3.3-31. ASTM, "Standard Test Methods for Conducting Creep, Creep-Rupture, and Stress-Rupture Tests of Metallic Materials," E139.

3.3-32. ASTM, "Standard Test Method for Measurement of Creep Crack Growth Times in Metals," E1457.

3.3-33. ASTM, "Standard Practice for Slow Strain Rate Testing to Evaluate the Susceptibility of Metallic Materials to Environmentally Assisted Cracking," G129.

3.3-34. ASTM, "Test Method for Determining Threshold Stress Intensity Factor for Environment-Assisted Cracking of Metallic Materials," E1681.

3.3-35. Lee, B.S., et al., 1999, "Remaining Life Prediction Methods using Operating Data and Knowledge on Mechanisms," Nuclear Engineering and Design, Vol. 191, Issue 2, pp. 157~165.

3.3-36. ASTM, "Standard Practice for Instrumented Indentation Testing," E2546.

3.4-1. Miller, A.G., 1988, "Review of Limit Loads of Structures Containing Defects," International Journal of Pressure Vessels and Piping, Vol. 32, pp. 197~327.

3.4-2. ASME, 2012, "Rules for Inservice Inspection of Nuclear Power Plant Components," B&PV Code, Sec. XI.

3.4-3. USNRC, 1984, "Evaluation of Potential for Pipe Breaks," NUREG-1061, Vol. 3.

3.4-4. Ainsworth, R.A, Kim, Y.J., Zerbst, U. and Ruiz, J. 1998, "Driving Force and Failure Assessment Diagram Methods for Defect Assessment," Proc. of OMAE 98, OMAE 98/2054.

3.4-5. British Energy Generation Ltd., 2001, "Assessment of the Integrity of Structures Containing Defects," R6, Rev. 4.

3.4-6. EU, 1999, "SINTAP Final Procedure," Brite Euram Project, BE95-1426.

3.4-7. American Petroleum Institute, 2000, "Recommended Practice for Fitness-For-Service," API 579.

3.4-8. M. Bergman, B. Brickstad, L. Dahlberg, F. Nilsson and I. Sattari-Far,

제
3
장

1991, "A Procedure for Safety Assessment of Components with Cracks −Handbook," SA/FoU Report 91/01, ABSvensk Anlägningsprovning, Swedish Plant Inspection Ltd.

3.4−9. British Standards Institution, 1999, "Guide on Methods for Assessing the Acceptability of Flaws in Fusion Welded Structures," BS 7910.

3.4−10. Ainsworth, R.A., 1984, "The Assessment of Defects in Structures of Strain Hardening Materials," Engineering Fracture Mechanics, Vol. 19, pp. 633~642.

3.4−11. AFCEN, "Rules for In−service Inspection of Nuclear Power Plant Components," RSE−M Code, 1997 ed. and 2000 Add.

3.5−1. 김지호, 1991, "확률 유한요소법에 의한 구조 신뢰성 해석," 박사학위논문, 서울대학교.

3.5−2. Cornell, C.A., 1969, "A Probability−based Structural Code," Journal of the American Concrete Institute, Vol. 66, No. 12, pp. 974~985.

3.5−3. Hasofer, A.M., Lind, N.C., 1974, "Exact and Invariant Second Moment Code Format," Journal of the Engineering Mechanics Division, ASCE, Vol. 100, No. EM1, pp. 111~121.

제4장 원전기기 건전성 평가절차

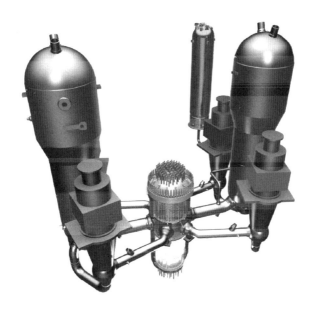

제4장 원전기기 건전성 평가절차

4.1 원자로압력용기

4.1.1 원자로압력용기 감시시험

원자로압력용기는 원전의 안전성을 상징하는 대표적 기기이다. 40~60년의 원전수명기간 동안 교체가 거의 불가능하기 때문에, 설계에서부터 강도와 파괴인성에 충분한 여유도를 부여할 뿐 아니라 제작과정에서도 철저한 품질관리가 적용되고 있다. 그렇다하더라도 원자로의 가동중에 핵연료로부터 방출되는 높은 에너지의 중성자(고속중성자)가 누적되면 원자로압력용기 재질의 변화를 일으킬 수 있기 때문에 이에 대한 감시와 대비가 요구된다.

중성자 조사에 의해 재료가 경화되어 항복강도는 증가하나 파괴인성이 낮아지는 현상을 조사취화라고 부른다. 조사취화의 정도는 원자로의 가동 환경과 사용된 재료의 재질 등에 의해서 매우 큰 차이를 보인다. 따라서 원자로압력용기의 안전성을 보장하기 위해서는 감시시험을 통해서 해당 원자로압력용기 재질의 조사취화 정도를 발전소 가동기간 동안 지속적으로 모니터링하는 것이 필수적이며, 이것은 원자력발전소 안전을 위한 시행법으로 제정되어있다[4.1-1, 4.1-2]. 만일 감시시험의 수행결과 조사취화로 인한 재료성질의 변화가 클 것이 예상되는 경우에는 이것이 해당 발전소의 수명제한 인자 혹은 가동조건 제한 인자가 될 수 있다.

원자로압력용기의 건전성을 위한 감시시험 규정은 각 나라마다 조금씩의 차이는 있지만 근본적인 기술적 배경은 동일하다. 대표적으로는 미국의 연방법 10CFR50과 USNRC의 규제지침서 및 ASTM 표준시험법과 ASME Code 등으로 구성되는 기술기준체계이다[4.1-1 ~ 4.1-13]. 우리나라는 원자력안전위원회 고시 제 2012-8호로 감시시험 규정이 법제화되어 있으며, 세부 기술내용은 미국의 기술체계를 핵심적으로 요약한 것이다. 우리나라와 미국에서 적용되고 있는 원자로압력용기 건전성 평가 규정 및 적용규격의 주요 내용들을 표 4.1-1에 요약하여 정리하였다.

제 4 장

〈표 4.1-1〉 원자로압력용기 건전성 평가 주요 규정 및 규격

항목	주요내용
관련규정 및 기술배경	• 원자력안전위원회 고시 제 2012-8호 • 10 CFR 50.60, 50.61, Appendix G, App. H • USNRC Reg. Guide 1.99 Rev. 2, Reg. Guide 1.161 • ASME Code Sec. XI, ASTM E-185, E-2215
USE (Charpy upper-shelf energy) 기준	• 50ft-lb (68J) 이상이면 상세 파괴역학평가 필요 없음. ⇒ 상세 평가시 $J-R$ 파괴저항특성 데이터 이용 (USNRC Reg. Guide 1.161)
조사취화평가 (ΔRT_{NDT}) (취성천이온도의 변화)	• Charpy 충격시험 41J 온도 변화량으로 기준 • USNRC Reg. Guide 1.99, Rev. 2의 평가모델 사용
취성파괴 방지요건-I (정상운전 조건시 온도-압력 한계곡선의 설정)	• ASME Code XI, Appendix G • 10CFR50, Appendix G $K_I (= 2K_{IP} + K_{IT}) < K_{IC}$
취성파괴 방지요건-II (PTS 가상사고에 대한 안전여유도 평가)	• Screening Criteria: RT_{PTS} (노심대 재료별 수명말기 용기벽의 최대 조사량에서 RT_{NDT} 값) - 원주방향 용접재의 경우 300°F 이하 - 그 외 모재와 축방향 용접재는 270°F 이하 이 경우 PTS 안전성에 대해 별도의 파괴역학 평가 필요 없음.

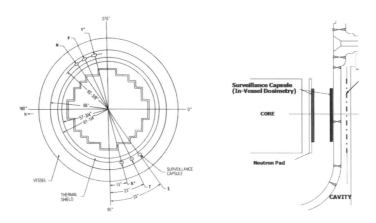

〈그림 4.1-1〉 원자로압력용기내 감시시편함의 설치 위치

4.1.1.1 원자로압력용기 조사취화 감시시험 개요

원자로압력용기의 감시시험(surveillance test)은 발전소 건설할 때 미리 가공된 시험편들을 담은 감시시편함(surveillance capsule)을 그림 4.1-1과 같이 원자로압력용기 노심대 부근에 여러 개(4~6개) 설치하였다가, 계획된 시점에 하나씩 인출하여 중성자 조사량에 따른 파괴인성의 변화를 판단하기 위한 시험을 수행하는 것이다. 각각의 시험편은 실제 원자로압력용기의 제작에 사용된 동일한 소재(archive material)와 열처리 이력을 가지고 제작된다. 감시시편함의 설치 위치는 용기내벽보다 핵연료에 더 가까이 있기 때문에 실제 원자로압력용기 내벽보다 동일한 시점에서 더 많은 중성자 조사량을 받는다. 일반적으로 어느 시점에서 인출한 감시시편함의 중성자 조사량은 그로부터 약 1.5~3배 시간이 더 경과한 후의 용기내벽 조사량에 해당하는 재료특성을 보이게 된다. 이것을 선배율(lead factor)이라고 하며 감시시험이 해당 원전의 미래시점 특성변화 및 건전성을 예측하고 평가하는 데에 활용될 수 있음을 의미하는 값이다. 선배율 값은 감시시편함의 위치뿐 아니라 핵연료의 배치와 운전이력 등에 따라 달라지게 되므로, 원자로압력용기 중성자 조사량 해석의 대체 수단으로 활용될 수는 없다.

일반적으로 파괴인성 표준시험을 위해서는 비교적 큰 시험편이 필요하다. 상용 원전 감시시편함의 크기는 대부분 횡단면적 약 $1in^2$, 길이 약 1.5m 정도이므로, 제한된 공간 문제 때문에 충분한 크기의 파괴인성 시험편을 장입하는 것은 불가능하다. 대신 샤르피 충격시험편 (Charpy V-notch specimen)을 이용하여 정성적 혹은 간접적으로 파괴인성 변화를 평가하는 방법을 적용하여 왔다. 이에 관해서는 3.3.4 절에서 자세히 설명하였다. 2000년대에 들어서 마스터커브 파괴인성 시험법이 일반화되면서 샤르피 충격시험편 크기의 PCVN (혹은 PCCV, Precracked Charpy) 시험편으로 파괴인성 직접시험이 가능하게 되었다. 따라서 최근에는 감시시편함에 샤르피 충격시험편과 함께 PCVN 시험편을 장입하는 사례가 증가하고 있다.

원자로압력용기에서 인출한 감시시편함 및 그 안에 들어있는 시험편들은 장기간 중성자 조사를 받아서 재질이 변할 뿐 아니라, 원소들의 핵종 변화로 인해 높은 방사능을 띠게 된다. 주요 방사성 핵종은 Co-60 등으로서 재료에 포함된 철과 니켈, 망간 등의 원소로부터 중성자 흡수반응에 의해 변환된 핵종이다. 따라서 감시시편함의 해체와 시험 등 감시시험의 수행을 위해서는 감마선 방사능 차폐설비가 있는 핫셀 시험시설이 필요하다. 그림 4.1-2는 핫셀 시설에서 원격조정기를 이용하여 재료시험을 수행하는 사진이다. 감시시편함 하나에 들어있는 시험편과 시료의 종류 및 수량은 일반적으로 표 4.1-2와 같다. 앞서 언급하였듯이 수량이 가장 많고 주된 시험편은 샤르피 충격시험편이며, 인장시험편과 파괴인성 시험편도

제 4 장

보완 데이터 생산을 위해 일부 포함되어 있다. 또한 중성자 조사량 평가를 위한 측정용 시료 및 최대온도 감시자가 포함되어 있다.

〈표 4.1-2〉 감시시편함 내에 포함된 감시시험편의 종류와 수량 (예시)

	모재 (T)	모재 (L)	용접재 (T)	HAZ (T)	시험편 형상
샤르피 충격시험편 10x10x55mm	12	12	12	12	
인장시험편 φ 6.35mm, RS32~38mm	3	3	3	–	
파괴인성시험편 1/2T-CT(4), or PCVN(9) or 1X-WOL(3)	4	4	4	–	
선량감시자	Cu, Fe, Ni, Ti, Al-Co, U-238, Np-237 등 14~24개				
온도감시자	536 ~ 590°F 저용점 합금 2~4개				

〈그림 4.1-2〉 핫셀 시설을 이용한 감시시험의 수행

제 4 장

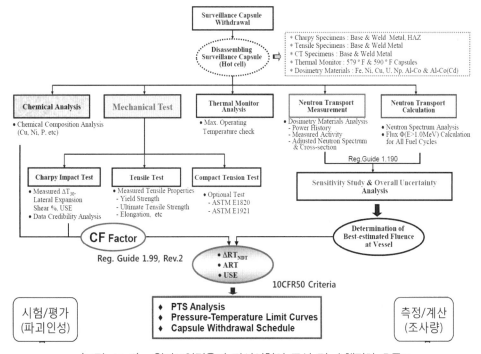

〈그림 4.1-3〉 원자로압력용기 감시시험의 구성 및 수행절차 흐름도

　감시시험의 수행은 그림 4.1-3과 같이 재료의 파괴시험과 원자로내 중성자 조사량 해석의 두 부분으로 구성된다. 파괴시험은 샤르피 충격시험과 인장시험, 파괴인성 시험 등을 통해 조사취화로 인한 재료의 기계적 특성 변화를 측정하는 것이다. 중성자조사량 해석에서는

감시시험편을 포함하여 원자로압력용기 임의의 위치에서 중성자 조사량의 누적값을 계산한다. 이를 위해서는 해당 원자로의 핵연료배치 및 출력상태, 가동이력, 원자로내 주요 부품의 기하학적 형상과 배치 등 많은 입력 자료들이 필요하며, 충분히 검증되어 규제기관의 승인을 받은 해석코드를 이용하여야 한다. 이 때 감시시편함 내에 들어있던 중성자조사량 감시자 시료의 감마선분광 측정결과를 이용하여 계산결과를 보정함으로써 중성자분포 해석 계산 결과의 신뢰도를 높인다[4.1-14, 4.1-15]. 시험편의 파괴인성 변화를 시험/측정하여 원자로 압력용기의 중성자 조사취화 건전성 평가에 사용하기 위해서는, 시험편의 중성자 조사량에 대한 정확한 정보와 함께 실제 원자로 용기벽에서 미래의 중성자조사량에 대한 예측값이 필요한 것이다. 중성자조사량 분포해석은 별도의 전문가 그룹에서 수행하는 업무범위이므로, 본 교재에서는 더 이상 자세한 설명은 하지 않는다.

4.1.1.2 조사취화 평가절차 및 해석방법

핵연료 노심 및 1차 냉각계통수를 감싸고 있는 원자로압력용기의 파괴저항성 유지여부는 원전의 안전성 확보 측면에서 대단히 중요한 요소이다. 특히 고속중성자의 조사 영향을 가장 많이 받는 노심대 지역은 시간에 따라 재질이 변할 수 있으므로 원자로압력용기의 건전성 측면에서 가장 관심을 가져야하는 부분이다. 감시시험에서 재료의 중성자 조사취화 효과는 일차적으로 샤르피 충격시험 결과로 평가한다. 즉, 취화된 재료의 충격곡선은 천이영역 (ductile-brittle transition region)이 고온 쪽으로 이동하고 고온 연성영역에서의 최대흡수에너지가 감소한다. 이는 재료가 저온에서 취성파괴에 대한 저항성과, 고온 운전영역에서 연성파괴에 대한 저항성이 작아졌음을 각각 뜻한다.

중성자 조사취화에 의해 원자로압력용기 재질의 특성 변화를 판단하는 기준이 되는 매개 변수는 노심대 재료에 대한 참조온도의 변화(ΔRT_{NDT})와 최대흡수에너지의 변화(ΔUSE)로서 원자력안전위원회 고시 제2012-8호 혹은 USNRC Reg. Guide 1.99, Rev. 2에 규정하고 있다. 감시시험의 충격시험으로부터 얻은 파괴특성의 변화량과 중성자조사량 정보를 결합하여 발전소 수명말기까지 특성 변화를 예측할 수 있다. 감시시험에서 조사취화의 기준량으로 취급하는 ΔRT_{NDT}와 ΔUSE의 평가절차는 다음과 같다[4.1-6].

1) 참조온도의 변화 (ΔRT_{NDT})

ART(Adjusted RT_{NDT}) 값은 온도-압력 제한곡선의 결정과 RT_{PTS} 값을 결정하는 데에 사용되며, 감시시험에서 가장 중요한 평가인자이다. USNRC Reg. Guide 1.99, Rev. 2에 의거 ART는 다음 식으로 구한다. 이 식으로부터 원자로압력용기 벽두께 $1/4t$ 및 $3/4t$ 위치에서의 RT_{NDT}를 계산한다.

$$\text{ART} = \text{Initial } RT_{NDT} + \triangle RT_{NDT} + \text{margin} \tag{4.1-1}$$

여기서 Initial RT_{NDT}는 ASME Code Sec. III, NB-2331에 규정된 절차에 따라 결정되는 해당 재료의 조사전 RT_{NDT} 값이며, 세부사항은 3.3.4 절에 기술되어 있다. $\triangle RT_{NDT}$는 샤르피 충격흡수에너지 곡선에서 30ft-lb(41J) 에너지의 지시온도가 중성자 조사에 의해 변화한 값을 의미하며 다음 식으로 표현된다.

$$\triangle RT_{NDT} = [CF] * [ff] \tag{4.1-2}$$

$$[ff] = f^{[0.28 - 0.1*\log(f)]} \tag{4.1-3}$$

여기서 $[CF]$는 화학성분인자(chemistry factor)이며, Cu와 Ni의 양에 따라 정해지는 값으로써 Reg. Guide 1.99, Rev. 2에 수치화되어 표 4.1-3과 같이 수록되어 있다. $[ff]$는 중성자조사량인자(fluence factor)이며, 이 때 중성자 조사량 f는 $10^{19}n/cm^2$ (E>1.0MeV)의 단위이다.

앞서 기술된 $[CF]$ 값은 감시시험 결과가 없거나 신뢰성 있는 감시시험 결과가 충분하지 못할 때 재료의 $\triangle RT_{NDT}$를 예측하는 경우에 사용되며, 신뢰할 만한 감시시험 결과가 2개 이상인 경우에는 다음과 같이 해당 감시시험 결과, 즉, 감시시험으로부터 구한 $\triangle RT_{NDT}$ 측정값과 그 때의 중성자조사량을 회귀분석하여 $[CF]$를 결정할 수 있다.

$$[CF] = \frac{\sum_i [ff]_i \times [\triangle RT_{NDT}]_i}{\sum_i [ff]_i^2} \tag{4.1-4}$$

만일 $\triangle RT_{NDT}$ 값 측정에 사용된 감시시험편의 Cu 및 Ni 함량이 실제 압력용기 모재나 용접부의 Cu 및 Ni 함량과 차이를 보일 경우에는, Reg. Guide 1.99, Rev. 2의 Table 1과 Table 2에 따라서 각각의 $[CF]$를 구한 다음, 두 재료의 CF비 (CF_{vessel} / $CF_{surveillance}$)를 측정된 $\triangle RT_{NDT}$ 값에 곱하여 보정하여야 하고, 식 (4.1-4)로 원자로압력용기의 $[CF]$를 구할 때에는 이 보정된 $\triangle RT_{NDT}$ 값들을 사용하여야 한다.

마진(margin)은 Reg. Guide 1.99, Rev. 2에 따라서 $\triangle RT_{NDT}$ 값, Cu와 Ni 함량, 중성자 조사량 및 측정절차 등에 기인한 불확실성을 보상하기 위한 값으로 다음과 같이 주어진다.

제 4 장

$$\text{margin} = 2 \sqrt{\sigma_I^2 + \sigma_\triangle^2} \tag{4.1-5}$$

이 때 Initial RT_{NDT}가 ASME Code Sec. III NB-2331 규정에 의해 보수적으로 결정된 경우에 $\sigma_I = 0°F$이며, $\sigma_\triangle$ 값으로는 용착금속에 대해서 28°F, 노심대지역의 판재 및 단조강 모재에 대해서 17°F를 사용한다. 2개 이상의 신뢰성 있는 감시시험 결과를 이용하여 평가하는 경우에는 상기 마진값을 절반으로 적용할 수 있다.

충격시험 결과로 얻은 $\triangle RT_{NDT}$ 측정값이 해당 원자로의 감시시험 자료로서 신뢰성이 있는지를 판단하는 기준으로 시험편의 화학조성, 조사온도, 시험결과의 편차 등이 고려된다. 이 중 시험결과의 편차에 대한 정량적인 판단기준은 그림 4.1-4와 같다. 즉, 하나의 원자로로부터 2개 이상의 감시시험 데이터가 존재할 경우에 식 (4.1-4)로 피팅하여, Reg. Guide 1.99, Rev. 2의 2.1절에 기술된 바대로 작성된 최적선(best-fit line)으로부터 얻은 $\triangle RT_{NDT}$ 값의 편차범위는 용착금속 재료에 대해서는 28°F, 모재에 대해서는 17°F 이상이 되어서는 안 된다. 만일 조사량 범위가 넓다고 하여도(크기에 있어서 두 자리수 이상), 그것의 편차범위가 이 값의 2배를 넘어서는 안 된다. 비록 데이터들이 천이량 계산(temperature shift calculation)에 이러한 신뢰도 기준을 만족하지 못한다 할지라도, 최대흡수에너지(USE)가 ASTM E185-82에 주어진 규정에 따라 명확하게 결정될 수 있다면 이 데이터들이 최대흡수에너지의 감소량을 결정하는데 사용될 수 있다.

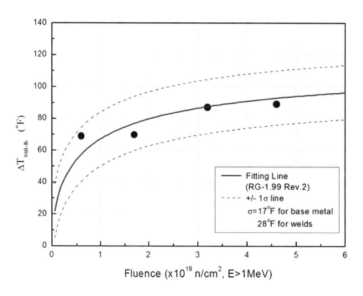

〈그림 4.1-4〉 감시시험 결과의 신뢰성 판정기준 (±1σ)

〈표 4.1-3〉　(a). Reg. Guide 1.99 Rev. 2의 화학성분인자 테이블 [*CF*], (℉) (용접재)

Cu (wt.%)	Ni (wt.%)						
	0	0.2	0.4	0.6	0.8	1.0	1.2
0	20	20	20	20	20	20	20
0.01	20	20	20	20	20	20	20
0.02	21	26	27	27	27	27	27
0.03	22	35	41	41	41	41	41
0.04	24	43	54	54	54	54	54
0.05	26	49	67	68	68	68	68
0.06	29	52	77	82	82	82	82
0.07	32	55	85	95	95	95	95
0.08	36	58	90	106	108	108	108
0.09	40	61	94	115	122	122	122
0.10	44	65	97	122	133	135	135
0.11	49	68	101	130	144	148	148
0.12	52	72	103	135	153	161	161
0.13	58	76	106	139	162	172	176
0.14	61	79	109	142	168	182	188
0.15	66	84	112	146	175	191	200
0.16	70	88	115	149	178	199	211
0.17	75	92	119	151	184	207	221
0.18	79	95	122	154	187	214	230
0.19	83	100	126	157	191	220	238
0.20	88	104	129	160	194	223	245
0.21	92	108	133	164	197	229	252
0.22	97	112	137	167	200	232	257
0.23	101	117	140	169	203	236	263
0.24	105	121	144	173	206	239	268
0.25	110	126	148	176	209	243	272
0.26	113	130	151	180	212	246	276
0.27	119	134	155	184	216	249	280
0.28	122	138	160	187	218	251	284
0.29	128	142	164	191	222	254	287
0.30	131	146	167	194	225	257	290
0.31	136	151	172	198	228	260	293
0.32	140	155	175	202	231	263	296
0.33	144	160	180	205	234	266	299
0.34	149	164	184	209	238	269	302
0.35	153	168	187	212	241	272	305
0.36	158	172	191	216	245	275	308
0.37	162	177	196	220	248	248	311
0.38	166	182	200	223	250	281	314
0.39	171	185	203	227	254	285	317
0.40	175	189	207	231	257	288	320

제
4
장

〈표 4.1-3〉 (b). Reg. Guide 1.99 Rev. 2의 화학성분인자 테이블 [CF], (°F) (모재)

Cu (wt.%)	Ni (wt.%)						
	0	0.2	0.4	0.6	0.8	1.0	1.2
0	20	20	20	20	20	20	20
0.01	20	20	20	20	20	20	20
0.02	20	20	20	20	20	20	20
0.03	20	20	20	20	20	20	20
0.04	22	26	26	26	26	26	26
0.05	25	31	31	31	31	31	31
0.06	28	37	37	37	37	37	37
0.07	31	43	44	44	44	44	44
0.08	34	48	51	51	51	51	51
0.09	37	53	58	58	58	58	58
0.10	41	58	65	65	67	67	67
0.11	45	62	72	74	77	77	77
0.12	49	67	79	83	86	86	86
0.13	53	71	85	91	96	96	96
0.14	57	75	91	100	105	106	106
0.15	61	80	99	110	115	117	117
0.16	65	84	104	118	123	125	125
0.17	69	88	110	127	132	135	135
0.18	73	92	115	134	141	144	144
0.19	78	97	120	142	150	154	154
0.20	82	102	125	149	159	164	165
0.21	86	107	129	155	167	172	174
0.22	91	112	134	161	176	181	184
0.23	95	117	138	167	184	190	194
0.24	100	121	143	172	191	199	204
0.25	104	126	148	176	199	208	214
0.26	109	130	151	180	205	216	221
0.27	114	134	155	184	211	225	230
0.28	119	138	160	187	216	233	239
0.29	124	142	164	191	221	241	248
0.30	129	146	167	194	225	249	257
0.31	134	151	172	198	228	255	266
0.32	139	155	175	202	231	260	274
0.33	144	160	180	205	234	264	282
0.34	149	164	184	209	238	268	290
0.35	153	168	187	212	241	272	298
0.36	158	173	191	216	245	275	303
0.37	162	177	196	220	248	278	308
0.38	166	182	200	223	250	281	313
0.39	171	185	203	227	254	285	317
0.40	175	189	207	231	257	288	320

원자로압력용기 내벽 표면에서부터 안쪽으로 들어갈수록 중성자 조사량은 줄어들고, 따라서 중성자에 의한 손상 정도도 줄어들게 된다. 중성자 조사취화 관점에서 원자로압력용기 내부의 어떤 지점 x에서 중성자 조사량은 압력용기 내부표면의 값으로부터 다음의 감쇄식을 사용하여 계산한다.

$$f_{depth\,x} = f_{surface} \cdot e^{-0.24x} \tag{4.1-6}$$

여기서 $f_{surface}$는 원자로압력용기 내벽이 받는 중성자조사량이다. x는 내벽으로부터 해당 지점까지의 깊이를 나타내며 단위는 in이다.

2) 최대흡수에너지의 변화 (ΔUSE)

샤르피 충격시험으로부터 최대흡수에너지를 결정하는 방법은 앞 장의 3.3.3절에서 설명하였다. 중성자 조사에 의한 USE의 변화를 예측하는 방법은 Reg. Guide 1.99, Rev. 2의 Figure 2로 제시되어 있으며, 그림 4.1-5와 같다.

$$\Delta USE(\%) = \text{function of (\% Copper and Fluence)} \tag{4.1-7}$$

$$\Delta USE(\%) = \frac{USE_{pre-irradiation} - USE_{surveillance}}{USE_{preirradiation}} \times 100 \tag{4.1-8}$$

즉, 측정된 USE의 변화량(%) 데이터를 그림 4.1-5에 나타낸 후 기존의 추세선과 평행하면서 모든 데이터의 상한값으로 예측선을 결정한다.

USE 값은 고온 연성파괴 영역에서 일정한 크기의 충격시험편을 부러뜨리는데 필요한 에너지를 의미한다. 10CFR50, Appendix G에 따르면, 이 값이 50ft-lb 이상이 되면 압력용기의 가동하중에 대하여 불안정 파괴에 대해 무조건적 저항성이 있다고 판단한다. 또한 발전소 전체 설계수명 동안 USE가 50ft-lb 이상을 유지하려면 초기의 USE가 75ft-lb 이상은 되어야 한다고 판단한다. 만일 발전소 설계 수명말기 이전에 원자로압력용기 내벽 $1/4t$ 지점에서의 USE 값이 50ft-lb 이하로 예상되는 경우에는 다음과 같은 적절한 조치사항을 취한 후 규제기관의 승인을 득하여야 해당 원전의 운전을 계속할 수 있다.

○ 해당 노심대 재료에 대한 100% 체적비파괴검사를 통한 결함을 평가할 것
○ 가장 최신판 ASME Code Sec. XI, Appendix G에서 요구하는 기준과 대등한 정도

의 안전여유를 가짐을 입증할 것

○ 상기의 안전여유도 평가를 위해서는 조사후 재료의 파괴인성시험 등 재료의 조사취화 특성을 더 잘 나타낼 수 있는 추가 데이터들을 확보할 것

○ 이상의 조치들은 최대흡수에너지가 50ft-lb 이하로 예상되는 시기보다 적어도 3년 전에 USNRC에 제출하여 검토를 받고 인가를 취득할 것

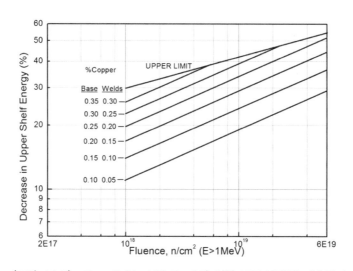

〈그림 4.1-5〉   Reg. Guide 1.99 Rev2에 의한 USE 변화량 예측평가

상기 조치사항 중 1) 100% 체적 비파괴검사를 통한 결함평가는 1990년대 중반 이후 강화된 정기 비파괴검사에 포함되므로 미국의 10CFR50, Appendix G 규정에서는 불필요한 항목이 되어 삭제되었다.

이상의 조치결과로도 원자로압력용기의 안전여유도 기준을 만족하지 못할 경우에는 10CFR50.66에 따라 조사취화의 회복을 위한 열처리를 할 수도 있다. 이 경우 열처리 후의 참조온도(RT_{NDT})와 최대흡수에너지(USE) 값 등이 상기의 기준들을 만족하는 시점까지 운전이 가능하다.

3) 온도-압력 한계곡선의 결정

원자로 운전을 위한 압력-온도 제한곡선(pressure-temperature limit curves)은 원자로 냉각재계통 운전중 원자로압력용기의 취성파괴를 방지하기 위하여 선형탄성파괴역학(LEFM) 개념을 도입하여 여러 가지 운전조건(가열, 냉각, 수압시험, 누설시험 그리고 노심운전 등)에 대하여 주요 기기의 구조적 건전성을 확보하기 위한 최대압력과 최소온도를 제한하는 곡

선이다.

원자로압력용기 재료는 중성자 조사취화로 연성−취성 천이온도구역이 고온쪽으로 이동하므로, 압력−온도 제한곡선은 원자로압력용기 노심대가 받는 중성자조사량에 따른 ART(adjusted RT_{NDT}) 값의 변화를 고려하여 설정되어야 한다.

정상운전은 원자로 기동과 정지, 수압 및 누설시험 등 예상되는 과도상태를 포함한다. 압력용기에 작용하는 하중이 위험도에 미치는 영향은 가열 및 냉각조건에 따라 달라지므로, 압력용기에 열응력과 내압응력이 작용하는 냉각과 가열에 따라 각각 해석을 달리 수행하여야 한다. 즉, 냉각조건의 경우에는 원자로압력용기의 내벽에 균열이 존재할 때 압력에 의한 응력과 온도구배에 의한 열응력이 동시에 인장으로 작용하고 중성자조사에 의한 영향도 크므로 이와 반대인 외부균열보다 응력이 크게 작용한다. 하지만 가열조건일 경우는, 용기 내부균열에 대하여 열응력은 압축으로, 내압에 의한 응력은 인장으로 작용하기 때문에 용기 외부균열보다 응력이 작게 작용할 수 있으나 중성자 조사에의 영향이 압력용기 내부쪽이 외부보다 심하므로 가열조건의 경우는 내부와 외부 균열에 대한 평가를 모두 수행하여야 한다.

ASME Code Sec. XI, Appendix G에서는 정상운전 조건 A/B 상태에서 어떤 온도에서 허용될 수 있는 최대 압력의 결정을 위해 다음과 같이 파괴역학 안전성의 판정기준을 제시한다[4.1-8].

$$2K_{Im} + K_{IT} < K_{IC} \qquad (4.1-9)$$

즉, 압력에 2배의 안전도를 고려한 것이며, 열응력확대계수 K_{IT}는 전산코드를 이용하여 압력용기 벽두께 내의 온도분포를 해석한 후, 이에 따른 열응력 해석으로 구한다.

압력용기 1/4t 및 3/4t 부위에서 운영기간까지의 압력−온도 한계치는 100°F/hr, 60°F/hr의 가열조건과, 20°F/hr, 40°F/hr, 60°F/hr 및 100°F/hr의 냉각조건, 그리고 steady state 조건에 따른 열응력을 고려하여 각각 구한다.

누설 및 수압시험은 일정한 온도(isothermal condition)에서 수행되므로 열응력에 의한 K_{IT}=0 이다. 누설 및 수압시험은 가동압력의 1.0~1.1 배의 압력범위 이내에서 수행되며 제한조건은 다음과 같다.

$$1.5\, K_{Im} < K_{IC} \qquad (4.1-10)$$

노심운전의 경우는 최소온도 조건이 앞서 기술된 수압시험의 최하온도보다 같거나 높아야

제 4 장

하며, 또한 가열 및 냉각시의 압력−온도 제한곡선보다 최소한 40°F(22℃) 이상이어야 한다.

〈표 4.1-4〉 10CFR50, Appendix G의 온도−압력 및 최소온도 한계 기준

운전조건	원자로압력용기 압력①	압력−온도 제한치	최소온도 요구조건
수압시험 압력 및 누설시험(미임계상태)			
연료 장전	20% 이하	ASME Appendix G 제한치 (식 4.1.9)	(②)
연료 장전	20% 초과	ASME Appendix G 제한치	(②)+90°F
연료 미장전 (가동전 수압시험)	전체	미적용	(③)+60°F
예상운전 과도사고를 포함한 정상운전 조건(가열 및 냉각 포함)			
미임계	20% 이하	ASME Appendix G 제한치	(②)
미임계	20% 초과	ASME Appendix G 제한치	(②)+120°F
임계	20% 이하	ASME Appendix G 제한치+40°F	[(④)]와 [(②)+40°F] 중 큰 값
임계	20% 초과	ASME Appendix G 제한치+40°F	[(④)]와 [(②)+160°F] 중 큰 값

* ASME Appendix G 제한치(혹은 KEPIC 부록 G 제한치)라 함은 ASME Code Sec. XI (혹은 KEPIC MIZ) 부록 G(파손방지를 위한 파괴인성 기준)에 따라 결정된 압력−온도 제한치 또는 적어도 이와 동등한 안전여유도를 가지는 값을 말한다.
① 가동전 계통수압시험압력에 대한 비율(%)
② 스터드 예비하중에 의해 높은 응력을 받는 원자로 플랜지 재료에 대한 최대 기준무연성천이온도
③ 원자로압력용기의 최대 기준무연성천이온도
④ 가동중 계통수압시험에 대한 최소허용온도

　　10CFR50 Appendix G에서 제시하는 정상운전의 온도-압력 및 최소온도 한계 기준은 표 4.1-4와 같이 요약된다.

　　그림 4.1-6은 10CFR50, Appendix G 및 ASME Code Sec. XI, Appendix G의 절차에 따라 상용 원전의 가열, 냉각 및 수압시험 등에 사용되는 온도-압력 한계곡선을 생성한 예를 나타낸다. 각 커브의 우측하단이 발전소에서 허용 가능한 안전운전의 범위이다.

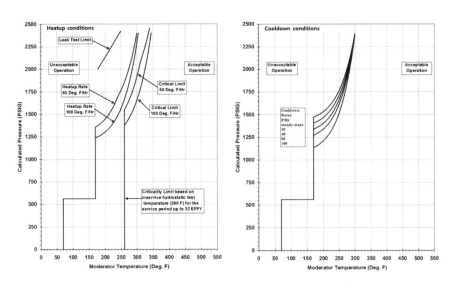

〈그림 4.1-6〉　가압경수로 압력-온도 운전제한곡선 예시 (가열, 냉각)

4.1.1.3 원자로압력용기의 파손방지를 위한 미국 기술규정의 법체계

　　우리나라의 원자력안전위원회 고시 제2012-8호 (원자로압력용기 감시시험 기준)은 미국의 원자로압력용기 건전성 보장을 위한 감시시험 체계를 기반으로 중요 핵심사항들을 요약한 것이다. 따라서 미국 기술규정의 법체계를 살펴보는 것이 전체적인 기술의 구성을 이해하는 데에 도움이 될 것이다.

　　원전의 운영 및 평가에 적용되는 최상위 규정은 미국의 연방규제법 10CFR이다. 예를 들어서 10CFR50.60이라 하면, 미국의 연방규제법 CFR(Code of Federal Regulations)의 Title 10: Energy, Part 50: Domestic licensing of production and utilization facilities의 내용 중 Sec. 60: Acceptance criteria for fracture prevention measures for light water nuclear power reactors for normal operation을 의미한다. 미연방규제법 CFR 중 Title 10의 Chapter-I (Parts 1~199), Nuclear Regulatory Commission 은 USNRC가 관리하는 부분이다. 10CFR의 전문은 USNRC 홈페이지에서 내려 받을 수 있다.

1) 10CFR50.60: 정상가동을 위한 파괴인성 및 감시시험 요구조건

본 항목의 제목은 "Acceptance criteria for fracture prevention measures for light water nuclear power reactors for normal operation"이다.

경수형 원자로의 정상가동을 위해서 모든 원자로는 10CFR50의 Appendix G와 H에 기술되어 있는 1차 압력경계의 파괴인성 요건과 재료감시계획 요건을 만족하여야 한다.

2) 10CFR50, Appendix G (정상가동시 파괴인성 요건)

부록 G의 제목은 "Fracture Toughness Requirements"이다. 본 요건은 원자로압력용기의 노심대 재료가 중성자 조사취화 효과를 고려하여 정상가동시에 파손에 대한 안전여유를 갖기 위해 필요한 두 가지의 파괴인성 기준을 제시한다.

첫째 기준은 상부온도영역에서 샤르피 USE 값이 가동전에는 102J, 가동중에도 68J 이상을 유지하는 것이다. 만일 감시시험결과가 이 기준을 만족치 못하는 경우에는, 파괴인성 시험 및 파괴역학 해석 등 추가적인 상세 평가를 통해 원자로압력용기의 연성파괴에 대한 안전성을 입증하여야 한다.

둘째 기준은 조사취화로 인해 재료의 RT_{NDT}가 상승하는 것을 고려하여서 원자로의 가열−냉각 곡선 등 정상운전을 위한 온도−압력 조건과 수압시험과 누설시험이 수행되는 최소 온도가 원자로를 충분히 취성파괴의 위험성을 벗어 날 수 있도록 제한하는 것이다. 원자로압력용기의 온도−압력 한계와 최소 온도요건은 운전조건(수압 및 누설시험, 정상운전), 원자로압력용기의 압력, 원자로압력용기 내에 핵연료의 장전 유무, 노심의 임계 여부 등에 따라 달라진다. 이 운전조건들을 산출하는 데에 사용되는 재료는 조사취화가 가장 큰 노심대 재료이거나 혹은 국부적으로 작용응력이 가장 큰 덮개 플렌지 부근의 재료가 될 수도 있다.

만일 상기의 파괴인성 요건이 적정한 안전여유도를 제공하지 못하는 경우는 재료의 파괴인성을 회복시키기 위한 소둔열처리를 적용하여, 재료의 파괴인성이 회복된 정도에 따라 해당요건을 만족하는 기간 동안 운전을 계속할 수 있다.

3) 10CFR50, App. H (원자로압력용기 재료 감시시험 프로그램 요건)

부록 H의 제목은 "Reactor vessel material surveillance program requirements"이다. 재료 감시프로그램의 목적은 경수로 노심대지역의 페라이트계 철강재료의 파괴인성이 가동 중 중성자조사와 고온환경에 노출되어 파괴인성의 변화가 생기는 것을 감시하는 것이다. 이 프로그램에 의해 원자로에 설치된 감시시편함을 주기적으로 인출하여 그 안에서 중성자 조사된 시험편의 파괴인성 시험데이터를 생산하게 된다.

감시시험에 대한 표준절차는 ASTM E185 (Standard practice for conducting

surveillance tests for light-water cooled nuclear power reactor vessels)를 따른다. 원자로압력용기의 감시시험 계획 및 평가의 표준절차이었던 ASTM E185는 2002년도부터 감시시험 계획(E185) 부분과 감시시편함의 시험평가(E2215) 부분이 각각 분리되어 별도의 규격번호를 갖게 되었다[4.1-16, 4.1-17].

원자로의 수명말기에 최대 조사량이 10^{17}n/cm^2 ($E > 1$MeV)를 넘지 않는 경우에는 재료 감시시험계획이 필요 없다. 그 이외의 경우는 노심대 재료의 감시계획인 ASTM E185 및 본 부록의 수정사항을 따라야 한다. 감시계획과 인출계획은 원자로의 구매에 적용된 ASME Code의 발간 날자 당시의 ASTM E185 최신판의 요건을 만족해야 한다.

4) 10CFR50.61 (가압열충격에 대응한 파괴인성 요건)

본 항목의 제목은 "Fracture toughness requirements for protection against pressurized thermal shock events"이다. 평가절차는 Reg. Guide 1.99 Rev. 2와 거의 동일하나, 이 항목에서는 ART의 특정값으로서, 각 노심대 재료가 수명말기 원자로압력용기 내벽에서 받는 최대 조사량에서 예상되는 RT_{NDT}를 RT_{PTS}로 정의하고, 이 값에 근거하여 PTS에 대한 심사기준을 아래와 같이 정하였다.

○ 판재, 단조재, 축방향 용착금속의 경우에는 270°F 이하이어야 한다.
○ 원주방향 용착금속의 경우에는 300°F 이하이어야 한다.

만일 노심대 재료가 수명말기 이전에 이러한 심사기준을 만족치 못할 것으로 예상되는 경우에 발전소 운영자는 이 문제를 피할 수 있도록 조사량 감축계획을 수립해야 한다. 만일 조사량 감축계획으로 RT_{PTS} 문제를 해결할 수 없다면, 운영자는 기기와 시스템, 운전의 변경을 통해 원자로의 계속운전이 PTS의 위험도로 부터 벗어날 수 있다는 것을 시험자료와 데이터, 정보들을 바탕으로 안전성 해석을 수행하고 그 결과로 건전성을 입증하여야 한다. 규제기관이 안전성 해석 결과를 승인하여 계속운전을 허가하는 것은 사안별로 다를 수 있다.

가압열충격에 대한 안전성 규정과 심사기준이 결정된 배경을 간략히 살펴보면 다음과 같다.

1970년대 말 미국의 일부 원전에서 발생한 과도상태 해석결과, 가압경수형 원전에서 1차 계통의 압력이 충분히 저하되지 않은 채 급격한 온도감소에 따른 열응력과 내압응력이 복합적으로 작용하는 가압열충격 현상이 발생할 수 있음이 알려졌다. 이에 따라 가압열충격(Pressurized Thermal Shock; PTS) 사고가 발생할 경우 중성자 조사취화로 재료의 파괴인성이 감소된 원자로압력용기의 안전성에 대한 의문이 제기되었다. 80년대 초 USNRC 주관으로 W/H, CE, B&W사에 의해 제작된 대표적인 원전들에 대해 가압열충격 안전성 시범 연구가 수행되었다[4.1-18]. 그 연구결과를 바탕으로 1985년도에는 가압열충격 안전여유도를 위한 파괴인성 요건인 10CFR50.61이 제정되었다. 이는 가압경수로에서 발생 가능한 PTS 사고 시나리오들과 그 발생 빈도들을 보수적으로 취하고, 원자로압력용기에 포함될 수 있는 내부 결함에 대한 보수적인 확률 분포를 취하여, 이를 결합한 확률론적 파괴역학 안전성 평가를 수행하였다. 보수적으로 종합한 해석결과로부터 원자로압력용기의 파손빈도가 5×10^{-6}/year 이하로 될 수 있는 재료의 파괴인성 최소요건을 조사취화량을 나타내는 RT_{NDT} 값으로써 표현한 것이다.

최근에는 80년대에 비해 전산장비 계산능력의 놀라운 발전과, 파괴인성 마스터커브 시험법 등 개선된 평가기술의 도움으로 PTS 사건에 대해 더욱 상세하고 정확한 해석이 가능해졌다. 이에 따라 USNRC가 2000년대 들어 수행한 최신의 연구결과들[4.1-19 ~ 4.1-22]로부터 PTS 심사기준에 대한 수정된 대체규정이 2010년에 10CFR50.61a로 발간되었다. 하지만 10CFR50.61a가 이전의 규정인 10CFR50.61에 비해 덜 보수적인 측면이 있고, 시급하게 적용해야 할 필요성이 많지 않다고 판단되어, 아직 우리나라에서는 공식 규제기준으로 채택되고 있지는 않다.

5) Reg. Guide 1.99, Rev. 2 (원자로압력용기 재료의 조사취화 평가 및 예측 모델)

원자로압력용기 재료가 중성자 조사에 의해 취화되는 정도는 중성자 조사조건(조사량, 조사속도, 조사온도 등) 뿐 아니라 재료의 화학성분 및 제품형태(판재, 단조재, 용접재 등)에 따라서 다르다. 이를 종합적으로 고려하여 재료의 중성자 조사취화를 예측하는 정확한 모델을 수립하는 것은 이 분야의 중요한 숙제이다. USNRC가 1977년도에 발간한 Rev. 1 모델은 Cu와 P의 효과를 고려하였다. 현재 사용되고 있는 Rev. 2는 1988년도에 제정되었다. 여기서는 ΔRT_{NDT}에 미치는 중성자 조사효과를 재료의 Cu와 Ni 함량 및 조사량의 함수로 나타낸다. ΔRT_{NDT}의 기준이 되는 물리량은 샤르피 energy curve에서 30ft-lb 특성온도이다. 그 후 20년간 축적된 조사취화 데이터와 개선된 미세분석결과에 따라서, 미세기구 물리적 모델에 기반한 중성자 조사취화 모델이 개발되어 Rev. 3로 발간될 것으로 예상되고 있으며, 현재는 10CFR50.61a에서 새로운 모델이 제한적으로 사용되고 있다.

4.1.1.4 원자로압력용기의 저인성 문제에 대한 파괴역학 안전성 평가방법

원자로압력용기의 정규 감시시험결과 노심대 재료의 USE나 $RT_{NDT}(RT_{PTS})$가 심사기준에 도달하는 경우, 발전소별로 상세한 파괴역학 안전성평가를 수행하여 충분한 안전여유도가 있음을 입증하는 경우에 한해 규제기관은 계속운전을 승인할 수 있다.

원자로압력용기의 건전성에 대한 최종 판단 기준은 용기벽에 가상의 균열이 존재한다 하더라도 이 균열이 외부하중의 어떤 경우에도 용기벽을 완전히 관통하여 내부의 핵물질 및 방사성 냉각재가 외부로 유출되지 않음을 보증하는 것이다.

압력용기용 저합금강에서는 온도구간에 따라 파괴의 양상이 달라진다. 저온에서는 외부의 하중이 구조물의 균열형상에 의존하는 어떤 임계값 이상에 도달하면 불안정하게 균열이 전파하는 벽개(cleavage) 파괴양상을 보인다. 이보다 온도가 조금 높아지게 되면 어느 정도의 소성변형 혹은 안정된 균열성장을 보이다가 불안정한 벽개로 이어지는 혼합된 파괴양상이 나타난다. 고온영역에서는 더욱 재료가 소성변형하기 쉽기 때문에 불안정한 벽개파괴가 발생하기보다는 국부적인 소성변형의 집중으로 인한 공동의 생성 및 합체가 반복되는 연성 찢김 균열성장 형태가 나타난다.

고온영역에서도 균열의 저항성과 외부하중의 조합에 따라서는 연성균열의 불안정 성장이 발생할 수도 있다. 또한 연성균열이 안정적으로 성장한다 하더라도 그 크기가 커지게 되면 용기벽의 잔여 두께에서 외부하중을 이기지 못하고 소성붕괴가 발생할 수도 있다. 따라서 ASME Code Sec. XI, Appendix K 및 USNRC Reg. Guide 1.161에서는 고온 가동온도구간에서의 연성균열성장에 대한 파손 안전성 판단기준을 여러 경우에 따라 다음과 같이 설정하였다[4.1-23, 4.1-7].

ASME Code Sec. XI, Appendix K의 경우 K-2200, K-2300 및 K-2400에서 각각 A와 B급 운전하중, C급 운전하중 및 D급 운전하중에 대한 승인조건을 제시하고 있으며, 이는 USNRC Reg. Guide 1.161의 Regulatory Position 1에서 기술하고 있는 승인기준과 동일하다.

1) 정상 및 과도상태 (Level A and B Conditions)

정상 및 과도상태인 A와 B급 운전하중에서 용접부에 대한 상단 인성(upper-shelf toughness)의 적합성을 평가할 때 용기 내벽에 깊이가 $a/t=0.25$ 이고 형상비(aspect ratio)가 6대 1인 반타원형 표면균열이 존재한다고 가정한다. 이 때 균열의 주축은 그림 4.1-7과 같이 고려하는 용접부를 따라 축방향 혹은 원주방향으로 놓이도록 하고 균열면은 반경방향으로 존재하도록 가정한다. 모재에 대한 평가에서는 축방향과 원주방향 균열을 모두 고려하며, 균열의 형상 및 크기가 용접부의 경우와 동일하게 가정하고 각 방향에 대한 해당 파괴인성을 사용해야 한다.

A와 B급 운전하중에 대한 평가결과는 다음의 두 조건을 만족해야 한다.

○ 개별 발전소의 과압보호보고서(overpressure protection report)에 정의된 집적압력 (accumulation pressure), P_a의 1.15배에 해당하는 내압과 발전소 고유의 가열/냉각 조건에 따른 열응력을 고려하여 평가된 작용 J-적분값이 균열진전이 0.1in 시작될 때 의 재료의 J-R 저항곡선값보다 작아야 한다.

$$J_{applied} < J_{0.1} \qquad (4.1\text{--}11)$$

(안전여유 SF는 P_a에 대해서는 1.15, 열응력에 대해서는 1을 적용)

여기서 $J_{0.1}$ 은 재료의 J-R 저항곡선 상에서 균열이 0.1in 진전했을 때 연성균열성장에 대한 재료의 파괴저항을 의미하는 값이다.

○ 균열이 성장한다고 가정하여도 다음 식과 같이 연성균열성장에 대하여 안정적이어야 한다. 즉, 불안정한 균열성장이 발생하지 않아야 한다.

$$\frac{\partial J_{applied}}{\partial a} < \frac{\partial J_{material}}{\partial a} \quad at \ J_{applied} = J_{material} \qquad (4.1\text{--}12)$$

(안전여유 SF는 P_a에 대해서는 1.25, 열응력에 대해서는 1을 적용)

여기서 $J_{applied}$는 집적압력의 1.25배에 해당하는 내압과 개별 발전소의 열하중 조건하에서 가정된 균열에 대하여 계산된 작용 J-적분값이다.

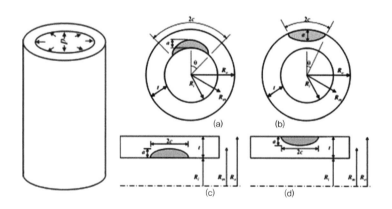

〈그림 4.1-7〉 원자로압력용기 내벽의 축방향과 원주방향 가상결함

A와 B급 운전하중에서 안전성 평가에 사용하는 재료의 J-R 저항곡선은 압력용기재료의

특성을 보수적으로 나타내야 한다. 즉 (평균값-2×표준편차)를 사용한다.

2) 비상상태 (Level C Condition)

비상상태인 C급 운전하중에서 용접부에 대한 상단 인성의 적절성을 평가하기 위한 균열은 모재 두께의 1/10 이하에 피복재 두께를 합한 깊이의 반타원형 표면균열을 용기 내벽에 가정한다. 이 때 균열의 전체 깊이는 최대 1.0in를 초과하지는 않으며, 균열의 형상비는 마찬가지로 6대1이다. 균열의 주축은 고려하는 용접부를 따라 놓이도록 하고 균열면은 반경방향으로 존재하도록 가정한다. 모재에 대한 평가에서는 축방향과 원주방향 균열을 모두 해석한다. C급 평가의 기준이 되는 결함형상을 그림 4.1-8에 도시하였다.

C급 운전하중에 대한 평가결과에도 A와 B급의 경우와 마찬가지로 다음의 두 조건이 만족되어야 한다. 다만 C급 평가의 경우는 내압하중에 별도의 안전계수를 부가하지 않는다.

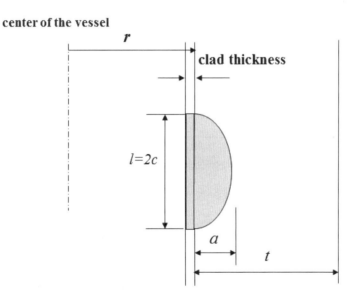

〈그림 4.1-8〉 피복을 포함한 원자로압력용기의 내부 표면균열 가상결함 형상

○ 내압 및 열응력에 각각 안전계수 1.0을 적용하여 계산된 작용 J-적분값이 재료의 J-R 저항곡선에서 0.1in 균열진전 시작시의 파괴저항 J-R 저항곡선값보다 작아야 한다.

$$J_{applied} < J_{0.1}$$ (4.1-13)

(SF=1, C급 운전하중 작용)

○ 균열이 성장함을 가정하여도 다음 식과 같이 연성균열성장에 대하여 안정적이어야 한다. 즉, 불안정한 균열성장이 발생하지 않아야 한다.

$$\frac{\partial J_{applied}}{\partial a} < \frac{\partial J_{material}}{\partial a} \quad at \ J_{applied} = J_{material} \tag{4.1-14}$$

(SF=1, C급 운전하중 작용)

C급 운전하중에서 안전성 평가에 사용하는 재료의 파괴저항곡선($J{-}R$ 저항곡선)도 압력용기 재료의 특성을 보수적으로 나타내야 한다. 즉 (평균값-2×표준편차) 값을 사용한다.

3) 사고상태 (Level D Condition)

사고상태인 D급 운전하중의 안전성 평가에서 가정하는 균열은 Level C의 경우와 동일하나 안전성 평가의 만족여부는 단지 균열이 성장하는 경우에도 균열진전이 안정성을 유지하는지 만으로 판단한다.

평가에 가정되는 균열은 C급과 마찬가지로 모재 두께의 1/10 이하에 피복재 두께를 합한 깊이의 반타원형 표면균열을 용기 내벽에 가정한다. 이 때 균열의 전체 깊이는 최대 1.0in를 초과하지는 않으며, 균열의 형상비는 6대 1이다. 균열의 주축은 고려하는 용접부를 따라 놓이도록 하고 균열면은 반경방향으로 존재하도록 가정한다. 모재에 대한 평가에서는 축방향과 원주방향 균열을 모두 해석한다.

○ 내압 및 열응력에 각각 안전계수 1을 적용하여 평가된 작용 J-적분값이 불안정한 균열전파를 유발하지 않아야 한다.

$$\frac{\partial J_{applied}}{\partial a} < \frac{\partial J_{material}}{\partial a} \quad at \ J_{applied} = J_{material} \tag{4.1-15}$$

(SF=1, D급 운전하중 작용)

D급 운전하중에서 평가에 사용하는 재료의 $J{-}R$ 저항곡선으로는 평가재료의 $J{-}R$ 저항곡선 특성을 최적으로 나타낸 평균값이 사용된다.

○ 연성안정균열진전이 발생하는 경우에도 그 크기는 원자로압력용기 벽두께의 최대 75% 이내이어야 하며, 이로 인해 원자로압력용기 벽의 잔여 두께에서 인장 불안정(tensile instability)이 발생하지 않아야 한다.

반타원형 결함에 대하여 잔여 두께에 대한 인장 불안정을 방지하기 위해서 다음 식이 만족되어야 한다.

$$\sigma_f > 2P(R_i + a_e^{**})/[\sqrt{3}\,(t - a_e^{**})] \tag{4.1-16}$$

$$a_e^{**} = [a_e^*\,(1 - \{1 + 2c^2/t^2\}^{-0.5})]/[1 - (a_e^*/t)\{1 + 2c^2/t^2\}^{-0.5}] \tag{4.1-17}$$

$$a_e^* = a^* + \left(\frac{1}{6\pi}\right)\left(\frac{K_{Ip} + K_{It}}{\sigma_y}\right)^2 \tag{4.1-18}$$

여기서 P는 내압을 나타내며, a_e^*는 연성균열성장과 소성역 보정을 고려한 유효안정결함깊이를 나타내고, a_e^{**}는 잔여 두께의 인장 불안정까지 고려한 유효안정결함깊이를 나타낸다. 한편, 식 (4.1-16)에서 σ_f는 재료의 유동응력(flow stress)으로 ASME Code Sec. XI, Appendix K에는 샤르피 상단 영역에서 85ksi 이상인 경우 보수적으로 85ksi를 사용할 것을 요구한다.

표 4.1-5는 Reg. Guide 1.161에서 규정하는 저인성 문제에 대한 파괴역학 안전성 해석 승인기준을 종합하고 정리하여 보여준다.

⟨표 4.1-5⟩ 저인성 문제에 대한 파괴역학 해석 평가기준 (Reg. Guide 1.161)

	Service Level A/B	Service Level C/D
Postulated Flaw	a=1/4t, l/a=6 semi−elliptical inner surface flaw (ASME III−Appendix G Flaw)	a=0.1t max., l/a=6 semi−elliptical inner surface flaw
Postulated Load	Pressure = Design Pressure Thermal = 100°F/hr	Pressure = Design Pressure Thermal= 400, 600°F/hr for Level C and D, respectively
Criterion #1	$J_{applied} < J_{material}$ at 0.1in crack extension with S.F. of 1.15 on pressure and 1.0 on thermal load	$J_{applied} < J_{material}$ at 0.1in crack extension with S.F. of 1.0 on both pressure and thermal loads
Criterion #2	$\dfrac{\partial J_{applied}}{\partial a} < \dfrac{\partial J_{material}}{\partial a}$ at $J_{applied} = J_{material}$ with S.F. of 1.25 on pressure and 1.0 on thermal load	$\dfrac{\partial J_{applied}}{\partial a} < \dfrac{\partial J_{material}}{\partial a}$ at $J_{applied} = J_{material}$ with S.F. of 1.0 on both pressure and thermal loads
Using lower bound properties of *J−R* curve (mean−2σ) except for the level D where the mean property is applicable. Also the criterion #1 is not necessary to level D.		

제 4 장

Reg. Guide 1.161의 Position 4에 의하면, 열과도 현상에 의해 균열선단의 재료가 냉각됨에 따라 발생할 수 있는 벽개취성 파괴로의 모드변환은 상부온도영역의 저인성 평가문제에 포함되지 않는다. 이에 따라 상단 온도영역의 저인성 문제에 대한 해석온도 범위를 LTOP(Low Temperature Overpressure Protection) 시스템의 대표적 작동온도인 ART+50℉ 이상의 상부온도영역으로만 제한한다[4.1-24].

4.1.1.5 저온 영역에서 취성파괴의 방지를 위한 안전성 해석

저온영역에서 취성파괴의 방지를 위한 조치는 두 부분으로 나눌 수 있다.

첫째는 정상가동조건에서 발전소의 기동운전 혹은 정지운전 시 가열과 냉각속도에 따라 온도변화와 함께 열응력이 발생하므로, 압력-온도 가동조건에 의해 생성되는 작용 K_I 값이 ASME Code에서 제시하는 재료의 파괴인성 곡선을 넘어가지 않도록 파괴역학 해석을 수행하는 것이다. 이 때 원자로압력용기에 용기벽 두께의 25% 깊이의 반타원 표면균열이 있는 것을 가정하고 내압에 2배의 안전여유도를 주어 계산한다. 자세한 내용은 4.1.1.2절의 압력-온도 제한곡선 도출에서 이미 다룬 바 있다.

둘째는 발전소의 비상사고시에 비상냉각수의 주입으로 말미암아 원자로압력용기에 가압열충격이 발생하는 것을 고려하여 취성파괴에 대한 건전성을 보증하는 것이다. 이를 위해서는 다양한 사고 시나리오에 의해 생성되는 압력-온도 이력에 대하여 응력해석과 작용 K_I 해석을 수행하고 재료의 파괴인성 곡선과 비교하는 절차가 필요하다.

이 때 원자로압력용기벽에 존재할 것으로 가정하는 균열의 크기분포와 다양한 사고 시나리오에 의해 발생하는 열응력과 온도이력의 복합적인 영향으로 인해 특정한 케이스 몇 개를 보수적인 해석으로 명확하게 결정짓는 것이 불가능하다. 또한 모든 원전의 사고 시나리오를 빠짐없이 검토하고 분석하는 일도 어렵다. 따라서 현재의 PTS 심사기준은 USNRC가 대표적인 원전들에 대해 수행한 가압열충격 상세해석 결과를 근거로 확률론적인 안전성평가를 수행하여, 다른 원전에서 보수적으로 쉽게 적용할 수 있는 안전성 기준을 RT_{PTS} 값으로 설정한 것이다.

만일 개별 발전소에서 노심대 재료의 RT_{PTS}가 보수적인 심사기준을 만족하지 못할 것으로 예상되는 경우에는, 발전소 고유의 안전성 해석을 수행하여야 할 것이다. 이 때 원전의 기기 및 시스템의 고유한 상태 및 예상 사고 시나리오의 해석뿐만 아니라, 실제 재료의 파괴인성 데이터 등 추가적인 정보들이 사용될 수 있다. 현재까지 USNRC가 이 부분에 대한 안전성 평가방법으로 제시하였던 것은 다음의 두 가지이다.

1) Reg. Guide 1.154 개별발전소의 확률론적 안전성 평가

이는 일반적인 PTS 심사기준을 결정하는 데에 적용되었던 기술절차를 개별발전소에 그대로 적용하도록 USNRC는 Reg. Guide 1.154에서 제시하였으나[4.1-25], 이 지침에 따라 개별 발전소에 대하여 확률론적으로 안전성 평가를 수행하는 것이 현재의 기술수준에서 신뢰도 측면과 보수성에서 약점이 있다고 판단하고 2010년도에 본 규제지침을 철회하였다.

2) ASME Code Case N-629 (파괴인성 직접시험 방법에 의한 RT_{NDT} 재평가)

파괴역학 안전성 해석의 기본은 구조물에 가해지는 하중조건에 따라 발생하는 작용 K_I 값과 재료의 파괴인성값을 비교하는 것이다. ASME Code에서는 파괴인성 데이터를 직접 획득하는 것이 어렵기 때문에 부록 G의 파괴인성 참조곡선을 사용하여 왔다. 1998년도에 ASME Code에서는 마스터커브 시험방법에 의해 측정된 파괴인성 데이터를 직접 사용하여 파괴인성 천이곡선을 보다 정확하게 결정할 수 있는 방법을 제시하였으며[4.1-26], USNRC에 의해서도 2001년도 Reg. Guide 1.147에서 승인되었다.

$$RT_{T_o} = T_o + 35°F \qquad (4.1-19)$$

RT_{T_o}는 파괴인성곡선을 구하는 데에 RT_{NDT} 대신에 사용될 수 있다.

마스터커브 방법으로 구한 파괴인성 RT_{T_o}를 원자로압력용기 건전성 평가에 사용하기 위해서는 누적되는 중성자 조사량에 따라 RT_{T_o}의 변화량을 예측하는 취화추세선(Embrittlement Trend Curve; ETC)의 결정이 현실적으로 필요하다. 샤르피 충격시험으로부터 얻는 ΔRT_{NDT}의 조사량에 따른 추세선으로 Reg. Guide 1.99 Rev. 2 등 적용이 가능한 여러 수학적 혹은 물리적 기반의 모델들이 존재한다. 파괴인성 시험으로부터 얻는 ΔRT_{T_o}의 조사량에 대한 추세선 모델을 독자적으로 유도하기 위해서는 아직까지 축적된 데이터베이스가 충분치 못하다. 미국의 USNRC는 마스터커브 파괴인성 시험결과의 적용방법을 두 가지 서로 다른 접근방법을 승인한 바 있다. 이들은 각각 Westinghouse 가 Kewaunee 원전에 적용한 방법과 BWOG(B&W Owner's Group)에서 Linde 80 용접재에 대해 적용한 방법으로 아래에 간단히 설명한다.

○ Kewaunee 방법 [4.1-27]
- 마스터커브 파괴인성 시험결과를 원자로압력용기 수명평가에 적용하고 USNRC가 승인한 최초의 사례로서 여러 가지 참고할 내용을 담고 있다.
- 원자로재료에 대해 조사전 T_o 값과 2개 이상의 조사량에 대한 조사후 T_o 값의 시험

결과가 있다고 하면, 각각의 시험결과를 조사량에 대해 선형보간(외삽 또는 내삽)하여 임의의 조사량에 대한 T_0 예측값을 얻을 수 있고, 2개 이상의 조사량에 대해 각각 계산한 값들의 평균으로서 임의의 조사량에서 T_0 값을 취한다.

– 예상되는 수명말기의 중성자 조사량과 유사한 정도의 조사량을 갖는 시험편의 데이터가 있다면 매우 유용하게 사용될 수 있다.

O BWOG 방법 [4.1–28]

– B&W Owner's Group에서는 일반적으로 문제가 되는 Linde 80 용접재에 국한하여 적용할 수 있는 방법을 13개 이상 재료의 데이터베이스를 분석하여 제시하였다.

– 데이터베이스를 분석한 결과 Linde 80 용접재의 취화추세선 모델은 그림 4.1–9와 같이 샤르피 충격시험 모델과 크게 차이를 보이지 않았다. 따라서 조사전 RT_{T_0}를 보수적으로 결정한 후, 기존 Reg. Guide 1.99 Rev. 2의 취화모델을 그대로 적용하였다. 이 때 측정의 표준편차를 산출함에 있어서 조사전 및 조사후 시험에서 나타나는 시험편차 뿐 아니라, 시험편의 무작위 샘플링에 따른 편차범위까지 고려하여 보수성을 유지하도록 하였다.

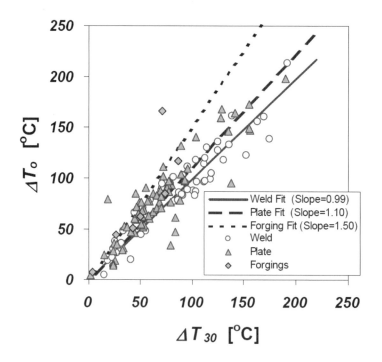

〈그림 4.1–9〉 ΔT_{41J}과 ΔT_{T_0} 사이의 선형적 관계 (모재, 용접재) [4.1–20]

- 이 방법은 기존의 평가절차를 크게 바꾸지 않는 장점이 있지만 아직까지는 Linde 80 용접재에 한해서만 검증이 되어 있는 상태이다.

둘 중 어느 방법을 사용하든지 2.1.6절에서 설명한 파괴인성 마스터커브 시험방법을 통해 T_o를 직접 측정하고 이로부터 RT_{To}를 결정하여 사용하면, ASME K_{IC} curve와 같이 간접적으로 파괴인성을 유추하는 데에 들어간 과도한 안전여유도를 줄일 수 있어서 원전가동을 위한 안전여유도를 확보할 수 있을 가능성이 많다. 이 때 해석에 포함되는 안전여유도 항들은 규제기관이 인정할 수 있도록 충분히 보수성을 보여야하는 것은 평가자의 책임이다.

4.1.2 확률론적 파괴역학 평가

4.1.2.1 가압열충격 평가

가압열충격(PTS)이란 고온의 원자로가 가압된 상태에서 비정상적으로 원자로 내부에 상대적으로 찬 원자로냉각재가 유입됨에 따라, 원자로 내벽에 열충격이 가해지는 상태를 의미한다. 이 경우 원자로 내벽의 급격한 냉각으로 인해 원자로압력용기에 큰 온도구배가 발생하게 되고, 이로 인해 원자로압력용기에 모드 I 파괴를 유발할 수 있는 인장 응력이 발생하게 된다. 이 응력으로 인해 원자로압력용기에 존재하는 균열이 진전을 시작하게 되며 최종적으로 원자로압력용기를 관통하여 원자로압력용기를 파단에 이르게 할 수 있다. 더욱이 원자로의 가동연한이 증가하게 되면, 원자로압력용기가 중성자에 의해 취화되어 파단 가능성은 더욱 증대된다. 원자로압력용기벽의 온도가 재료의 무연성천이기준온도(RT_{NDT})보다 낮아지게 되면 균열의 전파로 인한 심각한 원자로냉각재상실사고를 유발할 수 있다.

원자력발전에서 냉각계통과 주증기 배관에 따라 가압열충격을 일으킬 수 있는 사건들은 수백 가지에 이른다. 그 중 사건이 발생할 가능성이 높고 그 심각성이 두드러지는 대표적인 8가지의 가압열충격이 원자로압력용기에 발생했을 경우, 시간에 따른 용기내벽에서 압력, 온도, 열전달계수의 변화는 그림 4.1-10과 같이 나타난다[4.1-29].

4.1.2.2 파손확률 평가

파손확률을 구하기 위한 확률론적 파괴역학(Probabilistic Fracture Mechanics; PFM) 해석은 크게 응력확대계수를 결정론적 방법으로 구하는 단계와 파괴인성치를 추출하여 구하고 응력확대계수와 비교하는 단계로 구성된다. 첫째, 결정론적 해석 단계는 냉각재로 인한

제 4 장

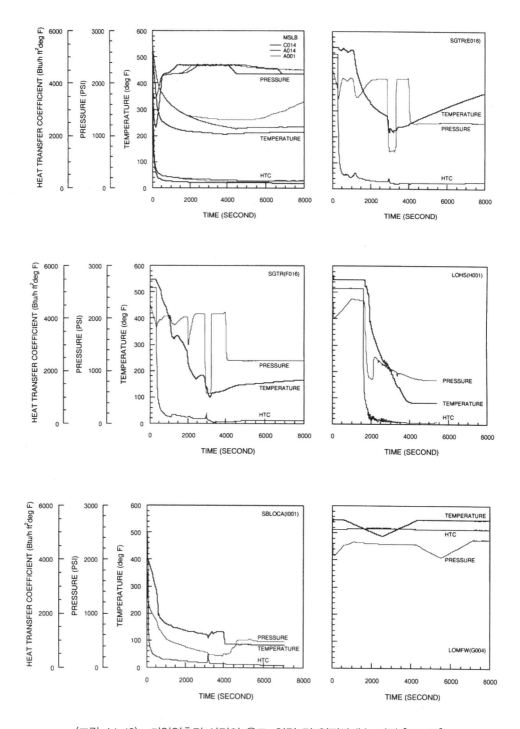

〈그림 4.1-10〉 가압열충격 사건의 온도, 압력 및 열전달계수 이력 [4.1-29]

원자로압력용기 내벽에서의 시간에 따른 온도, 압력, 열전달계수를 이용하여 원자로압력용기 내부의 온도, 응력, 응력확대계수를 시간과 위치의 함수로 구하는 단계이다. 둘째, 확률론적 해석단계는 압력용기 재료내의 구리(Cu), 니켈(Ni), 인(P)의 성분조성과 중성자 조사량, 초기 RT_{NDT}와 같은 중성자 조사취화와 관련된 변수들을 몬테카를로(Monte Carlo) 기법으로 모사하고 이로부터 균열선단의 파괴인성치를 추출하여 균열에 작용하는 응력확대계수와 비교함으로써 균열의 진전, 정지, 재진전 여부를 판단하여 최종적으로 관통균열 발생 확률을 정량적으로 평가하는 단계이다[4.1-30].

그림 4.1-11(a)에서와 같이 적용된 K_I이 K_{IC}보다 크게 되면 균열이 진전하기 시작하고 K_{IA}보다 작게 되면 균열의 진전이 멈추게 된다. 그림 4.1-11(b)에서와 같이 적용된 K_I이 K_{IC}보다 크게 되면 균열이 진전하기 시작하지만 K_{IA}보다 작게 되지 않기 때문에 계속 진전하여 결국 용기벽을 관통하게 된다.

조건부 균열진전 확률(Conditional Probability of Initiation; CPI)이란 가정된 균열이 가압열충격과 재료의 취성에 따라 진전 여부가 결정되는데, 모사한 총 횟수 중에서 균열이 진전한 횟수를 말한다. 조건부 파손 확률(Conditional Probability of Failure; CPF)은 가압열충격을 모사한 총 횟수 중에서 균열이 압력용기를 관통한 횟수를 말한다.

CPI와 CPF를 구하는 여러 코드가 있는데 그들의 알고리즘에 차이가 있고, K_I, ΔRT_{NDT}, K_{IC} 및 K_{IA} 등의 계산 방법에도 차이가 있어, CPI와 CPF 결과를 비교해 보면 많게는 1000배까지 차이가 나기도 한다.

가압열충격을 일으키는 사건들은 수백 가지에 이르는데, 이 사건들이 발생할 빈도(TIF)와 각 사건들에 의한 조건부 파손확률(CPF)을 곱한 것(FF)들의 합을 종합 파손빈도(total frequency of failure)라고 한다.

USNRC의 Reg. Guide 1.154에서는 이 파손 빈도가 5×10^{-6} / Reactor Year 이하가 되도록 권고하고 있다. 사건 발생빈도는 원전마다 다른데 표 4.1-6는 그 중 사건이 발생할 가능성이 높고 그 심각성이 큰 대표적인 8가지의 가압열충격 사건에 대해 그 명칭과 식별번호, 발생 빈도를 기술해 놓았다.

제 4 장

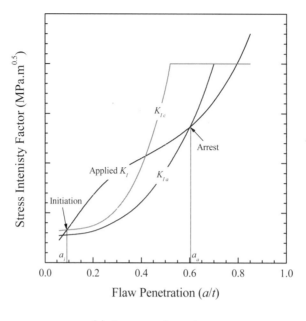

(a) Arrest configuration

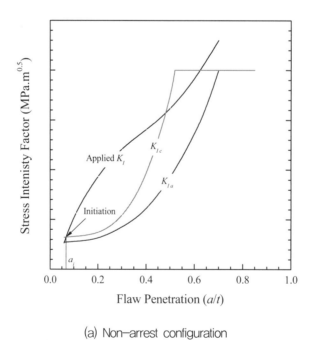

(a) Non-arrest configuration

〈그림 4.1-11〉 가상결함의 진전 및 정지 결정 [4.1-39]

〈표 4.1-6〉 가압열충격 사건 [4.1-30]

Event	ID	Description	TIF*
MSLB	C014	Large main steam line break	7.32×10^{-5}
	A014	Small main steam line break	3.07×10^{-4}
	A001	Small main steam line break (base case)	8.09×10^{-4}
SGTR	E016	Steam generator tube rupture (full power)	1.22×10^{-3}
	F016	Steam generator tube rupture (zero power)	3.76×10^{-5}
LOHS	H001	Loss of heat sink (full power)	1.00×10^{-5}
SBLOCA	I001	Small break loss of coolant accident	2.56×10^{-3}
LOMFW	G004	Loss of main feedwater	4.60×10^{-2}

* TIF(Transient Initiating Frequency) : 각 사건들이 발생할 가능성

4.1.2.3 평가코드 (R-PIE)

가압열충격에 의한 위험도를 정량적으로 평가하기 위해 가압열충격을 유발할 수 있는 과도상태 사건추이 선정 및 정량화, 열수력 해석, 확률론적 파괴역학 해석을 수행하여야 한다. 이 중 특히 몬테카를로 기법을 이용한 확률론적 파괴역학 해석을 수행하기 위하여 여러 전산 프로그램들이 개발되었다.

한국원자력안전기술원은 여러 코드[4.1-31 ~ 4.1-37]간 비교분석의 결과로 도출된 개선사항을 토대로 하여 원자로압력용기의 확률론적 건전성 평가 프로그램인 R-PIE 코드를 개발하였다[4.1-38]. 피복에 의한 응력 및 응력확대계수 계산 모듈을 개선하였고, 축방향 관통균열 및 원주방향 관통균열 그리고 반타원 표면 균열에 대한 응력확대계수 계산 모듈을 포함하여 결정론적 해석의 정확도를 높였다.

원자로압력용기의 노심대는 노즐이나 돔 형태의 상부헤드와 하부헤드로부터 충분히 떨어져 있어 열전달해석이나 응력해석에서 축대칭 1차원 원통으로 가정할 수 있다. 따라서 원자로압력용기의 축방향 열전달은 무시되며, 두께방향으로 일차원적인 열전달만 고려하는 것으로 안쪽 반지름 표면 및 두께방향 내부에서 각각 식 (4.1-20) 및 식 (4.1-21)와 같이 단순

제 4 장

화할 수 있다.

$$-k(t) \times \frac{\partial T(r,t)}{\partial r}\bigg|_{wall} = h(t) \times [T_{wall}(t) - T_{\infty}(t)] \tag{4.1-20}$$

$$\frac{1}{r}\frac{\partial}{\partial r}\left[r\frac{\partial T(r,t)}{\partial r}\right] = \frac{1}{\alpha(t)} \times \frac{\partial T(r,t)}{\partial r} \tag{4.1-21}$$

여기서 $T_{wall}(t)$는 내부면의 온도, $T(t)$는 냉각재 온도, $k(t)$는 열전도도, $h(t)$는 열전달계수, $\alpha(t)$는 열확산률이다. 기하학적 형상이 무한 판재이고 냉각재의 온도가 지수함수이거나 다항식으로 주어지는 경우, $T(r,t)$는 삼각함수 및 지수함수를 포함하는 엄밀해로 주어지지만 임의의 $T(t)$ 혹은 무한원통인 경우 엄밀해를 구할 수가 없다. 따라서 R-PIE 코드에서는 유한차분법을 이용하였다.

원자로압력용기에 작용하는 응력은 온도에 의한 열응력과 압력에 의한 응력 및 잔류응력으로 구분된다. 그 중 원자로압력용기와 같은 무한 원통의 내면에 일정한 압력 p가 가해질 경우 원통 내부에 작용하는 응력은 다음과 같이 계산된다.

$$\sigma_{\theta}(r) = \frac{r_i^2}{r_o^2 - r_i^2} \times p(t) \times \left(1 + \frac{r_o^2}{r^2}\right) \tag{4.1-22}$$

$$\sigma_z(r) = \frac{r_i^2}{r_o^2 - r_i^2} \times p(t) \tag{4.1-23}$$

원자로압력용기에 작용하는 응력 분포로부터 특정한 크기의 균열 선단에 작용하는 응력확대계수는 각 응력성분에 의한 응력확대계수를 독립적으로 계산한 후, 이들의 총합으로 계산할 수 있다.

확률론적 해석 모듈에서는 압력용기의 파손확률을 산출하기 위하여 몬테카를로 기법을 사용하였으며 그 절차는 그림 4.1-12와 같다. 확률론적 파괴역학은 수많은 결정론적 파괴역학 해석을 수행하는 것으로 볼 수 있으며, 각각의 결정론적 해석을 반복할 때마다 초기 무연성 천이기준온도나 압력용기 내벽이 받는 조사량, 균열 크기, 균열 위치, 구리와 니켈 함량 등을 각각의 분포로부터 임의로 추출하며, 시뮬레이션된 특정 용접부 및 결함위치에 대하여 시간에 따른 과도해석을 수행한다. 이 때 각각의 시간구간에서 균열선단에 작용하는 응력확대계수를 결정론적 파괴역학 해석에서 산출된 값으로 사용한다.

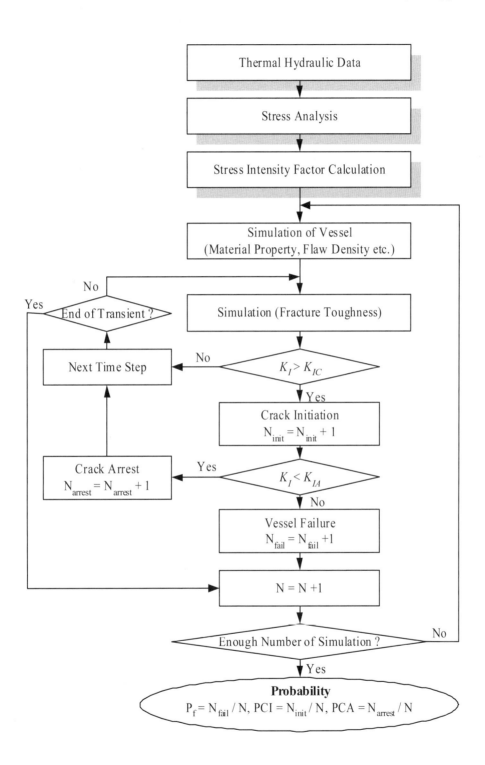

<그림 4.1-12> R-PIE 코드의 평가 흐름도 [4.1-34]

4.2 원자로내부구조물

4.2.1 원자로내부구조물 응력해석

4.2.1.1 하중

설계하중으로 정상운전 하중과 설계기준사고 하중을 조합한 하중을 고려해야 한다. 여기서 정상운전 하중은 정상운전으로부터 유발되는 다음의 하중을 말한다.

○ 원자로냉각재 유동으로 인한 압력차
○ 온도에 의한 하중
○ 기계적인 하중
  − 자중
  − 원자로냉각재 유동으로 인한 하중
  − 지지구조물로부터 오는 반력
  − 핵연료재장전이나 가동중검사로 인한 취급하중
  − 제어봉 낙하하중

또한 노심지지구조물 및 내부구조물 설계에서 고려하는 설계기준 사고하중은 다음과 같다.

○ 과도하중
○ 지진하중
  운전기준지진(Operating Basis Earthquake; OBE) 하중이 설계에서 고려되는 지진하중이다. 운전기준지진을 배제한 설계에서는 안전정지지진(Safe Shutdown Earthquake; SSE) 하중의 1/2 또는 1/3을 적용한다.
○ 분기관파단 하중
  설계기준 분기관파단(Design Basis Pipe Break; DBPB) 하중으로 이전 설계에서는 냉각재상실사고(LOCA) 하중을 고려했는데 LOCA가 배제된 원자로에서는 다음과 같은 파단 및 방출을 고려한다.
  − 급수 노즐(feed water nozzle) 파단
  − 증기 노즐(main steam nozzle) 파단

- 정지냉각계통 노즐(shut-down cooling system nozzle) 및 안전주입계통 노즐 (safety injection system nozzle), 화학 및 체적제어계통 노즐(chemistry and volume control system nozzle) 파단
- 가압기 안전밸브 작동(pressurizer safety valve) 및 안전감압계통(safety depressurization system valve) 작동

원자로계통 설계에서 전수명 운전기간 동안 요구되는 성능을 보장하고 가상사건이 발생할 때 안전성을 확보하기 위하여 고려해야 하는 설계기준사건은 성능 및 안전관련 설계기준 사건으로 구성된다. 설계기준사건은 사건범주와 사건발생 빈도간의 관계에 근거하여, 정상 (normal), 시험(test), 이상(upset), 비상(emergency) 및 사고(faulted) 사건으로 분류된다. 이에 따라 설계시방서에 온도, 압력, 유량과 같은 과도 열수력 거동 자료가 설계기준사건 별로 발생빈도와 함께 기술된다.

운전하중에 대하여 노심지지구조물 및 내부구조물은 원자로냉각재 유동의 통로가 손상되지 않으면서 또한 노심지지구조물의 건전성이 유지될 수 있도록 설계되어야 한다. 뿐만 아니라 운전하중에 대하여 변형한도를 만족시킬 수 있도록 설계되어야 한다. A급(Level A) 운전하중은 정상운전 하중에 정상사건(normal events)으로 야기되는 계통의 운전과도 (operating transients) 하중을 조합한 하중을 말한다. B급(Level B) 운전하중은 정상운전 하중에 이상사건(upset events)으로 야기되는 계통의 운전과도(operating transients) 하중을 조합한 하중을 말한다. C급(Level C) 운전하중은 정상운전 하중에 설계기준 배관파단 (design basis pipe break) 하중과 가압기 안전밸브 작동하중을 조합한 하중을 말한다. D급(Level D) 운전하중은 다음의 하중을 조합한 하중을 말한다.

○ 정상운전 하중
○ 증기관 파단하중, 급수관의 파단하중 또는 분기관파단 하중 중 큰 하중
○ 가압기 안전밸브 작동하중
○ 안전정지지진 하중

시험하중은 A급 운전한도를 만족시켜야 한다. 시험하중은 시험사건(test events)으로부터 생기는 하중으로서 노심이 장전되지 않은 상태에서 고온기능시험(pre-core hot functional test)을 수행할 때 발생하는 하중을 말한다. 시험조건에서 발생빈도는 설계시방서에 기술된다.

선적 및 운반하중은 운전하중에 포함되지 않지만, 피로해석 평가에서는 고려되어야 한다. 피로해석 평가에 적용되는 선적 및 운반하중의 크기는 설계시방서에 기술된다.

4.2.1.2 허용기준

원자로내부구조물은 ASME Code Sec. III NG를 바탕으로 작성된 KEPIC MNG(노심지지구조물)[4.2-1]의 기술기준에 따라서 설계된다. 특히 해석을 통한 설계는 KEPIC MNG 3200에 따라 수행된다. 노심지지구조물 및 내부구조물은 설계하중에 대하여 KEPIC MNG 3220에서 정의하고 있는 설계한도(design limits)를 만족할 수 있도록 설계되어야 한다. 해석에 의한 설계의 허용기준 응력강도는 KEPIC MDP[4.2-2]의 부록 IIA, IIB 및 W에 수록된 설계응력강도 S_m을 사용하여 MNG 3200에서 정한 한계를 초과하지 않아야 하며, 상세설계는 MNG 3100 및 MNG 3350에 따라 확인해야 한다. 압축응력이 발생하는 형상에 대하여는 추가로 임계좌굴응력을 고려해야 한다.

KEPIC MNG 기술기준의 규정에 적용한 파손이론은 최대전단응력 이론이다. 한 점에서의 최대전단응력이란 그 점에서 발생하는 3개의 주응력 중 대수적으로 가장 큰 값과 가장 작은 값의 차이의 1/2과 같다. 응력강도란 조합응력과 등가강도 또는 간단히 최대전단응력의 2배로 정의한다. 다시 말해서 응력강도란 해당 지점의 주응력 중 대수적인 최대값과 최소값의 차이를 말한다. 인장응력의 부호는 양으로, 압축응력의 부호는 음으로 표시하여 계산한다.

4.2.1.3 응력 분류

1차 응력이란 외력, 내력 및 모멘트의 평형을 유지하기 위해서 발생하는 수직응력 또는 전단응력을 말한다. 1차 응력의 기본특성은 자기제한성이 없다는 것이며, 이 1차 응력이 항복강도를 상당히 초과하게 되면 파손이 일어나거나 최소한 전체적 변형이 발생하게 된다. 2차 응력이란 인접재료의 구속 또는 구조물의 자기구속으로 인하여 생기는 수직응력 또는 전단응력을 말한다. 2차 응력의 기본특성은 자기제한성을 갖는다는 것이며, 이는 국부적인 항복 또는 작은 변형을 유발할 수 있는 응력이 한 번 가해진다고 해서 파손까지 발생하는 것이 아니라는 것을 의미한다. 2차 응력은 열응력과 구조적 불연속부에서의 굽힘응력이 해당된다. 피크응력은 응력집중의 영향을 포함하여 국부 불연속 또는 국부 열응력으로 인하여 1차와 2차 응력의 합에 추가되는 응력의 증가분을 말한다. 피크응력은 그 자신이 뚜렷한 변형을 일으키지는 않으나 피로균열 또는 취성파괴 등의 원인이 될 가능성이 있다.

4.2.1.4 응력한계

설계시방서에서 정한 설계하중을 만족시켜야 할 응력강도의 한계는 MNG 3221에서 정하는 세 가지 한계와 베어링 하중에 대해서 규정하고 있는 MNG 3227의 특별 응력한계이다. 탄성해석으로 응력강도의 한계를 만족시키지 못했을 경우에 MNG 3228의 규정에 따라 MNG 3221에서 정하는 세 가지 한계가 일부 면제될 수도 있다. 설계하중에 대한 응력강도 한계는 그림 4.2-1에 나타나 있다. 1차 일반 막응력강도(P_m)란 설계 내압 및 기타 규정된 기계적 설계하중으로 인해 생기는 1차 일반응력을 단면 두께에 대해 평균한 값이며, 이 응력강도의 허용값은 설계온도에서의 S_m이다. 설계압력과 기타 규정된 기계하중으로 인해 단면 두께에 걸쳐 발생하는 1차 막응력 + 1차 굽힘응력값($P_m + P_b$) 중 가장 큰 값으로 허용값은 1.5S_m이다. 노심지지배럴이나 상부안내구조물 지지배럴처럼 외압이 걸리는 부재는 MNG 3133을 적용한다.

설계시방서에서 A급 운전한계를 규정한 운전조건에 대해여 그 한계를 만족해야 한다. A급 운전한계란 MNG 3222에서 정하는 3가지 한계와 베어링 하중을 규정한 MNG 3227의 한계를 말한다. 소성해석기법을 사용할 경우에는 MNG 3228의 규정에 따라 이들 응력한계 중 일부를 면제받을 수 있다. 설계 응력강도값 S_m은 KEPIC MDP[4.2-2]의 부록 IIA, IIB 및 W 에 수록되어 있고, 이들의 응력강도 한계는 그림 MNG 3221(그림 4.2-1)에 나타나 있다.

A급 운전한계값(KEPIC MNB 3222)을 B급 운전한계에 적용한다. B급 운전한계로 지정한 압력이 설계압력을 초과할 경우에는 그림 MNG 3221(그림 4.2-1)에 주어진 허용응력강도의 110%와 B급 운전한계를 지정한 하중을 사용하여 MNG 3221의 응력한계를 만족해야 한다. 1차 일반 막응력강도의 허용값은 설계온도에서의 S_m이다. 설계압력과 기타 규정된 기계하중으로 인해 단면 두께에 걸쳐 발생하는 1차 막응력 + 1차 굽힘응력값 중 가장 큰 값으로 허용값은 1.5S_m이다. 1차 + 2차 응력강도는 정상운전에서 받게 되는 운전압력 및 기타 기계하중 그리고 전체적인 열영향으로 인해 단면 두께 횡단부의 임의 점에 발생하는 1차 일반 또는 국부 막응력 중 최대값에 1차 굽힘응력과 2차 응력을 더해서 구하며, 국부불연속 (응력집중)부가 아닌 전체 불연속부의 영향을 반영해야 한다. 이 응력강도의 최대허용범위는 3S_m이다. 허용범위를 넘는 경우에는 추가적으로 탄소성해석을 수행하여 건전성을 확인한다. 팽창 응력강도는 자유단 변위의 구속으로 발생하는 하중으로 단면 두께방향의 임의 점에 발생하는 응력의 최대값이다. 이 응력강도의 최대허용 범위는 모든 1차 및 2차 응력강도를 조합하였을 때 3S_m이다. 반복하중 및 열 조건을 포함하여 구조물이 받게 되는 규정 운전하중에 대한 구조물의 적합성은 MNG 3222.4의 방법으로 결정한다. 운전하중이 MNG 3222.4에 기술된 조건을 모두 만족하지 않을 경우에는 피로해석이나 피로시험을 실시해야 한다. 현저한 응력변동을 일으키는 응력사이클의 종류가 둘 이상일 경우, 이들의 누적영향을 평가하고, 누적피로사용계수는 1.0을 초과하지 않도록 해야 한다. 정상상태 및 반복하중의 어떤 조합

제 4 장

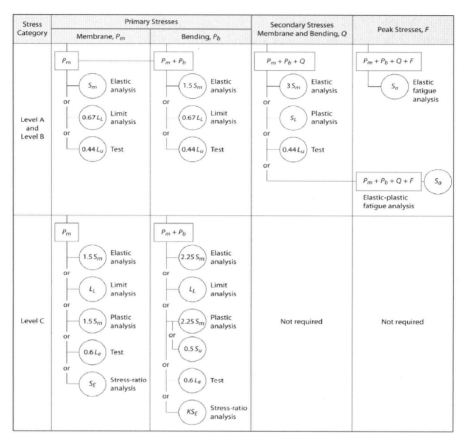

〈그림 4.2-1〉 운전조건에 대한 응력강도의 등급 및 한계

하에서는 래칫 작용으로 인해 큰 변형이 생길 가능성이 있다는 사실 즉, 각 사이클마다 거의 동일한 양만큼씩 변형이 증가할 수 있음을 유의해야 한다.

설계시방서에서 운전한계를 C급으로 지정하고 있는 운전하중에 대해서는 C급 운전한계를 만족해야 한다. 그림 MNG 3224(그림 4.2-1)에 이들 응력한계가 요약되어 있다. 하중, 응력 및 변형한계를 만족시키는데 있어서는 동적 불안정성을 고려해야 한다. 압축응력을 받는 형상의 경우, 응력한계는 임계좌굴응력을 고려해야 한다. 탄성해석법에 따라 일반 1차 막응력강도는 KEPIC MDP의 부록 IIA 및 IIB에 있는 허용응력강도 S_m의 1.5배 이하이어야 한다. 1차 막응력강도 + 1차 굽힘응력강도는 KEPIC MDP의 부록 IIA 및 IIB에 있는 허용응력강도 S_m의 2.25배 이하이어야 한다. 탄성해석법 대신에 한계하중해석을 해도 되며 이 경우 항복점이 KEPIC MDP의 부록 IIA 및 IIB 에서 구한 허용응력강도 S_m의 1.5배인 재료에 대해 하한하중 L_L을 결정한다. 하한하중이란 부과하중을 더 이상 증가시키지 않음에도 변형이 증가하는 이상적인 소성재료의 해석에서 구한 하중으로 정의한다. C급 한계를 지정한 운전하중에 대해서 일반 1차 막응력강도 + 1차 굽힘응력강도는 하한하중 L_L을 초과하지 않아야 한다. 또한 탄성해석법 대신에 소성해석을 해도 되며 이 경우 C급 한계를 지정한 운전하중에 대해서 일반 1차 막응력은 KEPIC MDP의 부록 IIA 및 IIB에 있는 허용응력강도 S_m의 1.5배 이하이어야 한다. 그리고 일반 1차 막응력 + 1차 굽힘응력강도는 KEPIC MDP의 부록 IIA 및 IIB에 있는 허용응력강도 S_m의 2.25배 또는 그 온도에서 극한강도값의 1/2 중 큰 값 이하이어야 한다. 한편, 탄성해석법 대신에 MNG 3224.1의 조건을 만족하면 응력비 해석을 해도 된다. 그리고 원형 또는 모형시험으로 지정하중(동적 또는 정적등가)이 L_e의 60% 이하임을 입증할 수 있다면 C급 한계를 지정한 운전하중에 대해서 탄성해석법의 한계를 만족할 필요가 없다. 여기서 L_e는 극한하중, 또는 시험에서 사용되는 허용하중이나 하중조합이다. 이 방법을 사용할 때에는 시험에서 얻은 하중이 C급 한계를 지정한 가상운전하중 하에서 실제 구조물의 하중전달 능력을 보수적으로 대표하고 있음을 보장하기 위해 실제 부품 및 시험부품간의 극한강도 또는 다른 주요 재료물성의 차이뿐 아니라 이들 사이의 크기 효과 및 치수공차를 고려해야 한다. 허용등가외압(정압)은 MNG 3133에서 규정한 외압의 150%로 해야 한다. 동압을 포함시킬 경우, 허용외압은 앞의 요건을 만족하든지 또는 동적 불안정 압력의 1/2로 제한해야 한다.

노심지지구조물에서 D급 운전한계를 규정한 목적은 구조물의 건전성 유지를 보장하기 위한 것으로 누설을 방지할 목적은 아니다. 탄성해석의 경우 일반 1차 막응력강도 P_m은 KEPIC MDP의 부록 IIA 및 IIB에 오스테나이트 스테인리스강, 고니켈합금 재료의 경우, 허용응력강도 S_m의 2.4배와 $0.7S_u$ 중에서 작은 값을 초과하지 않아야 한다. 국부 1차 막응력 P_L은 P_m 한계의 150%를 초과하지 않아야 한다. 1차 막응력강도 + 1차 굽힘응력강도는 P_m 한계의 150%를 초과하지 않거나, 정하중 또는 등가 정하중은 $2.3S_m$과 $0.7S_u$ 중 작은 값의 항복응력을 사용하는 한계해석붕괴 하중의 90%를 초과하지 않거나, 소성붕괴하중이나 시험붕괴하중의 100%를 초과하지 않아야 한다. 그리고 순수전단이 작용하는 단면상의 평균 1차 전단응력은 $0.42S_u$를 초과하지 않아야 한다. 전술한 탄성해석에서 다음의 경우는 예외이다. 규정된 동적 혹은 등가 정하중은 시험하중으로부터 구한 극한붕괴하중의 80% 또는 모형이나 모델시험에 사용한 조합하중의 80%를 초과하지 않아야 한다. 여기서 시험하중은 하중-변형 곡선의 수평방향 기울기가 발생할 때의 하중으로 정의한다. 기기의 비탄성해석을 탄성해석과 함께 사용할 수 있다. 이 해석에서 최대응력한계는 1차 막응력강도에 대하여 $0.67S_u$이어야 하며 $0.67S_{ul}$와 $S_y + 1/3(S_{ul} - S_y)$ 중 큰 값과 같아야 하고 최대 1차 응력강도에 대하여 $0.9S_u$ 이하이어야 한다. 여기서 S_{ul}은 진응력-변형도 곡선으로부터 구한 극한 응력값이다. 핀 이음과 볼트 이음을 제외하고 베어링응력은 D급 운전한계로 명시된 하중에 대하여 평가할 필요가 없다.

제 4 장

4.2.2 원자로내부구조물 동적해석

가상적인 배관파단 및 지진에 대한 원자로내부구조물 구조적 응답을 구하고, 이러한 하중에 견딜 수 있는지를 계산하여 설계의 타당성을 검증하기 위하여 동적해석이 수행된다. 초기 원전설계에서는 냉각재상실사고를 가정하여 동적해석이 수행되었지만, 현재는 파단전누설 개념이 적용되기 때문에 원자로내부구조물의 동적해석에서 고려되어야 하는 주된 배관파단은 증기발생기 급수관 및 증기관 배관파단이다. 증기발생기 급수관 및 증기관 배관파단은 2차 계통의 파단이기 때문에 원자로내부구조물에 진동을 야기하지만 취출하중을 야기하지는 않는다.

각 방향으로 최대응력강도를 유발시키는 수직방향 및 횡방향의 배관파단 하중을 조합하여 배관파단시의 최대응력강도를 결정한다. 이 배관파단으로 발생하는 최대응력과 안전정지지진으로 발생하는 최대응력이 제곱합의 제곱근 방법으로 조합되어 총 응력강도를 결정하는데 사용된다.

4.2.2.1 배관파단 해석

가상적인 배관파단에 의한 수력학적 하중함수는 원자로냉각재계통내의 과도압력, 과도유량 및 밀도분포로 구성된다.

가상적 배관파단시 취출기간의 과냉각상태와 포화상태에 대하여 과도압력, 과도유량 및 밀도분포가 계산된다. 사용되는 전산코드는 절점-유로개념을 이용한 것으로서 검사체적은 유동면적에 의해 서로 연결되어 있다는 가정을 바탕으로 한다. 원자로냉각재계통을 모사하기 위해 복잡한 안전해석 모델이 사용되며 질량보존법칙, 에너지보존법칙 및 운동량보존법칙과 함께 상태방정식을 연립하여 해가 구해진다. 원자로의 수력학적 과도응답은 노심의 열응답과 연계되는데 이는 각 노심절점을 통한 반경방향의 1차원 열전도 방정식을 해석적으로 구하는 방법으로 수행된다. 원자로냉각재계통의 취출전 정상상태는 원자로의 운전상태를 나타내는 값을 입력하여 계산에 반영된다. 취출하중 모델은 과냉각상태 및 포화상태에서의 배관파단을 통한 임계유체방출을 계산하기 위하여 비평형 임계유동 상관관계가 적용된다.

가상적인 배관파단으로 인해 원자로내부구조물에는 국부적으로 압력차가 발생하게 되며, 또한 국부적인 유속의 증가가 나타나게 된다. 이러한 국부적인 유속의 증가로 말미암아 각 부품에 작용하는 항력은 정상상태에서보다 증가하게 된다.

노심에 작용하는 순간하중은 압력구배의 방향으로 작용하는 압력하중과 유동에 평행으로 작용하는 항력의 합이 된다. 이 하중은 검사체적에 유체운동량 방정식을 적용하여 구한다. 이 방정식에서 항력은 유체전단력항으로 표시되며 그 성분은 마찰에 의한 항력과 형상에 의한 항력으로 나뉘어 반영된다.

4.2.2.2 지진해석

대형배관으로 연결된 원자로와 증기발생기, 냉각재펌프, 가압기 등으로 구성된 원자로냉각재계통은 동특성 해석모델을 사용해 일차적인 동특성 해석인 모드해석과 지진해석 등을 수행한 후 여기서 생산한 세부 하중들을 적용해 원자로내부구조물과 기타 주요기기의 해석을 진행하게 된다.

동특성 해석모델에서는 원자로내부구조물을 포함하는 원자로압력용기집합체가 단순한 보모델과 집중질량 및 강성모델 등으로 수학적으로 이상화되어 모사된다. 그림 4.2-2 및 그림 4.2-3은 원자로압력용기와 원자로내부구조물의 수평 및 수직방향 동특성 해석모델을 보여주고 있다. 그러므로 단순 해석모델의 요소수와 절점수가 3차원 상세 해석모델의 요소수와 절점수에 비하여 상대적으로 적기 때문에 짧은 시간 내에 다양하게 변수를 바꿔가며 해석을 수행할 수 있다.

제
4
장

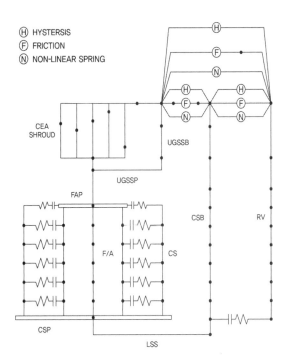

〈그림 4.2-2〉 원자로압력용기와 원자로내부구조물의 수평방향 동특성 해석모델 [4.2-3]

일반적으로 복잡한 구조물의 지진해석에서 유한요소해석법이 사용된다. 지진하중에 대한 구조물의 지진해석은 구조물의 운동을 기술하는 운동방정식에 지진하중을 입력으로 하여 구조물의 응답을 해석하는 과정이다. 복잡한 구조물은 매우 많은 수의 자유도를 갖게 되므로 운동방정식의 구성과 해석에 유한요소해석법과 같은 컴퓨터를 이용한 수치적인 해석기법이 사용된다. 이 경우 운동방정식은 식 (4.2-1)과 같은 행렬식의 형태가 되며 구조물의 특성이라고 할 수 있는 행렬식의 계수행렬 $[M]$, $[C]$, $[K]$ 를 구하는 과정이 유한요소 해석모델을 작성하여 모드해석을 수행하는 과정이다.

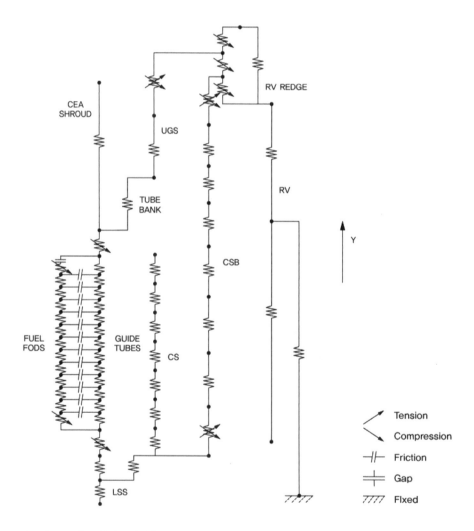

〈그림 4.2-3〉 원자로압력용기와 원자로내부구조물의 수직방향 동특성 해석모델 [4.2-4]

$$[M]\{\ddot{x}\} + [C]\{\dot{x}\} + [K]\{x\} = -[M]\{\ddot{u}_0(t)\}$$ (4.2-1)

여기서

$[M]$, $[C]$, $[K]$: 구조물의 질량, 감쇠, 강성 행렬,

$\{\ddot{x}\}$ $\{\dot{x}\}$ $\{x\}$: 구조물에서의 응답가속도, 속도, 변위,

$\{\ddot{u}_o(t)\}$: 지반가속도 시간이력.

유한요소 해석모델을 구성하는 과정은 복잡한 구조물을 수학적으로 이상화시키는 과정으로 매우 다양한 방법이 개발되어 있다. 따라서 한 구조물에 대해 서로 다른 다양한 방법을 사용하여 구조물의 해석모델을 만들어 동특성을 예측하기도 한다. 숙련된 기술자들이 작성한 해석모델과 이를 이용한 해석결과는 다소 다른 결과를 보이더라도 허용할 수 있는 한정된 범위에서 해석결과가 구해진다. 구조물의 동특성 계산과정에서 포함되는 불확실성의 중요한 요인은 기술자가 구조물 도면으로부터 수학적 모델로 해석하는 과정의 주관적인 판단에 기인한다. 모델링의 기본은 구조물의 질량특성, 감쇠특성, 강성을 정확하게 산출하여 실제 구조물과 거의 유사한 동적 특성을 구현하는 것이다. 구조물의 재료 특성은 그 재료의 최적추정치를 사용하는 것이 좋으나 대체로 설계기준에서 제시된 값을 사용한다. 만일, 온도나 다른 특수한 영향으로 인한 재료 특성의 변화가 예상될 때는 반드시 강성 계산에서 이를 고려해야 한다.

원자로시스템은 고체인 구조물과 유체인 냉각재가 접하는 상태로 운전되므로 필연적으로 유체에 의한 구조물의 동특성 변화가 예상된다. 이를 고려하기 위해 구조해석에서 유체요소가 사용되며 상세 유한요소 해석모델과 동특성 해석모델에서 각기 다른 구성요소가 사용된다. 그러나 일반적으로 유체의 거동특성이 고체의 경우와 상이하기 때문에 구조해석을 위해 개발된 유체요소는 사용이 용이하지 않거나 해석결과에 신뢰도가 낮다는 단점이 있다. 이러한 이유로 유체가 관여된 구조해석에서는 해석결과의 정확성 보다는 보수성을 더욱 중요하게 다룬다.

유한요소 해석모델에서 구한 구조물의 고유진동수는 실제 모드시험에서 구한 고유진동수와 차이가 날 수 있다. 필요하다면 유한요소 해석모델은 보정작업이 수행되기도 한다. 상세 유한요소 해석모델의 경우, 일반적으로 모델을 구성하는 요소의 차수를 높이거나 요소수를 증가시켜 신뢰도를 높일 수 있다. 그러나 이 방법은 한 번에 다루어야 하는 수치자료의 양을 증가시키므로 해석에 어려움을 유발할 수 있다. 그러므로 해석결과에 영향을 주지 않을 것으로 판단되는 부분을 생략하여 정보량을 감소시키는 노력이 동반되어야 한다. 이외에 불명확한 물성값 정보를 보정하는 것과 적합한 경계조건을 선정해서 적용하는 일이 또한 모델

제 4 장

보정의 한 부분이다.

상세 유한요소 해석모델은 구조물의 형상을 최대한 그대로 유지하는 유한요소 해석모델이다. 이는 주로 실제 구조물의 3차원 CAD 모델과 상용 모델링 프로그램을 이용해 작성하게 되므로 작업자의 주관적인 관여를 최소화시킬 수 있는 방법이다. 그러나 상세 유한요소 해석모델은 모델 자체가 매우 복잡하고 많은 절점과 요소를 포함하므로 해석에 많은 시간이 소요된다. 따라서 해석에서 얻은 결과를 평가하여 간단한 형태의 결론을 만들기 위해서는 숙련된 작업자의 노력이 필요하다. 상세 유한요소 해석모델의 특징을 요약하면 다음과 같다.

○ 압력용기, 슬래브, 프레임과 같은 구조부재를 보요소, 판요소, 쉘요소, 솔리드요소 등과 같은 유한요소를 사용하여 직접적으로 모델링한다.

○ 구조물의 형상, 질량 및 강성 특성을 정확하게 나타낼 수 있으며, 정확한 지진응답 혹은 국부적인 응답을 얻을 수 있어 해석결과를 그대로 설계에 적용할 수 있다.

○ 판요소, 쉘요소, 솔리드요소를 이용한 유한요소모델의 경우, 많은 자유도로 인하여 해석결과를 얻기 위해서는 장시간이 소요된다.

○ 상세한 모델이 사용되므로 정적 하중의 해석을 위한 정적 해석모델로도 사용될 수 있다.

상용으로 사용되는 구조해석 프로그램에서는 상세 유한요소 해석모델의 구성을 위한 다양한 유한요소를 제공하고 있다. 일반적으로 3차원 형상을 갖는 상세 유한요소 해석모델에는 쉘요소와 솔리드요소 그리고 보요소가 많이 사용된다.

동특성 해석모델은 구조물의 거동특성을 대표할 수 있는 특징적인 변수만을 선택하여 구성하는 유한요소 해석모델이다. 따라서 구조물을 바라보는 작업자의 주관과 경험이 모델의 성능에 중요한 요인으로 작용한다. 그러나 동특성 해석모델은 그 모델 자체가 매우 단순하여 해석에 소요되는 시간이 짧으며 해석결과 역시 단순한 형태로 나타나므로 결과에 대한 추가적인 작업 없이 명료한 결론을 도출할 수 있다. 동특성 해석모델은 해석 목적과 구조물의 형태에 따라 다르게 작성될 수 있다. 구조물의 동적해석에 적합한 집중질량요소와 보요소 그리고 스프링요소를 사용하는 동특성 해석모델의 특징은 다음과 같다.

○ 전체적인 구조물의 특성은 보요소와 집중질량의 조합으로 나타낸다.

○ 구조물의 강성은 별도로 계산하여 보요소로 치환하며, 구조물의 질량 특성을 별도로 계산하여 주요 위치에 집중시킨다. 이 때 질량 정보는 세 방향의 병진 및 회전의 관

성질량을 포함한다.

○ 해석에서 구하게 될 진동모드 형태가 실제 지진이 발생할 때, 구조물의 변위 거동을 잘 나타낼 수 있도록 해석모델에 충분한 수의 질량점을 고려한다. 이를 위해서 한 방향으로의 질량 자유도수는 그 방향으로의 진동모드 수보다 적어도 2배 이상이 되도록 한다.

○ 강성 계산에는 수평방향 또는 수직방향으로 지지하는 역할을 수행하는 모든 구조부재가 포함되어야 하며, 비구조 부재라도 지진하중에 저항하는 역할을 하는 경우, 적절한 계산을 통해 그 강성을 고려해야 한다.

○ 집중질량을 적절히 분배하여 질량중심을 유지하고 보요소는 구조부재의 강성중심에 위치시킴으로써 질량중심과 강성중심간 편심에 의해 발생하는 비틀림 효과를 고려할 수 있다.

○ 해석모델의 요소수가 적기 때문에 설계변경을 고려한 다양한 매개변수 해석을 쉽게 수행할 수 있다.

○ 임의의 위치에서 응답가속도, 변위, 지진력, 응답스펙트럼 등의 해석결과를 쉽게 얻을 수 있는 반면, 설계에 사용하기 위해서는 해석결과로 얻은 지진력을 각 구조부재에 재분배시켜야 하는 불편함도 있다.

제 4 장

일반적으로 동특성 해석모델은 구조물을 질량과 강성으로 구성된 모델로 표현하는 것이다. 여기서 모델의 질량은 보존한 상태에서 각 부분의 강성을 탄성계수와 전단변형계수로 표현하며, 향후 동특성 해석모델은 이들 강성을 대변하는 변수를 통해 보정될 수 있다. 그리고 모델 각 단면의 면적과 질량 모멘트 등의 형상정보는 보요소를 통해 작성된다.

원자로내부구조물의 해석모델을 작성하는 과정에서 중요한 문제 중 하나는 냉각재가 구조물의 동특성에 미치는 영향을 고려한 동적해석모델을 구성하는 것이다. 원자로는 냉각재를 담고 있는 원자로압력용기와 원자로내부구조물로 구성되므로 원자로냉각재와 원자로내부구조물의 상호작용으로 인한 동특성의 변화가 발생한다.

유체–구조물 상호작용을 연구하는 분야에서 유체에 잠겨있는 구조물의 동특성을 연구하고 있다. 유체에 잠겨있는 구조물이 운동하면 주위에 있는 유체가 함께 이동하며 유체의 유동에 의한 동적 압력이 생성된다. 이 압력은 구조물의 상대 가속도에 비례하고, 구조물에 유체역학적인 힘으로 작용하며, 유체역학적인 연성을 형성한다. 유체역학적인 연성은 구조물의 고유진동수와 감쇠특성에 영향을 미치며, 고유진동수에 미치는 영향은 유체부가질량(added mass, hydrodynamic mass)의 개념으로 설명할 수 있다.

감쇠는 반복하중이나 지진하중이 작용할 때, 구조물 재료나 기타 시스템의 비탄성 거동에 의해 에너지가 소산되는 현상을 말하며 작용기간과 가정조건에 따라 다음과 같이 분류할 수 있다.

○ 재료감쇠(material damping) 또는 히스테리틱 감쇠(hysteretic damping): 구조재료 내부에서의 에너지 소산에 기인하는 감쇠

○ 시스템감쇠(system damping): 구조물의 형상, 연결부, 지지점 등의 시스템 특성에 따른 에너지 소산에 기인하는 감쇠

○ 구조감쇠(structural damping): 재료감쇠와 시스템감쇠를 조합한 감쇠로서 경계 조건, 콘크리트 균열, 소성힌지, 간극 사이의 충격 등과 같은 구조물의 비선형 효과를 포함하는 감쇠

○ 점성감쇠(viscous damping): 해석 목적상 구조감쇠를 점성으로 가정한 형태

구조물의 응답거동은 구조물이 갖고 있는 감쇠특성의 크기에 따라 심각히 달라지기도 하므로 구조물의 동하중에 대한 응답을 정확하게 예측하기 위해서는 감쇠특성의 정확한 예측이 필수적이나 감쇠현상의 특이성으로 인해 정확한 예측은 현실적으로 매우 어렵다. 일반적인 경우 많은 해석에서는 규제기준이나 산업기준에서 보수적으로 제시하고 있는 값을 사용하고 있다.

원자력발전소 구조물의 지진해석에 적용할 수 있는 구조감쇠값은 구조물이 동일한 재료나 구조형식으로 구성되어 있는 경우 표 4.2-1에 제시된 감쇠값을 사용할 수 있다[4.2-5]. 일반적으로 구조물이 서로 다른 감쇠값을 갖는 여러 재료로 구성되었거나 여러 가지의 구조형식을 복합적으로 가지고 있는 경우가 많은데, 이와 같은 경우 복합모드 감쇠값이 주로 사용된다. 또한 직접적분법에 의한 시간이력해석을 수행하는 경우에는 Rayleigh 감쇠를 사용하며, 이는 식 (4.2-2)와 같이 질량행렬과 강성행렬에 비례하는 감쇠행렬로 구성된다.

$$[C] = \alpha[M] + \beta[K] \tag{4.2-2}$$

설계지진은 구조물의 내진설계를 위해서 사용하는 기준 지진신호로 안전정지지진과 운전기준지진으로 분류되며 원자력발전소의 내진성능과 부지의 지진발생 확률을 고려하여 결정된다.

안전정지지진은 광역 및 국지 지질과 지진자료, 부지의 지질특성을 고려할 때, 원자력발전소 부지에서 발생 가능한 최대지진을 의미한다. 원자력발전소의 안전에 중요한 시설물은

이러한 지진이 발생하더라도 그 기능을 유지할 수 있도록 설계되고 건설되어야 한다.

〈표 4.2-1〉 원자력발전소 구조물의 지진해석에 적용할 수 있는 구조감쇠값

구조물 종류	운전기준지진	안전정지지진
압력용기, 열교환기, 펌프, 밸브바디(압력경계)	2%	3%
배관	3%	4%
용접된 강 구조물	3%	4%
볼트 접합된 강 구조물	5%	7%
프리스트레스트 콘크리트 구조물	3%	5%
철근 콘크리트 구조물	4%	7%

한편 운전기준지진은 광역 및 국지 지질과 지진자료, 부지의 지질특성을 고려할 때, 원자력발전소 수명기간 동안에 발생 가능하여, 원자력발전소 시설물에 영향을 줄 수 있을 것으로 예상되는 지진을 의미한다. 원자력발전소의 안전에 중요한 시설물은 이러한 지진이 발생하더라도 공중의 안전과 건강에 영향 없이 정상적인 가동이 가능하도록 설계되고 건설되어야 한다.

원자력발전소의 내진설계를 위한 설계최대지진은 광역 및 세부 지질조사, 과거에 발생한 지진 등을 상세히 조사, 검토하고 단층으로부터 발생 가능한 지진의 규모를 평가하고 부지까지 전달되는 거리 및 경로상의 지반 특성을 고려하여 부지에서 발생할 수 있는 최대 잠재지진을 결정한다. 지진입력운동은 설계지반운동, 자유장운동 또는 통제운동이라고 하며, 원자력발전소의 지진해석을 위하여 부지의 지진운동으로서 지진해석에서 구조물 또는 지반-구조물 시스템에 입력된다. 지진운동을 정의하는 요소는 최대가속도, 지속시간, 진동수 성분 등이 있으며, 지진입력운동의 형태는 최대지반가속도, 설계지반 응답스펙트럼, 가속도시간이력 등이 있다.

최대지반가속도는 지진운동의 크기를 나타내는 가장 간단한 방법으로서 일반적으로 중력가속도에 대한 계수로 표시되며, 안전정지지진과 운전기준지진에 대하여 다르게 정의된다. 통상적으로 운전기준지진의 지반가속도는 안전정지지진의 1/3 ~ 1/2 값을 사용한다. 또한 일반적으로 수직지반가속도는 수평지반가속도의 2/3 값을 사용한다. 강체 구조물의 간략한 해석을 위하여 직접 최대 지반가속도를 이용할 수 있지만, 상세한 해석을 위해서는 다른 형

제 4 장

태의 지진운동이 필요하다. 국내 원전에 적용되고 있는 최대지반가속도는 표 4.2-2와 같다.

〈표 4.2-2〉 국내 원전에 적용되고 있는 최대지반가속도

설계지진		최대지반가속도(g)	
		수평방향	수직방향
안전정지지진(SSE)	OPR1000	0.2	0.13
	APR1400	0.3	0.2
운전기준지진(OBE)	OPR1000	0.1	0.067
	APR1400		

응답스펙트럼은 서로 다른 고유진동수와 감쇠특성을 갖는 1자유도계의 기초에 지진 등의 동적하중이 작용할 때, 그 1자유도계의 최대응답을 그래프에 나타낸 것이다. 이러한 응답스펙트럼 및 설계스펙트럼은 내진설계기준의 중요한 부분을 차지하고 있을 뿐만 아니라, 지진하중의 특성을 분석하는데 유용한 수단으로 이용되고 있다. 응답스펙트럼의 작성은 1자유도계의 운동방정식으로부터 구할 수 있다. 이와 같이 구한 1자유도계의 응답스펙트럼은 응답스펙트럼 해석에서 입력으로 사용되며, 단순한 구조물의 지진응답은 응답스펙트럼으로부터 직접 구할 수 있다. 특정부지의 지진 특성 평가를 통하여 결정된 부지의 고유한 응답스펙트럼을 지반응답스펙트럼이라 하며, 광폭의 지반응답스펙트럼을 얻기 위해서는 충분히 많은 지진기록과 지반응답스펙트럼이 필요하다. 표준 지반응답스펙트럼은 다양한 지반조건에서 기록된 다수의 지진기록으로부터 통계적 처리를 통하여 결정되며 대부분의 부지에 적용할 수 있는 지반응답스펙트럼을 말한다[4.2-6].

가속도 시간이력은 실제 지진파와 유사한 형태로서 규제요건을 만족하도록 시간에 대한 가속도 신호를 인공적으로 가공한 것으로써, 두 수평방향과 수직방향의 3가지 시간이력을 하나의 세트로 만든 것이다. 실제 기록된 지진파를 수정하여 지진해석을 위한 가속도 시간이력을 작성하거나 정해진 설계 응답스펙트럼으로부터 정보를 추출하여 인위적으로 만들어 사용할 수 있다. 해석에 사용할 지진신호의 가속도 시간이력은 다음 요건을 만족하여야 한다.

○ 각 시간이력의 응답스펙트럼은 설계 지반응답스펙트럼을 포괄해야 한다.
○ 각 시간이력의 파워스펙트럼 밀도함수가 규제요건에서 제시된 목표 파워스펙트럼 밀

도함수를 포괄해야 한다.

○ 파워스펙트럼 밀도함수 포괄요건은 지진시간이력이 관심 있는 주파수 구간에서 충분한 에너지를 가지고 있음을 보여야 한다.

○ 각 방향별 시간이력은 통계학적 독립성을 가져야 한다.

지진해석을 위한 구조물의 유한요소모델과 지진입력을 이용해 지진해석을 수행한다. 지진해석은 주파수영역에서 수행하는 응답스펙트럼해석과 시간영역에서 수치적분법을 이용하는 시간이력해석으로 구분할 수 있다. 또한 시간이력해석은 직접적분법과 모드중첩법으로 분류된다. 해석의 결과로 얻게 되는 방향별 응답 혹은 모드별 응답은 기술기준에서 규정하는 바에 따라 합산되어 내진건전성 평가에 활용된다. 지진해석은 앞서서 언급한 바와 같이 대형집합체구조물을 먼저 해석한 후, 이를 구성하는 세부구조물을 추가로 해석하는 방향으로 단계적으로 진행된다. 그러므로 지진해석의 결과는 대상 구조물의 건전성 평가에 활용될 뿐만 아니라 세부구조물에 전달되는 지진하중을 생산하는 데 활용되기도 한다. 이 경우 세부구조물의 해석을 위한 층응답스펙트럼을 도출하는 작업이 연계된다.

응답스펙트럼해석에서는 이전 단계 해석에서 생산한 층응답스펙트럼 혹은 지반응답스펙트럼을 가진력으로 사용하며 구조물의 동특성 해석에서 구한 구조물의 고유진동수와 진동모드를 이용한다. 응답스펙트럼해석에서는 지진신호에 대한 구조물의 각 모드별 최대응답을 식 (4.2-3) 및 식 (4.2-4)와 같이 계산한다.

$$q_{j,\max} = \Gamma_j \frac{Sa_j}{\varpi_j^2} \tag{4.2-3}$$

$$x_{ij,\max} = \Psi_{ij} q_{j,\max} \tag{4.2-4}$$

여기서

$q_{j,\max}$: j번째 모드의 최대변위응답

Sa_j : 진동수 ω_j와 감쇠값 β_j에 대한 스펙트럼 가속도

Γ_j : 모드참여계수

$x_{ij,\max}$: j번째 모드에 대한 절점 i의 최대변위

Ψ_{ij} : j번째 모드에 대한 절점 i의 모드변위

제 4 장

계산된 최대변위 $x_{ij,max}$로부터 구조물에 작용하는 축력, 전단력, 굽힘 모멘트를 계산한다. 응답스펙트럼해석은 매우 근사적인 방법으로서 간편하고 경제적인 반면 모드응답의 조합과정에서 실제 응답에 비하여 과도한 응답이 계산될 수 있다.

시간이력해석은 일반적으로 지진신호의 가속도 시간이력을 입력으로 사용하며 수치적인 시간적분법을 이용해 구조물의 응답을 계산한다. 따라서 해석의 결과는 구조물의 변위, 속도 또는 가속도 시간이력이 된다. 시간이력해석은 수치적분에 사용되는 구조물의 운동방정식이 어떤 형태로 정리되어 있는가에 따라 직접적분법과 모드중첩법으로 나눠진다.

시간적분법에서 사용하는 시간증분은 시간증분을 1/2로 줄이더라도 10% 이상의 변화가 없으면 사용할 수 있는데, 일반적으로 지진해석에서 고려하는 구조물의 최소 고유주기의 1/10 정도로 설정한다. 시간이력해석은 비교적 정확한 해석이 가능한 반면, 해석과정이 복잡하다. 직접적분법은 연계된 운동방정식을 직접 적분하여 최종응답을 구하는 방법이다. 이 방법은 충격하중과 같이 고진동수 성분을 갖는 동적하중이나 고감쇠시스템의 해석 및 비선형 해석에 효과적으로 사용될 수 있다. 모드중첩법은 모드해석 결과를 이용하여 행렬식으로 기술되는 연계된 운동방정식을 독립된 운동방정식으로 분리하여 해석한 후, 분리된 각 모드별 운동방정식을 시간 적분하여 구조물의 모드별 응답을 구하고 적분결과를 중첩하여 구조물의 응답을 계산하는 방법이다. 모드중첩법은 대형구조물의 시간응답해석을 효율적으로 수행할 수 있는 방법인 반면 비선형 거동을 보이는 구조물의 해석에는 적합하지 않다.

지진신호에 대한 구조물의 응답은 해석하는 방법에 따라 모드별 응답 혹은 방향별 응답으로 분리되어 구해지기도 한다. 이러한 분리된 결과를 조합해야 구조물의 최종응답으로 사용될 수 있다. 원자력구조물의 지진해석 결과의 조합은 해석결과의 보수성을 인정받기 위해 정해진 규정에 따라 이루어져야 한다.

응답스펙트럼해석을 수행할 경우 해석결과로서 각 모드에 대한 최대응답이 계산되며, 최종응답은 이들 모드응답을 SRSS(Square Root of Sum of Squares)법으로 조합하여 구한다. 만일, 여러 모드의 고유진동수가 매우 근접해 있는 경우, 즉 인접모드와의 고유진동수 차이가 10% 이내인 경우에는 그룹법(grouping method), 또는 10%법(ten-percent method), 또는 이중합산법(double-sum method)의 방법에 따라 모드응답을 조합한다.

세 방향의 지진 분력을 받는 구조부재의 설계를 위한 구조응답(응력, 변형, 모멘트, 전단력, 변위 등)은 각 방향별 응답을 SRSS법으로 조합하여 구할 수 있다. 다른 조합방법으로는 Newmark에 의해 제안된 방향성분계수법을 사용할 수 있다.

지진신호에 대한 건물 혹은 구조물의 응답은 일반적으로 측정하는 높이에 따라 증폭되거나 감소되는 특징을 갖는다. 층응답스펙트럼은 해석하고자 하는 구조물의 설치장소의 높이에 따라 생산되는 지진신호로서 선행되는 시간이력해석의 결과를 이용해 작성할 수 있다.

층응답스펙트럼은 시간이력해석의 결과를 이용해 구한 구조물의 특정위치(층)에서의 응답시간이력을 이용해 작성하거나 구조물의 동적 특성과 설계 지반응답스펙트럼을 이용해 작성하기도 한다. 층응답스펙트럼에서 감쇠값은 임계감쇠값의 1~15%의 범위를 사용한다. 설계 층응답스펙트럼은 설계와 건설과정의 차이, 구조물의 모델링 작업에서 포함된 불확실성 등을 고려하기 위하여 응답스펙트럼의 첨두값을 나타내는 진동수의 최소한 ±15% 범위까지 확장하여 작성한다. 또한 층응답스펙트럼에는 적용할 감쇠값, 구조물에서의 위치 및 방향, 지진준위 등의 정보가 표시되어야 한다.

4.2.2.3 유동하중 해석

정상운전중인 원자로내부구조물 각 부품에 발생하는 유동기인 진동은 원자로냉각재 속의 불규칙한 압력파동과 결정론적인 압력파동에 의한 강제응답으로 나눌 수 있다. 유체에 의한 가진함수와 이에 의한 원자로내부구조물의 응답을 예측하기 위한 방법들이 개발되어 왔다.

이 응답계산방법은 하중의 물리적 성질, 즉 불규칙한 것과 결정론적인 것에 따라 2개의 그룹으로 나뉜다. 유체에 의한 가진함수 중 결정론적인 요소를 예측하는 방법과 불규칙한 요소에 대한 해석방법이 기술된다. 복잡한 유로형상을 갖거나 압력분포에 큰 편차가 있는 경우에는 원형 원자로에서 시험을 수행하거나 축소모형 시험으로부터 얻은 시험결과를 이용하여 유체에 의한 가진함수를 결정하는 시험-해석 연계방법이 사용된다. 정상운전중의 수력하중에 의한 원자로내부구조물 각각의 기기에 대한 응답은 전산해석으로 계산된다.

유동에는 난류성분이 포함되어 있으며 난류성분의 유동압력변동이 구조물에 하중으로 작용하게 된다. 일반적으로 난류하중을 피해서 설계할 수 없지만 다른 유동유발기구로 인한 가진력에 비해서 비교적 작기 때문에 일반적으로 중요한 설계현안으로 나타나지 않는다. 하지만 구조물의 강성이 현저히 작은 경우에는 난류성분의 타격(buffeting)이 구조물의 건전성에 영향을 줄 수 있다.

배관이나 구조물을 지나는 유체유동은 유체의 압력에 주기적인 성분을 갖는 경우가 있다. 원자로 냉각재펌프를 가동하면 펌프의 회전수와 펌프날개에 따라 맥동성분의 압력이 원자로내부구조물을 가진하게 된다. 가진주파수와 구조물의 고유진동수가 일치하게 되면 공진이 일어나게 된다. 맥동하중을 구하기 위해서 원자로냉각재를 압축성이 있으며 비점성인 유체로 가정한다.

결정론적 하중함수에 의한 원자로내부구조물의 응답은 정규모드법에 의해 구해진다. 유한요소 전산프로그램으로부터 결정된 질량행렬과 모드형상에 근거한 일반화된 질량이 각 부품의 진동모드에 대하여 계산된다. 하중의 모드참여계수는 모드형상과 관계가 있으며 각 모드별 예상 주기하중함수가 계산된다. 전술한 계산이 끝나면 독립적인 1자유도계 이차 미분운동방정식들의 해로부터 각 모드의 일반 좌표계에 대한 응답이 구해진다. 유한요소 전산프로그램에서 구해진 변위 및 응력 모드형상을 이용하여 적절한 좌표변환을 수행하면 원자로내부구조물의 모드응답을 구할 수 있다. 어떤 특정한 하중함수에 의한 응답은 진동계가 선형이라는 가정에서 그 하중함수에 대한 각 모드 응답들의 합으로 구해진다.

원자로냉각재의 난류타격을 나타내는 불규칙 하중함수에 의한 원자로내부구조물의 응답은 정규모드법에 의해 구해진다. 불규칙 하중함수는 제한된 주파수 대역을 갖는 백색잡음이나 광역주파수 대역의 백색잡음으로 가정된다. 난류유동 및 분사충격에 의한 압력의 파워스펙트럼 밀도를 정의하기 위해서는 실험적 또는 해석적 방법이 사용된다.

4.2.3 원자로내부구조물 종합진동평가프로그램

상용원자로나 연구용원자로의 구조물은 운전기간 동안에 냉각재의 유동으로 인해서 진동이 발생하고 있으며, 접수된 원자로내부구조물에 동하중이 작용할 수 있다. 이러한 동하중을 고려하기 위해서는 접수된 구조물의 동특성을 파악하여 설계에 반영함으로써 원자로의 건전성 및 안전성을 확보해야 한다. 국내에서 원자력안전위원회 고시 제 2012-18호 "원자로시설의 사용전검사에 관한 규정"에서 상온기능검사와 고온기능검사 수행 시 원자로내부구조물 진동평가시험을 수행하도록 요구하고 있다. 이에 따라 안전에 중요한 원자로내부구조물은 원자로의 사용 수명기간 동안, 정상상태 및 과도상태의 진동하중에 견딜 수 있도록 설계되어야 하며, USNRC Reg. Guide 1.20은 원자로의 상업운전에 앞서 원자로내부구조물의 유동유발진동에 대한 구조적 건전성을 증명하기 위한 종합진동평가프로그램(Comprehensive Vibration Assessment Program; CVAP)을 수행하도록 요구하고 있다.

미국에서는 10CFR 50.34[4.2-7]은 원자로를 건설하는 인허가 신청자가 정상운전 및 과도운전에 대한 안전여유도를 결정하고 명시하도록 하고 있으며, 이 법규에 근거하여 USNRC Reg. Guide 1.20 Rev. 3[4.2-8]에서는 안전에 중요한 원자로내부구조물이 사용수명 기간 동안 정상상태 및 과도운전 상태의 진동하중에 견딜 수 있도록 설계되었는지를 상업운전에 앞서 수행하는 고온 기능시험 기간 중에 유동유발진동(flow induced vibration)에 대한 구조적 건전성을 증명하기 위한 종합진동평가프로그램을 요구하고 있다.

종합진동평가프로그램에 대한 국내의 법적 근거로서 원자력안전위원회고시 제 2012-18호[4.2-9] "원자로시설의 사용전검사에 관한 규정"에서 상온기능검사와 고온기능검사를 수행할 때 원자로내부구조물 진동평가시험을 수행하도록 요구하고 있다. 이에 따라 한국원자력안전기술원의 경수로형 원전 안전심사지침서[4.2-10] 3.9.2절에서 USNRC Reg. Guide 1.20의 규정에 따라 원자로 진동시험을 수행하도록 규정하고 있다. 그리고 이 심사지침서에서 원형(prototype) 원자로에 대해서는 정상상태 및 운전 유동의 과도상태에 의해서 원자로내부구조물에 발생하는 동적 응답을 해석하도록 규정하고 있으며, 원자로내부구조물에 대한 유동유발진동 및 음향 공진시험을 가동전 및 발전소 기동시험 중에 수행하도록 명시하고 있다.

이에 따라 안전에 중요한 원자로내부구조물은 원자로의 사용 수명기간 동안, 정상상태 및 과도상태의 진동하중을 수용할 수 있도록 설계되어야 하며, Reg. Guide 1.20[4.2-8]의 규정을 만족하도록 원자로의 운전에 앞서 원자로내부구조물의 유동유발진동에 대한 구조적 건전성을 증명하기 위한 종합진동평가프로그램이 수행되어야 한다.

종합진동평가프로그램은 원자로내부구조물의 구조적 건전성을 확인하기 위한 진동과 응력 및 피로해석, 검사, 진동측정, 결과분석 등으로 구성되며 그 결과는 동일한 구조를 갖는 원자로내부구조물 설계의 입력으로 사용될 수 있고, 가동중에 발생하는 문제를 해결하는데 기초자료로 사용되며 또한 원자로내부구조물 진동감시 시스템(Internal Vibration Monitoring System; IVMS)에 대한 기초자료로도 사용될 수 있다.

4.2.3.1 원자로내부구조물의 분류

USNRC Reg. Guide 1.20[4.2-8]에 따르면 종합진동평가프로그램을 수행하기 위하여 원자로내부구조물을 다음과 같이 분류하고 있다.

원자로내부구조물의 배열, 형상, 크기, 또는 운전조건이 첫 종류이거나 유일한 설계인 원자로내부구조물은 원형(prototype)으로 분류된다. 원형으로 분류된 원자로내부구조물은 해석과 광범위한 측정(extensive measurements) 및 전체적인 검사(full inspection)가 요구된다.

원형 원자로내부구조물에 대해서 종합진동평가프로그램이 성공적으로 수행되었고, 운전중 과도한 진동현상이 발견되지 않은 원자로내부구조물을 유효원형(valid prototype)으로 분류한다. 따라서 이 원자로내부구조물은 일단 유동유발진동에 대하여 검증이 이루어진 원자로내부구조물로 볼 수 있다. 이 원자로내부구조물은 비원형범주 I과 비원형범주 II의 참조(reference) 원자로내부구조물이 된다.

유효원형의 원자로내부구조물이 운전중 과도한 진동현상이 발생함에 따라서 배열, 형상, 크기 또는 운전조건이 변경된 원자로내부구조물을 조건부 원형(conditional prototype)으로 분류한다. 이 원자로내부구조물은 비원형범주 III의 참조 원자로내부구조물이 된다.

제 4 장

원자로내부구조물의 배열, 형상, 크기 및 운전조건이 유효원형과 본질적으로 동일하며, 약간의 차이가 원자로내부구조물의 진동응답이나 가진력에 중요한 영향을 미치지 않음을 시험이나 해석으로 보여준 원자로내부구조물을 비원형범주 I(non-prototype category I)로 분류한다. 비원형범주 I로 분류된 원자로내부구조물은 해석 그리고 광범위한 측정 또는 전체적인 검사가 요구된다.

원자로내부구조물의 크기 및 운전조건이 유효원형과 본질적으로 동일하며, 몇몇 부품의 배열 또는 형상의 차이가 변경되지 않은 원자로내부구조물의 진동응답이나 가진력에 중요한 영향을 미치지 않음을 시험이나 해석으로 보여준 원자로내부구조물을 비원형범주 II(non-prototype category II)로 분류한다. 비원형범주 II로 분류된 원자로내부구조물은 해석 그리고 제한적인 측정(limited measurements) 및 전체적인 검사가 요구된다.

원자로내부구조물의 배열, 형상, 크기 및 운전조건이 제한적 유효원형으로 보기에 불충분한 운전경험을 가진 조건부 원형과 근본적으로 동일한 원자로내부구조물을 비원형범주 III(non-prototype category III)으로 분류한다. 이 경우 배열, 형상, 크기 및 운전조건의 차이가 원자로내부구조물의 진동응답이나 가진력에 중요한 영향을 미치지 않음을 시험이나 해석으로 보여주어야 한다. 비원형범주 III으로 분류된 원자로내부구조물은 해석 그리고 제한적인 측정 및 전체적인 검사가 요구된다.

원자로내부구조물의 배열, 형상, 크기 및 운전조건이 제한적 유효원형으로 본질적으로 동일한 원자로내부구조물을 비원형범주 IV(non-prototype category IV)로 분류한다. 이 경우 배열, 형상, 크기 및 운전조건의 차이가 원자로내부구조물의 진동응답이나 가진력에 중요한 영향을 미치지 않음을 시험이나 해석으로 보여주어야 한다. 비원형범주 IV로 분류된 원자로내부구조물은 해석 그리고 광범위한 측정 또는 전체적인 검사가 요구된다.

비원형범주 II 또는 III의 원자로내부구조물이 규정된 종합진동평가프로그램을 성공적으로 마치고 운전중에 과도한 진동현상이 발견되지 않은 원자로내부구조물, 또는 운전중인 유효원형이 임의의 설계변경 후에 충분한 기간 동안 만족한 운전이 증명된 원자로내부구조물을 제한적 유효원형(limited valid prototype)으로 분류한다. 조건부 원형 원자로내부구조물이 충분한 기간 동안 만족한 운전이 증명되었을 때도 제한적 유효원형으로 분류된다. 이 원자로내부구조물은 비원형범주 IV의 참조 원자로내부구조물이 된다.

4.2.3.2 해석 프로그램

시운전, 초기기동시험 및 정상운전시 정상상태 및 예상 과도조건에 대하여 진동해석이 수행되어야 하며 진동해석에 포함되어야 할 사항은 다음과 같다.

○ 이론적 구조 및 수력학적 모델과 해석식
○ 정적상태 및 예상 과도운전에서 가진될 수 있는 구조와 수력계통의 고유진동수 및 모드형상
○ 정상상태 및 예상 과도운전에서 예상되는 불규칙 및 주기 하중함수
○ 정상상태 및 예상 과도운전에 대하여 계산된 구조 및 수력학적 응답
○ 시운전 및 초기기동시험과 정상운전에 대하여 계산된 구조 및 수력학적 응답의 비교
○ 센서 위치에서 예상되는 구조적 또는 수력학적 진동응답
○ 시험허용기준과 기준설정의 근거

USNRC Reg. Guide 1.20 Rev. 2[4.2-11]가 2007년에 Rev. 3[4.2-8]로 개정되었는데 해석부분에 대한 요건이 다음과 같이 강화되었다. Rev. 3에서 추가된 사항은 다음과 같다.

○ 단순 진동해석 뿐만 아니라 응력해석을 포함
○ 증기발생기 내부구조물의 의한 음향공진의 영향 평가
○ 압력 변동, 진동, 공진으로 인한 주기적인 응력을 결정하는 방법에 대한 기술
○ 고주파수영역대 음향하중을 고려(scale model 시험과 CFD model 해석)
○ 불확실성 및 오차에 대한 규명을 강화(감쇠, 응력집중 등)
○ 동조(lock-in, synchronizing) 문제와 같은 자려진동(自勵振動)에 대한 규명

해석 프로그램은 크게 구조물에 가진력으로 작용하는 냉각재의 유동하중을 평가하는 부분, 원자로내부구조물의 동특성을 파악하는 부분, 그리고 마지막으로 유동하중에 따른 원자로내부구조물의 응답을 얻는 부분으로 나뉠 수 있다.

가진력으로서 수력하중은 원자로냉각재의 유동하중의 정적하중과 동적하중으로 크게 나뉠 수 있다. 동적 하중은 다시 주기적인 유동하중(periodic load)과 불규칙 하중(random load)으로 구분할 수 있다. 여기서 주기적 성분과 불규칙적 성분은 서로 상관관계가 없다고 가정한다. 그리고 주기적 하중과 불규칙적 하중은 크기, 주파수 그리고 공간 분포로서 정의된다.

정적 하중은 원자로냉각재가 유동하면서 원자로내부구조물에 작용하는 하중으로 유체충돌하중과 유체의 항력으로 발생하는 하중이 대표적인 경우이다. 그리고 원자로냉각재의 유동으로 생기는 원통형 구조물의 내부와 외부의 압력차도 정적 하중으로 간주된다.

원자로냉각재 유동으로 인하여 주기적인 하중이 원자로내부구조물에 작용하게 된다. 주기

제 4 장

적인 하중의 하나로서 원자로냉각재 유동에 주기적인 압력변동으로 나타나는 펌프맥동하중이 있다. 이 유동하중은 원자로냉각재펌프의 회전수에 임펠러의 날개가 지나가는 빈도(blade passing frequency)에 해당하는 주파수의 조화함수로 나타난다. 원자로냉각재 유동으로 인하여 원자로내부구조물에 주기적인 하중으로 나타나는 것이 와류에 의한 주기적인 하중이다. 원자로냉각재 유동의 반대방향으로 원자로내부구조물의 후단에 나타나는 와류가 탈락함으로써 주기적인 와류탈락주파수(vortex shedding frequency)의 조화함수로 나타나게 된다. 마지막으로 나타나는 주기적인 하중으로 음향공진(acoustic resonance)을 들 수 있다. 음향학적 주파수와 구조물의 고유진동수 중 하나와 일치할 때 음향학적인 에너지를 흡수하여 공진이 발생함으로써 구조물의 진폭이 커지는 현상으로 일반적으로 배관계통이나 증기발생기 등에서 주로 나타나는 가진기구(exciting mechanism)이다. 가압경수로형 상용원전의 원자로내부구조물에서는 나타나지 않고 있지만, 비등형 원자로의 증기발생기 증기건조기에서 나타난 경험이 있다고 보고되고 있다.

원자로내부구조물에 작용하는 유동하중 가운데 하나는 원자로냉각재의 난류유동 성분에 의한 가진이다. 대부분 난류 유동성분은 넓은 주파수대역에 백색잡음에 가까운 스펙트럼을 보이고 있는데 저주파 영역의 파워스펙트럼 밀도가 일반적으로 고주파 영역보다 크게 나타난다.

노심지지배럴이 받는 주기적인 압력맥동과 입구관(inlet duct)에서의 냉각재펌프 맥동의 관계를 구하기 위하여 수력학적 모델에 근거한 해석이 이용된다. 이 모델은 노심지지배럴과 원자로압력용기 사이에 위치하는 냉각재의 유체 환형공간을 모사하고 있다. 모델의 지배 미분방정식인 파동방정식을 유도할 때, 원자로냉각재는 압축성이며 비점성으로 간주되고, 선형화된 운동방정식과 연속체방정식이 사용된다. 해석모델은 원자로냉각재펌프 회전수와 회전날개의 회전주파수에 해당하는 가진 주파수를 갖는 조화가진력으로 가정하여 계산한다. 상부안내구조물집합체에 작용하는 동적 하중은 제어봉안내관의 튜브군에 작용하는 유동기인하중에서 주기적인 성분은 펌프의 회전수와 임펠러의 날개가 지나가는 빈도에 따른 주파수 성분을 갖는 냉각재의 맥동압력에 의한 것이다. 운전압력과 운전온도 조건에서 실제 크기의 제어봉안내관의 튜브군을 대상으로 수행한 일련의 시험결과를 볼 때, 튜브군에서 예상되는 난류 정도 및 Reynolds 수에서는 주기적인 와류방출은 일어나지 않는 것 알려져 있기 때문에 와류탈락에 의한 가진은 고려하지 않고 중요한 주기적 하중은 펌프맥동에 의한 것으로 판단하고 있다. 일련의 유동 시험결과와 이미 수행되었던 임계전 고온기능시험에서 구한 실측자료를 이용하여 펌프회전수와 그의 2배에 해당하는 주파수, 날개가 지나가는 주파수와 그의 배수에 해당하는 주파수를 갖는 맥동압력의 크기가 계산하고 있다. 노내핵계측기노즐과 노내핵계측기지지판의 지지보는 유동유발 하중(주기적인 것과 불규칙한 것)에 의해 가진된다.

이 하중의 주기적 성분은 펌프에 의한 맥동압력과 원자로냉각재 횡방향 유동으로 발생하는 와류탈락에 의한 것이다. 유동분배통을 통과한 원자로냉각재 유동은 난류 강도가 크기 때문에 통상적인 와류방출을 일으키기 어렵지만 보수적으로 와류탈락이 일어난다고 가정하고 있다. 이 와류탈락으로 발생하는 주기적인 동하중의 주파수 및 크기는 직립한 튜브와 기울어진 튜브에 작용하는 횡방향 유동에 대한 연구자료를 근거로 결정하고 있다. 그리고 펌프맥동하중이 노심지지배럴과 원자로압력용기 사이의 환형공간으로부터 유동분배통을 통과할 때, 그 크기가 줄어들지 않고 전파된다고 가정하여 펌프맥동하중을 산출하고 있다. 맥동하중의 크기는 이미 수행되었던 임계전 고온기능시험 자료를 참고하여 결정하고 있다.

노심지지배럴이 받는 불규칙한 수력학적 하중함수는 해석적인 방법과 실험적인 방법으로 구해진다. 완전히 발달된(fully developed) 유동에 대한 난류압력파동을 정의하는 식을 적용하고 있다. 이 식은 축소모델 시험결과에 근거하여 하향유로 부분의 유동이 완전히 발달되지 않은 점을 보상하도록 수정된다. 구조물의 형태와 난류압력파동의 상관성은 시험결과를 근거로 결정된다. 또한, 원자로냉각재의 난류유동으로 인한 압력 파워스펙트럼 밀도의 첨두 값과 최대 기여도면적을 정의하는 실험으로 보정된 해석적 표현방식을 적용하고 있다. 실제 크기의 제어봉안내관 유동하중시험 결과에 따르면 정상운전 조건에서 제어봉안내관은 상승류와 와류에 따른 난류충돌에 의해 가진된다. 이런 유형의 하중함수는 파워스펙트럼으로 표시되며 이 스펙트럼의 크기는 시험결과와 수행된 임계전 고온기능시험에서 구한 실측자료로부터 결정된다. 노내핵계측기노즐과 노내핵계측기지지판의 지지보는 유동분배통을 지나면서 형성되는 원자로냉각재 분사에 의한 난류충돌의 영향을 받는다. 최외곽의 노내핵계측기노즐과 지지보는 분사가 주위 유동의 유입과 내부 튜브들의 영향으로 그 크기가 줄어들기 전의 모든 충격력을 받게 된다. 이 스펙트럼의 크기는 이미 수행된 임계전 시험으로부터 구한 실측자료에 근거하고 있다. 이 유속에 따른 크기를 갖는 스펙트럼은, 최외곽 튜브와 내부 튜브 사이의 분사특성이 변하지 않는다는 가정으로 각각의 튜브에 적용된다.

수학적 모델을 이용하여 각각의 원자로내부구조물 기기에 대하여 유한요소 모드해석이 수행된다. 이 해석에 사용되는 모델은 각 구조물에 작용하는 가장 중요한 하중조건이 고려된 가장 효율적인 해석이 되도록 작성된다. 구조물의 보모드의 고유진동수를 계산하기 위하여 상부플랜지 부분을 고정단으로 가정하며, 쉘모드의 고유진동수를 계산하기 위하여 상부플랜지는 고정단, 하부플랜지는 핀지지로 가정하고 있다. 이 해석에서 원자로압력용기와 노심지지배럴 사이의 환형공간을 점유하고 있는 유체의 부가질량 효과가 고려된다. 모든 중요한 모드형상 및 고유진동수가 정상운전시의 결정론적 응답해석을 수행하는데 사용된다. 상부안내구조물집합체의 제어봉안내관은 상부안내구조물지지판 및 핵연료정렬판을 포함하여 모사된다. 이 모델을 사용하여 구조물의 모드해석, 결정론적 응답해석 및 불규칙응답해석이 수행

제 4 장

된다. 하부지지구조물집합체의 노내핵계측기노즐집합체는 전체를 보요소와 판요소로 모사된다. 이 모델에서 반력이 작용하는 지점은 하부지지구조물의 밑판(bottom plate)이다. 노내핵계측기노즐과 기울어진 지지기둥은 보요소로 상세히 모사되며 주위의 인접한 구조물의 강성을 나타내는 스프링요소가 각 지점을 지지하는 것으로 이상화된다.

결정론적 하중함수에 의한 원자로내부구조물의 응답은 정규모드법(normal mode method)에 의해 구해진다. 이 방법이 모드해석을 위한 유한요소모델에 적용된다. 유한요소 전산프로그램으로부터 결정된 질량행렬과 모드형상에 근거한 일반화된 질량(generalized mass)이 각 부품의 진동모드에 대하여 계산된다. 하중의 모드참여계수는 모드형상과 관계가 있으며 각 모드별 예상 주기하중함수가 계산된다. 전술한 계산이 끝나면 독립적인 1 자유도계 이차 미분운동방정식들의 해로부터 각 모드의 일반 좌표계에 대한 응답이 구해진다. 유한요소 전산프로그램에서 구해진 변위 및 응력 모드형상을 이용하여 적절한 좌표변환을 수행하면 원자로내부구조물의 모드응답을 구할 수 있다. 어떤 특정한 하중함수에 의한 응답은 진동계가 선형이라는 가정하에서 그 하중함수에 대한 각 모드 응답들의 합으로 구해진다.

원자로냉각재의 난류 타격을 나타내는 불규칙 하중함수에 의한 원자로내부구조물의 응답은 정규모드법에 의해 구해진다. 불규칙 하중함수는 제한된 주파수 대역을 갖는 백색잡음(band-limited white noise)이나 광역주파수 대역의 백색잡음(wide band white noise)으로 가정된다. 난류유동 및 분사충격에 의한 압력의 파워스펙트럼 밀도를 정의하기 위해서는 실험적인 방법 및 해석적인 방법이 사용된다. 이 코드는 정상적인 불규칙 동하중(stationary random dynamic loading)을 받는 다자유도 선형 탄성모델의 RMS 응답변위, 반력 및 응력을 계산하여 준다. 노심지지배럴의 최대응답은 보의 진동모드에서 발생하는 것으로 예상되며, 단순 유한요소 해석모델이 사용되어 변위가 계산된다. 상부안내구조물집합체와 하부지지구조물은 집합체로서 불규칙한 하중에 응답을 나타내지 않지만, 집합체를 이루는 각각의 부품들이 국부적인 응답을 하게 된다. 이러한 각 부분 구조물의 유한요소 해석모델을 사용한 모드해석이 결정론적 해석에서와 같이 불규칙 응답을 구하는데 사용된다.

4.2.3.3 측정 프로그램

원형 원자로내부구조물의 진동측정 프로그램은 원자로내부구조물의 건전성을 증명하고 정상운전 때의 정상상태 및 과도상태의 안전여유도를 확보하고 진동해석 결과를 확인하기 위해서 수행된다. 따라서 측정 프로그램은 해석에 대한 검증차원으로 이뤄진다고 볼 수 있다. 제한적 측정을 수행했던 영광 4호기의 측정에 사용되었던 계측기의 종류, 개수 및 설치위치가 표 4.2-3에 제시되어 있다. 영광 4호기에서는 제한적 측정이라고 단서를 달았기 때문에 다수의 계측기가 사용되지 않았다. 하지만, 원형의 원자로는 전체적인 측정이 요구되어 제한적 측정에서 사용되었던 것보다 더 많은 수량의 계측기가 부착되어야 할 것으로 예상된다.

〈표 4.2-3〉 영광4호기 종합진동평가프로그램의 측정에서 사용된 계측기

계측기	개수	위치
가속도계 총 6개	2	제어봉집합체 보호체 상부
	2	상부안내구조물지지판 바닥
	2	노심지지배럴 바닥
압력변환기 총 8개	6	제어봉집합체 보호체 상부
	2	상부안내구조물지지판 바닥
스트레인게이지 총 16개	8	제어봉집합체 상부
	4	상부안내구조물 제어봉안내관
	2	노심지지배럴 상부
	2	노심지지배럴 중간

측정 프로그램의 목적은 정상운전 및 과도운전 상태에서 원자로내부구조물의 건전성에 대한 안전율의 예측치를 확인하기 위하여 충분한 측정 데이터를 확보하는 것이다. 이를 확인하기 위하여 입력으로 작용하는 원자로냉각재 유동에 의한 유동하중과 구조물의 동적응답에 대한 측정데이터가 필요하다.

원자로냉각재의 유동으로 인한 하중은 구조물 표면에서 압력의 순간값으로 나타난다. 시간의 함수로 나타나는 원자로냉각재의 동압은 압력변환기(pressure transducer)가 원자로내부구조물에 설치되어 측정된다. 취득한 원자로냉각재의 동압의 시간이력은 주기적 성분과 불규칙 성분이 포함되어 있는데 수집된 데이터를 컴퓨터에서 주파수 신호분석을 수행하여 파워스펙트럼 밀도로부터 원자로냉각재펌프의 회전날개로부터 오는 주기성분과 난류유동으로 인한 불규칙 성분을 나누어 구하게 된다.

원자로냉각재 유동으로 발생하는 원자로내부구조물의 구조응답은 스트레인게이지, 변위게

이지 및 가속도계를 사용하여 측정한다. 취득한 원자로내부구조물의 동적 변형률, 변위 및 가속도의 시간이력은 컴퓨터에서 주파수 신호분석을 통해서 구조물의 고유진동수, 모드형상 등을 구하게 된다. 그리고 각각의 센서 위치에서 최대변형률과 최대변위를 얻게 된다.

고온기능시험시 측정프로그램은 핵연료장전이 안된 고온 고압 상태에서 수행된다. 따라서 다음의 설계 온도와 설계 압력 조건에서 측정이 가능해야 한다. 이 온도는 계측기뿐만 아니라 계측기에 연결된 도선(cable)도 겪게 되는 환경이다. 계측기와 도선이 고속으로 유동하는 원자로냉각재로 인하여 부착된 곳에서 떨어지거나 그 기능이 상실되지 않도록 보호되어야 한다. 또한 계측기와 도선은 측정이 수행되는 고온기능시험 동안 원자로냉각재의 수화학 조건에 충분히 견딜 수 있어야 한다. 고온기능시험 기간에 측정프로그램이 수행되기 때문에 방사선 환경에 대하여 특별히 고려할 필요는 없다.

계측기의 설치 위치와 계측기의 개수는 종합진동평가프로그램의 해석이 수행되고 나서 최종적으로 결정된다. 계측기는 원자로내부구조물의 제작 단계에서 원자로내부구조물 표면에 클램핑되거나 용접된다. 고온의 원자로냉각재 유동으로부터 계측기와 도선을 보호하기 위해 도관(conduit) 내부에 도선이 들어간 상태에서 도관을 구조물에 용접하게 된다. 원자로압력용기 CEDM 노즐부터 계측기의 설치위치까지 도관이 연결되어 원자로냉각재 유동으로부터 도선이 보호받아야 한다. 도관 안에 도선을 삽입하고 나서 도관을 구조물에 용접할 경우, 용접열에 의해서 계측기는 물론 도선이 손상되지 않도록 주의해야 한다. 계측기와 도선을 설치하는 과정에서 이들이 손상을 받았는지 원자로내부구조물을 원자로압력용기에 설치하기 전에 확인해야 한다. 고온기능시험 후에 종합진동평가프로그램의 측정이 완료된 다음, 원자로 정상운전에 들어가기 전에 이미 종합진동평가프로그램으로 설치된 계측기 및 도선과 도관은 모두 제거되어야 한다. 따라서 이미 제작된 원자로내부구조물의 손상 없이 계측기와 도관의 설치와 제거가 가능한 위치를 계측기의 측정지점으로 선정해야 한다.

구조물의 진동을 측정하는 방법에 변위 계측기를 이용한 방법, 속도 계측기를 이용한 방법, 그리고 가속도 계측기를 이용한 방법 등이 있다. 이 가운데 가장 일반적으로 많이 사용되는 방법이 가속도 계측기 즉 가속도계를 이용한 방법인데 이는 압전소자를 이용한 계측기이며, 사용 주파수는 0 ~ 400 kHz에 이를 만큼 매우 광범위하다. 상용 원자로의 종합진동평가프로그램에서도 원자로내부구조물의 진동을 계측하는 데 가속도계가 널리 사용되어 왔다. 가속도계의 신호는 데이터 수집 및 분석 시스템으로 구성되며 또한 실시간으로 신호처리를 하여 FFT(Fast Fourier Transform)를 통해서 주파수 영역의 파워스펙트럼 및 상호스펙트럼 (cross spectral density), 기여도(coherence), 위상(phase) 등을 얻을 수 있도록 하고, 시간 영역에서 가속도의 시간이력을 볼 수 있도록 한다.

원자로냉각재의 유동으로 인하여 구조물 표면에 작용하는 동압을 측정하기 위하여 압력변환기가 원자로내부구조물에 설치된다. 동압의 시간이력으로 나타나는 주기적 성분과 불규칙 성분을 동시에 계측하게 된다. 원자로내부구조물에 설치되는 압력변환기는 원자로냉각재의 유동에 심각한 방해물로 작용하지 않을 정도의 크기를 갖고 있어야 하며, 냉각재 유동영역에 설치될 수 있는 크기를 갖고 있어야 한다.

스트레인게이지는 다양한 물리적인 변수를 전기적인 신호로 바꿔주는 역할을 하여 간단하고 저렴한 스트레인게이지는 힘, 압력, 변위, 가속도 또는 토크를 측정할 수 있도록 한다. 스트레인게이지가 갖는 장점은 계측하려는 대상물체의 특정위치의 표면에서 발생하는 변형률을 정확하게 측정하며, 가볍고 간단한 형상을 가지고 있어 고속으로 발생하는 현상에 빠른 응답을 얻을 수 있다. 뿐만 아니라 변형률이 계측되는 넓은 범위 내에서 선형성이 매우 뛰어나며, 넓은 온도범위에서 계측이 가능하고 가혹한 환경에서도 측정이 가능하다. 종합진동평가프로그램에서 스트레인게이지를 사용하는 목적은 원자로내부구조물의 동적 변형률을 계측함으로써 원자로냉각재 유동으로 발생하는 동적 응력을 구하여 해석방법의 타당성을 보증하기 위함이다. 스트레인게이지를 선정하는데 사용하고자 하는 목적에 맞는 스트레인게이지를 선택해야 원하는 목적을 이룰 수 있다. 먼저 스트레인게이지는 변형률을 성공적으로 계측할 수 있어야 한다. 알맞은 스트레인게이지를 선정하기 위해서 스트레인게이지의 재질, 구조물의 형상 및 크기, 계측장비, 그리고 온도나 습기와 같은 환경요건도 고려해야 한다. 특히 종합진동평가프로그램에 사용될 스트레인게이지는 고온에서 사용되기 때문에 온도에 대한 감도가 작아야 한다.

종합진동평가프로그램에 사용되는 계측기 검증에 두 가지 목적이 있다. 첫 번째 목적은 원자로내부구조물에 설치되는 계측기가 종합진동평가프로그램의 측정이 수행되는 동안 계측기가 손상되지 않을 확률을 높이고자 함이고, 두 번째 목적은 고온기능시험 조건에 노출되는 시간의 함수로 계측기의 성능 특성을 얻고자 함이다. 첫 번째 단계에서 계측기의 검증시험은 계측기의 공급자가 수행하게 되는데 이 시험을 통해서 개별 계측기가 종합진동평가프로그램의 요건에 부합되는지를 확인하게 된다. 공급자가 수행하는 개별 계측기에 대한 검증시험에서는 동적 성능, 전기적 특성, 외관 사양 등의 기본 데이터를 얻는다. 두 번째 단계에서 수행하는 계측기 검증은 종합진동평가프로그램이 수행되는 고온고압 상태에 계측기를 노출시켜서 첫 번째 단계에서 수행하였던 동적 성능, 전기적 특성, 외관 등을 평가하게 된다. 두 번째 단계 시험은 가장 견고한 계측기를 판별해 낼 수 있도록 잘 계획되어야 한다. 일단 계측기, 공급자 시험결과 문서 그리고 적합 확인서를 검토하고 나서 다음 단계로 계측기 납품 검증시험에 들어가는데, 이 단계에서는 고온기능시험 조건의 온도, 압력 및 수화학 조건에서 계측기가 손상 없이 건전성을 유지하느냐에 초점이 맞춰진다. 이 단계에서는 공기중 시험을 먼저 수행하고 나서 고온고압의 수화학 환경에서 시험을 수행한다.

제 4 장

진동측정에 사용되는 가속도계는 전하출력형(charge type)이기 때문에 가속도계는 전하증폭기(charge amplifier)를 거쳐 신호가 증폭된다. 가속도계에서 얻어 증폭된 신호는 종합 데이터 신호처리 시스템(integrated data acquisition signal conditioning systems)에 연결되어 기록 및 신호분석이 수행된다.

원자로압력용기 내에서 절연된 압력변환기의 도선은 원자로덮개 헤더 밖에서 종합 데이터 신호처리 시스템에 연결되어 기록 및 신호분석이 수행된다.

진동의 변위 및 변형률 계측에 사용되는 스트레인게이지는 신호처리 증폭기(signal conditioning amplifier)에 내재된 브리지 밸런스, 분로 교정(shunt calibration), 필터를 거쳐 신호가 증폭된다. 증폭된 신호는 종합 데이터 신호처리 시스템에 연결되어 기록 및 신호분석이 수행된다.

신호 데이터의 수집은 신호제어기(signal conditioner), 데이터 수집장비, 온라인 모니터 장비(on-line monitoring equipment)를 통해서 이루어진다. 원자로의 시험 운전 조건은 정상운전, 과도운전, 배경소음 조건(background noise condition)을 포함한 다양한 운전조건을 포함한다. 각 시험조건에 대하여 서로 다른 두 주파수영역을 분리해서 데이터를 수집한다. 즉 고주파수 영역인 0~500Hz 영역과 저주파수 영역인 0~50Hz 영역으로 나누어 데이터를 수집한다. 각 주파수 영역에서 초당 1600개와 160개의 비율로 샘플링하고 aliasing 방지를 위해서 anti-aliasing filter의 cut-off 주파수를 각각 500Hz와 50Hz로 선정한다. 수집된 데이터는 컴퓨터에서 주파수 신호분석이 수행되어 얻은 파워스펙트럼 밀도, 상호스펙트럼 밀도, 기여도 및 위상으로부터 원자로냉각재펌프의 회전날개로부터 오는 주기성분과 난류유동으로 인한 불규칙성분이 구해진다.

데이터 분석으로 원자로내부구조물의 응답과 수력하중에 대한 실효치(Root Mean Square; RMS)를 구하게 되며, 응답의 실효치를 계산으로 제시된 허용치와 비교하여 원자로내부구조물이 원자로냉각재 유동으로 인하여 발생하는 유동유발진동에 대하여 건전함을 보이게 된다.

4.2.3.4 검사 프로그램

검사 프로그램은 고온기능시험전 검사와 고온기능시험후 검사로 나뉘어 수행되며, 각각의 검사를 비교 평가하여 유체유발진동에 대한 원자로내부구조물의 건전성을 입증하는 시험평가보고서가 작성되어 규제기관에 제출된다. 검사 프로그램에서 원자로내부구조물이 적어도 10^6 회 이상의 진동을 겪은 후에 고온기능시험후 검사가 수행되어야 한다.

원자로 고온기능시험의 전과 후에 원자로내부구조물이 유동기인진동으로 구조물의 건전성에 이상이 없음을 입증하기 위하여 검사 프로그램을 수행한다. 검사 프로그램에서는 1단계 및 2단계 검사가 고온기능시험 전과 후에 각각 수행된다.

고온기능시험 전과 후에 수행되는 검사 프로그램을 수행하기 위해서 요구되는 시간이 필요하다. Reg. Guide 1.20 Rev. 3[4.2-8]에서는 피로한도곡선을 고려하여 원자로내부구조물의 가장 취약한 부품이 10^6 사이클 이상의 진동을 받을 수 있는 충분한 고온기능시험 기간을 요구하고 있다. 원자로내부구조물 중에서 1차 모드의 접수 고유진동수가 가장 낮은 부품이 일반적으로 노심지지배럴이 된다. 이를 기준으로 요구되는 최소 고온기능시험 기간은 식 (4.2-5)로 결정된다.

$$T = \frac{10^6}{f_0} \qquad\qquad (4.2\text{-}5)$$

여기서 T는 유체유동으로 인한 동적하중을 받는 최소 요구시간(sec)이고 f_0는 원자로내부구조물 기기 중에서 가장 낮은 1차 모드 고유진동수(Hz)이다.

종합진동평가프로그램의 일환으로 수행되는 검사는 육안검사, 접사촬영, 그리고 비디오 촬영이 있다. 즉, 원자로내부구조물의 구조적인 결함과 상태를 육안으로 점검하고 기록으로 남기며 필요한 경우 돋보기와 같은 보조기를 사용할 수 있다. 또한 필요한 검사부위를 근접 촬영하여 육안검사를 보완하는 기록물로 보관하기도 한다. 한편 검사부위에 접근이 불가능한 경우에는 비디오 촬영장비를 사용하여 검사하고 동영상으로 기록한다.

종합진동평가프로그램의 검사에서 검사후 비교평가를 위하여 1단계 검사(고온기능시험전 검사)의 부위와 2단계 검사(고온기능시험후 검사)의 부위가 일치해야 한다. 검사 프로그램에서 검사해야 할 원자로압력용기 내부 및 원자로내부구조물의 부위는 다음을 기준으로 선정한다.

○ 노심지지배럴, 상부안내구조물에서 플랜지와 같이 하중을 지지하는 부분과 이들 집합체가 제 위치에 있도록 하는 주요 하중지지 요소
○ 방진기, locking pin, guide lug insert, bolting component와 같은 원자로 내에서 수평, 수직 및 비틀림 방향의 구속부와 손상될 경우 원자로내부구조물의 구조적 건전성에 과도한 영향을 주는 체결부
○ 정렬키, 핵연료정렬핀 등 원자로 운전중에 접촉하거나 접촉할 가능성이 있는 표면
○ 용접으로 구조물이 연결된 용접부

제 4 장

○ 종합진동평가프로그램의 해석을 통해서 진동 위험이 예상되는 위치
○ 이탈물이 모이도록 예상되는 위치

고온기능시험전 및 고온기능시험후 검사에서 다음 사항들이 기술되고 보고되어야 한다.

○ 헐거워진 부위(loose part), debris, 부식생성물
○ 부식, 마모 흔적
○ 고정 및 지지부의 건전성 상실
○ 지지 요소간 변위 및 간격
○ 구조물을 제작할 때 발생하는 비정상적인 기계 가공의 흔적
○ 원자로내부구조물을 운반하거나 설치할 때 구조물 사이의 과도한 접촉으로 발생하는 찍히거나 부딪혀 생긴 흔적

원자로내부구조물의 표면결함을 사진 또는 동영상으로 남겨 기록해야 한다. 사진으로 기록을 남길 경우 준비 및 유의사항은 다음과 같다.

○ 촬영부위는 아세톤을 적신 헝겊으로 세척을 한 후에 촬영해야 한다.
○ 근접촬영 및 원근촬영에 적절한 카메라, 필름, 조명을 준비해야 한다.
○ 촬영부위는 절차서에 명시된 대로 식별표지(identification tag)를 부착해서 나중에 인화 후에 촬영부위를 확인할 수 있도록 해야 한다.
○ 표면결함이 육안으로 확인되면 결함부의 근접촬영을 수행한다.
○ 촬영한 표면의 상태를 확인할 수 있도록 플래시의 반사광이 나오지 않게 촬영하는 각도에 유의해야 한다.
○ 디지털 카메라와 필름용 카메라를 동시에 사용하여 기록으로 보관한다.
○ 촬영이 끝나면 구조물에 붙은 식별표지를 제거해야 한다.

촬영조건은 초기에 설정해야 하며 이를 위하여 조리개의 노출 정도와 셔터의 속도를 변화시켜가면서 촬영을 하고 인화를 하여 최적의 촬영조건을 설정한다. 피사체와 사진기 사이에 적절한 거리를 두고 촬영해야 한다. 식별표지는 촬영면과 같은 초점거리에 부착하여 피사체의 심도차이로 식별표지에 나타난 글자의 판독이 불가능하지 않도록 유의해야 한다. 사진 촬영시 금속면에서 반사되는 반사광을 분산시키기 위해 디퓨저(diffuser)를 사용해야 하며 촬영면과 동일한 거리에 사진기 및 플래쉬가 위치하도록 한다. 전체촬영(overall view photographs)을 위하여 별도로 원자로 조립 및 인양시 기기 전체의 모습을 촬영한다.

필름을 이용한 촬영의 경우 필름 현상을 거쳐서 인화지에 인화를 하게 된다. 디지털 인화의 경우 필름없이 곧바로 카메라에 저장된 메모리로부터 사진파일을 읽어와 인화하는 방법이다. 가능하면 두 가지 인화방법을 모두 적용하여 아날로그 방식과 디지털 방식의 인화기록을 남겨둔다.

시험 인화한 사진에서 주요부위를 기준으로 색상 및 명암을 조정하여 최종적으로 인화한다. 이 때 금속의 고유광택이 나타나도록 해야 한다. 노출이 부족하거나 과다하지 않도록 셔터의 노출시간과 광원의 세기를 조절하여 촬영을 해야 하며, 인화시에 적절한 명암을 갖도록 주의해야 한다.

디지털 인화를 할 경우, 인화 해상도는 매우 중요하다. 표면상태를 인지할 수 있을 정도로 충분히 정밀한 해상도를 가져야 한다.

보고서에 들어갈 사진의 크기는 표준 및 접사사진과 전체사진으로 나눌 수 있다. 전체사진에는 구조물의 전체 형상이 들어가게 되며 어느 부위의 상세한 부위가 나타나야 하는 것이 아니기 때문에 입체적인 구조물이 잘 나타나도록 촬영해야 한다. 표준 사진 및 접사 사진을 찍은 부위가 전체 구조물에서 어디에 해당되는지가 잘 나타나면 된다. 보고서의 구성에서 전체사진이 먼저 나오고 다음에 표준 사진 및 접사 사진이 나올 수 있도록 배치한다. 전체사진은 크기가 표준 사진 및 접사 사진보다 더 큰 크기로 인화한다.

한편 검사부위에서 인접한 구조물로 인하여 검사 부위의 상태를 사진으로 남길 수 없는 경우에 소형 비디오 카메라를 검사 부위에 접근시켜 촬영을 하여 동영상으로 남길 수 있다. 동영상의 기록은 아날로그 방식으로 자기테이프에 기록된 형태나 디지털 방식으로 기록된 mp4, asf, wmv, avi, dat 등의 파일 형식으로 기록해 둘 수 있다. 동영상의 화질이 충분한 픽셀을 갖도록 촬영해야 한다.

4.3 가압기

4.3.1 설계 건전성 평가

가압기는 원전의 다양한 설비 중 가장 높은 등급인 안전 1등급(safety class 1) 기기로서, 설계 건전성 평가는 일반적으로 KEPIC MNB[4.3-1] 또는 ASME Code Sec. III, NB 요건[4.3-2]에 따라 수행한다. 이러한 코드 요건의 제정 및 적용 목적은 운전중 다양한 하중이 작용하거나 극한의 상황이 발생하더라도 가압기의 건전성을 충분히 유지하기 위한 것이다. 실제 가압기의 설계 건전성 평가에 적용되는 코드 요건은 매우 복잡하고 어렵기 때문에 여기서는 가장 기본적인 개념을 소개하는 수준으로 기술하고자 한다.

4.3.1.1 KEPIC MNB 요건 평가

KEPIC MNB 요건은 해석적 방법에 의해 설계 단계에서 구조물의 건전성을 평가하기 위한 것으로서, 대표적으로 기기에 대한 평가에 적용되는 MNB 3200 요건과 배관에 대한 평가에 적용되는 MNB 3600 요건으로 구분할 수 있다. MNB 3600 요건에서는 단순 계산을 통해 배관에 작용하는 응력을 구할 수 있는 수식들이 잘 제시되어 있는 반면에 MNB 3200에는 개략적인 요건만 제시되어 있다. 따라서 MNB 3200 요건에 따른 건전성 평가를 위해 해석자는 먼저 평가대상 구조물에 대해 그림 4.3-1과 같은 해석모델을 구축하고, ANSYS 또는 ABAQUS 등의 프로그램을 활용하여 유한요소해석을 수행한 후 작용하는 응력을 직접 평가하여야 한다.

KEPIC에서는 최대 전단응력에 기초한 파손이론을 채택하고 있으며, 이 때 최대 전단응력은 3개의 주응력 성분 중 대수적으로 가장 큰 값과 가장 작은 값의 차이의 1/2로 정의된다. KEPIC MNB에 제시된 건전성 허용기준은 다음과 같다.

○ 응력강도(stress intensity)는 KEPIC MNB 3100과 MNB 3200 및 MDP 부록 [4.3-3] IIA, IIB 및 IV에 제시된 각 재료별 한계를 초과하지 않아야 함
○ 상세 설계시 KEPIC MNB 3100의 규정 및 특정 기기에 적용되는 해당 조의 규정을 따라야 함
○ 압축응력이 발생하는 형상에 대해서는 상기 두 가지 사항 외에 임계 좌굴응력을 고려해야 함. 또한 외압이 작용하는 특수한 경우에는 KEPIC MNB 3133 요건을 적용하여

　　야 함

○ 무연성파괴(non-ductile failure)를 방지하기 위해 KEPIC MNZ 부록 G[4.3-4] 등
의 방법을 사용하여 평가를 수행하여야 함

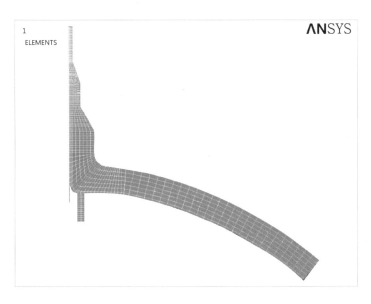

〈그림 4.3-1〉 가압기 노즐에 대한 대표적 유한요소해석 모델

　　KEPIC MNB 3000 요건에 따른 건전성 평가는 먼저 가압기의 각 부속기기에 대해 작용
하는 모든 하중을 고려한 응력해석을 수행하고, 도출된 응력을 성분별로 분류한 다음 각 운
전 조건에 대해 코드에서 제시한 응력한계와 비교하는 것이다.

　　가압기뿐만 아니라 원전의 모든 기기는 운전중 자중, 압력, 온도 변화에 의한 열팽창 하
중, 인접 기기와 배관의 거동에 기인한 반력 등의 다양한 하중이 발생하므로 응력해석에서
이러한 하중들을 모두 고려하여야 하며, 또한 극한의 조건에서도 충분한 건전성을 유지하도
록 지진, 배관 파단 등과 같은 가상의 하중들도 고려하여야 한다. 이러한 하중들에 대해 응
력해석을 수행한 후에는 응력 선형화기법 등의 적용을 통해 응력을 성분별로 분류하여야 하
는데, 그 이유는 응력의 유형에 따라 기기의 파손에 미치는 영향이 상이하기 때문에 각 응
력의 유형별로 건전성 확보 여부를 확인하기 위함이다. 각 운전 조건별 건전성 평가 절차
및 방법은 다음과 같다.

　　먼저 설계조건의 경우 응력한계는 그림 4.3-2와 같다. 그림에 나타낸 바와 같이 일반 1
차 막응력강도(P_m)는 식 (4.3-1)처럼 각 재료별 설계 온도에서의 응력강도(S_m) 이하이어야
한다. 또한 국부 막응력강도(P_L)는 식 (4.3-2)와 같이 설계온도에서 응력강도의 1.5배 이하

이어야 한다. 한편 1차 일반 또는 국부 막응력강도와 1차 굽힘응력강도(P_b)의 합도 식 (4.3-3)과 같이 설계 온도에서의 응력강도의 1.5배 이하이어야 한다.

$$P_m \leq S_m \tag{4.3-1}$$

$$P_L \leq 1.5 S_m \tag{4.3-2}$$

$$P_L + P_b \leq 1.5 S_m \tag{4.3-3}$$

여기서 상기 내용에서 사용된 주요 용어에 대해 보충설명을 하면 1차 응력은 외력, 내력 및 모멘트의 평형조건을 만족시키기 위해 부과되어야 하는 하중에 의한 수직응력 또는 전단응력을 말한다. 1차 응력의 기본 특징은 자기 제한성(self-limiting)이 없다는 것이며, 1차 응력이 재료의 항복강도를 초과하게 되면 구조물의 파손 또는 심한 변형(gross distortion)이 발생하게 된다. 한편 막응력은 해당 단면 두께에 균일하게 분포하고, 두께에 대한 응력의 평균값과 같은 수직응력 성분을 의미한다. 1차 막응력은 일반 막응력과 국부 막응력으로 구분할 수 있는데, 일반 막응력은 재료의 항복이 발생하더라도 하중의 재분포(redistribution)가 발생하지 않는 응력이며, 주로 내압으로 인해 발생한다. 반면에 국부 막응력은 압력 또는 다른 기계적 하중에 의해 발생하며 구조적으로 불연속 부위에 작용하는 막응력을 의미한다. 마지막으로 응력강도는 최대 전단응력의 2배로 정의되며, 특정 지점에서의 3가지 주응력 중 최대값과 최소값의 차이를 의미한다. 응력강도는 다음과 같은 절차에 따라 계산한다.

○ 평가하고자 하는 구조물의 특정 지점에서 접선방향, 길이방향 및 반경방향의 직교 좌표계를 결정하여 각각을 하첨자 t, l, r로 정의한다. 즉, 이들 방향의 수직응력을 σ_t, σ_l, σ_r로, 전단응력은 τ_{lt}, τ_{lr}, τ_{rt}로 표시한다.

○ 해당 부위에 작용하는 각 하중의 유형별로 응력성분을 계산한 후 각 응력성분들을 다음 범주 중의 하나 또는 그룹으로 재분류한다.
  - 1차 일반 막응력
  - 1차 국부 막응력
  - 1차 굽힘응력
  - 팽창응력

응력범주	1차응력		
	일반 막응력	국부 막응력	굽힘응력
설명	임의의 중실 단면에 대한 평균 1차응력. 불연속 및 응력집중은 제외. 기계적 하중에 의해서만 발생	임의의 중실 단면에 대한 평균응력. 불연속은 고려하나 응력집중은 제외. 기계적 하중에 의해서만 발생	임의의 중실 단면의 도심으로부터의 거리에 비례하는 1차응력 성분. 불연속 및 응력집중은 제외. 기계적 하중에 의해서만 발생
기호	P_m	P_L	P_b
응력성분의 조합 및 응력강도의 허용한계	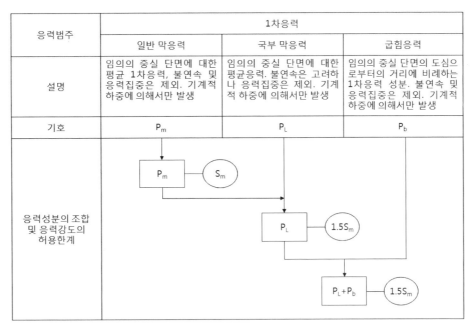		

〈그림 4.3-2〉 설계조건의 응력 범주 및 한계

- 2차 응력
- 피크응력(peak stress)

○ 서로 다른 유형의 하중으로 인해 발생하는 수직응력과 전단응력에 대해 동일한 성분별로 대수합을 구한다.

○ t, l, r 방향의 응력성분을 주응력 σ_1, σ_2, σ_3로 바꾸고 다음 관계식으로부터 응력 차이인 S_{12}, S_{23}, S_{31}을 계산한다. 여기서 응력강도(S)는 S_{12}, S_{23}, S_{31}의 절대값 중 가장 큰 값으로 정의한다.

- $S_{12} = \sigma_1 - \sigma_2$
- $S_{23} = \sigma_2 - \sigma_3$
- $S_{31} = \sigma_3 - \sigma_1$

원전 운영 중 가장 빈번하게 발생하는 A급 운전조건(정상 운전조건)의 경우 응력한계는 그림 4.3-3과 같다. 그림에서와 같이 1차 및 2차 응력강도의 합은 식 (4.3-4)와 같이 설계 온도에서 재료의 응력강도의 3배 이하이어야 한다. 또한 팽창응력강도(P_e)는 식 (4.3-5)와 같이 설계온도에서 재료의 응력강도의 3배 이하이어야 한다. 여기서 2차 응력이란 인접 재료의 구속 혹은 구조물의 자기 구속(self-constraint)에 의해 생기는 수직응력 또는 전단응력을 의미한다. 2차 응력의 기본 특징은 자기 제한성이 있다는 것이다. 즉, 상당히 큰 2차 응력이 구조물에 작용하면 국부적으로는 항복 또는 작은 변형이 생길 수는 있지만 전체적 관점으로 볼 때 이러한 응력이 한 번 작용했다고 해서 구조물의 파손을 유발하지는 않는다는 것이다. 한편 팽창응력은 자유단(free end) 변위의 구속(constraint)으로 인해 발생하는 응력이고, 피크응력은 응력집중의 영향을 포함하여 국부 불연속 또는 국부 열응력으로 인해 1차 응력 및 2차 응력 외에 추가되는 응력을 의미한다. 피크응력의 기본 특징은 그 자체로는 가시적인 변형을 유발하지 않으나, 피로균열 또는 취성파괴의 원인이 될 수 있다는 것이다.

한편 원전 운전중 간헐적으로 발생할 수 있는 B급 운전조건(이상 운전조건)에 대해서는 그림 4.3-3에 나타낸 바와 같이 앞서 기술한 A급 운전조건에 대한 응력한계를 동일하게 적용한다.

$$P_L + P_b + P_e + Q \leq 3S_m \qquad (4.3-4)$$

$$P_e \leq 3S_m \qquad (4.3-5)$$

원전 운전중 실제 발생할 가능성은 매우 적지만 보수적 측면에서 고려하고 있는 C급 운전조건(고장 운전조건)의 경우 응력한계는 그림 4.3-4와 같다. 먼저 일반 1차 막응력강도는 응력강도의 1.2배와 재료의 항복강도(S_y) 중 큰 값 이하이어야 한다. 또한 국부 막응력강도는 응력강도의 1.8배와 재료 항복강도의 1.5배 중 작은 값 이하이어야 한다. 한편 1차 일반 또는 국부 막응력강도와 1차 굽힘응력강도(P_b)의 합도 응력강도의 1.8배와 재료 항복강도의 1.5배 중 작은 값 이하이어야 한다.

D급 운전조건(비상 운전조건)의 경우 탄성 응력해석 결과에 기반을 둔 응력한계는 KEPIC MNZ 부록 F에 제시되어 있다. 먼저 일반 1차 막응력강도는 오스테나이트계 강, 고니켈 합금, 및 구리-니켈 합금의 경우 응력강도의 2.4배와 재료의 인장강도(S_u)의 0.7배 중 작은 값 이하이어야 하고, 페라이트계 강의 경우는 재료 인장강도(S_u)의 0.7배 이하이어야 한다. 한편 국부 막응력강도는 일반 1차 막응력강도의 1.5배를 초과하면 안된다. 또한 1차 일반 또는 국부 막응력강도와 1차 굽힘응력강도의 합도 일반 1차 막응력강도의 1.5배를 초과하면 안된다.

이 외에 수압시험(hydrostatic test) 등 시험 운전조건의 경우 일반 1차 막응력강도는 재료 항복강도의 90%를 초과하면 안되고, 1차 일반 또는 국부 막응력강도와 1차 굽힘응력강도의 합도 재료 항복강도의 1.35배를 초과해서는 안된다.

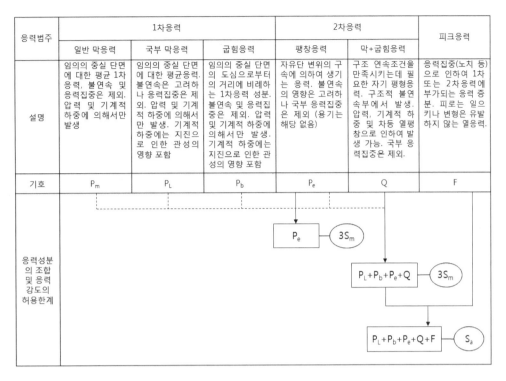

응력범주	1차응력			2차응력		피크응력
	일반 막응력	국부 막응력	굽힘응력	팽창응력	막+굽힘응력	
설명	임의의 중실 단면에 대한 평균 1차응력, 불연속 및 응력집중은 제외. 압력 및 기계적 하중에 의해서만 발생	임의의 중실 단면에 대한 평균응력. 불연속은 고려하나 응력집중은 제외. 압력 및 기계적 하중에 의해서만 발생. 기계적 하중에는 지진으로 인한 관성의 영향 포함	임의의 중실 단면의 도심으로부터의 거리에 비례하는 1차응력 성분. 불연속 및 응력집중은 제외. 압력 및 기계적 하중에 의해서만 발생. 기계적 하중에는 지진으로 인한 관성의 영향 포함	자유단 변위의 구속에 의하여 생기는 응력. 불연속의 영향은 고려하나 국부 응력집중은 제외 (용기는 해당 없음)	구조 연속조건을 만족시키는데 필요한 자기 평형응력. 구조적 불연속부에서 발생. 압력, 기계적 하중 및 차등 열팽창으로 인하여 발생 가능. 국부 응력집중은 제외.	응력집중(노치 등)으로 인하여 1차 또는 2차응력에 부가되는 응력 증분. 피로는 일으키나 변형은 유발하지 않는 열응력.
기호	P_m	P_L	P_b	P_e	Q	F

응력성분의 조합 및 응력 강도의 허용한계

$$P_e \quad 3S_m$$

$$P_L + P_b + P_e + Q \quad 3S_m$$

$$P_L + P_b + P_e + Q + F \quad S_a$$

〈그림 4.3-3〉 A급 및 B급 운전조건의 응력 범주 및 한계

4.3.1.2 KEPIC MNZ 부록 G 요건 평가

가압기와 같이 페라이트계 재료로 제작된 안전 1등급 압력유지 기기는 운전중 파괴인성의 점진적 저하에 의한 무연성파괴를 방지하기 위해 KEPIC MNZ 부록 G에 제시된 방법을 사용하여 설계 단계에서 파괴역학 평가를 수행한다. 이러한 요건의 제정 및 적용 목적은 운전 중 가압기에 결함이 발생하는 극한의 경우에도 가압기의 건전성이 충분히 유지됨을 보장하기 위한 것이다. 실제 적용되는 코드 요건은 매우 복잡하고 어렵기 때문에 여기서는 가장 기본적인 개념을 소개하는 수준으로 기술하고자 한다.

KEPIC MNZ 부록 G에 따른 건전성 평가는 선형탄성 파괴역학 이론에 기초를 두고 있으며, 평가하고자 하는 위치에 최대 가상결함(postulated defect)이 존재한다고 가정하고, 그 결함에 대해 구한 모드 I 응력확대계수(K_I)를 구조물 재료의 물성치인 참조 임계 응력확대계수(K_{IC})와 비교하여 건전성 여부를 판단하는 것이다. 만약 K_I이 K_{IC}와 같거나 초과하는 경우 결함이 급속히 진전하여 해당 구조물이 파손된다고 간주한다.

제 4 장

응력범주	1차응력			2차응력	피크응력
	일반 막응력	국부 막응력	굽힘응력	막+굽힘응력	
설명	임의의 중실 단면에 대한 평균 1차응력. 불연속 및 응력집중은 제외. 기계적 하중에 의해서만 발생	임의의 중실 단면에 대한 평균응력. 불연속은 고려하나 응력집중은 제외. 기계적 하중에 의해서만 발생	임의의 중실 단면의 도심으로부터의 거리에 비례하는 1차응력성분. 불연속 및 응력집중은 제외. 기계적 하중에 의해서만 발생	구조 연속조건을 만족시키는데 필요한 자기 평형응력. 구조적 불연속부에서 발생. 기계적 하중 및 차등 열팽창으로 인하여 발생 가능. 국부 응력집중은 제외	응력집중(노치 등)으로 인하여 1차 또는 2차응력에 부가되는 응력 증분. 피로는 일으키나 변형은 유발하지 않는 열응력
기호	P_m	P_L	P_b	Q	F
응력성분의 조합 및 응력강도의 허용한계	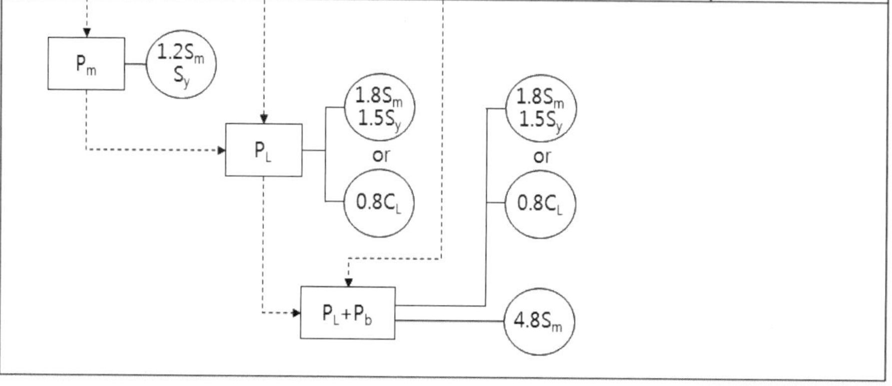				

〈그림 4.3-4〉 C급 운전조건의 응력 범주 및 한계

가장 일반적으로 사용되고 있는 원전 기기의 재료인 SA533B Class 1, SA508-Gr.1, SA508-Gr.2 Class 1 및 SA508-Gr.3 Class 1 강을 대상으로 시험편 실험으로 얻은 온도와 기준무연성천이온도(RT_{NDT})에 따른 참조 임계 응력확대계수는 그림 4.3-5 및 식 (4.3-6)과 같다. 여기서 기준무연성천이온도는 각 재료에 대해 다양한 시험을 통해 구한 값이다.

$$K_{IC} = 33.2 + 20.734 \exp[0.02(T - RT_{NDT})] \tag{4.3-6}$$

평가에 사용되는 최대 가상결함은 최대응력 작용 방향에 수직한 날카로운 표면결함(surface crack)이다. 이 때 구조물 단면의 두께가 102mm(4in)에서 305mm(12in) 범위인 경우 결함의 깊이는 단면 두께의 1/4로 가정하고, 결함의 길이는 단면 두께의 1.5배로 가정한다. 만약 단면의 두께가 305mm(12in)를 초과할 경우에는 결함 깊이는 305mm(12in) 두께에 대한 값을 사용하며, 단면의 두께가 102mm(4in) 미만인 경우에 25mm(1in) 깊이를 사용한다. 한편 결함은 단면의 내면 및 외면에 모두 존재하는 것으로 간주된다.

평가의 다음 단계는 앞서 정의한 가상결함에 대해 각 하중별로 모드 I 응력확대계수를 구하는 것이다. 불연속 부위로부터 멀리 떨어진 쉘 또는 헤드의 경우 구조적으로 중요한 하중은 압력에 의한 일반 1차 막응력과 가열 및 냉각시 벽 두께방향으로 발생하는 열구배(thermal gradient)에 의한 열응력이다. 따라서 이러한 부위에서 A급 및 B급 운전조건의 경우 고려하는 하중은 막 인장응력, 굽힘응력, 반경방향의 열구배에 의한 응력이다.

한편 축방향 결함에 대한 막 인장응력에 의한 응력확대계수(K_{Im})는 식 (4.3-7)을 이용하여 구할 수 있다.

$$K_{Im} = M_m \times (PR_i/t) \tag{4.3-7}$$

여기서 M_m은 막 인장응력 보정계수, P는 작용하는 내압(ksi), R_i는 내부 반경(in), t는 두께(in)이다.

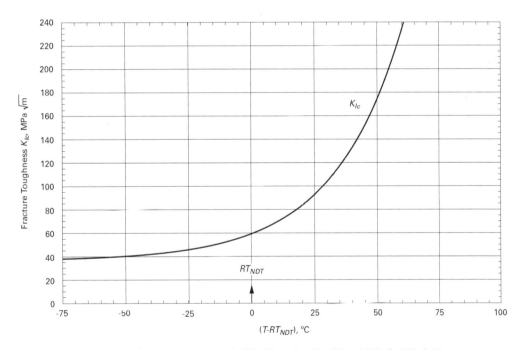

〈그림 4.3-5〉 온도와 기준무연성천이온도에 따른 참조 임계 응력확대계수

내부 표면에 존재하는 축방향 결함에 대한 M_m은 식 (4.3-8)과 같고, 외부 표면 존재 축방향 결함에 대한 M_m은 식 (4.3-9)와 같다. 한편 원주방향 결함에 대한 막 인장응력에 의한 응력확대계수(K_{Im})는 축방향 결함의 경우와 동일하게 식 (4.3-7)로 구할 수 있으며, 내

부 및 외부 표면의 구분 없이 M_m은 식 (4.3-10)과 같다.

$$
\begin{aligned}
M_m &= 1.85 \ \ \text{for } t < 4 \\
&= 0.926 \sqrt{t} \ \text{for } 4 \leq t \leq 12 \\
&= 3.21 \ \ \text{for } t > 12
\end{aligned}
\tag{4.3-8}
$$

$$
\begin{aligned}
M_m &= 1.77 \ \text{for } t < 4 \\
&= 0.893 \sqrt{t} \ \text{for } 4 \leq t \leq 12 \\
&= 3.09 \ \ \text{for } t > 12
\end{aligned}
\tag{4.3-9}
$$

$$
\begin{aligned}
M_m &= 0.89 \ \ \text{for } t < 4 \\
&= 0.443 \sqrt{t} \ \text{for } 4 \leq t \leq 12 \\
&= 1.53 \ \ \text{for } t > 12
\end{aligned}
\tag{4.3-10}
$$

축방향 및 원주방향 결함에서 굽힘응력에 의한 응력확대계수(K_{Ib})는 식 (4.3-11)과 같이 구할 수 있다.

$$
K_{Ib} = M_b \times \sigma_b
\tag{4.3-11}
$$

여기서 M_b는 굽힘응력 보정계수로서 축방향 결함에 대한 M_m 값의 2/3이고 σ_b는 최대 굽힘응력(MPa)이다.

내부 표면에 존재하는 축방향 또는 원주방향 결함의 경우 반경방향 즉 두께방향의 열구배에 의한 응력확대계수(K_{It})는 식 (4.3-12)으로 구할 수 있고, 외부 표면에 존재하는 결함의 경우 K_{It}는 식 (4.3-13)으로 계산한다.

$$
K_{It} = 0.953 \times 10^{-3} \times CR \times t^{2.5}
\tag{4.3-12}
$$

$$
K_{It} = 0.753 \times 10^{-3} \times HR \times t^{2.5}
\tag{4.3-13}
$$

여기서 CR은 냉각률(℉/hr), t는 두께(mm), HR은 가열률(℉/hr)이다.

불연속 부위로부터 멀리 떨어진 쉘 또는 헤드 부위의 경우 가상결함의 깊이 위치에서 A급 및 B급 운전조건의 임의의 온도에 대한 허용압력은 식 (4.3-14)로 결정한다. 또한 식 (4.3-14)에 운전 압력과 온도를 대입하여 가압기의 건전성 여부를 확인할 수 있다. 여기서

K_{Im}에 대해서는 안전계수 2를 적용한다.

$$2K_{Im} + K < K_{IC} \qquad (4.3\text{-}14)$$

한편 노즐, 플랜지 등 기하학적 불연속 부위의 경우 상기와 같은 평가에서 1차 응력 외에 2차 응력을 추가적으로 고려하여야 한다. 그러나 이러한 요건은 매우 복잡하고 어렵기 때문에 이에 대한 상세한 설명은 생략하기로 한다.

4.3.2 운전 건전성 평가

원전의 운영과정에서는 KEPIC MIB[4.3-5]의 규정에 따라 주기적 가동중검사(ISI)를 의무적으로 수행하고 있는데 만약에 비파괴검사 결과 가압기에 존재하는 결함이 발견되면 해당 결함에 대해 KEPIC MIB 요건에 따른 건전성 평가를 수행하여야 한다. 이러한 코드 요건의 제정 및 적용 목적은 운전중 가압기에서 여러 원인에 의해 결함이 발생할 경우 이에 대한 상세 평가를 통해 가압기의 건전성 확보여부를 분석하고 그에 따른 후속 조치방안을 모색하기 위한 것이다. 실제 가압기의 운전 건전성 평가에 적용되는 코드 요건은 매우 복잡하고 어렵기 때문에 여기서는 가장 기본적인 개념을 소개하는 수준으로 기술하고자 한다.

원전 기기에는 복잡하고 다양한 형상을 가진 부위들이 많이 존재하기 때문에 건전성 평가 시 이러한 특성들을 잘 고려하여야 한다. 각 부위에 대한 검사 범주(examination category) 및 결함 허용기준(acceptance standard)은 KEPIC MIB 3000에 제시되어 있으며, 이를 정리하여 표 4.3-1에 나타내었다.

가압기 동체 중 압력유지 용접부(pressure-retaining weld)의 경우 검사범주는 B-B에 해당되며, 이에 대한 결함의 유형별 허용기준은 MIB 3510에 상세히 제시되어 있다.

허용기준을 보다 상세히 설명하면 체적검사(volumetric examination)를 통해 발견된 평면 결함(planar flaw)의 크기는 표 4.3-2에 제시된 한계값을 초과하지 않아야 한다. 한편 라미나 결함(laminar flaw)의 크기는 표 4.3-3에 제시된 한계값을 초과하지 않아야 하며, 선형 결함(linear flaw)의 크기는 표 4.3-4에 제시된 한계값을 초과하지 않아야 한다. 만약 검사를 통해 발견된 결함의 크기가 코드에 제시된 한계값을 초과할 경우 MIB 3600 요건에 따른 해석적 평가를 수행하여 건전성을 입증하거나 또는 정비/교체 등을 수행하여야 한다.

제 4 장

〈표 4.3-1〉 다양한 부위에 대한 검사 범주 및 결함 허용기준

검사범주	대상기기 및 부품	허용기준
B-A, B-B	용기 용접부	MIB 3510
B-D	용기의 완전 용입용접 노즐	MIB 3512
B-F, B-J	배관 및 용기 노즐의 이종 및 동종금속 용접부	MIB 3514
B-G-1	지름 2in 초과 볼트류	MIB 3515, MIB 3517
B-G-2	지름 2in 이하 볼트류	MIB 3517
B-K	용기, 배관, 펌프 및 밸브의 용접 부착물	MIB 3516
B-L-2, B-M-2	펌프 케이싱 및 밸브 몸체	MIB 3519
B-N-1, B-N-2, B-N-3	원자로 내면 및 내부기기	MIB 3520
B-O	제어봉 구동장치 및 계기노즐 하우징 용접부	MIB 3523
B-P	압력유지 경계	MIB 3522
B-Q	증기발생기 전열관	MIB 3521

KEPIC MIZ 부록 A[4.3-6]에는 선형탄성 파괴역학 이론에 기초하여 다양한 형상의 결함에 대한 상세 해석적 평가방법을 제시하고 있으며, 특히 MIB 3610에는 페라이트계 재질로 제작된 두께가 4in 이상인 기기에 대한 상세 허용기준이 제시되어 있다. KEPIC MIZ 부록 A에 제시된 결함에 대한 상세 해석적 평가방법은 다음과 같다.

○ 검출된 결함의 실제 형상을 고려한 결함의 특성화
○ 각 운전조건별 결함 위치에서의 응력확대계수 평가
○ 결함의 성장 평가
○ 건전성 확인

4.3.2.1 결함의 특성화

실제 검사를 통해 발견된 결함은 대체적으로 형상 및 치수가 매우 불규칙하고 복잡하므로 해석적 방법을 통해 건전성 평가를 수행하기 위해서는 이러한 복잡한 형상을 최대한 단순화

해야 한다. 검출된 결함의 실제 형상을 고려한 특성화 절차 및 방법은 KEPIC MIA 3000 및 MIZ 부록 A에 상세히 제시되어 있다. 이 규정의 가장 기본적인 원칙은 검사를 통해 발견된 결함을 해당 결함을 완전히 포함하는 직사각형이나 정사각형과 같이 매우 단순한 형상으로 특성화하는 것이다. 이 때 표면결함의 경우는 다음과 같은 사항을 고려하여야 한다.

○ 직사각형이나 정사각형의 한 변의 길이(l)는 기기의 내부 압력유지 표면과 평행이 되도록 결정해야 함

○ 직사각형의 깊이나 정사각형의 한 변은 기기의 내부 압력유지 표면과 수직이 되도록 정하고, 표면 평면결함의 경우 a로 정의함 (그림 4.3-6 참조)

○ 결함의 형상비는 a/l로 정의하며, 그림 4.3-7에서와 같이 깊이가 깊은 결함의 경우 이 비율은 최대 0.5를 초과하지 않아야 함

○ 해석을 위해 결함의 형상은 길이가 l이고 깊이가 a인 반타원형(semi-elliptical) 모델로 이상화함 (그림 4.3-6 참조)

〈표 4.3-2〉 평면 결함의 허용 크기

형상비, a/l	호칭 벽두께, in		
	2.5 이하	4 ~ 12	16 이상
	a/t, %	a/t, %	a/t, %
0.00	3.1	1.9	1.4
0.05	3.3	2.0	1.5
0.10	3.6	2.2	1.7
0.15	4.1	2.5	1.9
0.20	4.7	2.8	2.1
0.25	5.5	3.3	2.5
0.30	6.4	3.8	2.9
0.35	7.4	4.4	3.3
0.40	8.3	5.0	3.8
0.45	8.5	5.1	3.9
0.50	8.7	5.2	4.0

제 4 장

〈표 4.3-3〉 라미나 결함의 허용 크기

기기 두께, in	허용 라미나 면적, in^2
2.5	7.5
4	12
6	18
8	24
10	30
12	36
14	42
16 이상	52

〈표 4.3-4〉 선형 결함의 허용 크기

호칭 단면 두께, in	l/t, %
2.5 이하	17.4
4~12	10.4
16 이상	8.0

4.3.2.2 응력확대계수 평가

이상화된 결함의 건전성 여부를 결정하기 위해서는 해당 결함에 대한 작용 응력확대계수와 재료의 임계 파괴인성과의 상호 비교가 필요하다. KEPIC MIZ 부록 A에 결함에 대한 작용 응력확대계수 평가방법이 상세히 제시되어 있다. 반타원형 표면결함의 경우 작용 응력확대계수 계산을 위해서는 결함 위치의 응력을 선형화하여 그림 4.3-8과 같이 막응력과 굽힘응력으로 구분하여야 한다. 만약 벽두께 방향으로 비선형 응력 분포를 보이는 경우에는 실제 응력분포를 다항식 형태로 근사화하여 사용할 수 있다. 선형화된 막응력과 굽힘응력이 알려진 경우 응력확대계수는 다음 식을 이용하여 구할 수 있다.

$$K_I = [(\sigma_m + A_p^{'})M_m + \sigma_b M_b]\sqrt{\pi a/Q} \qquad (4.3\text{--}15)$$

여기서 σ_m은 굽힘응력, A_p는 작용하는 내압, M_m은 막응력 보정계수 = G_0 (표 4.3-5 및 표 4.3-6 참조), σ_b는 굽힘응력, M_b는 굽힘응력 보정계수 = $G_0 - 2(a/t)G_1$, G_1은 선형응력 보정계수 (표 4.3-5 및 표 4.3-6 참조), a는 반타원형 표면결함의 깊이, Q는 결함 형상계수 = $1 + 4.593(a/l)^{1.65} - q_y$, q_y는 소성영역 보정계수 = $[(\sigma_m M_m + A_p M_m + \sigma_b M_b)/\sigma_y]^2/6$ 이다.

4.3.2.3 결함 성장 평가

만약 검출된 결함에 대한 정비 또는 기기 교체를 수행하지 않고 다음 검사시기까지 그대로 운전하기 위해서 운전중 피로에 의한 결함의 성장을 고려하여 결정한 다음 검사시기의 결함 크기에 대해 건전성 평가를 수행하여야 한다. 특정 평가기간 말에서 성장을 고려한 결함의 최종 크기를 결정하는 방법은 KEPIC MIZ 부록 A에 제시되어 있으며, 이를 정리하면 다음과 같다.

○ 특정 과도상태 발생에 의한 응력확대계수의 변동 범위(ΔK_I) 결정
○ 피로결함 성장률 데이터로부터 ΔK_I에 해당하는 결함 성장량 증분(Δa 및 Δl) 계산
○ 결함 크기(a 및 l) 수정
○ 다음 과도상태에 대해 반복 계산 수행

일반적으로 금속 재료의 피로결함 성장 거동은 물 또는 공기 등 주변의 환경과 하중비 ($R = K_{min}/K_{max}$)의 영향을 받는다. 원전의 냉각재와 접촉하고 있는 수환경(water environment)에서 탄소강 및 저합금강에 대한 피로결함 성장률은 다음 식과 같다.

$$da/dN = C_0(\Delta K_I)^n$$
$$dl/dN = 2C_0(\Delta K_I)^n \qquad (4.3\text{--}16)$$

여기서 C_0는 재료 상수이고 n은 피로결함 성장 곡선의 기울기(그림 4.3-9 참조)이다.

제4장

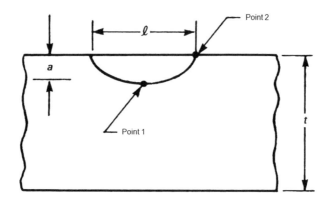

〈그림 4.3-6〉 반타원형 결함 모델

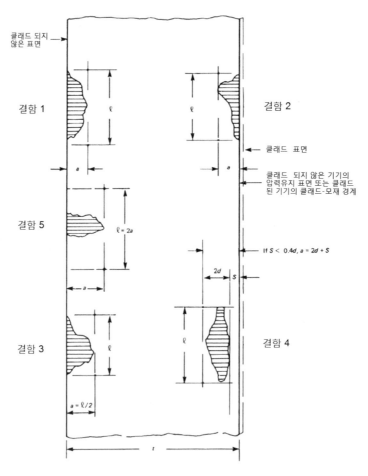

〈그림 4.3-7〉 표면 평면결함에 대한 형상 및 크기 특성화

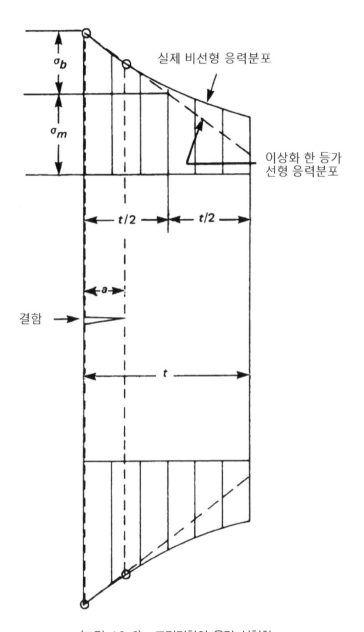

〈그림 4.3–8〉 표면결함의 응력 선형화

〈표 4.3–5〉 응력 보정계수 (절점 1)

	a/t	Flaw Aspect Ratio, a/l					
		0.0	0.1	0.2	0.3	0.4	0.5
Uniform G_0	0.00	1.1208	1.0969	1.0856	1.0727	1.0564	1.0366
	0.05	1.1461	1.1000	1.0879	1.0740	1.0575	1.0373
	0.10	1.1945	1.1152	1.0947	1.0779	1.0609	1.0396
	0.15	1.2670	1.1402	1.1058	1.0842	1.0664	1.0432
	0.20	1.3654	1.1744	1.1210	1.0928	1.0739	1.0482
	0.25	1.4929	1.2170	1.1399	1.1035	1.0832	1.0543
	0.30	1.6539	1.2670	1.1621	1.1160	1.0960	1.0614
	0.40	2.1068	1.3840	1.2135	1.1448	1.1190	1.0772
	0.50	2.8254	1.5128	1.2693	1.1757	1.1457	1.0931
	0.60	4.0420	1.6372	1.3216	1.2039	1.1699	1.1058
	0.70	6.3743	1.7373	1.3610	1.2237	1.1868	1.1112
	0.80	11.991	1.7899	1.3761	1.2285	1.1902	1.1045
Linear G_1	0.00	0.7622	0.6635	0.6826	0.7019	0.7214	0.7411
	0.05	0.7624	0.6651	0.6833	0.7022	0.7216	0.7413
	0.10	0.7732	0.6700	0.6855	0.7031	0.7221	0.7418
	0.15	0.7945	0.6780	0.6890	0.7046	0.7230	0.7426
	0.20	0.8267	0.6891	0.6939	0.7067	0.7243	0.7420
	0.25	0.8706	0.7029	0.7000	0.7094	0.7260	0.7451
	0.30	0.9276	0.7193	0.7073	0.7126	0.7282	0.7468
	0.40	1.0907	0.7584	0.7249	0.7209	0.7338	0.7511
	0.50	1.3501	0.8029	0.7454	0.7314	0.7417	0.7566
	0.60	1.7863	0.8488	0.7671	0.7441	0.7520	0.7631
	0.70	2.6125	0.8908	0.7882	0.7588	0.7653	0.7707
	0.80	4.5727	0.9288	0.8063	0.7753	0.7822	0.7792
Quadratic G_2	0.00	0.6009	0.5078	0.5310	0.5556	0.5815	0.6084
	0.05	0.5969	0.5086	0.5313	0.5557	0.5815	0.6084
	0.10	0.5996	0.5109	0.5323	0.5560	0.5815	0.6085
	0.15	0.6088	0.5148	0.5340	0.5564	0.5815	0.6087
	0.20	0.6247	0.5202	0.5364	0.5571	0.5815	0.6089
	0.25	0.6475	0.5269	0.5394	0.5580	0.5817	0.6093
	0.30	0.6775	0.5350	0.5430	0.5592	0.5820	0.6099
	0.40	0.7651	0.5545	0.5520	0.5627	0.5835	0.6115
	0.50	0.9048	0.5776	0.5632	0.5680	0.5869	0.6144
	0.60	1.1382	0.6027	0.5762	0.5760	0.5931	0.6188
	0.70	1.5757	0.6281	0.5907	0.5874	0.6037	0.6255
	0.80	2.5997	0.6513	0.6063	0.6031	0.6200	0.6351
Qubic G_3	0.00	0.5060	0.4246	0.4480	0.4735	0.5006	0.5290
	0.05	0.5012	0.4250	0.4482	0.4736	0.5006	0.5290
	0.10	0.5012	0.4264	0.4488	0.4736	0.5004	0.5290
	0.15	0.5059	0.4286	0.4498	0.4737	0.5001	0.5289
	0.20	0.5152	0.4317	0.4511	0.4738	0.4998	0.5289
	0.25	0.5292	0.4357	0.4528	0.4741	0.4994	0.5289
	0.30	0.5483	0.4404	0.4550	0.4746	0.4992	0.5291
	0.40	0.6045	0.4522	0.4605	0.4763	0.4993	0.5298
	0.50	0.6943	0.4665	0.4678	0.4795	0.5010	0.5316
	0.60	0.8435	0.4829	0.4769	0.4853	0.5054	0.5349
	0.70	1.1207	0.5007	0.4880	0.4945	0.5141	0.5407
	0.80	1.7614	0.5190	0.5013	0.5085	0.5286	0.5487

〈표 4.3-6〉 응력 보정계수 (절점 2)

	a/t	Flaw Aspect Ratio, a/l					
		0.0	0.1	0.2	0.3	0.4	0.5
Uniform G_0	0.00	—	0.5450	0.7492	0.9024	1.0297	1.1406
	0.05	—	0.5514	0.7549	0.9070	1.0330	1.1427
	0.10	—	0.5610	0.7636	0.9144	1.0391	1.1473
	0.15	—	0.5738	0.7756	0.9249	1.0479	1.1545
	0.20	—	0.5900	0.7908	0.9385	1.0596	1.1641
	0.25	—	0.6099	0.8095	0.9551	1.0740	1.1763
	0.30	—	0.6338	0.8318	0.9750	1.0913	1.1909
	0.40	—	0.6949	0.8881	1.0250	1.1347	1.2278
	0.50	—	0.7772	0.9619	1.0896	1.1902	1.2746
	0.60	—	0.8859	1.0560	1.1701	1.2585	1.3315
	0.70	—	1.0283	1.1740	1.2686	1.3401	1.3984
	0.80	—	1.2144	1.3208	1.3871	1.4361	1.4753
Linear G_1	0.00	—	0.0725	0.1038	0.1280	0.1484	0.1665
	0.05	—	0.0744	0.1075	0.1331	0.1548	0.1740
	0.10	—	0.0771	0.1119	0.1387	0.1615	0.1816
	0.15	—	0.0807	0.1169	0.1449	0.1685	0.1893
	0.20	—	0.0852	0.1227	0.1515	0.1757	0.1971
	0.25	—	0.0907	0.1293	0.1587	0.1833	0.2049
	0.30	—	0.0973	0.1367	0.1664	0.1912	0.2128
	0.40	—	0.1141	0.1544	0.1839	0.2081	0.2289
	0.50	—	0.1373	0.1765	0.2042	0.2265	0.2453
	0.60	—	0.1689	0.2041	0.2280	0.2466	0.2620
	0.70	—	0.2121	0.2388	0.2558	0.2687	0.2791
	0.80	—	0.2714	0.2824	0.2887	0.2931	0.2965
Quadratic G_2	0.00	—	0.0254	0.0344	0.0423	0.0495	0.0563
	0.05	—	0.0264	0.0367	0.0456	0.0538	0.0615
	0.10	—	0.0276	0.0392	0.0491	0.0582	0.0666
	0.15	—	0.0293	0.0419	0.0527	0.0625	0.0716
	0.20	—	0.0313	0.0450	0.0565	0.0669	0.0764
	0.25	—	0.0338	0.0484	0.0605	0.0713	0.0812
	0.30	—	0.0368	0.0521	0.0646	0.0757	0.0858
	0.40	—	0.0445	0.0607	0.0735	0.0846	0.0946
	0.50	—	0.0552	0.0712	0.0834	0.0938	0.1030
	0.60	—	0.0700	0.0842	0.0946	0.1033	0.1109
	0.70	—	0.0907	0.1005	0.1075	0.1132	0.1183
	0.80	—	0.1197	0.1212	0.1225	0.1238	0.1252
Qubic G_3	0.00	—	0.0125	0.0158	0.0192	0.0226	0.0261
	0.05	—	0.0131	0.0172	0.0214	0.0256	0.0297
	0.10	—	0.0138	0.0188	0.0237	0.0285	0.0332
	0.15	—	0.0147	0.0206	0.0261	0.0314	0.0365
	0.20	—	0.0159	0.0225	0.0285	0.0343	0.0398
	0.25	—	0.0173	0.0245	0.0310	0.0371	0.0429
	0.30	—	0.0190	0.0267	0.0336	0.0399	0.0459
	0.40	—	0.0234	0.0318	0.0390	0.0454	0.0515
	0.50	—	0.0295	0.0379	0.0448	0.0509	0.0565
	0.60	—	0.0380	0.0455	0.0513	0.0564	0.0611
	0.70	—	0.0501	0.0549	0.0587	0.0621	0.0652
	0.80	—	0.0673	0.0670	0.0672	0.0679	0.0687

제 4 장

만약 ΔK_I 값이 피로결함 성장의 영향을 무시할 수 있는 임계값인 ΔK_{th} 보다 작다면 상수 C_0는 0이다. 즉, ΔK_I 값이 임계값보다 작은 경우 피로에 의한 결함이 성장하지 않는 것으로 본다. 반면에 ΔK_I 값이 ΔK_{th} 값 이상이면 결함이 성장하는데 이 때 대표적 조건에서 재료 상수 n 값은 1.95이고, C_0는 하중비의 함수로써 식 (4.3-17)과 같다.

$$C_0 = 1.01 \times 10^{-7} S \qquad (4.3\text{-}17)$$

여기서 S = 1.0 for $0 \leq R \leq 0.25$
        = 3.75R+0.06 for $0.25 < R < 0.65$
        = 2.5 for $0.65 \leq R \leq 1.0$

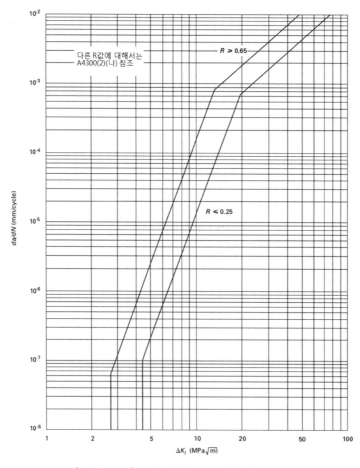

〈그림 4.3-9〉 대표적인 피로결함 성장 곡선

각 과도상태에 대한 ΔK_I을 식 (4.3-16)에 대입하여 적분하면 결함크기의 증분을 구할 수 있고, 이러한 과정을 모든 과도상태에 대해 반복 적용하면 최종적으로 평가기간 말(end-of-period)에서 결함의 크기(a_f 및 l_f)를 구할 수 있다.

4.3.2.4 결함 건전성 평가

KEPIC MIB 3610에서 결함크기 및 작용 응력확대계수에 따른 허용기준을 제시하고 있는데, 결함크기의 허용기준은 운전조건에 무관하게 식 (4.3-18)과 같고, 작용 응력확대계수 허용기준은 정상 및 이상 운전조건의 경우 식 (4.3.19), 비상 또는 고장 운전조건의 경우 식 (4.3-20)과 같다. 만약 MIB 3500에 제시된 기준을 초과하는 결함이 식 (4.3-18) 또는 식 (4.3-19) ~ 식 (4.3-20)의 조건을 만족하면 해당 구조물은 평가기간 동안 건전성을 유지할 수 있는 것으로 간주된다.

$$a_f < 0.1a_c$$
$$a_f < 0.5a_i \tag{4.3-18}$$

$$K_I < K_{IC} / \sqrt{10} \tag{4.3-19}$$

$$K_I < K_{IC} / \sqrt{2} \tag{4.3-20}$$

여기서 a_f : 주어진 기간(다음 검사 예정 시기 또는 수명 종료시점 등) 동안에 이미 검출된 결함이 성장할 수 있는 최대 크기

a_c : 정상 또는 이상 운전조건에서 최소 임계 결함의 크기

a_i : 비상 또는 고장 운전조건에서 비정지 성장(non-arresting growth)이 개시되는 최소 임계 결함의 크기

l_f : 주어진 기간 말의 결함의 길이

K_I : 결함의 크기가 a_f 및 l_f인 경우 각 운전조건별 응력확대계수

K_{IC}: 해당 균열성장 온도에서의 균열개시에 근거한 파괴인성

4.4 증기발생기

4.4.1 설계 건전성 평가

증기발생기는 가압기와 마찬가지로 원전의 설비 중 가장 높은 등급인 안전 1등급 기기로서, 설계 건전성 평가는 KEPIC MNB[4.4-1] 또는 ASME Boiler & Pressure Vessel Code, Sec. III, NB 요건에 따라 수행된다.

4.4.1.1 KEPIC MNB 요건 평가

증기발생기는 가압기와 유사하게 KEPIC MNB 요건에 따라 건전성 평가가 수행되며, 상세 평가요건 및 허용기준은 4.3.1.1에 기술한 가압기에 대한 사항과 동일하다.

한편 증기발생기 전열관은 두께가 매우 얇은 튜브 형태의 부속기기로서, 내압과 외압을 동시에 받고 있으므로 이에 대해서는 붕괴(collapse) 해석을 추가적으로 수행하여 건전성을 입증하여야 한다. 이는 작용하는 외압을 전열관의 실제 형상 및 치수를 고려하여 구한 허용 압력과 비교하는 것으로서, 상세 절차는 KEPIC MDP 4000[4.4-2] 및 MNB에 제시되어 있다. 이 요건은 매우 제한적인 경우에만 적용되는 것이므로 이에 대한 상세 설명은 생략하기로 한다.

4.4.1.2 KEPIC MNZ 부록 G 요건 평가

가압기와 마찬가지로 증기발생기도 페라이트계 재료로 제작된 압력유지 기기이다. 따라서 증기발생기가 운전중에 무연성파괴가 발생하는 것을 방지하기 위해 KEPIC MNZ 부록 G[4.4-3]에 제시된 방법을 사용하여 설계 단계에서 파괴역학 평가가 수행된다. 상세 평가 요건 및 허용기준은 4.3.1.2에 기술한 사항과 동일하다.

4.4.2 운전 건전성 평가

원전의 운영과정에서 가동중검사 등을 통해 증기발생기에 존재하는 결함이 발견되면 해당 결함에 대해 KEPIC MIB[4.4-4] 또는 ASME Boiler & Pressure Vessel Code, Sec. XI 요건에 따라 건전성 평가가 수행되어야 한다. 상세 평가요건 및 허용기준은 가압기에 대해 기술한 4.3.2의 사항과 동일하다.

한편 전열관에서는 일차수응력부식균열(Primary Water Stress Corrosion Cracking; PWSCC), 외면응력부식균열(Outside-Diameter Stress Corrosion Cracking; ODSCC) 및 입계응력부식균열(IGSCC) 등의 응력부식균열과 마모, 입계 공격(IGA) 등에 기인한 손상이 발생하고 있으며, 각 열화기구별 국외 원전의 손상사례는 그림 4.4-1에 나타내었다[4.4-5 ~ 4.4-7].

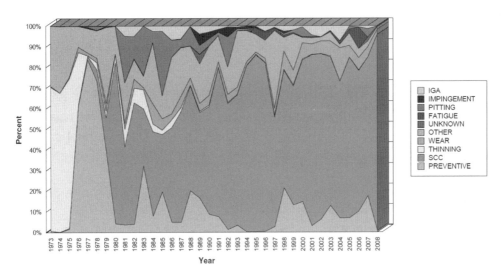

〈그림 4.4-1〉 열화기구별 전열관 손상사례

증기발생기 전열관에 손상이 발생할 경우 원자로냉각재의 유출로 인한 2차 계통 내 방사능오염 등을 유발할 수 있으므로, 전열관은 정상 및 사고 운전조건 등 다양한 운전환경에서 구조적 건전성 즉, 파열 건전성과 누설 건전성을 동시에 확보하여야 한다[4.4-8, 4.4-9]. 전열관의 파열 건전성 기준은 정상운전 조건에서 전열관 1차측과 2차측 압력차의 3배에 해당하는 안전여유도 및 사고 조건에서 1차측과 2차측 압력차의 1.4배에 해당하는 안전여유도를 확보하는 것이다. 한편 누설 건전성 기준은 누설률을 정상운전 조건에 대해 150GPD(Gallon Per Day) 및 사고 조건에 대해 1GPM(Gallon Per Minute) 이하로 유지하는 것이다[4.4-9, 4.4-10].

증기발생기 전열관의 경우 가동중검사 등을 통해 결함 또는 균열이 발견되면 단순 통계학적 또는 확률론적 기법 등을 이용한 건전성 평가가 수행되어야 한다[4.4-10]. 이 때 건전성 평가는 앞서 기술한 바와 같이 크게 파열 건전성 평가와 누설 건전성 평가로 구분되나, 여기서는 가장 기본적인 개념인 파열 건전성 평가에 대한 내용을 소개하고자 한다.

제 4 장

4.4.2.1 전열관에 대한 건전성 평가절차

증기발생기 전열관에 대한 건전성 평가는 일반적으로 3단계의 절차를 통하여 수행된다. 먼저 열화평가(Degradation Assessment; DA)는 증기발생기 전열관에 대한 가동중검사를 수행하기 전에 시행하는 사전평가를 의미하고, 상태감시평가(Condition Monitoring Assessment; CM)는 가동중검사를 수행한 후 현 상태에서 전열관이 성능기준(performance criteria)을 만족하였는가를 평가하는 것이며, 운전평가(Operational Assessment; OA)는 다음 검사주기까지 성능기준을 만족할 것인가를 평가하는 것이다. 전체적인 평가의 흐름도는 그림 4.4-2와 같다[4.4-8, 4.4-9].

먼저 열화평가에서는 현재 존재하는 열화기구(degradation mechanism)와 향후 나타날 수 있는 잠재적 열화기구를 모두 고려하여 평가를 수행한다. 이 때 관막음(plug), 슬리브(sleeve)와 전열관 등 모든 압력경계뿐만 아니라 2차측 지지 구조물도 포함한다. 열화평가를 수행하는 목적은 다음과 같다.

○ 발생 가능한 열화기구 확인
○ 결함의 유형별 탐지확률(Probability Of Detection; POD)과 크기측정 오차에 근거한 검사기술 선정
○ 검사기술별 검사범위 선정
○ 구조 건전성을 만족하는 기준 설정
○ CM과 OA 단계에서 적용할 결함의 성장률 결정

DA를 수행함으로써 가동중검사 시행 이전에 검사와 후속업무 계획을 수립할 수 있다. 즉, 이를 통해 건전성 평가에 필요한 제반 정보를 확보할 수 있다.

증기발생기 검사를 실시한 후에는 상태감시평가 및 운전평가를 수행하며, 이 때 알려진 모든 열화기구를 반영해야 한다. 특히 결함의 크기 측정, 재료물성치, 파열 예측모델 등과 관련한 제반 불확실성을 모두 반영하는 보수적인 평가를 수행하여 성능기준을 만족함을 입증하여야 한다. 한편 CM을 수행한 결과, 이전 주기에 전열관이 성능기준을 만족하지 못하였음이 확인되면 그 원인을 분석하고 대책을 제시하여야 한다.

전열관의 파열압력은 열화의 깊이 및 길이와 같은 구조변수(structural variable) 또는 신호 진폭과 같은 비파괴검사 측정변수의 함수로 나타낼 수 있다. 이러한 상관관계로부터 파열압력이 구조 건전성 성능기준에 해당하는 구조변수 또는 비파괴검사 측정변수 값을 구조한계(structural limit)로 정의한다. 그림 4.4-3에 나타낸 구조한계는 파열압력과 구조변

수 또는 비파괴검사 측정변수 사이의 상관관계의 평균 회귀선(regression line)과 전열관 강
도의 평균 예측값으로 구해진다. 즉, 이 값은 파열압력 예측모델과 전열관 강도값의 불확실
성을 반영하지 않은 것으로서, 최적 예측치로 볼 수 있다.

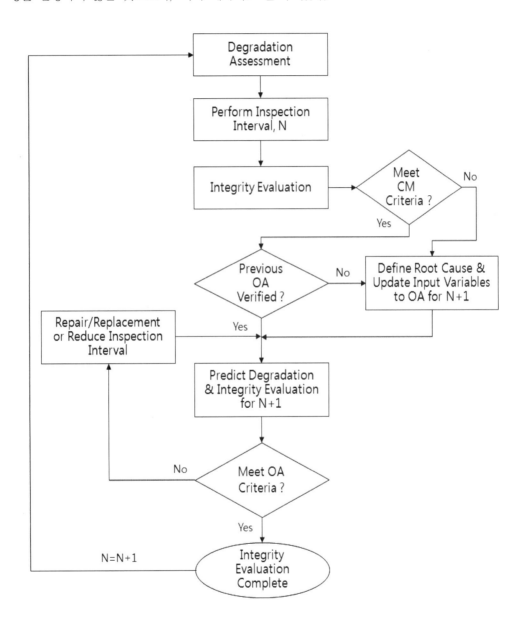

〈그림 4.4-2〉 증기발생기의 건전성 평가 흐름도

제
4
장

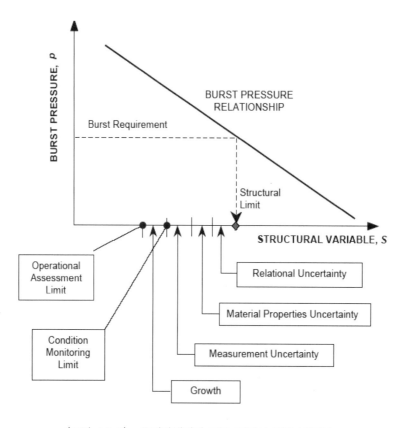

〈그림 4.4-3〉 증기발생기의 구조 건전성 평가 개념도

상태감시평가 구조한계(CM limit)는 비파괴검사로 탐지된 열화가 존재하는 전열관이 구조한계를 만족하는가를 확인하기 위해서 제반 불확실성을 보수적으로 반영하여 설정된다. 즉, 식 (4.4-1)과 같이 구조한계에서 파열압력 예측모델의 불확실성을 의미하는 관계형 불확실성(relational uncertainty), 전열관 재료물성치의 불확실성, 비파괴검사를 이용한 열화크기 측정의 불확실성이 모두 반영되어 결정된다. 만약 비파괴검사로 측정한 열화 크기가 상태감시평가 구조한계보다 작으면 열화 전열관이 구조 건전성 성능기준을 만족하는 것으로 간주된다.

$$CM_{SL} = SL - err\{BP\} - err\{MP\} - err\{NDE\ Sizing\} \qquad (4.4\text{-}1)$$

여기서 CM_{SL} : 상태감시평가 구조한계

         SL : 구조한계

         $err\{BP\}$: 파열압력 상관관계의 불확실성

$\quad$ err{MP} $\qquad\qquad$: 전열관 재료물성치의 불확실성

$\quad$ err{NDE Sizing} : 결함크기 측정의 불확실성

한편 운전평가 구조한계(OA limit)는 다음 검사주기까지 전열관이 성능기준을 만족할 것인가를 확인하기 위한 기준값이다. 즉, 비파괴검사로 탐지되지 않은 열화, 탐지되었으나 크기가 충분히 작아서 정비하지 않은 열화 또는 운전중에 새로 발생하는 열화 등이 다음 검사주기까지 성장하는 것을 고려하여도 성능기준을 만족할 것임을 확인하는 것이다. 운전평가 구조한계는 식 (4.4-2)에 나타낸 바와 같이 구조한계에 파열압력 예측모델의 불확실성, 전열관 재료물성치의 불확실성, 열화크기 측정의 불확실성 등과 다음 검사주기까지의 열화크기 성장을 추가로 반영한 값으로 정의된다.

$$OA_{SL} = SL - err\{BP\} - err\{MP\} - err\{NDE\ Sizing\} - Gr \qquad (4.4-2)$$

여기서 OA_{SL} 은 운전평가 구조한계이고 Gr 은 결함 성장량이다.

4.4.2.2 파열압력 평가 모델

Miller[4.4-11]는 결함이 존재하는 구조물에 대한 한계하중을 집대성한 바가 있고, Flaw Handbook에서는 다양한 유형의 균열 또는 결함에 대해 실험 및 해석결과 등을 토대로 구한 파열압력 예측식을 제시하고 있다[4.4-12, 4.4-13]. 여기에는 Alloy 600, 690, 800 등 일반적인 전열관 재료의 연성이 매우 크기 때문에, 전열관의 파열을 소성붕괴(plastic collapse)에 기반을 둔 한계하중으로 평가할 수 있다는 전제가 담겨 있다[4.4-14]. 이러한 사항에 대해서는 1990년대 이후 미국, 프랑스, 벨기에 등에서 수행된 다양한 실험 및 해석적 연구를 통해 그 적용 타당성이 입증된 바 있다[4.4-15]. 대표적인 파열압력 예측식들을 정리하면 다음과 같다[4.4-16].

전열관에 존재하는 축방향 관통균열에 대한 개략도는 그림 4.4-4와 같으며, 이에 대한 구조한계 관점에서 파열압력 예측모델은 식 (4.4-3)과 같다. 이 식은 다양한 크기의 균열에 대한 대규모 파열실험 결과를 토대로 회귀분석 등의 공학적 분석으로부터 도출된 것이다.

$$P_B = \frac{t}{R_m} P_N (\sigma_y + \sigma_u) \qquad (4.4-3)$$

제
4
장

여기서 P_B : 전열관의 파열압력

            t : 전열관 두께

           R_m : 전열관 평균반경

           P_N : 무차원화한 파열압력 $= 0.061319 + 0.53648e^{-0.2778\lambda}$

           σ_y : 재료의 항복강도

           σ_u : 재료의 인장강도

           λ : 무차원화한 균열 길이 $= L/\sqrt{R_m t}$

           L : 균열의 길이

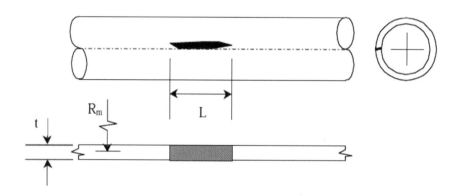

〈그림 4.4-4〉 축방향 관통균열의 개략도

전열관에 존재하는 축방향 외부 표면균열에 대한 개략도는 그림 4.4-5와 같으며, 구조한계 관점에서의 파열압력 예측모델은 식 (4.4-4)와 같다. 이 식 또한 다양한 크기의 표면균열에 대한 대규모 파열실험 결과를 토대로 회귀분석 등의 공학적 분석으로부터 도출된 것이다. 한편 내부 표면균열의 경우에는 외부 표면균열에 대한 파열압력에 식 (4.4-5)와 같은 보정계수로 파열압력을 평가한다.

$$P_B = 0.58(\sigma_y + \sigma_u)\frac{t}{R_i}[1.104 - \frac{L}{L+2t}h] \qquad (4.4\text{-}4)$$

$$\Phi = \frac{1}{1 + \dfrac{t}{R_i}h\dfrac{L}{L+2t}} \qquad (4.4\text{-}5)$$

여기서 R_i 는 전열관 내부반경, h는 균열의 깊이비 $= d/t$, d는 균열의 깊이이다.

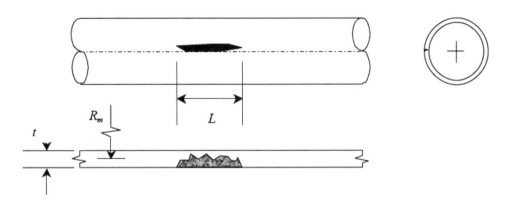

〈그림 4.4-5〉 축방향 표면균열의 개략도

전열관에 존재하는 원주방향 외부 균열에 대한 개략도는 그림 4.4-6과 같으며, 구조한계 관점에서 파열압력 예측모델은 PDA(Percent Degradation Area)가 75% 이하인 경우 식 (4.4-6)과 같고, PDA가 75% 초과인 경우 식 (4.4-7)과 같다. 여기서 PDA는 전열관의 단면적 대비 균열부의 면적 비이며, PDA가 75% 이하에서는 굽힘에 의한 파손이 발생하고, 75% 초과시 단면에서 인장에 의해 파손이 발생한다는 것을 의미한다. 한편 이 식들도 다른 식과 유사하게 다양한 크기의 균열에 대한 대규모 파열실험 결과를 토대로 회귀분석 등의 공학적 분석으로부터 도출된 것이다.

$$P_B = (\sigma_y + \sigma_u)\frac{t}{R_m}[0.57326 - 0.35281\xi] \qquad (4.4\text{-}6)$$

$$P_B = (\sigma_y + \sigma_u)\frac{t}{R_m}1.2227[1 - \xi] \qquad (4.4\text{-}7)$$

여기서 ξ는 PDA / 100 이다. 한편 내부균열의 경우에는 외부균열에 대한 파열압력에 식 (4.4-8)과 같은 보정계수로 파열압력을 평가한다.

$$\Phi = (1 + \xi\frac{2R_m t}{R_i^2})^{-1} \qquad (4.4\text{-}8)$$

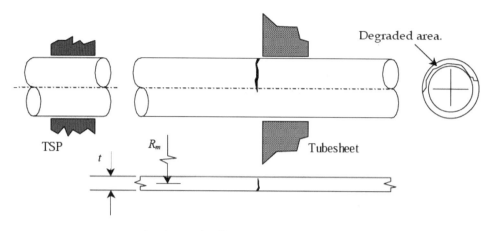

〈그림 4.4-6〉 원주방향 균열의 개략도

마모와 같이 축방향 및 원주방향으로 크기가 제한적인 체적결함(volumetric flaw)에 대한 개략도는 그림 4.4-7과 같으며, 구조한계 관점에서 파열압력 예측모델은 식 (4.4-9)와 같다. 이 식은 다양한 크기의 결함에 대한 대규모 파열실험 결과에 대한 회귀분석을 통해 도출된 것으로서, 앞서 기술한 축방향 외부 표면균열에 대한 식과 유사한 형태이다.

$$P_B = 0.58(\sigma_y + \sigma_u)\frac{t}{R_i}[1 - \frac{L}{L+2t}h] + 291\,\mathrm{psi} \qquad (4.4-9)$$

앞서 기술한 바와 같이 상태감시평가 구조한계는 현재 검출된 결함이 건전성을 확보하고 있는지를 평가하기 위한 것으로서, 이 때 파열압력은 식 (4.4-3) ~ 식 (4.4-9)에 제시된 각 열화 유형별 예측식에 식 (4.4-1)과 같이 파열압력 상관관계의 불확실성, 전열관 재료물성치의 불확실성 및 결함크기 측정의 불확실성이 고려되어 구해진다. 축방향 외부 표면균열에 대한 대표적 예는 식 (4.4-10)과 같으며, 이는 불확실성이 고려되지 않은 식 (4.4-4)에다가 앞서 언급한 세 가지의 불확실성 인자가 고려되어 도출된 것이다. 타 결함 유형의 경우도 동일한 방법을 사용하면 상태감시평가용 파열압력 예측식을 도출할 수 있다. 이 때 파열압력 상관관계와 전열관의 재료물성치, 열화 크기측정의 불확실성에는 95%/50% 하한 허용한계(Lower Tolerance Limit; LTL)를 적용하며, 이는 50%의 신뢰도에서 95%의 확률을 의미한다.

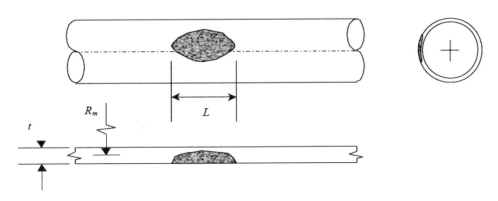

〈그림 4.4-7〉 체적결함의 개략도

$$P_B = 0.58(\sigma_y + \sigma_u - Z\sigma_m)\frac{t}{R_i}[(1.104 - Z\sigma_c) - \frac{L + Z\sigma_L}{L + Z\sigma_L + 2t}(h + Z\sigma_h)] \quad (4.4\text{-}10)$$

여기서 Z : 정규표준편차로서 50%의 신뢰도에 95%의 확률의 경우 1.645

  σ_m : 재료물성치 분포의 표준편차

  σ_c : 파열압력 상관관계 분포의 표준편차 = 0.0705

  σ_L : 비파괴검사 측정오차를 고려한 결함길이 분포의 표준편차

  σ_h : 비파괴검사 측정오차를 고려한 결함깊이 분포의 표준편차

운전평가 구조한계는 현재 검출된 결함을 그대로 두고 운전한다고 가정할 때 특정기간 이후에도 건전성을 확보하고 있는지를 평가하는 것으로서, 이 때 POD를 이용하여 실제 존재하고 있으나 검사를 통해 발견되지 않은 모든 결함을 고려한다. 한편 파열압력은 식 (4.4-3) ~ 식 (4.4-9)에 제시한 각 열화 유형별 예측식에 식 (4.4-2)와 같이 파열압력 상관관계의 불확실성, 전열관 재료물성치의 불확실성 및 결함크기 측정의 불확실성과 결함 성상량이 반영되어 구해진다. 축방향 외부 표면균열에 대한 대표적 예는 식 (4.4-11)과 같으며, 이는 식 (4.4-10)에 결함의 길이 및 깊이방향의 성장이 추가적으로 고려되어 도출된 것이다. 타 결함 유형의 경우도 동일한 방법을 사용하여 운전평가용 파열압력 예측식을 도출할 수 있다.

$$P_B = 0.58(\sigma_y + \sigma_u - Z\sigma_m)\frac{t}{R_i}[(1.104 - Z\sigma_c) - \frac{L_{BOC} + Gr_L}{L_{BOC} + 2t + Gr_L} \quad (4.4\text{-}11)$$
$$(h_{BOC} + Gr_h)]$$

제
4
장

여기서 L_{BOC} : 이전 주기에서 결함의 길이
         h_{BOC} : 이전 주기에서 결함의 깊이
         Gr_L : 특정 기간 동안 결함의 길이방향 성장량
         Gr_h : 특정 기간 동안 결함의 깊이방향 성장량

4.4.2.3 확률론적 건전성 평가방법

열화된 전열관의 강도는 전열관 재료의 인장특성 특히 유동응력에 정비례한다. 표 4.4-1은 Alloy 600HTMA로 제작된 다양한 크기의 전열관에 대해 실증실험을 통해 구한 인장특성을 비교하여 나타낸 것이다.

한편 전열관의 재료의 항복강도와 인장강도는 서로 독립적인 변수가 아닌 상호 종속적 변수로 볼 수 있으나, 건전성 평가에서 항복강도와 인장강도의 합을 사용할 경우 한 개의 독립변수로 고려할 수 있다[4.4-16]. 이 경우 표에 나타낸 바와 같이 Alloy 600HTMA 재료 항복강도와 인장강도의 합의 평균은 134.5~151.6ksi, 표준편차는 2.6~6.9ksi 이다.

비파괴검사 시스템은 결함신호를 도출하는 비파괴검사 기술과 결함신호를 분석하는 평가자로 구성된다. 따라서 비파괴검사의 성능은 검사기술의 정확도와 결함신호의 평가를 담당하는 평가자의 숙련도와 관련이 깊다. 비파괴검사의 기능에 대한 불확실성은 크게 결함검출에 대한 불확실성과 크기 평가에 대한 불확실성으로 나눌 수 있다. 결함크기 평가에 대한 불확실성은 비파괴검사로 측정된 결함의 크기와 파괴실험 후 측정된 실제 결함크기로 관계식을 나타낼 수 있으며, 이를 이용하여 비파괴검사로부터 측정된 결함의 크기를 실제 결함의 크기로 보정 또는 추정할 수 있다.

결함 검출에 대한 불확실성은 비파괴검사와 파괴검사를 병행하여 결함 검출확률(POD)을 결함 크기의 함수로 정량화할 수 있다. 일반적으로 POD를 식 (4.4-12)와 같이 비선형 로그-로지스틱(nonlinear log-logistic) 함수로 표현할 수 있으며, POD는 0과 1 사이의 값으로서 POD가 1이면 모든 열화를 100% 탐지할 수 있음을 의미한다.

$$POD(S) = \frac{1}{1 + e^{-(a + b\log s)}} \tag{4.4-12}$$

여기서 S는 길이나 깊이 등의 구조변수이고 a와 b는 상수이다.

〈표 4.4-1〉 Alloy 600HTMA 재질 전열관의 인장특성 비교

Tube O.D. (in)	Tube Thick. (in)	σ_y(ksi)		σ_u(ksi)		$\sigma_y + \sigma_u$(ksi)		Test Temp.
		Mean	Std. Dev.	Mean	Std. Dev.	Mean	Std. Dev.	
0.875	0.050	50.98	4.2068	99.96	3.6123	150.94	7.0003	RT
0.875	0.050	41.89	3.5856	95.67	3.4196	137.56	6.3449	650F
0.750	0.043	53.05	4.8602	101.29	4.2173	154.34	8.2844	RT
0.750	0.043	45.78	3.9081	97.35	3.9676	143.13	7.1336	650
0.750	0.042	41.47	4.19	99.64	3.44	141.11	6.89	RT
0.750	0.042	40.27	3.71	98.60	3.21	138.89	6.18	RT
0.750	0.042	45.46	3.90	102.76	3.41	148.22	6.53	RT
0.750	0.042	46.32	4.25	102.77	3.42	149.09	6.65	RT
0.750	0.042	48.60	1.56	102.88	1.21	151.53	2.59	RT
0.750	0.042	48.91	2.81	102.66	1.22	151.57	3.96	RT
0.750	0.048	45.32	3.58	97.50	3.15	142.82	6.27	RT
0.750	0.042	41.73	3.47	92.79	3.53	134.52	6.44	RT
0.750	0.048	46.24	2.92	97.84	2.89	144.08	5.28	RT
0.750	0.048	46.08	3.08	97.03	3.29	143.11	5.78	RT

제4장

또한 POD가 1이 아닌 경우 실제로 존재하는 열화가 탐지되지 않을 수 있으며, 그 확률은 (1-POD)로 정의될 수 있다. 한편 평가자의 불확실성은 동일한 신호에 대해 평가자에 따라 그 평가결과가 차이가 나는 것을 의미한다.

NDE 크기 측정의 불확실성은 앞서 언급한 바와 같이 비파괴검사를 통해 측정된 결함의 크기와 실제 결함의 크기로 평가될 수 있다. 이 때 크기 측정의 불확실성은 표준선형회귀분석 방법으로 구한다. 외면 응력부식균열(ODSCC)에 대한 성능 검증 연구결과 비파괴검사 신호 중 진폭을 이용할 경우 크기 측정오류에 미치는 인적 요인의 영향은 매우 작은 것으로 나타났다. 또한 검사기술의 불확실성은 전열관 벽두께의 10~15% 정도이었고, 검사자의 불확실성은 전열관 벽두께의 1% 미만으로 나타났다.

한편 결함의 성장률은 운전평가에서 주기말(End Of Cycle; EOC)의 열화분포를 예측하는

데 필요하다. 만약 충분한 데이터가 존재할 경우, 현재 존재하는 열화기구에 대해 성장률 분포와 상한 95%에 해당하는 성장률 값을 결정하여야 한다.

앞서 기술한 제반 항목별 불확실성을 상태감시평가와 운전평가에 반영하기 위해 다음과 같이 산술적인 방법, 단순 통계적인 방법 또는 몬테카를로 방법 중 하나를 선택하여 적용할 수 있다[4.4-16]. 즉, 식 (4.4-10)과 식 (4.4-11)에 대표적으로 나타낸 상태감시평가 및 운전평가용 파열압력을 다음과 같은 방법을 적용하여 구한 후, 그 파열압력값이 정상운전 조건에서 전열관 1차측과 2차측 압력차의 3배 이상이고, 또한 사고 조건에서 1차측과 2차측 압력차의 1.4배 이상이면 해당 전열관은 파열 측면에서 충분한 건전성이 확보되었다고 판단한다.

○ 산술적 방법: 모든 불확실성을 단순 합산하는 방법으로 가장 간단하고 보수적임
○ 단순 통계적 방법: 각 불확실성을 기하평균(제곱의 합의 제곱근)하는 방법
○ 몬테카를로 방법: 각 변수의 확률분포로부터 임의의 값들을 추출하는 모사를 반복적으로 수행하여 불확실성을 조합함[4.4-16, 4.4-17]. 이 방법은 다른 두 가지 방법에 비해 보수성을 줄일 수 있으나, 많은 횟수의 반복 모사를 위한 별도의 계산이 필요함

4.5 배관

4.5.1 배관 응력해석

4.5.1.1 일반사항

원자력발전소 배관의 범위는 방대하고 종류는 다양하며, 설계, 검사, 운전 절차가 지속적으로 발전함에 따라 적용되는 기술기준 및 세부사항 또한 상이하다[4.5-1 ~ 4.5-3]. 대표적인 예로, 1951년 미국에서 최초로 발간된 배관설계 기술기준인 B31은 1차 응력한계(primary stress limit)에 주안점을 두었다. 당시 2차 및 피크 응력을 별도로 고려하는 대신 안전계수로 처리하였고, 반복하중은 직접 고려하지 않았다. 이후 기술기준이 세분화 되어 응력지수(Stress Index; SI)와 열구배응력 등을 포함하는 B31.7로 확장되었으며, 초기 배관설계 기술기준으로 많이 사용되었다. 1963년 최초로 발간된 ASME Code Sec. III는 탄소강 및 저합금강과 스테인리스강의 피로설계 곡선을 포함하고 지금과 같은 기술기준의 근간을 구축하여 세계적으로 널리 적용되고 있을 뿐만 아니라 지속적으로 개선되고 있다. 우리나라에서는 이를 토대로 KEPIC MN을 발간하여 국내 원자력발전소 설계에 활용하고 있다.

기술기준의 구체적인 사항은 기기의 등급에 좌우되는데, 계통 안전성 기준의 선정 책임은 발전소 소유자에게 있으며 설계문서에 반드시 명시되어야 한다. 배관의 안전성은 '해석에 의한 설계' 또는 '규정에 의한 설계'에 의해 확보된다. 전자의 경우 일반적으로 운전조건을 고려하는 대신 상당 수준의 응력해석을 포함하여야 하며, 후자의 경우 설계조건을 공학식에 대입하여 비교적 단순하게 적용할 수 있다. 본 절에서는 안전성 측면에서 중요한 격납건물 내 원자로냉각재계통 및 연결배관, 비상노심냉각계통(ECCS), 화학 및 체적제어계통(CVCS) 등 안전 1등급 배관을 위주로 현행 기술기준에 제시된 응력해석 방법에 대해 살펴보고자 한다.

4.5.1.2 하중조건

안전 1등급 기기의 설계에서 일반사항으로 내압 및 외압, 급속한 변동압력을 포함한 충격하중, 기계적인 하중, 온도에 의한 하중을 고려하여야 한다. 이외의 특별사항은 다음과 같다.

○ 부식, 침식, 기계적 마모 또는 환경적 영향으로 두께가 얇아지는 재료는 설계공식으로 계산한 모재의 두께에 적당한 두께를 더하거나 기기의 설계수명 또는 규정된 수명기

제 4 장

간 중에 두께를 적절히 늘려주는 조치를 취해야 한다.

○ KEPIC MDP[4.5-3]의 부록 IIA 및 IIB에서 허용하는 재료로 제작한 피복된 기기의 해석에는 MNB 3122의 1차 응력 및 설계치수, 2차 및 피크 응력 등에 관한 규정을 적용한다.

○ 이종금속 용접과 같이 열팽창계수가 서로 다른 금속으로 기기를 설계 및 제작할 때에 는 운전중에 문제가 생기지 않도록 주의해야 한다.

○ 환경영향으로 인해 재료특성이 변화될 수 있으므로 노즐 또는 기타 구조적 불연속부 의 위치 선정에 주의하여야 하며, 검사를 위해 접근이 가능하도록 설계하여야 한다.

또한 배관설계에서 추가적으로 고려해야 하는 사항은 다음과 같다.

○ 동적작용
  - 배관은 외적 또는 내적 하중에 의한 충격력이 고려되어야 한다.
  - 평균값을 기준으로 반복적으로 변동하는 반복 동하중을 고려해야 하는데, 지진하 중과 밸브를 급히 열거나 닫음에 의해서 발생하는 유동 과도상태로 인한 배관계통 의 반향파동이 여기에 포함된다.
  - 배관은 진동을 최소화할 수 있도록 적절히 배치하고 지지해야 하므로, 설계 및 기 동 또는 초기 운전조건에서 관찰을 통해 배관계통의 진동이 허용범위 내에 있음을 입증하여야 한다.
  - 밸브를 급히 열거나 닫아서 발생하는 추력 및 2상 유체계통에 고립된 물로 생기는 수격현상 등 비반복 동하중을 고려하여야 한다.
○ 중량의 영향
  배관계통은 유체의 무게 또는 시험이나 세척을 위해 사용하는 유체의 무게 중 큰 값 으로 정의되는 동적 중량과 배관 및 절연체의 무게 그리고 배관에 영구적으로 가해지 는 기타 하중으로 정의되는 정적 중량의 영향을 고려해야 하며, 설비의 심각한 변형이 생기지 않도록 배치 또는 구속하여야 한다.
○ 열팽창 및 수축의 영향
  - 열팽창 및 수축, 기기의 변위 및 회전으로 인한 힘과 모멘트 그리고 행거, 지지물, 기타 국부하중으로 인한 구속의 영향을 고려해야 한다.
  - 급격한 온도변동에 의해 발생하는 이상 열팽창 및 수축으로 인한 하중을 고려해야 한다.

배관설계에서 전수명 운전기간 동안 요구되는 성능을 보장하고 가상사건이 발생할 때 안전성을 확보하기 위하여 고려해야 하는 설계기준사건은 성능 및 안전관련 설계기준 사건으로 구성된다. 설계기준사건은 사건범주와 사건발생 빈도간의 관계에 근거하여, 정상, 시험, 이상, 비상 및 사고 사건으로 분류된다. 이에 따라 설계시방서에 온도, 압력, 유량과 같은 과도 열수력 거동 자료가 설계기준사건 별로 발생빈도와 함께 기술된다.

배관은 운전하중에 대하여 원자로냉각재 유동의 통로가 손상되지 않고 변형한도를 만족시킬 수 있도록 설계되어야 한다. A급 운전하중은 정상운전 하중에 정상사건으로 야기되는 계통의 운전과도 하중을 조합한 하중을 말한다. B급 운전하중은 정상운전 하중에 이상사건으로 야기되는 계통의 운전과도 하중을 조합한 하중을 말한다. C급 운전하중은 정상운전 하중에 설계기준 배관파단 하중과 가압기 안전밸브 작동하중을 조합한 하중을 말한다. D급 운전하중은 다음의 하중을 조합한 하중을 말한다.

○ 정상운전 하중
○ 증기관 파단하중, 급수관의 파단하중 또는 분기관파단 하중 중 큰 하중
○ 가압기 안전밸브 작동하중
○ 안전정지지진(SSE) 하중

시험하중은 A급 운전한도를 만족시켜야 한다. 시험하중은 시험사건으로부터 생기는 하중으로서 노심이 장전되지 않은 상태에서 고온기능시험을 수행할 때 발생하는 하중을 말한다. 시험조건에서 발생빈도는 설계시방서에 기술된다.

4.5.1.3 허용기준

안전 1등급 배관은 ASME Boiler & Pressure Vessel Code, Sec. III, NB를 바탕으로 작성된 KEPIC MNB(1등급 기기)의 기술기준에 따라서 설계된다. 이 때 응력 및 피로 해석은 '규정에 의한 설계'에 해당하는 MNB 3600, '해석에 의한 설계'에 해당하는 MNB 3200 또는 실험 응력해석에 해당하는 부록 II의 방법 중 어느 하나에 따라 수행된다. MNB 3100과 MNB 3620에서 정의된 하중을 배관에 단독 또는 조합해서 작용시킬 경우, 압력하중에 대한 설계는 MNB 3640의 규정에 따르고 해석은 MNB 3650에 따라 수행되어도 된다. 이 2가지 요건을 만족하지 못할 경우, MNB 3200 또는 부록 II의 방법을 사용하여 응력값을 구하여도 된다. 대상 배관계통 내에서의 응력강도는 MNB 3200과 MNB 3100 및 KEPIC MDP의 부록 IIA, IIB 및 IV에 주어진 한계를 초과하지 않아야 하며, 압축응력이 발생하는

제
4
장

형상에 대하여 추가로 임계좌굴응력이 고려되어야 한다.

KEPIC MNG 기술기준의 규정에 적용한 파손이론은 최대전단응력이론이다. 한 점의 최대전단응력이란 그 점에서 발생하는 3개의 주응력 중 대수적으로 가장 큰 값과 가장 작은 값의 차이의 1/2과 같다. 응력강도란 조합응력과 등가강도 또는 간단히 최대전단응력의 2배로 정의된다. 다시 말해서 응력강도란 해당 지점의 주응력 중 대수적인 최대값과 최소값의 차이를 말한다. 인장응력의 부호는 양으로, 압축응력의 부호는 음으로 표시되어 계산된다.

'해석에 의한 설계'에서 응력강도의 계산절차는 다음과 같다.

① 배관의 한 지점에 대해 접선방향(t), 길이방향(l), 반지름방향(r) 직교좌표를 선택한 후 수직응력은 σ_t, σ_l, σ_r로, 전단응력은 τ_{lt}, τ_{lr}, τ_{rt}로 표시된다.

② 해당 부위에 작용하는 하중 유형별로 응력성분을 계산한 후, 각각의 응력집합을 범주별로 배당한다.
   - 1차 일반 막응력
   - 1차 국부 막응력
   - 1차 굽힘응력
   - 팽창응력
   - 2차 응력
   - 피크응력

③ 서로 다른 유형의 하중으로 생기는 σ_t의 대수합을 범주별로 계산하고, 나머지 5개 응력성분에 대해서도 동일하게 계산한다.

④ 각 방향별 응력성분을 주응력 σ_1, σ_2, σ_3로 변환한다.

⑤ 다음 관계식으로 응력차 S_{12}, S_{23}, S_{31}을 계산한다.
   - $S_{12} = \sigma_1 - \sigma_2$
   - $S_{23} = \sigma_2 - \sigma_3$
   - $S_{31} = \sigma_3 - \sigma_1$

⑥ S_{12}, S_{23}, S_{31}의 절대값 중 가장 큰 값을 응력강도(S)로 결정한다.

4.5.1.4 응력 분류

1차 응력이란 외력, 내력 및 모멘트의 평형을 유지하기 위해서 발생하는 수직응력 또는 전단응력을 말한다. 열응력과 구조적 불연속부의 굽힘응력은 2차 응력에 해당되고, 피크응력은 응력집중의 영향을 포함하여 국부 불연속 또는 국부 열응력으로 인하여 1차와 2차 응력의 합에 추가되는 응력의 증가분을 말한다. '해석에 의한 설계'에서 배관에 대한 대표적인 응력강도 분류는 표 4.5-1과 같다.

4.5.1.5 응력한계

설계시방서에서 정한 설계하중을 만족시켜야 할 응력강도의 한계는 MNB 3221에서 정하는 1차 막응력 및 굽힘응력강도, 외압의 4가지 한계와 MNB 3227의 특별 응력한계이다. 소성해석 기법을 적용할 경우 MNB 3227의 규정에 따라 이들 응력한계 중 일부가 면제될 수 있다.

설계하중에 대한 응력강도한계는 그림 4.5-1에 나타나 있다. 1차 일반 막응력강도(P_m)란 설계 내압 및 기타 규정된 기계적 설계하중으로 인해 생기는 1차 일반응력을 단면 두께에 대해 평균한 값이며, 이 응력강도의 허용값은 설계온도에서 재료의 S_m 값이다. 국부 막응력강도(P_L)란 설계압력과 기타 규정된 기계하중으로 인해 생기는 1차 국부응력을 단면 두께에 대해 평균한 값으로서 모든 열응력 및 피크응력은 제외되며, 이 응력강도의 허용값은 $1.5S_m$이다. 설계압력과 기타 규정된 기계하중으로 인해 단면 두께에 걸쳐 발생하는 1차 일반 또는 국부 막응력 + 1차 굽힘응력값($P_L \pm P_b$) 중 가장 큰 값으로서 모든 2차 및 피크 응력은 제외되며, 이 응력강도의 허용값은 $1.5S_m$이다. 외압이 걸리는 배관에는 MNB 3133을 적용한다.

설계시방서에서 A급 운전한계를 규정한 운전조건에 대하여 그 한계를 만족해야 한다. A급 운전한계란 MNB 3222에서 정하는 4가지 한계와 MNB 3227의 특별 응력한계를 말한다. 소성해석 기법을 적용할 경우 MNB 3227의 규정에 따라 이들 응력한계 중 일부가 면제될 수 있다. 설계 응력강도값 S_m은 MNB 3229에 수록되어 있고, 이들의 응력강도 한계는 그림 4.5-2에 나타내었다.

제 4 장

〈표 4.5-1〉 배관에 대한 대표적 응력강도 분류 [4.5-3]

배관 부품	위치	응력 발생원	분류	고려할 불연속성	
				총체	국부
관, 튜브, 엘보우 및 리듀서 구역을 제외한 교차부 및 지관연결부	교차부의 크로치 구역을 제외한 임의 부위	내압	P_m	×	×
			P_L 및 Q	○	×
			F	○	○
		자중을 포함한 지속적 기계하중 비반복 동하중	P_b	×	×
			P_L 및 Q	○	×
			F	○	○
		팽창	P_e	○	×
			F	○	○
		축방향 온도구배	Q	○	×
			F	○	○
		반복 동하중	〈2〉		
티 및 지관연결부를 포함한 교차부	연관 구역	내압, 지속적 기계하중 및 팽창 비반복 동하중	P_L 및 Q	○	×
			〈1〉	○	○
			F		
		축방향 온도구배	Q	○	×
			F	○	○
		반복 동하중	〈2〉		
볼트 및 플랜지	임의 부위	내압, 개스킷 압축력, 볼트 하중	P_m	×	×
			Q	○	×
			F	○	○
		온도구배	Q	○	×
			F	○	○
		팽창	P_e	○	×
			F	○	○
임의의 관부품	임의 부위	반지름 방향의 비선형 온도구배	F	○	○
		반지름 방향의 선형 온도구배	F	○	×
		지진으로 인한 영향을 포함한 앵커점의 움직임	Q	○	×

[주] 〈1〉 MNB 3643에 따라 보강을 할 경우는 해석을 하지 않아도 됨.
　　 〈2〉 이 하중에 의한 응력강도는 특수요건을 만족해야 함.

응력범주	1차응력		
	일반 막응력	국부 막응력	굽힘응력
설명	임의의 중실 단면에 대한 평균 1차응력, 불연속 및 응력집중은 제외. 기계적 하중에 의해서만 발생	임의의 중실 단면에 대한 평균응력. 불연속은 고려하나 응력집중은 제외. 기계적 하중에 의해서만 발생	임의의 중실 단면의 도심으로부터의 거리에 비례하는 1차응력 성분. 불연속 및 응력집중은 제외. 기계적 하중에 의해서만 발생
기호	P_m	P_L	P_b

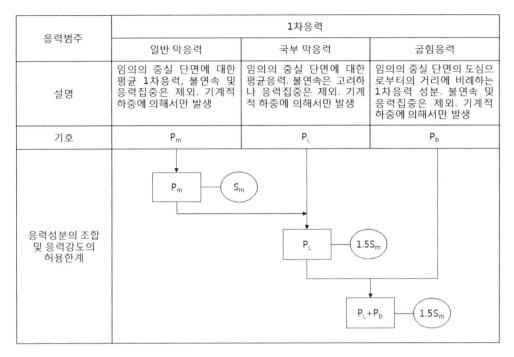

〈그림 4.5-1〉 설계조건에 대한 응력범주 및 응력강도의 한계 [4.5-3]

제4장

반복 동하중을 포함하지 않거나 비반복 동하중과 조합된 반복동하중을 포함한 경우 A급 운전한계값(KEPIC MNB 3222)을 B급 운전한계에 적용한다. B급 운전한계로 지정한 압력이 설계압력을 초과할 경우에는 그림 4.5-1에 주어진 허용 응력강도값의 110%를 적용하며, 설계시방서에 규정된 모든 변형한계를 만족해야 한다. 설계시방서에서 운전한계를 C급으로 지정하고 있는 운전하중에 대해서는 C급 운전한계를 만족해야 한다. D급 운전한계의 경우, KEPIC MDP 부록 IIA에 지정된 P-No.1 ~ P-No.9의 재료로 제작된 배관에 대해서는 설계시방서 D급 운전한계를 만족해야 한다. 기타 배관재료의 경우 다른 모든 설계 및 운전 하중과 독립적으로 부록 F의 규정을 적용하여 이들 운전하중을 평가해도 된다.

한편 '규정에 의한 설계'에서 1차 응력강도는 다음 조건을 만족하여야 한다.

$$B_1 \frac{PD_o}{2t} + B_2 \frac{D_o}{2I} M_i \leq 1.5 S_m \qquad (4.5-1)$$

응력범주	1차응력			2차응력		피크응력
	일반 막응력	국부 막응력	굽힘응력	팽창응력	막+굽힘응력	
설명	임의의 중실 단면에 대한 평균 1차응력, 불연속 및 응력집중은 제외. 압력 및 기계적 하중에 의해서만 발생	임의의 중실 단면에 대한 평균응력. 불연속은 고려하나 응력집중은 제외. 압력 및 기계적 하중에 의해서만 발생. 기계적 하중에는 지진으로 인한 관성의 영향 포함	임의의 중실 단면의 도심으로부터의 거리에 비례하는 1차응력 성분. 불연속 및 응력집중은 제외. 압력 및 기계적 하중에 의해서만 발생. 기계적 하중에는 지진으로 인한 관성의 영향 포함	자유단 변위의 구속에 의하여 생기는 응력. 불연속의 영향은 고려하나 국부 응력집중은 제외 (용기는 해당 없음)	구조 연속조건을 만족시키는데 필요한 자기 평형응력. 구조적 불연속부에서 발생. 압력, 기계적 하중 및 차등 열팽창으로 인하여 발생 가능. 국부 응력집중은 제외	응력집중(노치 등)으로 인하여 1차 또는 2차응력에 부가되는 응력 증분. 피로는 일으키나 변형은 유발하지 않는 열응력
기호	P_m	P_L	P_b	P_e	Q	F
응력성분의 조합 및 응력강도의 허용한계	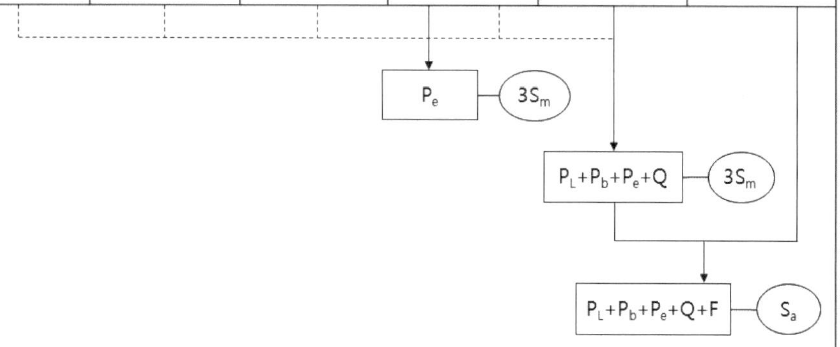					

P_e ─ $3S_m$

$P_L + P_b + P_e + Q$ ─ $3S_m$

$P_L + P_b + P_e + Q + F$ ─ S_a

〈그림 4.5–2〉 운전조건에 대한 응력범주 및 응력강도의 한계 [4.5–3]

여기서 B_1, B_2는 1차 응력지수, P는 설계압력, D_o는 배관외경, t는 호칭벽두께, I는 관성 모멘트, M_i는 설계 기계하중의 조합에 의한 합성 모멘트이다.

A급 운전한계를 지정한 모든 하중집단은 다음의 피로요건 및 열응력 래칫(ratchet) 요건을 만족해야 한다.

① 1차 + 2차 응력강도의 범위

배관계통이 1개의 하중조합으로부터 적시에 뒤따르는 다른 하중조합으로 옮겨갈 때 발생하는 기계적 하중이나 열하중의 변화효과에 기초를 둔다. 계산에서 두 하중조합 사이의 압력, 온도 및 모멘트의 범위를 사용해야 하며, 모든 쌍의 하중조합은 다음 식을 만족해야 한다.

$$S_n = C_1 \frac{P_o D_o}{2t} + C_2 \frac{D_o}{2I} M_i + C_3 E_{ab} \times \left| \alpha_a T_a - \alpha_b T_b \right| \leq 3S_m \qquad (4.5\text{–}2)$$

여기서 C_1, C_2, C_3는 2차 응력지수, P_o는 운전압력범위, D_o는 배관외경, t는 호칭벽두께, I는 관성모멘트, M_i는 배관계통이 1개의 운전하중조합에서 다른 조합으로 옮겨갈 때 발생하는 모멘트의 합성범위, $T_a(T_b)$는 전체구조 또는 재료 불연속부 $a(b)$ 측의 평균온도범위, $d_a(d_b)$는 전체구조 또는 재료 불연속부 $a(b)$ 측 배관내경, $t_a(t_b)$는 길이 $\sqrt{d_a t_a}$ ($\sqrt{d_b t_b}$)에 걸친 평균 벽두께, $\alpha_a(\alpha_b)$는 실온에서 전체구조 또는 재료 불연속부의 $a(b)$ 측 열전달계수, E_{ab}는 실온에서 전체구조 또는 재료 불연속부의 $a(b)$ 측 탄성계수 평균값이다. 한 쌍 이상의 하중조합이 식 (4.5-2)를 만족하지 않더라도 MNB 3653.6의 조건을 만족하거나 MNB 3200의 요건을 만족하면 사용할 수 있다.

② 피크 응력강도의 범위

모든 하중조합에 대하여 다음 식을 통해 피크 응력강도(S_P) 값을 계산한다.

$$S_P = K_1 C_1 \frac{P_o D_o}{2t} + K_2 C_2 \frac{D_o}{2I} M_i + \frac{1}{2(1-\nu)} K_3 E\alpha |\Delta T_1|$$
$$+ K_3 C_3 E_{ab} \times |\alpha_a T_a - \alpha_b T_b| + \frac{1}{1-\nu} E\alpha |\Delta T_2| \qquad (4.5-3)$$

여기서 K_1, K_2, K_3는 국부 응력지수, E_α는 실온에서 탄성계수와 열팽창계수를 곱한 값, $|\Delta T_1|$은 등가 선형 온도분포를 생성하는 모멘트를 가정하였을 때 배관의 내면온도(T_i)와 외면온도(T_o) 사이의 온도차범위의 절대값, $|\Delta T_2|$은 ΔT_1에 포함되지 않고 벽두께 방향으로 비선형 열구배를 갖는 부위의 온도차범위의 절대값이다.

③ 교번 응력강도

교번 응력강도(S_{alt})는 피크 응력강도의 50%에 해당한다($S_{alt}=S_p/2$).

④ 설계 피로곡선의 사용

해당 설계 피로곡선에서 세로좌표에 교번 응력강도를 넣고, 가로좌표에서 대응하는 반복회수를 구한다.

⑤ 누적손상

누적손상은 MNB 3222.4(5)에 따라 평가해야 한다. 만일 N_i가 관련 설계 피로곡선

상의 최대 사이클 수보다 크면 $n_i/N_i=0$으로 해도 된다.

⑥ 단순 탄소성 불연속부 해석

만일 모든 쌍의 하중조합이 식 (4.5-2)를 만족할 수 없으면 다음에 기술한 대체해석으로 MNB 3650에 따라 제작한 배관의 품질을 보증해도 된다. 이 경우 식 (4.5-2)를 만족하지 못하는 하중조합 쌍만이 고려대상이 된다.

– 팽창 응력강도(S_e)는 다음 식을 만족해야 한다.

$$S_e = C_2 \frac{D_o}{2I} M_i^* \le 3S_m \tag{4.5-4}$$

여기서 M_i^*는 열팽창과 열앵커운동으로 인해 생기는 모멘트만을 포함하는 것을 제외하고 식 (3.5-2)의 M_i와 동일하다.

– 열굽힘과 열팽창 응력을 제외한 1차 + 2차 막응력 + 굽힘 응력강도는 다음 식을 만족하면 된다.

$$C_1 \frac{P_o D_o}{2t} + C_2 \frac{D_o}{2I} M_i + C^{'3} E_{ab} \times |\alpha_a T_a - \alpha_b T_b| \le 3S_m \tag{4.5-5}$$

여기서 M_i는 배관계통이 1개의 운전하중조합에서 다른 조합으로 옮겨갈 때 발생하는 모멘트의 합성범위, C_3'는 표 MNB 3681에 제시된 응력지수이다.

– 만일 이들 조건이 만족되면 교번 응력강도값을 다음 식으로 계산해야 한다.

$$S_{alt} = K_e \frac{S_p}{2} \tag{4.5-6}$$

여기서 K_e는 $S_n \le 3S_m$일 때 1.0, $3S_m \le S_n \le 3mS_m$일 때 $1.0 + \frac{(1-n)}{n(m-1)}\left(\frac{S_n}{3S_m} - 1\right)$, $S_n \ge 3mS_m$일 때 $1/n$이다. 또한 m, n은 표 MNB 3228.5-1의 재료변수이다.

모든 하중조합에 대한 S_{alt}는 MNB 3653.3 또는 식 (4.5-6)으로 계산해야 한다. 위 절차로 계산한 교번 응력강도값을 사용하여 구한 누적사용계수는 1.0을 초과하지 않아야 한다.

⑦ 열응력 래칫

모든 하중집단 쌍에 대해 ΔT_1의 범위는 다음 식으로 계산된 값을 초과하지 않아야 한다.

$$\Delta T_1 \leq \frac{y'S_y}{0.7E\alpha}C_4 \qquad (4.5\text{--}7)$$

여기서 y'는 x-값 0.3, 0.5, 0.7 및 0.8에 대하여 각각 3.33, 2.00, 1.20 및 0.80이다. 또한 $x=(PD_o/2t)(1/S_y)$, P는 고려조건에서 최대압력, C_4는 페라이트계 및 오스테나이트계 재료에 대해 각각 1.1 및 1.3, S_y는 과도상태 유체의 평균온도에 대한 항복강도값이다.

　B급 운전한계를 지정한 운전하중 중에서 반복 동하중을 포함하지 않거나 비반복 동하중과 조합된 반복 동하중을 포함하는 경우 최대 계산응력을 유발하는 압력(P) 및 모멘트(M_i)는 식 (4.5.1)을 만족해야 한다. 이 때 허용응력은 $1.8S_m$을 사용하여야 하며, 그 값은 $1.5S_y$ 보다 크지 않아야 한다. 또한 비반복 동하중과 조합할 필요가 없는 반복 동하중을 포함한 경우 A급 운전한계에 대한 요건 MNB 3653을 만족해야 한다. 그 외에 설계시방서에서 지정한 모든 변형한계를 만족해야 한다.

　C급 운전한계에 대한 허용압력은 MNB 3641.1로 계산한 압력(P_a)의 50%를 초과하지 않아야 한다. 지정된 운전하중에 중에서 반복 동하중을 포함하지 않거나 비반복 동하중과 조합된 반복 동하중을 포함한 경우 최대 계산응력을 유발하는 압력 및 모멘트는 식 (4.5--1)을 만족해야 한다. 이 때 허용응력은 $2.25S_m$을 사용하여야 하며, 그 값은 $1.8S_y$ 보다 크지 않아야 한다. 또한 비반복 동하중과 조합할 필요가 없는 반복 동하중을 포함한 경우 MNB 3656(2)(나)의 허용응력, MNB 3656(2)(다)의 허용응력의 70% 그리고 MNB 3656(2)(라)의 허용하중의 70%를 사용하여 MNB 3656(2)의 요건을 만족해야 한다. 그 외에 설계시방서에서 지정한 모든 변형한계를 만족해야 한다.

　D급 운전한계에 대한 허용압력은 MNB 3641.1로 계산한 압력(P_a)의 2배를 초과하지 않아야 한다. 지정된 운전하중에 하에서 최대 계산응력을 유발하는 압력 및 모멘트는 식 (4.5.1)을 만족해야 한다. 이 때 허용응력은 $3S_m$을 사용하여야 하며, 그 값은 $2.0S_y$ 보다 크지 않아야 한다. 이의 대안으로 MNB 3656(2) 및 (3)의 요건을 따른다.

　한편 운전중인 기기의 합격여부와 관련하여 열적, 기계적 피로의 영향 평가에 사용될 절차와 피로사용 계산값이 피로사용한계를 초과하는 경우에 사용될 절차는 KEPIC MI 부록 L에 규정되어 있다.

4.5.2 배관 결함해석

4.5.2.1 일반사항

설계, 검사, 운전 절차가 성공적으로 적용되어 왔음에도 불구하고 일부 배관 파손이 보고되고 있다. 이는 설계에서 예상하지 못했던 과도상태 또는 노화기구, 추정치보다 가혹한 환경, 출력향상 및 계속운전에 기인한 조건 변화 등에 따른 것으로, 이를 분석하기 위해 적용되는 기술기준 및 세부사항 또한 상이하다[4.5-4, 4.5-5]. 대표적인 예로, 1970년 미국에서 최초로 발간된 ASME Code Sec. XI은 가동중검사 및 평가, 운전한계 평가, 운전조건 분류, 정비 및 교체와 관련된 기술기준의 근간을 구축하여 널리 적용되고 개선이 이루어져왔다. 우리나라에서는 이를 토대로 KEPIC MI를 발간하여 국내 원자력발전소 점검에 활용하고 있다. 본 절에서는 안전 1등급 배관을 위주로 현행 기술기준에 제시된 결함해석 방법에 대해 살펴보고자 한다.

4.5.2.2 허용기준

배관의 가동전 및 가동중검사를 통해 결함이 없음을 확인하거나 MIB 3410에 규정된 합격표준을 만족할 경우, 규제기관의 승인을 받아 사용이 가능하다. 또한 검출된 결함 또는 결함군은 MIA 3300의 규정에 따라 결함크기를 결정해야 하며, 다음과 같이 MIB 3514의 허용치수를 초과하지 않는 결함은 사용이 가능하다.

① 페라이트계 배관에 대한 허용 결함기준
- 허용 결함크기는 표 MIB 3514-1에 규정된 한계값을 초과하지 않아야 한다.
- 가동중검사에서 표면검사법으로 검출된 배관 외면의 결함이 허용기준을 초과하면, 이 지시(indication)는 체적검사법으로 검사하여 표 MIB 3514-1에 규정된 한계값을 초과하지 않아야 한다.

② 오스테나이트계 배관에 대한 허용 결함기준
- 허용 결함크기는 표 MIB 3514-2에 규정된 한계값을 초과하지 않아야 한다.
- 가동중검사에서 표면검사법으로 검출된 배관 외면의 결함이 허용기준을 초과하면, 이 지시는 체적검사법으로 검사하여 표 MIB 3514-2에 규정된 한계값을 초과하지 않아야 한다.

③ 이종금속 용접부에 대한 허용 결함기준
  - 이종금속 용접이음부의 탄소강 또는 저합금강 측의 허용 결함크기는 MIB 3514.2의 기준에 따른다.
  - 이종금속 용접이음부의 고합금강 또는 고니켈합금 측과 용접금속부에 존재하는 허용 결함크기는 MIB 3514.3의 기준에 따른다.

④ 허용 라미나(laminar)형 결함기준
  허용 라미나형 결함의 면적은 표 4.5-2에 규정된 한계값을 초과지 않아야 한다.

〈표 4.5-2〉 허용 라미나형 결함 [4.5-5]

호칭 관벽두께 (in)	라미나형 면적 (in²)	비고
0.625 이하 3.5 6.0	7.5 7.5 12.0	라미나형 결함의 면적은 MIA 3360에서 정의함. 호칭 관벽두께의 사이값들에 대한 허용 라미나형 면적 결정을 위해 보간법을 사용할 수 있음.

⑤ 페라이트계 배관에 대한 허용 선형 결함기준
  - 검사표면 경계 내에 있는 허용 선형 결함크기는 표 MIB 3514-4에 규정된 한계값을 초과하지 않아야 한다.
  - 결함이 검사표면 경계 밖으로 연장되어 있거나 불연속 선형결함들이 단일결함으로 평가되면, 허용 전체 선형 결함크기는 표 MIB 3514-4에 규정된 한계값을 초과하지 않아야 한다.

4.5.2.3 결함의 해석적 평가

두께가 4in 이상인 페라이트계 강으로 제작된 기기에 존재하는 결함이 허용기준을 초과하는 경우, 다음에 기술된 해석적 평가를 만족할 때 규제기관의 승인을 받아 사용이 가능하다. 이는 규정이 제정 중인 두께 4in 미만인 페라이트계 강으로 제작된 기기에 존재하는 결함에 대해서도 당분간 적용할 수 있다.

제 4 장

① MIB 3500의 허용기준을 초과한 결함은 KEPIC MI 부록 A에 기술한 것과 같은 해석적 절차에 따라 평가되어, 다음 검사시기 또는 사용수명 종료시기까지의 결함성장이 계산될 수 있다.

② 해석적 평가에 적용할 피복된 기기의 결함깊이는 그림 4.5-3에 따라 평가된다. 이 때 범주 1과 같이 피복재 내에만 존재하는 결함은 평가되지 않아도 된다. 범주 2와 같이 피복재를 통과하여 페라이트계 강 내로 연장된 표면결함은 기기 및 피복재 전체에 대한 결함깊이를 근거로 평가되어야 한다. 범주 3과 같이 페라이트계 강 및 피복재에 모두 걸쳐 존재하는 표면직하 결함은 S와 d 사이의 관계에 따라 표면결함 또는 표면직하 결함으로 취급되어야 한다. 범주 5와 같이 페라이트계 강 내에만 존재하는 표면직하 결함은 S와 d 사이의 관계에 따라 표면결함 또는 표면직하 결함으로 취급되어야 한다.

③ 검사결과 결함범주를 정확히 결정하지 못할 경우에는 보다 보수적인 범주를 선택해야 한다.

④ 결함이 존재하는 기기가 다음의 MIB 3611 또는 MIB 3612의 기준을 만족하면 평가대상 기간 동안 계속 사용될 수 있다.

⑤ 결함크기에 근거한 합격기준
   MIB 3500의 한계값을 초과하는 결함은 다음 기준을 만족하면 합격이다.

$$a_f < 0.1a_c, \ a_f < 0.5a_i \tag{4.5-8}$$

여기서 a_f는 주어진 기간 동안 검출된 결함이 성장할 수 있는 최대 크기, a_c는 정상운전 조건의 최소 임계결함 크기, a_i는 가상의 비상운전 또는 고장 상태의 비정지 성장이 개시되는 최소 임계결함 크기이다.

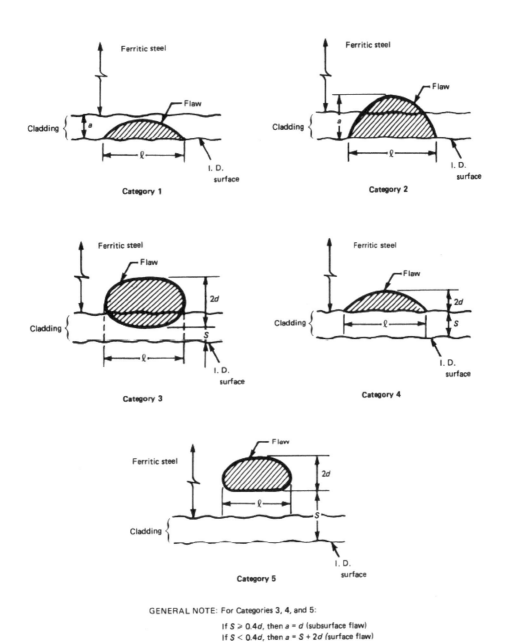

〈그림 4.5-3〉 피복된 기기의 해석적 평가를 위한 특성평가 기준 [4.5-5]

⑥ 작용 응력확대계수에 근거한 합격기준

작용 응력확대계수와 결함의 크기 a_f가 다음 기준을 만족하면 MIB 3500의 한계값을 초과하는 결함이라 하더라도 합격이다.
- 정상운전 조건인 경우

$$K_I < K_{Ia}/\sqrt{10} \tag{4.5-9}$$

여기서 K_I은 a_f에 대한 정상운전(이상 및 시험 포함) 상태의 최대 응력확대계수, K_{Ia}는 해당 온도에서 균열정지에 근거한 파괴인성값이다.
- 비상운전 및 고장 상태인 경우

$$K_I < K_{Ic}/\sqrt{2} \tag{4.5-10}$$

여기서 K_I은 a_f에 대한 비상운전 및 고장상태의 최대 응력확대계수, K_{Ia}는 해당 온도에서 파괴개시에 근거한 파괴인성값이다.

두께가 4in 이상인 페라이트계 강으로 제작된 기기에 대한 해석절차는 페라이트계 배관에도 그대로 적용되어 왔으나, 최근 다음과 같이 오스테나이트계 및 페라이트계 배관의 결함에 대한 평가절차 및 합격기준으로 개정하는 절차가 제시되었다. 세부적인 내용은 KEPIC MI 부록 C 및 H에서 확인할 수 있으며, 주요 사항은 다음과 같다.

① NPS 4 이상의 배관과 용접 중심선에서 거리가 $\sqrt{R_2 t}$ 이내인 관이음쇠 부위에 적용할 수 있다. 여기서 R_2는 호칭반경, t는 호칭두께이다.

② 최소 규정 항복강도가 40ksi 이하인 용접되거나 이음매 없는 탄소강관, 관이음쇠와 관련 용접재료에 대해 적용된다.

③ 단련 스테인리스강, Ni-Cr-Fe 합금 또는 주조 스테인리스강으로 제조되고 최소 규정 항복강도가 45ksi 이하인 용접되거나 이음매 없는 단련 또는 주조 오스테나이트계 배관, 관이음쇠 및 관련 용접재료에 대해 적용된다.

④ 검출된 결함에 대해 결함성장 해석을 수행하여 규정된 평가주기 동안 피로 또는 응력부식균열 또는 양자 모두에 기인한 결함의 성장을 예측해야 한다. 결함성장 해석을 위해 선정된 평가주기는 차기검사 또는 평가기간 말까지이어야 한다.

⑤ 품목의 계속사용 여부를 결정하기 위해 평가주기 말의 최대 결함크기는 운전한계 A, B, C 및 D 하중에 대한 합격기준과 비교되어야 한다.

⑥ 파손형태(failure mode) 결정에 근거한 평가절차 및 합격기준

MIB 3514.1의 합격기준을 초과하는 결함이 존재하는 배관은 부록 C에 기술된 해석적 절차를 사용하여 평가될 수 있으며, 임계결함 변수가 부록 C의 합격기준을 만족한다면 평가기간 동안 계속사용이 가능하다. 결함 합격기준은 허용 결함크기 또는 허용응력에 근거한다.

⑦ 파손평가선도 사용에 근거한 평가절차 및 합격기준

MIB 3514.1의 합격기준을 초과하는 결함이 존재하는 배관은 파손평가도표(FAD)에 근거한 해석적 절차를 사용하여 평가될 수 있다. 배관 두께의 75%를 초과하는 깊이를 가진 결함은 불합격이며, 이 외의 결함이 다음 기준을 만족한다면 부록 H의 해석적 절차에 따라 평가될 수 있다.

- 각 하중집단에 대해 $(S_r^{'}, K_r^{'})$ 좌표로 표현되는 한 개 이상의 평가점은 파손평가선도 내에 있어야 한다. 하단(lower-shelf) 및 과도상태 온도의 경우 하나의 평가점을 계산해도 되나, 상단(upper-shelf) 온도의 경우에는 다양한 연성결함 성장량에 대한 평가점들이 합격기준을 만족하는 지 계산할 필요가 있다.
- 이 때 $S_r^{'}$은 다음 식을 만족하여야 한다.

$$S_r^{'} \leq S_r^{cutoff} \tag{4.5-11}$$

여기서 S_r^{cutoff}는 해당 파손평가선도에서 한계하중 제한값(limit load cut-off)이다. $(S_r^{'}, K_r^{'})$ 및 S_r^{cutoff}에 대한 공식과 페라이트계 및 오스테나이트계 배관에 적용하는 안전계수 등은 부록 H에 제시되어 있다.

한편 MIB 3514.1의 허용기준을 초과하는 결함이 존재하는 배관에 대한 대체 평가절차로서, 하중에 근거한 평가주기 말의 안전계수가 다음 표를 만족하면 계속사용이 가능하다.

〈표 4.5-3〉 작용 응력에 근거한 배관 결함 합격기준 [4.5-5]

운전한계	안전계수
A	2.7
B	2.4
C	1.8
C	1.4

4.5.3 배관 파단전누설 평가

4.5.3.1 일반사항

오래 전에 설계된 국내외 기존 원전은 초기 설계에서 배관파단으로 인한 동적영향의 최소화 및 방호수단으로써, 파단이 예상되는 지점에 배관파단구속장치(Pipe Whip Restraint; PWR) 및 유체충돌차단벽(Jet Impingement Shield; JIS) 등의 육중한 구조물을 설치하여 왔다. 그러나 미국 규제기관과 산업계의 공동연구 수행결과 예기치 못한 구조물의 오작동 또는 국부적인 구속과 가동중검사를 할 때 작업자에 대한 방사능 피폭량 증가 등으로 인해 오히려 안전성 및 경제성에 부정적인 영향을 미칠 수 있는 것으로 나타났다[4.5-6]. 이에 따라 파괴역학 해석기법의 개발과 재료인성 실험결과를 토대로 파단전누설 개념의 적용 가능성을 입증하기에 이르렀으며, 1980년대 중반 10CFR50 GDC-4[4.5-7]의 개정을 계기로 안전성 입증이 가능하다는 전제에서 고에너지 배관에 공식적으로 적용할 수 있게 되었다.

그림 4.5-4에 도시한 바와 같이 파단전누설 개념은 배관에 균열이 존재하는 경우 균열을 통해 냉각재가 누설되므로, 만일 균열이 안정적인 거동을 보인다면 배관의 양단파단(Double Ended Guillotine Break; DEGB)이 발생하기 전에 누설되는 냉각재의 탐지를 통해서 배관의 DEGB를 사전에 방지할 수 있다는 개념이다. 이러한 개념을 설계에 적용하기 위해서는 결정론적 파괴역학 평가를 통해서 배관이 파단될 확률이 극히 낮다는 것을 입증할 수 있어야 한다. 만일 파단전누설(LBB) 개념에 대한 평가결과의 타당성이 규제기관에 의해 승인되면, PWR 및 JIS와 같은 보호물의 사안별 제거가 허용되고, 기기, 기기 지지구조물, 기기 내부구조물, 연결배관 등의 설계기준에서 배관파단에 의한 동적하중을 제거하는 것이 허용되며, 운전중인 발전소의 관련사항 변경이 허가될 수 있다[4.5-8]. 본 절에서는 파단전누설 개념 적용과 관련된 요건, 누설균열길이 평가, 재료물성치 결정, 균열 안정성 평가에 대해 살펴보고자 한다.

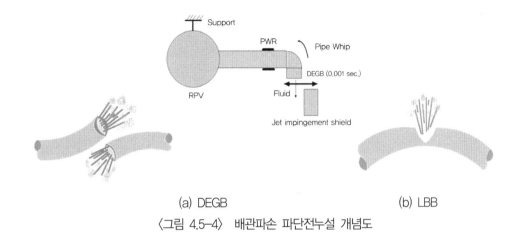

(a) DEGB   (b) LBB

〈그림 4.5-4〉 배관파손 파단전누설 개념도

4.5.3.2 적용 요건

원전 배관에 파단전누설 개념을 적용하기 위해서는 현재 사용되고 있는 절차서[4.5-8 ～ 4.5-10]에 따라 수격현상, 크리프, 부식, 취성파괴, 피로, 기타 간접적인 파손기구에 의한 손상사례나 파손 가능성이 있는 배관을 적용대상에서 제외한 후, 선정된 배관계통을 대상으로 가상균열과 운전중 발생할 수 있는 심각한 하중조합 상태에서 구조적 건전성을 입증하여야 한다.

가압된 계통의 누설을 결정할 때 여러 원인으로 인한 불확실성이 존재하므로, 일반적으로 10배의 여유도를 고려해야 한다. 불확실성의 원인으로 특수한 재질을 사용하여 누설균열에 대한 관막음, 누설예측, 측정기술, 인적요인, 그리고 기록 주기 등이 있다. 결정론적 파괴역학 평가에서 사용되는 관통균열에 대해 미확인 누설을 감지할 여유도가 있음을 보장하기 위하여 누설감지계통의 신뢰도, 여유도, 민감도를 평가하여야 한다.

격납용기 내부 배관의 파단전누설 평가에서 KINS 규제지침 6.1(원자로냉각재 압력경계 누설탐지계통)에 따른 누설감지계통이 필요하며, 격납용기 외부에서 사용되는 누설감지계통의 민감도와 신뢰도도 규제지침 6.1의 요건을 따라야 한다. 이미 승인된 누설감지 방법으로 육안검사와 누설감지 계측기 사용과 같은 국부누설 감지방법이 있다.

4.5.3.3 누설균열길이 평가

작용하중(힘, 굽힘 모멘트, 비틀림 모멘트)의 유형과 크기, 하중의 원인, 조합방법 등을 고려하여 가장 큰 작용하중을 결정한 후 파단전누설 개념 적용 배관계통의 각 배관 크기에 따라 모재, 용접부, 그리고 안전단에 대해 응력과 물성치가 가장 보수적으로 조합된 위치를 결정해야 한다. 누설감지 능력의 10배에 해당하는 누설률이 발생하는 조건에 해당하는 원주 방향 관통균열인 감지 가능한 누설균열(Detectable Leakage Crack; DLC)을 정상운전 조건의 하중을 고려하여 결정하며, 다른 승인 가능한 계산절차나 실험 데이터와 비교하여 누설률 계산방법의 정확성을 입증하여야 한다. 만일 보조 누설감지계통이 사용된다면, 그 내용이 기술되어야 한다. 누설률 평가에서 정상운전 하중(자중, 열팽창, 압력)은 각각의 대수합으로 조합되어야 한다.

4.5.3.4 재료물성치 결정

평가에 사용되는 재료물성치는 다음 사항을 고려하여 결정된다.

① 재료시방서
  - 모재, 용접부, 노즐, 안전단에 사용된 재료사양과 파괴인성치 및 인장 데이터, 열시효와 같은 장주기 효과를 확인한다.
  - 실제 배관재료의 파괴인성($J-R$ 곡선)과 인장특성($\sigma-\varepsilon$ 곡선)은 정상운전의 최대 운전온도 근처에서 결정되어야 한다.

② 재료 물성치 및 시험
  - $J-R$ 곡선을 구하는데 사용된 시험편의 크기는 LBB 적용을 위해 필요한 범위까지 J/T 곡선을 구할 수 있을 정도로 충분히 커야 한다. 그러나 시험편크기에 대한 실제적 제한으로 요구되는 길이까지 균열성장 실험을 하기 어려운 경우, NUREG-1061 Vol.3[4.5-9] 또는 NUREG/CR-4575[4.5-11]에 제시된 J/T 곡선 확장방법이 사용될 수 있다. 만일 다른 방법이 사용된다면, 그 방법의 타당성이 입증되어야 한다.
  - $\sigma-\varepsilon$ 곡선은 비례한도에서 최대하중점까지 결정되어야 한다.
  - 가능하다면 재료물성치를 얻기 위한 실험에서 평가될 배관의 보관재료(archival material)가 사용되어야 한다. 보관재료가 없을 경우, 발전소의 특정 데이터베이스나 산업계의 일반 데이터베이스를 사용할 수도 있다. 시험 재질은 모재와 용접부가 포함되어야 한다.
  - 실험 데이터를 보관재료에서 구한다면, 재료의 각 히트(heat)에 대해 3개의 $\sigma-\varepsilon$ 곡선과 3개의 $J-R$ 곡선이 있어야 한다. 시험은 발전소 정상운전의 최대온도 근처

에서 수행되어야 한다. 또한 고온대기 상태와 같은 낮은 온도에서도 시험이 수행되어야 하는데, 이는 정상운전에서 배관파손에 의한 안전성 문제와 유사한 안전성 문제가 배관파손에 의해 발생할 수도 있는 온도로서, 인장 특성이 온도에 큰 영향을 받는지 여부를 결정하기 위한 것이다. 파괴역학 평가에서 가장 낮은 인성치가 사용되어야 하며, 온도 의존성을 평가하는데 있어서는 1개의 모재 및 용접부 시험편에 대해 각 1개의 $J-R$ 곡선과 $\sigma - \varepsilon$ 곡선으로 충분하다.

- 데이터베이스의 신뢰성을 위해 발전소별 일반 데이터베이스의 파괴인성치나 인장 특성은 발전소 재질에 상응하는 재질의 하한치(lower bound)가 되어야 한다. 발전소별 일반 데이터베이스의 타당성을 입증하기 위해서는, 그 일반 데이터베이스가 평가대상이 되는 발전소 재질을 대표한다는 것이 입증되어야 한다. 산업계의 일반 데이터베이스는 재료사양, 재료형태, 용접절차 등과 관련된 합리적인 하한치가 제시되어야 한다.

- 동적변형시효(Dynamic Strain Aging; DSA) 효과로 재료물성치 저하가 나타나는 배관 재질에 대해서는 인장 특성 및 파괴인성치를 결정할 때 DSA 효과를 고려해야 한다. 탄소강의 경우 DSA 정도를 평가하기 위한 시험(dynamic fracture test)은 KINS 안전심사지침 부록 3.6.3-1에 따라 수행되어야 한다.

4.5.3.5 균열안정성 평가

파괴역학적인 안정성 해석방법이나 한계하중 해석방법을 사용하여 정상상태 하중과 안전정지지진(SSE) 하중을 합한 것의 1.4배 하중이 작용할 때, DLC가 불안정한 성장을 하지 않음을 입증하여야 한다. 즉, 균열은 안정적으로 성장하며, 최종 균열크기는 DEGB를 일으키지 않음을 입증하여야 한다. 그러나 자중, 열팽창, 압력, SSE, 그리고 앵커지진거동(Seismic Anchor Motion; SAM)에 의한 하중이 각각의 절대값에 근거하여 다음과 같이 작용한다면, 1.4의 여유도는 1로 줄일 수 있다.

$$F_{comb} = \left| F_{dead\ Weight} \right| + \left| F_{thermal} \right| + \left| F_{pressure} \right| + \left| F_{SSE} \right| + \left| F_{SAM} \right|$$

$$M_{comb}^{i} = \left| M_{dead\ Weight}^{i} \right| + \left| M_{thermal}^{i} \right| + \left| M_{pressure}^{i} \right| + \left| M_{SSE}^{i} \right| + \left| M_{SAM}^{i} \right| \qquad (4.5\text{-}12)$$

$$\left[M_{comb} \right]^2 = \left[M_{comb}^1 \right]^2 + \left[M_{comb}^2 \right]^2 + \left[M_{comb}^3 \right]^2$$

제 4 장

여기서 F는 축력, $M_i(i=1,2,3)$는 모멘트의 i 성분, M은 총 모멘트이다. OBE 조건에서 SAM 거동이 충분히 작다는 것이 입증되면, SSE 조건에서 SAM 하중 평가는 제외될 수 있다.

배관구속물의 제거를 위하여 LBB 개념을 적용할 때 한계하중 방법을 사용하는 것에는 제한이 따른다. 그러나 오스테나이트계 배관에 대해 다음의 수정 한계하중 해석방법을 사용할 수 있다.

① 응력지수(SI)에 대해 가상 원주방향 관통균열의 총길이(L)의 함수로 주어지는 주곡선 (master curve)을 그린다.

$$SI = S + M \times PM \tag{4.5-13}$$

$$L = 2 \times \theta \times R \tag{4.5-14}$$

여기서 θ는 가상 원주방향 균열의 반각, R은 배관 평균반경, P_m은 압력, 자중, 지진을 포함하는 막응력 조합, M은 하중 조합방법에 따른 여유도, σ_f는 오스테나이트계 배관 재질범주에 대한 유동응력이고,

$$S = (2 \times \sigma_f/\pi) \times [2 \times \sin\beta - \sin\theta] \tag{4.5-15}$$

$$\beta = 0.5 \times [(\pi - \theta) - \pi(P_m/\sigma_f)] \tag{4.5-16}$$

이다. 만일 $\theta + \beta$가 π보다 크다면 S와 β는 다음과 같다.

$$S = (2 \times \sigma_f/\pi) \times \sin\beta \tag{4.5-17}$$

$$\beta = -\pi(P_m/\sigma_f) \tag{4.5-18}$$

② 식 (4.5-13) 및 식 (4.5-14)과 식 (4.5-15) 또는 식 (4.5-17)에서 주곡선을 구한 후 하중과 오스테나이트계 배관 재질로부터 결정된 SI 값을 대입하면, 원주방향 관통균열에 대한 허용 균열길이를 결정할 수 있고 요구되는 여유도의 만족여부를 확인하는데 사용될 수 있다. 식 (4.5-15)과 (4.5-17)의 S 값이 0보다 크게 되는 θ 값만이 허용

되며, 주곡선과 관련된 σ_f 및 SI는 조건에 따라 다음과 같이 정의된다.

③ 모재 및 TIG(Tungsten Inert Gas) 용접
주곡선을 구할 때 사용되는 유동응력은 다음과 같이 결정된다.

$$\sigma_f = 0.5(\sigma_y + \sigma_u) \tag{4.5-19}$$

여기서 σ_y와 σ_u는 각각 주어진 온도에서 항복강도와 극한인장강도이다. 만일 σ_y와 σ_u가 알려져 있지 않다면, 주어진 온도에서 코드 최소치를 사용하거나 또는 $(SI/17M) < 2.5$일 때 σ_f=51ksi, $(SI/17M) \geq 2.5$일 때 σ_f=45ksi가 사용될 수 있다. 모재 및 TIG 용접의 주곡선에 사용되는 SI 값은 다음과 같다.

$$SI = M \times (P_m + P_b) \tag{4.5-20}$$

여기서 P_b는 자중 및 지진하중을 포함하는 1차 굽힘응력의 조합이다.

④ 피복아크용접 및 서브머지드 아크용접
주곡선을 구할 때 사용되는 유동응력은 51ksi이어야 하며, 피복아크용접(SMAW) 및 서브머지드 아크용접(SAW)의 주곡선에 사용되는 SI 값은 다음과 같다.

$$SI = M \times (P_m + P_b + P_e) \times Z \tag{4.5-21}$$

여기서 P_e는 정상운전 조건에서 팽창응력 조합이고, 배관외경(OD)의 함수로 표현되는 Z는 다음과 같다.

$$Z = 1.15 \times [1.0 + 0.013 \times (OD - 4)] : \text{SMAW}$$
$$Z = 1.30 \times [1.0 + 0.010 \times (OD - 4)] : \text{SAW} \tag{4.5-22}$$

⑤ SI 값에 대한 허용 균열길이가 주곡선에서 결정되면, 하중 및 균열에 대한 여유도가 각각 만족되는지의 여부를 다음과 같이 결정한다.
 – 절대합 하중 조합방법을 사용하는 경우 M=1로 하여 구한 허용 균열길이가 DLC의 2배 이상이라면, 그 하중 및 균열에 대한 여유도는 만족된다.

제 4 장

- 대수합 하중 조합방법을 사용하는 경우 첫째, $M=1.4$로 하여 구한 허용 균열길이가 DLC와 최소한 같다면 하중에 대한 여유도는 만족된다. 둘째, $M=1$로 하여 구한 허용 균열길이가 DLC의 2배 이상이라면 균열에 대한 여유도는 만족된다.

참고문헌

4.1-1.   원자력안전위원회, "원자로압력용기 감시시험 기준," 고시 제2012-8호.

4.1-2.   USNRC, "Reactor Vessel Material Surveillance Program Requirements," 10CFR50, App. H.

4.1-3.   USNRC, "Acceptance Criteria for Fracture Prevention Measures for Light Water Nuclear Power Reactors for Normal Operation," 10CFR50.60.

4.1-4.   USNRC, "Fracture Toughness Requirements for Protection Against Pressurized Thermal Shock Events," 10CFR50.61.

4.1-5.   USNRC, "Fracture Toughness Requirements," 10CFR50, Appendix G.

4.1-6.   USNRC, 1988, "Radiation Embrittlement of Reactor Pressure Vessel Materials," Regulatory Guide 1.99, Rev. 2.

4.1-7.   USNRC, 1995, "Evaluation of Reactor Pressure Vessels with Charpy Upper Shelf Energy Less Than 50ft-lb.", Regulatory Guide 1.161.

4.1-8.   ASME, 1993, "Fracture Toughness Criteria for Protection Against Failure," B&PV Code, Sec. XI, Appendix G.

4.1-9.   ASTM, 1993, "Standard Practice for Conducting Surveillance Tests for Light-Water Cooled Nuclear Power Rector Vessels," E185-82, Philadelphia, PA.

4.1-10. ASTM "Standard Guide for Conducting Supplemental Surveillance Tests for Nuclear Power Reactor Vessels," E636

4.1-11. ASTM, "Standard Guide for Predicting Radiation-Induced Transition Temperature Shift in Reactor Vessel Materials," E900.

4.1-12. ASME, 2000, "Alternative Pressure-Temperature Relationship and Low Temperature Overpressure Protection System Requirements", Code Case N-641.

4.1-13. USNRC, 2005, "Inservice Inspection Code Case Acceptability," Regulatory Guide 1.147, Rev. 14.

4.1-14. USNRC, 2001, "Calculation and Dosimetry Methods for Determining Pressure Vessel Neutron Fluence," Regulatory Guide 1.190.

4.1-15. ASTM, "Standard Test Method for Application and Analysis of

Radiometric Monitors for Reactor Vessel Surveillance," E1005.

4.1-16.   ASTM, "Standard Practice for Design of Surveillance Programs for Light-Water Moderated Nuclear Power Reactor Vessels," E185-10.

4.1-17.   ASTM, "Standard Practice for Evaluation of Surveillance Capsules from Light-Water Moderated Nuclear Power Reactor Vessels," E2215-10.

4.1-18.   USNRC, 1982, "Pressurized Thermal Shock," SECY-82-465.

4.1-19.   USNRC, 2006, "Technical Basis for Revision Of the Pressurized Thermal Shock (PTS) Screening Limit in the PTS Rule (10 CFR 50.61): Summary Report," NUREG-1806.

4.1-20.   USNRC, 2006, "Probabilistic Fracture Mechanics - Models, Parameters, and Uncertainty Treatment Used in FAVOR Version 04.1," NUREG-1807.

4.1-21.   USNRC, 2006, "Probabilistic Fracture Mechanics Model Used in FAVOR," NUREG-1808.

4.1-22.   USNRC, 2007, "Recommended Screening Limits for Pressurized Thermal Shock (PTS)," NUREG-1874.

4.1-23.   ASME, 1993, "Assessment of Reactor Pressure Vessels with Low Upper Shelf Charpy Impact Energy Levels," B&PV Code, Sec. XI, Appendix K.

4.1-24.   Dickson, T.L., 1993, "Generic Analyses for Evaluation of Low Charpy Upper-Shelf Energy Effects on Safety Margins Against Fracture of Reactor Pressure Vessel Materials," NUREG/CR-6023, ORNL/TM-12340 RF.

4.1-25.   USNRC, 2002, "Format and Content of Plant-Specific Pressurized Thermal Shock Safety Analysis Reports for Pressurized-Water Reactors," Regulatory Guide 1.154.

4.1-26.   ASME, 1999, "Use of Fracture Toughness Test Data to Establish Reference Temperature for Pressure Retaining Materials," Code Case N-629.

4.1-27.   USNRC, 2001, "Safety Evaluation by the Office Nuclear Reactor Regulation Regarding Amendment of the Kewaunee Nuclear Power Plant Licence to Include the Use of a Master Curve-based Methodology for Reactor Pressure Vessel Integrity Assessment", Docket No. 50-305.

4.1-28. USNRC, 2005, "Final Safety Evaluation for Topical Report BAW-2308, Revision 1 - Initial RT_{NDT} of Linde 80 Weld Materials (TAC No. MB6636)."

4.1-29. Jhung, M.J., Park, Y.W. and Jang, C.H., 1999, "Pressurized Thermal Shock Analysis of Reactor Pressure Vessel using Critical Crack Depth Diagrams," International Journal of Pressure Vessels and Piping, Vol. 76, pp. 813~823.

4.1-30. 정성규, 진태은, 정명조, 최영환, 2003, "가압열충격에 대한 원자로압력용기의 확률론적 파괴역학해석," 대한기계학회논문집 A권, 제27권 제6호, pp. 987~996.

4.1-31. Simonen, F.A., et al., 1986, "VISA-II, A Computer Code for Predicting the Probability of Reactor Vessel Failure," NUREG/CR-4486.

4.1-32. Dickson, T.L., 1994, "FAVOR : A Fracture Analysis Code for Nuclear Reactor Pressure Vessels, Release 9401," ORNL/NRC/LTR/94/1, Oak Ridge National Laboratory.

4.1-33. Williams, P.T., and Dickson, T.L., 2003, "FAVOR Ver. 2.4 Updated Theory Manual," Oak Ridge National Laboratory.

4.1-34. Jhung, M.J., Choi, Y.H., and Jang, C.H., 2009, "Structural Integrity of Reactor Pressure Vessel for Small Break Loss of Coolant Accident," Journal of Nuclear Science and Technology, Vol. 46, No. 3, pp. 310~315.

4.1-35. Shibata, K., Kato, D., and Li, Y., 2001, "Development of a PFM Code for Evaluating Reliability of Pressure Components Subject to Transient Loading," Nuclear Engineering and Design, Vol. 208, No. 1, pp. 1~13.

4.1-36. OECD/NEA, 1999, "Final Report on the International Comparative Assessment Study of Pressurized Thermal Shock in Reactor Pressure Vessels," NEA/CSNI/R(99)3.

4.1-37. KINS, 2000, "Round Robin Analysis of Pressurized Thermal Shock for Reactor Pressure Vessel," KINS/RR-029.

4.1-38. KINS, 2004, "Probabilistic Integrity Evaluation Program of Reactor Vessel," KINS/RR-254.

4.1-39. ASME, "Analysis of Flaws," B&PV Code, Sec. XI, App. A.

4.2-1. Korea Electric Association, 2010, "Core Support Structure," MNG, Korea

제
4
장

Electric Power Industry Code.

4.2-2.   Korea Electric Association, 2010, "Material Properties." MDP, Korea
Electric Power Industry Code.

4.2-3.   Jhung, M.J., 1996, "Hydrodynamic Effects on Dynamic Response of
Reactor Vessel Internals," International Journal of Pressure Vessels and
Piping, Vol. 69, pp. 65~74.

4.2-4.   Jhung, M.J., 1997, "Axial Response of PWR Fuel Assemblies for
Earthquake and Pipe Break Excitations," Structural Engineering and
mechanics, Vol. 5, pp. 149~165.

4.2-5.   USNRC, 2007, "Damping Values for Seismic Design of Nuclear Power
Plants," Regulatory Guide 1.61, Rev. 1.

4.2-6.   USNRC, 1973, "Design Response Spectra for Seismic Design of Nuclear
Power Plants," Regulatory Guide 1.60, Rev. 1.

4.2-7.   USNRC, "Contents of Applications; Technical Information," 10CFR50.34.

4.2-8.   USNRC, 2007, "Comprehensive Vibration Assessment Program for
Reactor Internals during Preoperational and Initial Startup Testing,"
Regulatory Guide 1.20, Rev. 03.

4.2-9.   원자력안전위원회, 2012, "원자로시설의 사용전검사에 관한 규정," 고시 제
2012-18호.

4.2-10.   한국원자력안전기술원, 2009, "경수로형 원전 안전심사지침서."

4.2-11.   USNRC, 1976, "Comprehensive Vibration Assessment Program for
Reactor Internals during Preoperational and Initial Startup Testing,"
Regulatory Guide 1.20, Rev. 02.

4.3-1.   Korea Electric Association, 2010, "Nuclear Mechanical − Class 1
Components," MNB, Korea Electric Power Industry Code.

4.3-2.   ASME, 2010, "Rules for Construction of Nuclear Facility Components,"
B&PV Code, Sec. Ⅲ, NB.

4.3-3.   Korea Electric Association, 2010, "Material Properties," MDP, Korea
Electric Power Industry Code.

4.3-4.   Korea Electric Association, 2010, "Fracture Toughness Criteria for
Protection Against Failure," MNZ, Appendix G, Korea Electric Power
Industry Code.

4.3-5.   Korea Electric Association, 2010, "Inservice Inspection of Nuclear Power Plant - Class 1 Components," MIB, Korea Electric Power Industry Code.

4.3-6.   Korea Electric Association, 2010, "Analysis of Flaws," MIZ, App. A, Korea Electric Power Industry Code.

4.4-1.   Korea Electric Association, 2010, "Nuclear Mechanical - Class 1 Components," MNB, Korea Electric Power Industry Code.

4.4-2.   Korea Electric Association, 2010, "Material Properties," MDP, Korea Electric Power Industry Code.

4.4-3.   Korea Electric Association, 2010, "Fracture Toughness Criteria for Protection Against Failure," MNZ, Appendix G, Korea Electric Power Industry Code.

4.4-4.   Korea Electric Association, 2010, "Inservice Inspection of Nuclear Power Plant - Class 1 Components," MIB, Korea Electric Power Industry Code.

4.4-5.   Hwang, S.S, Kim, H.P. and Kim, J.S., 2004, "Corrosion Damage and Burst/Leak Evaluation for Alloy 600 Tube," Proceedings of K-PVP Conference.

4.4-6.   Song, M.H. and Shin, H.S., 2011, "Degradation Status and Inspection Requirements Revision Trend for Steam Generator Tube," Proceedings of K-PVP Conference, pp. 219~220.

4.4-7.   Kim, S.H., 2012, "Regulatory Perspective on the Steam Generator Tube Integrity for Operating Nuclear Power Plants," 16th Nuclear Safety Technology Information Meeting.

4.4-8.   Kim, H.D., 2004, "Integrated Guidelines for Steam Generator Management Program," 9th Nuclear Safety Technology Information Meeting.

4.4-9.   Song, M.H. and Shin, H.S., 2006, "Application Status of Steam Generator Management Program in Nuclear Power Plants," Advanced Courses on SG Integrity and FAC.

4.4-10. Chung, H.S., 2012, "Stress Corrosion Cracking in Steam Generator," Proceedings of K-PVP Conference, pp. 83~91.

4.4-11. Miller, A.G., 1988, "Review of Limit Loads of Structures Containing Defects," International Journal of Pressure Vessels Piping, Vol. 32, pp.

제
4
장

197~327.

4.4-12. Kim, H.S., Kim, J.S., Jin, T.E., Kim, H.D. and Chung, H.S., 2004, "Burst Pressure Evaluation for Through-Wall Cracked Tubes in the Steam Generator," Transactions of KSME A, Vol. 28, No. 7, pp. 1006~1013.

4.4-13. Kim, H.S., Kim, J.S., Jin, T.E., Kim, H.D. and Chung, H.S., 2006, "Evaluation of Limit Loads for Surface Cracks in the Steam Generator Tube," Transactions of KSME A, Vol. 30, No. 8, pp. 993~1000.

4.4-14. Kim, H.S., Jin, T.E., Chang, Y.S. and Kim, Y.J., 2009, "Finite Element Evaluation of Support-Induced Restraint Effect on the Limit Loads of Surface Cracked Tubes," Journal of Strain Analysis for Engineering Design, Vol. 44, No. 7, pp. 609~620.

4.4-15. Kim, H.S., Oh, C.K. and Jin, T.E., 2009, "A Comparison of Failure Load Assessment Methods for Thin-walled Tubes with Cracks," Proceedings of ASME Pressure Vessels and Piping Conference, No. 78142.

4.4-16. Kim, H.S., Shim, H.J., Oh, C.K. Jung, S.G., Chang, Y.S., Kim, H.D. and Lee, J.B., 2012, "Development of Probabilistic Program for Structural Integrity Assessment of Steam Generator Tubes," Proceedings of KSME Conference, pp. 477~481.

4.4-17. Lee, J.B., Park, J.H., Kim, H.D., Chung, H.S. and Kim, T.R., 2006, "Probability of Burst in Steam Generator Tubes using Monte Carlo Method," Proceedings of ASME Pressure Vessels and Piping Conference, No. 93469.

4.5-1. ASME, 1967, "Code for Pressure Piping," B31.

4.5-2. ASME, 2007, "Rules for Construction of Nuclear Facility Components," B&PV Code, Sec. III.

4.5-3. Korea Electric Association, 2005, "Nuclear Mechanical", MN, Korea Electric Power Industry Code.

4.5-4. ASME, 2007, "Rule for Inservice Inspection of Nuclear Power Plant Components," B&PV Code, Sec. XI.

4.5-5. Korea Electric Association, 2005, "Inservice Inspection of Nuclear Power

Plant," MI, Korea Electric Power Industry Code.

4.5-6.   장윤석, 김현수, 진태은, 1998, "기존 원전 배관에 대한 파단전누설 개념 적용성 검토," 제5회 원전 기기 건전성 Workshop, pp. 29~40.

4.5-7.   USNRC, 1987, "10CFR50, Modification of GDC-4 Requirements for Protection against Dynamic Effects of Postulated Pipe Ruptures," Federal Register, Vol. 52, No. 207, pp. 41288~41295.

4.5-8.   KINS, 2004, "파단전누설 개념 평가절차," KINS/Reg. Guide N04.02.

4.5-9.   USNRC, 1984, "Evaluation of Potential for Pipe Breaks," NUREG-1061 Vol. 3, pp. 32626~32633.

4.5-10.   USNRC, 1987, "Leak Before Break Evaluation Procedure," NUREG-0800, Draft Standard Review Plant 3.6.3.

4.5-11.   USNRC, 1986, "Predictions of $J-R$ Curves with Large Crack Growth from Small Specimen Data," NUREG/CR-4575.

제
4
장

제5장 원전기기 건전성 평가사례

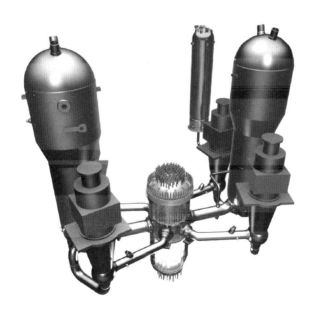

제5장 원전기기 건전성 평가사례

5.1 원자로압력용기

5.1.1 원자로압력용기 감시시험 결과 분석

본 절에서는 원자로압력용기 건전성 평가의 기본이 되는 조사취화 감시시험 결과의 분석 사례를 소개하고자 한다. 앞장에서 언급하였듯이 감시시험의 범위는 재료시험과 중성자속 분포해석, 중성자조사 취화량 예측, 온도-압력 곡선의 도출 등 매우 광범위하고 방대한 작업이지만, 본 절에서는 시험 데이터로부터 RT_{NDT} 및 USE 등 수명관리에 필요한 주요 인자들을 도출하는 과정만을 설명한다. 또한 원자로압력용기의 재료 및 설계, 운전 정보를 이용하여 USE의 허용 가능한 임계값을 파괴역학 평가를 통해 산출해 본다.

5.1.1.1 감시시험 결과의 예

어떤 원자로압력용기의 감시시험을 4차례 수행하여 노심대 모재의 충격시험 결과들을 정리한 것이 표 5.1-1과 같고, 원자로압력용기 내벽에서 주요 시점별로 누적 중성자조사량 계산값은 표 5.1-2와 같이 확보되었다. 이로부터 40년 수명기간 동안 원자로의 운전에 사용될 온도-압력 제한곡선의 도출에 필요한 ART와 수명관리의 기준인자 값인 RT_{PTS} 및 USE를 구해보자. 물론 이 절차는 용접부 등 노심대 영역의 다른 재료에 대해서도 동일하게 수행되어야 할 것이나, 본 예제에서는 모재에 대해서만 평가해 본다.

5.1.1.2 중성자 조사취화 예측을 위한 [CF] 결정

감시시험 결과의 분석에서 가장 중요한 부분은 식 (4.1-2)에 의거하여 중성자조사 취화량 예측에 사용될 화학성분인자 [CF]와 적용 마진 등을 감시시험의 충격시험결과로부터 결정하는 것이다[5.1-1].

1) 첫 번째로 원자로압력용기 재료의 화학성분이 표 5.1-2에서 Cu=0.08, Ni=0.65wt.%로 알고 있으므로, 표 4.1-3 (Reg. Guide 1.99 Rev. 2)에서 해당하는 [CF] 값을 찾으면 58°F이다.

제 5 장

2) 두 번째로는, 4차례의 감시시험결과 (표 5.1-1)를 이용하여 식 (4.1-4)에 따라 해당 재료 고유의 $[CF]$ 최적값을 도출하면 67.02℉가 얻어진다.

3) 앞에서 구해진 $[CF]$를 이용하여 ΔRT_{NDT}를 중성자 조사량에 따라 식 (4.1-2)를 이용하여 계산하고, 4차례의 감시시험결과와 함께 도시하면 그림 5.1-1과 같다. 여기서 실선은 중성자조사 취화량 예측 최적선이며, 위아래 두 개의 점선은 각각 ±1σ마진을 고려한 유도선이다. 여기서 대상재료는 모재이므로 σ값은 17℉ 이다.

〈표 5.1-1〉 모재의 감시시험 결과 예

감시시험 차수	Fluence (x10^{19}/cm^2)	$\Delta T_{30-meas.}$ (℉)	USE (ft-lb)
baseline	–	*30 ($^*RT_{NDT}$)	110.0
1	0.4000	68.8	87.5
2	1.7000	69.7	83.0
3	3.2000	87.0	81.7
4	4.6000	89.1	74.4

〈표 5.1-2〉 원자로압력용기의 주요 제원과 내벽의 중성자 조사량 최대 예측값 예

	용기내벽에서 조사량 (x10^{19}n/cm^2, $E > 1MeV$)
20년 (현재)	2.4
40년 (운영허가기간)	4.5
60년	5.8

원자로압력용기의 내경 180in, 모재의 두께 9in, 설계압력 2,500psi
원자로압력용기 재료의 화학성분 (FSAR): Cu = 0.09wt%, Ni = 0.65wt.%
감시시험편의 화학성분 분석결과: Cu = 0.08wt%, Ni = 0.66wt.%

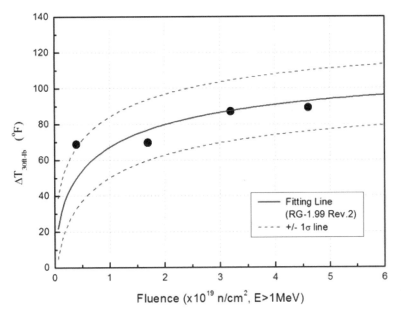

〈그림 5.1-1〉 감시시험 ΔRT_{NDT} (ΔT_{30}) 데이터의 [CF] 커브 피팅

4) 그림 5.1-1에서 보면 감시시험으로 결정된 [CF]를 이용한 중성자조사 취화량 예측선은 시험결과를 잘 나타내고 있다고 생각할 수 있으나, 첫 번째 감시시험 데이터가 +1σ 유도선을 약간 벗어나 있다. 이 경우에는 4.1.1절에 설명한 바와 같이 Reg. Guide 1.99 Rev. 2 혹은 10CFR50.61의 규정에 따라 완전한 credibility 조건을 만족치 못하므로, 적용하는 마진값은 2σ(=34°F)가 되어야 한다. 만일 첫 번째 데이터 포인트가 유도선 범위 안에 들었다면 적용마진을 1σ (=17°F)로 줄일 수도 있다.

5) 만일, 감시시험편에서 채취하여 직접 측정한 화학성분 결과가 FSAR에 기록된 원자로압력용기의 화학성분 값과 다르다면, 이것을 고려하여 [CF] 값을 보수적으로 재조정해 주어야 한다. 표 5.1-2에서 보듯이 FSAR에 보고된 원자로압력용기 모재의 Cu 함량은 0.09wt%이며, 감시시험편에서 측정한 Cu 함량은 0.08wt%이다. 이들 각각에 대한 [CF]를 표 4.1-3에서 찾으면 각각 58과 51°F이므로 이 비율만큼, 2)에서 구해진 감시시험결과의 [CF] 값을 다음과 같이 조정해준다.

$$[CF]_{\text{vessel adjusted}} = [CF]_{\text{surveillance}} \times [CF]_{\text{FSAR}} / [CF]_{\text{measured}}$$
$$= 67.0 \times 58/51 = 76.2°F$$

(5.1-1)

6) 2)와 5) 과정을 통해 감시시험 결과로부터 결정된 [CF] 값은 1)의 화학성분만으로부

터 예측되는 $[CF]$ 값보다 더 보수적이므로, 이 값이 원자로압력용기의 조사취화 평가에 사용되어야 함은 명백하다. 만일 반대로 2)와 5) 과정을 통해 결정된 $[CF]$ 값보다, 1)의 FSAR 화학성분 값만으로 예측되는 $[CF]$ 값이 더 큰 경우에는 보수성을 위해 1)의 값을 그대로 사용하는 것을 고려해 볼 수도 있다. 이에 대한 판단은 평가자와 규제기관의 합의가 필요한 사항이다.

5.1.1.3 ART, RT_{PTS} 값의 계산

1차 계통의 가열-냉각, 수압시험 등을 포함한 정상운전시 냉각재의 온도-압력 조건은 1차 계통 기기의 취성파손을 방지할 수 있도록 설정되어야 하며, 이 때 원자로압력용기 노심대 재료의 가동중 중성자 조사취화에 의한 참조온도의 변화가 고려되어야 한다. 적용되는 기술규정은 ASME Code Sec. XI, Appendix G이며 10CFR50, Appendix G에도 동일한 내용이 기술되어있다[5.1-2, 5.1-3]. 정상상태의 온도-압력 곡선을 결정하는 데는 파괴역학 평가 개념이 적용되며 이 때 원자로압력용기벽에 $1/4t$ 깊이의 내외부 표면 균열이 이미 존재한다고 가정하고 해석한다. 따라서 재료의 조사취화 특성도 $1/4t$ 및 $3/4t$ 두께 지점의 값들이 요구된다.

표 5.1-2로부터 40년 수명말기에 원자로압력용기 내벽의 중성자조사량 예측값은 $4.5 \times 10^{19} n/cm^2$이다. 원자로압력용기의 두께는 9in이므로 내부 $1/4t$ 혹은 $3/4t$ 깊이로 들어감에 따라 중성자 조사량은 감쇄하여 식 (4.1-6)에 따라 다음과 같이 계산된다.

$$f_{depth\,x} = f_{surface} \cdot e^{-0.24x} \qquad (5.1-2)$$

$1/4t$와 $3/4t$ 지점의 깊이 x로서 각각 $9 \times 1/4 = 2.25in$와 $9 \times 3/4 = 6.75in$를 대입하면, $1/4t$와 $3/4t$ 지점에서의 중성자 조사량은 각각 2.622와 0.891 $(\times 10^{19} n/cm^2)$이다.

따라서 식 (4.1-2)에 앞서 구한 $[CF]$와 상기의 조사량을 대입하면 $1/4t$와 $3/4t$에서 각각의 조사량에 따른 ΔRT_{NDT}는 95.9°F와 73.7°F로 계산된다. 여기에 초기 $RT_{NDT}=30$°F와 모재에 대한 2σ 마진값 34°F를 대입하면, ART는 각각 159.9°F와 137.7°F 이다.

RT_{PTS}는 수명말기 용기내벽에서 해당 재료의 ART 최대값으로 정의되므로 내벽의 조사량 값 $4.5 \times 10^{19} n/cm^2$을 대입하면 ΔRT_{NDT}는 105.2°F이며, RT_{PTS}는 169.2°F로 결정된다. 결정된 RT_{PTS} 값이 모재의 심사기준인 270°F 이하이므로, PTS 안전성에 대한 발전소 고유의 평가는 요구되지 않는다.

5.1.1.4 수명말기 USE 값의 계산

USE 평가를 위해서 그림 4.1-5에 제시한 Reg. Guide 1.99 Rev. 2의 도표에 감시시험 결과를 ΔUSE(%)와 조사량에 대해 log 스케일로 도시한다. 그림 5.1-2에서 보듯이 4차의 감시시험결과 중 1차 시험결과가 가장 보수적인 취화경향을 나타내는 지표가 된다. 따라서 이 점을 지나면서 기존 추세선에 평행한 선으로서 동 재료에 대한 USE의 변화를 보수적으로 예측한다.

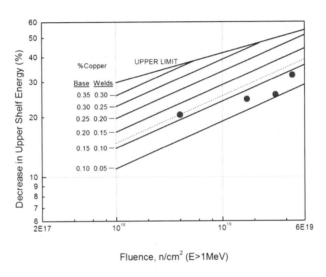

〈그림 5.1-2〉 감시시험결과 USE의 평가 예

그림 4.1-5 및 그림 5.1-2의 로그 스케일 도표로부터 해당 좌표를 표시하거나 읽기에는 불편한 면이 많으므로, 그림의 추세선을 수식화하는 작업을 수행하였다.

Cu 함량별로 중성자 조사량에 대한 USE의 변화를 나타내는 Reg. Guide 1.99 Rev. 2의 추세선들을 커브 피팅하면 대략 다음과 같은 수식으로 표현할 수 있다.

$$\log(\Delta USE\%) = 0.234 \times \log(F/10^{19}) + \log(\% Cu \times 100 + A) \qquad (5.1\text{-}3)$$

F는 조사량, 모재에 대해 A=9, 용접재에 대해 14.

Upper limit 선은

$$\log(\Delta USE\%) = 0.146 \times \log(F/10^{19}) + \log42 \qquad (5.1\text{-}4)$$

따라서 상기의 식을 이용하여 감시시험결과를 대입하면 대략 %Cu=0.163의 피팅값이 얻어진다. 이 값을 식 (5.1-3)에 대입하고, 표 5.1-2의 조사량에 대해 계산하면 구하고자 하는 결과를 얻는다. 그림 5.1-2의 결과를 실제 물리량인 USE으로 환산하여 조사량에 대해 다시 그리면 그림 5.1-3과 같다.

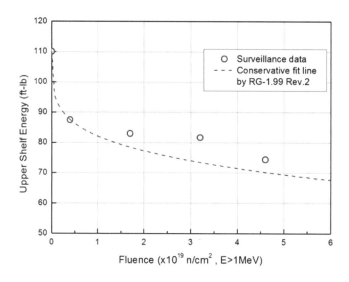

〈그림 5.1-3〉 감시시험 USE 데이터의 조사량 의존성 경향선 분석

5.1.1.5 USE가 낮은 원자로압력용기의 파괴역학 안전성평가

10CFR50, Appendix G에서는 샤르피 충격시험으로부터 USE 값이 50ft-lb 이상인 경우는 상단 온도영역에서 연성파괴 저항성이 충분한 것으로 규정하고 있으며, 앞서의 예제와 같이 대부분의 경우가 이에 해당한다. 하지만 세계적으로 20여개 원자로압력용기는 이 기준에 미달함에 따라 파괴역학 평가를 수행한 바 있다. 이 때 상세 평가에 적용되는 규격은 USNRC의 Reg. Guide 1.161이다[5.1-4]. 본 절에서는 Reg. Guide 1.161의 절차에 따라 표 5.1-1과 표 5.1-2에 예시한 원자로압력용기가 상단 영역에 대하여 정상운전 A와 B급 운전하중상태에서 어느 정도의 파괴역학 안전여유도가 있는지를 산출해 본다.

탄소성 파괴역학 해석을 수행하는 데에 필요한 재료 특성은 해당 온도와 조사량에서 재료의 $J-R$ 파괴저항곡선이다. USNRC에서는 1980년대부터 많은 자금을 들여서 다양한 조사시험편에 대한 $J-R$ 데이터베이스를 생산하고 종합 분석하여 기존의 샤르피 충격시험결과와 인장특성 등으로부터 조사량에 따른 $J-R$ 특성을 예측할 수 있는 Multivariable $J-R$ 모델을 개발하였다[5.1-4, 5.1-5]. 해당 원자로재료에 대한 직접 $J-R$ 시험결과가 없는 경우에

이 모델을 이용하여 파괴역학 해석의 수행이 가능하다.

Multivariable J-R 모델은 용접재와 모재, 판재와 단조재, 온도와 조사량, 샤르피 에너지 등 다양한 변수가 인자로서 고려된다. Multivariable J-R 모델에서 재료의 J-R 저항곡선은 다음과 같이 표현된다.

$$J_R = (MF)\left\{ C_1(\Delta a)^{C_2}\exp[C_3(\Delta a)^{C_4}]\right\} \quad \text{(kip/in)} \tag{5.1-5}$$

여기서 MF는 표준편차를 고려한 margin factor로 A와 B급 운전하중상태에서 모재의 경우 0.749 (-2σ)이다. 상수 C_1~C_4 는 온도와 USE의 함수로서 모재에 대해서는 다음과 같이 주어진다.

$$C_1 = \exp\left[-2.44 + 1.13 \ln(\text{CVN}) - 0.003277T\right] \tag{5.1-6}$$

$$C_2 = 0.077 + 0.116 \ln(C_1) \tag{5.1-7}$$

$$C_3 = -0.0812 - 0.0092 \ln(C_1) \tag{5.1-8}$$

$$C_4 = -0.409 \tag{5.1-9}$$

여기서 T는 시험온도(°F), CVN은 Charpy USE(ft-lb)를 나타낸다.

따라서 재료의 조사량과 온도에 따른 J-R 곡선을 도출하기 위해서는 먼저 앞서 (4)항에서 설명한 바와 같이 조사량에 따른 샤르피 최대흡수에너지의 변화를 먼저 예측한 후, 식 (5.1-5)의 J-R 모델식에 해당 특성값들을 대입하여 파라미터 C_1~C_4를 구한다.

탄소성 파괴역학에서 균열 성장의 구동력인 J_{app} 값 계산은 2-D 혹은 3-D 균열요소망을 사용한 탄소성 유한요소해석을 통해 원자로압력용기의 기하학적 구조와 균열의 형상, 하중의 조합을 이용하여 직접 산출할 수 있다. 하지만 이 해석을 위해서는 많은 시간이 소요될 뿐만 아니라, 해당분야의 충분한 경험과 지식이 필요하다.

Reg. Guide 1.161는 다소 보수적인 공학적 접근 방법을 사용하면서 해석자의 인적오류를 최소화할 수 있는 표준절차를 제시하였다. 이 방법에서는 균열선단의 탄성해석과 유사하게 응력확대계수 형태의 공학식을 제시하고, 이로부터 소규모 항복에 대한 J-적분값을 다음과 같이 계산한다.

$$K_{I,app} = K_{IP} + K_{IT} \tag{5.1-10}$$

$$K_{IP} = (SF)\, P_{app} \times f(a, t, R_i,\, geometry, \ldots) \tag{5.1-11}$$

$$K_{IT} = Function\ of\ (Cooling\,rate,\, a, t,\, geometry, \ldots) \tag{5.1-12}$$

$$a_e = a + (\frac{1}{6\pi})[\frac{K_{Ip} + K_{IT}}{\sigma_y}]^2 \tag{5.1-13}$$

소규모 항복을 고려한 내압에 의한 응력강도계수 K'_{IP}와 반경방향의 열구배에 의한 응력강도계수 K'_{IT}는 각각 위 식에 균열깊이 a 대신 식 (5.1-13)으로 계산된 유효균열깊이 a_e를 대입하여 구한다. 그러면 작용된 모든 하중에 대한 소규모 항복을 고려한 J-적분값을 다음 식에 의하여 구할 수 있다.

$$J_{applied} = 1000\,(K_{Ip}{}' + K_{IT}{}')^2 / E' \tag{5.1-14}$$

여기서 $E' = E/(1-\nu^2)$이며, E와 ν는 각각 탄성계수와 포아송비를 나타낸다.

K_{IP}와 K_{IT}에 대한 함수형태의 공학식은 다양한 자료로부터 구할 수 있으며, Reg. Guide 1.161에서는 다차원 선형함수의 형태로 다음과 같이 제시하였다. 먼저 내압에 대해서는 다음과 같이 축방향과 원주방향에 대해 구분된다.

$$K_{Ip}^{Axial} = (SF)\, P_a\, [1 + (R_i/t)]\, (\pi a)^{0.5}\, F_1 \tag{5.1-15}$$

$$F_1 = 0.982 + 1.006\,(a/t)^2 \tag{5.1-16}$$

$$K_{Ip}^{circum.} = (SF)\, P_a\, [1 + (R_i/(2t))]\, (\pi a)^{0.5}\, F_2 \tag{5.1-17}$$

$$F_2 = 0.885 + 0.233\,(a/t) + 0.345\,(a/t)^2 \tag{5.1-18}$$

위 식들은 $0.05 \le a/t \le 0.5$ 범위에서 유효하며, 균열면에 작용하는 내압의 효과가 반영되었다. 열응력에 의해서는 다음과 같이 냉각속도 범위에 따라 구분된다.

$$K_{IT} = ((CR)/1000)\, t^{2.5}\, F_3 \tag{5.1-19}$$

$$F_3 = 0.69 + 3.127\,(a/t) - 7.435\,(a/t)^2 + 3.532\,(a/t)^3 \qquad (5.1\text{-}20)$$

여기서 CR은 냉각속도로서 ℉/hr의 단위이다. 식 (5.1-19)의 유효범위는 $0.2 \leq a/t \leq 0.5$, 그리고 $0 \leq CR \leq 100$℉/hr 이다.

이러한 공학식을 사용할 때 반드시 주의해야 할 점은 각각의 식에서 함수형태로 나타낼 수 있는 범위가 제한되어 있다는 것이다. 해석자는 항상 인용하는 공학식의 적용 가능한 범위를 확인하고 사용할 책임이 있다.

균열의 크기를 초기 기준값을 원점으로 점차 증가시키면서 각 균열진전 깊이에 따라 작용 J-적분값을 계산하여 그래프에 그리고, 재료의 J-R 저항곡선도 같은 그림에 그려 넣는다. 이 때 샤르피 USE 값을 변화시키면서 식 (5.1-5)로 여러 개의 J-R 곡선을 생성하면 그림 5.1-4와 같이 J_{app} 곡선과 J-R 곡선이 서로 접하는 임계 USE를 구할 수 있다. 두 곡선이 만나는 점에서 재료의 J-R 저항곡선의 기울기가 작용 J-적분 곡선의 기울기보다 크면 작용하는 하중에서 균열의 안정성이 증명된다. 본 예제의 경우에는 A와 B급 운전하중 조건에서 1/4t 깊이의 축방향 균열에 대해 모재의 Charpy USE가 38ft-lb까지 허용 가능함을 보여주었다.

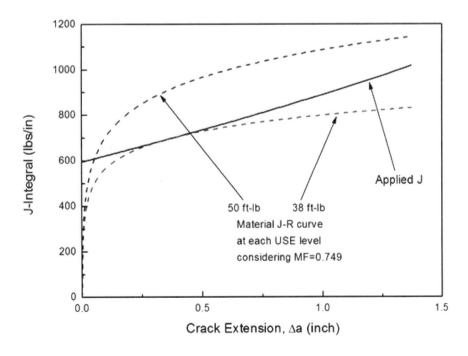

〈그림 5.1-4〉 예제의 축방향 모재의 경우 산출된 허용 가능한 USE의 최소값

5.1.2 확률론적 파괴역학 평가

5.1.2.1 문제 정의

원자로압력용기에 가압열충격이 발생할 경우 원자로압력용기에 존재하는 결함이 성장할 확률과 파손 확률을 구하고자 한다. 예제에서 다룰 가압열충격은 PTS 벤치마크 평가를 위하여 USNRC/EPRI에서 사용하였던 가상의 사고로서 그림 5.1-5에 보인 바와 같이 온도는 지수함수로 급격히 냉각되고 압력과 열전달계수는 각각 보수적으로 1ksi와 319.97Btu/hr · ft^2 · ℉로 설정되었다[5.1-6]. 평가하고자 하는 원자로압력용기의 치수와 물성치는 각각 표 5.1-3 및 표 5.1-4와 같다. 한편 중성자조사량은 표 5.1-5와 같고 결함분포는 그림 5.1-6 및 표 5.1-6과 같이 Marshall 분포로 가정되었다[5.1-7].

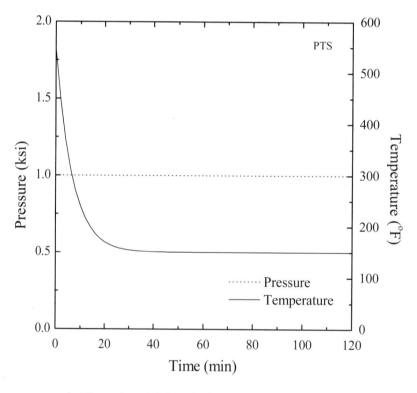

〈그림 5.1-5〉 가상의 가압열충격 온도 및 압력 이력

<표 5.1-3> 원자로압력용기 치수

Parameter	Unit	Value
Thickness (including clad)	in	6.7
Clad thickness (minimum)	in	0.157
Inner radius	in	66.57
Vessel material	−	SA508 Class 3

<표 5.1-4> 원자로압력용기 재료물성치

Parameter	Unit	Value
Average of initial RT_{NDT}	°F	− 4
Std. deviation of initial RT_{NDT}	°F	0
Std. deviation of ΔRT_{NDT}	°F	17
Average of Cu content	wt %	0.05
Std. deviation of Cu content	wt %	0.07
Average of Ni content	wt %	1.0
Std. deviation of Ni content	wt %	0.05
K_{IC} (USNRC mean curve)	Std. deviation %	15
K_{IA} (USNRC mean curve)	Std. deviation %	10
Upper−shelf fracture toughness	ksi·in$^{1/2}$	182
Fluence	Std. deviation %	16
Flow stress	ksi	70
Young's modulus	ksi	25700
Yield strength	ksi	43.2
Clad Young's modulus	ksi	25800

제 5 장

〈표 5.1-4〉 원자로압력용기 재료물성치 (계속)

Parameter	Unit	Vessel	Clad
Poisson's ratio	–	0.3	0.3
Density, ρ	$lb \cdot in^{-3}(lb \cdot ft^{-3})$	0.289(499.4)	0.2836(490.12)
Thermal conductivity, k	$Btu \cdot ft^{-1} \cdot hr^{-1} \cdot °F^{-1}$	22.70	9.96
Specific heat, c	$Btu \cdot lb^{-1} \cdot °F^{-1}$	0.128	0.1256
Thermal diffusivity, $\alpha = k /\rho c$	$ft^2 \cdot hr^{-1}$	0.356	0.1618
Thermal expansion coefficient, β	$E-06 °F^{-1}$	7.300	9.512

〈표 5.1-5〉 중성자조사량

Fluence	2, 4, 6, 8, 9, 10, 11 ($10^{19}n/cm^2$, E> 1MeV)
Standard Deviation	30% of average
Attenuation	$0.24in^{-1}$

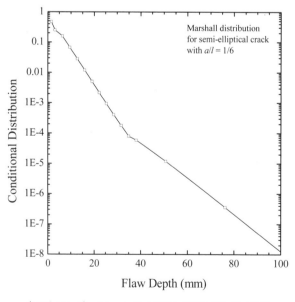

〈그림 5.1-6〉 Marshall 모델의 결함분포 및 크기

〈표 5.1-6〉 Marshall 모델의 결함분포 및 크기

Flaw Depth (in)	Flaw Depth (mm)	Considering Inspection
0.0625	1.5875	0.47690314
0.125	3.175	0.24924571
0.250	6.350	0.15810962
0.375	9.525	0.06669422
0.500	12.700	0.02818505
0.625	15.875	0.01194215
0.750	19.050	0.00507857
0.875	22.225	0.00217084
1.000	25.400	0.00093454
1.125	28.575	0.00040622
1.250	31.750	0.00017887
1.375	34.925	0.00008010
1.500	38.100	0.00004680

제 5 장

5.1.2.2 입력 데이터 작성

문제 정의에 따라 작성된 R-PIE 입력 데이터는 아래와 같다.

```
P1-PTS, Marshall+PSI, Infinite, App.A correction, No WPS
********************************************************************
*  RPIE - Reactor Probabilistic Integrity Evaluation Code
********************************************************************
*  ============== STANDARD INPUT FILE FORMAT ==============
********************************************************************
```

```
/** data area for deterministic analysis
/* Vessel Date
//thickness, inner radius, irradiated FS, irradiated YS
     6.700   66.57      70.0   43.2
//peak fluence, atten. coeff.(/in)
     1.0E19  0.24
/* Residual stress : shape 0 = none, 10,11,12 for double U, 20,21,22 for single U,
peak RS
/* Clad plasticity : not considered = 0, considered = 1
// Not considered in this study
     0     0.00    0    0.00
//mean copper, nickel , phosphorous content (for limiting materials, such as weld)
     0.05    1.0      0.00
//IRTNDT in F, upper limit for fracture toughness
    -4.0    182.0
***********************************************************************
/**RTNDT shift equation for deterministic analysis
/* 1 = RG 1.99 Rev. 1 upper bound
/* 2 = PTS shift equation
/* 3 = RG 1.99 Rev. 2 weld
/* 4 = RG 1.99 Rev. 2 base
/* 5 = PROSIR weld mean-2sigma
/* 6 = PROSIR base mean-2sigma
/**simulation option after initiation
/* 0 ==> Cu, Ni, (and P) & DELRT will be simulated only once
/*       (OCA, FAVOR, & VISA-II for Yankee Rowe Review)
/* 1 ==> Cu & Ni (and P) will be simulated after initation
/* 2 ==> Cu, Ni, (and P) & DELRT will be simulated after initiaton
/* 3 ==> Only DELRT will be simulated after initation (VISA)
***********************************************************************
//shift equation, simulation option
      3        0
//simulation time in min., clad thickness, stress free T of cladding
    120.   0.157    550.0
/*modeling of water temperature : 0 = T vs. time pairs, 1 = exponential decay
/*warm pre-stress option : 0 = no WPS, 1 = WPS considered
/*App. A correction : 0 = no correction, 2 = internal pressure & plasticity
correction
//
     0     0    2
***********************************************************************
/*Material properties
/*thermal expansion, conductivity, specific heat, Young's modulus, poisson's
ratio, density
//base metal including weld
  7.300E-6   22.70   0.1280   25700.0   0.3   499.4
//stainless cladding
  9.512E-6    9.96   0.1256   25800.0   0.3   490.12
```

```
********************************************************************
/*pressure in ksi vs. time(min)
//number of data pairs
31
        0.000   1.000
        4.000   1.000
        8.000   1.000
       12.00    1.000
       16.00    1.000
       20.00    1.000
       24.00    1.000
       28.00    1.000
       32.00    1.000
       36.00    1.000
       40.00    1.000
       44.00    1.000
       48.00   1.000
       52.00    1.000
       56.00    1.000
       60.00    1.000
       64.00    1.000
       68.00    1.000
       72.00    1.000
       76.00    1.000
       80.00    1.000
       84.00    1.000
       88.00    1.000
       92.00    1.000
       96.00    1.000
      100.00    1.000
      104.00    1.000
      108.00    1.000
      112.00    1.000
      116.00    1.000
      120.00    1.000
********************************************************************
/*temp in F vs. time(min) when polynomial data
//   time ,   temp
47
        0.000   550.4
        2.000   446.6
        4.000   369.7
        6.000   312.8
        8.000   270.6
       10.00    239.4
       12.00    216.2
       14.00    199.1
       16.00    186.3
```

제
5
장

```
        18.00    176.9
        20.00    170.0
        22.00    164.8
        24.00    161.0
        26.00    151.1
        28.00    156.0
        30.00    154.5
        32.00    153.3
        34.00    152.5
        36.00    151.8
        38.00    151.4
        40.00    151.0
        42.00    150.8
        44.00    150.6
        46.00    150.4
        48.00   150.3
        50.00    150.3
        52.00    150.2
        54.00    150.2
        56.00    150.1
        58.00    150.1
        60.00    150.1
        62.00    150.1
        64.00    150.1
        68.00    150.0
        72.00    150.0
        76.00    150.0
        80.00    150.0
        84.00    150.0
        88.00    150.0
        92.00    150.0
        96.00    150.0
       100.00    150.0
       104.00    150.0
       108.00    150.0
       112.00    150.0
       116.00    150.0
       120.00    150.0
**************************************************************************
/*heat transfer coeficient vs. time(min) when exponential decay
//number of data point
31
         0.000    319.97
         4.000    319.97
         8.000    319.97
        12.00    319.97
        16.00    319.97
        20.00    319.97
```

```
        24.00      319.97
        28.00      319.97
        32.00      319.97
        36.00      319.97
        40.00      319.97
        44.00      319.97
        48.00     319.97
        52.00      319.97
        56.00      319.97
        60.00      319.97
        64.00      319.97
        68.00      319.97
        72.00      319.97
        76.00      319.97
        80.00      319.97
        84.00      319.97
        88.00      319.97
        92.00      319.97
        96.00      319.97
       100.00      319.97
       104.00      319.97
       108.00      319.97
       112.00      319.97
       116.00      319.97
       120.00      319.97
/*this is the end of deterministic part of input
*
**********************************************************************
*
/*PFM simulation option : 0 = perform PFM, 1 = no PFM
/*Deterministic result printout : 0 = do not print, 1 = printout
/*reference curve in PFM : 0 =USNRC mean curve, 1 = ORNL mean curve, 2 = Master
curve, 3 = PROSIR curve
/*shallow flaw option : 0 = none, 1 = shallow flaw modification per BAW-2263
//
         0          1          0          0
//number of weld, fluence multiplier
         1          1
**********************************************************************
/*PFM dataset
//weld number, type 0 = weld, 1 = base, orientation 0 = axial, 1 = circ.
B_A1
     1     0     1
// Cu cont,  Cu std.,  Ni cont,  Ni std.,  P cont,  P std.,  IRTNDT, IRTNDT std,
     0.0500    0.07     1.00     0.05      0.00     0.00    -4.0      0.0
// KIC std., KIA std., DRTNDT std., irr. FS, fluence std.
     0.15      0.10     17.0        70.00    0.16
// weld vol, weld leng, Max KIC & KIA
```

```
       1.0    1.0       182.0
***********************************************************************
/*fluence option
/*spatial dependence 0 = constant, 1 = spatially dependent
/*fluence multiplication factor (7 values should be provided)
//spatial dependence, multiplication factor
        0    2.0 4.0 6.0 8.0 9.0 10.0 11.0
/*# of simulation, maximum # of failure
/*position of flaw 0 = inner surface, 1 = randomly buried flaw(unavailable)
/*flaw length before initiation 0 = infinite, 2 = length of weld, -N = length/depth
/*flaw length after initiation 0 = infinite, 1 = length of weld
/*RTNDT shift equation in PFM 1 = Guthrie, 2 = PTS Eq., 3 = RG 1.99 Rev. 2, 5 =
PROSIR
/*ligament/crack size to be treated as failure
/*distribution truncation of KIC, KIA, DRTNDT(default = 3.0)
//
   10000000 100000   0  0  0   3 0.25  3. 3.  3.
/*# of flaw distribution, threshold crack size
//flaw option 0 = average flaw, 1 = exact 1 flaw, avg number of flaw per vessel
       18     0.0    1  1.
***********************************************************************
//flaw distribution data
Marshall+PSI
      0.0625    0.47690314
      0.125     0.24924571
      0.250     0.15810962
      0.375     0.06669422
      0.500     0.02818505
      0.625     0.01194215
      0.750     0.00507857
      0.875     0.00217084
      1.000     0.00093454
      1.125     0.00040622
      1.250     0.00017887
      1.375     0.00008010
      1.500     0.00004680
      1.750     0.00001774
      2.000     0.00000534
      2.500     0.00000096
      3.000     0.00000012
      4.000     0.00000001
***********************************************************************
using single surface flaw
```

5.1.2.3 해석 결과

위에서 작성된 입력데이터를 이용하여 R-PIE를 수행하여 얻은 결과, 결함성장 확률 및 파손 확률은 각각 그림 5.1-7 및 그림 5.1-8과 같다.

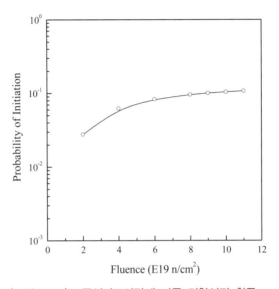

〈그림 5.1-7〉 중성자조사량에 따른 결함성장 확률

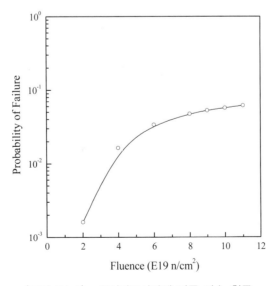

〈그림 5.1-8〉 중성자조사량에 따른 파손 확률

제 5 장

5.2 원자로내부구조물

5.2.1 응력해석 문제 정의

상부안내구조물 배럴의 상부플랜지(그림 5.2-1)에 표 5.2-1과 같은 정상상태의 운전하중이 작용할 때 유한요소해석을 수행하여 응력을 계산한다. 이 때 사용된 재료물성치는 표 5.2-2와 같고 경계조건은 플랜지가 누름링 및 원자로압력용기 상부덮개와 접촉하는 부분에서 구속된다.

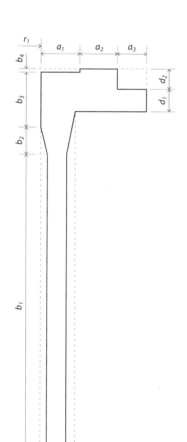

Flange dimensions(in)

Location	1	2	3	4
a	6.316	5.746	4.375	
b	45.00	4.500	8.000	0.500
c	1.062	3.000	1.190	
d	3.250	3.000		
r	64.438			

〈그림 5.2-1〉 상부안내구조물 배럴 상부플랜지

〈표 5.2-1〉 작용하중

Load Case	Load								
	Holddown Ring Force* ($\times 10^3$lbs)	Differential Pressure (psi)	Barrel Load			GSSS Load			
			Axial ($\times 10^5$lbs)	Lateral ($\times 10^5$lbs)	Moment ($\times 10^6$lbs-in)	Axial ($\times 10^4$lbs)	Lateral ($\times 10^4$lbs)	Moment ($\times 10^6$lbs-in)
Normal operation	1.0	31.3	10.2	4.46	9.38	−0.019	0.51	1.26
Normal operation + Scram	1.0	31.3	11.82	4.46	9.38	−0.019	0.51	1.26
Turbine overspeed	1.0	44.4	12.70	6.04	7.17	0.15	0.59	1.45
Heat−up/Cool−down	1.15	75.9	6.62	9.50	30.20	0.26	0.12	1.58
Normal operation − dynamic	0.0	0.0	1.87	4.25	8.63	0.86	0.51	1.26
Type 2 loss of load − dynamic	0.0	0.0	2.63	5.74	6.10	0.99	0.59	1.45
Type 1 loss of load	1.0	35.7	11.49	5.09	5.05	−0.04	0.48	1.18
Type 1 loss of load − dynamic	0.0	0.0	2.38	4.85	4.19	0.80	0.48	1.18

* 880,770lbs

〈표 5.2-2〉 재료물성치

물성치	값
탄성계수	25.1×10^6 (psi)
포아송비	0.3

5.2.2 입력 데이터

상용프로그램인 ANSYS[5.2-1]를 이용하여 해석을 수행하기 위하여 그림 5.2-2와 같이 유한요소모델을 작성하였다.

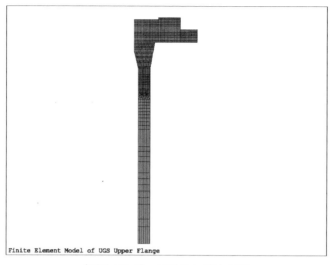

Finite Element Model of UGS Upper Flange

〈그림 5.2-2〉 유한요소해석 모델

입력 데이터는 아래와 같으며 특히 후처리 부분에서는 응력집중이 예상되는 부분을 그림 5.2-3과 같이 선정하여 이 부분에서 응력성분 및 응력강도를 출력하도록 하였다.

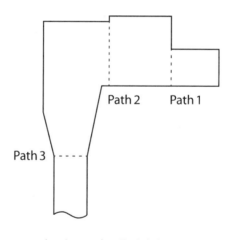

Path 2   Path 1

Path 3

〈그림 5.2-3〉 응력해석 Path

```
/TITLE,Finite Element Model of UGS Upper Flange

!--- PARAMETERS
A1 = 6.3160
A2 = 5.7460
A3 = 4.3750
A4 = 1.0640
```

```
A5 = 0.3965
A6 = 2.6360
A7 = 3.5120
A8 = 1.0504

B1 = 45.000
B2 = 4.5000
B3 = 8.0000
B4 = 0.5000
B5 = 5.0000
B6 = 3.0000

C1 = 1.0620
C2 = 3.0000
C3 = 1.1900

D1 = 3.2500
D2 = 3.0000

R1 = 64.438

/PREP7

!--- ELEMENT TYPE
ET,1,PLANE25

!--- PROPERTIES
EX,1,25.1E6
PRXY,1,0.3

!--- MODELING
K, 1, R1+A1+A2+A3,     B4-D2
K, 2, R1+A1+A2+A3,     B4-D1-D2
K, 3,    R1+A1+A2,
K, 4,    R1+A1+A2,     B4-D2
K, 5,    R1+A1+A2,     B4-D1-D2
K, 6,    R1+A1-A4,
K, 7,    R1+A1-A4,     B4-D2
K, 8,    R1+A1-A4,     B4-D1-D2
K, 9,         R1,
K,10,         R1,      B4-D2
K,11,         R1,      B4-D1-D2
K,12,         R1,      -B3
K,13, R1+A1-A4-A5,     -B3
K,14,      R1+C1,      -B2-B3
K,15,   R1+C1+C2,      -B2-B3
K,16,      R1+C1,      -B1/2-B2-B3
K,17,   R1+C1+C2,      -B1/2-B2-B3
K,18,      R1+C1,      -B1-B2-B3
K,19,   R1+C1+C2,      -B1-B2-B3
```

```
A, 1, 4, 5, 2
A, 3, 6, 7, 4
A, 4, 7, 8, 5
A, 6, 9,10, 7
A, 7,10,11, 8
A, 8,11,12,13
A,13,12,14,15
A,15,14,16,17
A,17,16,18,19

KWPAVE,       1
wpro,,,-90.000000
wpoff,,,A6
ASBW,ALL

KWPAVE,       3
wpoff,,,A2
ASBW,ALL

KWPAVE,       5
wpoff,,,-B4
ASBW,ALL

WPCSYS,-1,0

LGEN,2,37, , , ,B4, , ,0

A,24,28,27, 3

AADD,8,9
LCOMB,22,25,0
LCOMB,24,27,0

KWPAVE,      15
wpro,,90.000000,
wpoff,,,B5
ASBW,ALL

wpoff,,,B6
ASBW,ALL

WPCSYS,-1,0

KWPAVE,       9
wpro,,,90.000000
wpoff,,,A7
ASBW,       4
ASBW,       5
```

```
wpoff,,,A8
ASBW,      9
ASBW,      4

WPCSYS,-1,0

!--- MESHING
! LINE CONTROL

LSEL,S,,,29,41,12
LESIZE,ALL, , ,2, , , , ,1

LSEL,S,,,6,8,2
LSEL,A,,,12,36,24
LSEL,A,,,47,52,5
LESIZE,ALL, , ,6, , , , ,1

LSEL,S,,,2,4,2
LSEL,A,,,9,10
LSEL,A,,,13,14
LSEL,A,,,30,33,3
LSEL,A,,,43
LESIZE,ALL, , ,8, , , , ,1

LSEL,S,,,16,18,2
LESIZE,ALL, , ,6, , , , ,1

LSEL,S,,,19,21,2
LESIZE,ALL, , ,12, , , , ,1

LSEL,S,,,23,25,2
LESIZE,ALL, , ,12, , , , ,1

LSEL,S,,,48,50
LESIZE,ALL, , ,9, , , , ,1

LSEL,S,,,53,55
LESIZE,ALL, , ,3, , , , ,1

LSEL,S,,,15,42,27
LSEL,A,,,51
LESIZE,ALL, , ,2, , , , ,1

LSEL,S,,,34,35
LSEL,A,,,38
LESIZE,ALL, , ,3, , , , ,1

LSEL,S,,,1,3,2
LSEL,A,,,28,37,9
LESIZE,ALL, , ,15, , , , ,1
```

제
5
장

```
LSEL,S,,,5,7,2
LESIZE,ALL, , ,2, , , , ,1

LSEL,S,,,39,40
LESIZE,ALL, , ,4, , , , ,1

LSEL,S,,,31,32
LESIZE,ALL, , ,8, , , , ,1

LSEL,S,,,42,50,8
LSEL,A,,,55
LCCAT,ALL

LSEL,S,,,17,20,3
LSEL,A,,,27
LESIZE,ALL, , ,14, , , , ,1

LSEL,S,,,26,44,18
LESIZE,ALL, , ,6, , , , ,1

LSEL,S,,,45,46
LESIZE,ALL, , ,6,1.8, , , ,1

LSEL,S,,,22,24,2
LESIZE,ALL, , ,28,1/3, , , ,1

ALLSEL,ALL

TYPE,1
MAT,1

MSHKEY,1

ASEL,S,,,1,3
ASEL,A,,,5,15
ASEL,A,,,17,20

AMESH,ALL

MSHKEY,0

ASEL,S,,,16

AMESH,ALL

ALLSEL,ALL

!--- BOUNDARY CONDITION
LSEL,S,,,31
```

```
NSLL,,1
D,ALL, , , , , ,UX,UY,UZ

ALLSEL,ALL

!--- WAVEFRONT OPTIMIZATION
WSORT,Y

!--- BASIC LOADING CONDITIONS
phi=3.1415

! LOAD CASE 1 : Holddown Ring(=880,770 lbs)

FDELE,ALL,ALL
F,NODE(KX(26),KY(26),KZ(26)),FY,880770/(2*phi)

ALLSEL,ALL

LSWRITE,1

! LOAD CASE 2 : Differential Pressure(=1 psi)

FDELE,ALL,ALL
LSEL,S,,,12,16,2
LSEL,A,,,19
LSEL,A,,,22,23
LSEL,A,,,45
NSLL,,1
SF,ALL,PRES,1.0

ALLSEL,ALL

LSWRITE,2

! LOAD CASE 3 : Axial Barrel Force(=100,000 lbs)

SFDELE,ALL,ALL
LSEL,S,,,26
NSLL,,1
*GET,NNODE,NODE,,COUNT
F,ALL,FY,100000/(nnode*2*phi)

ALLSEL,ALL

LSWRITE,3

! LOAD CASE 4 : Lateral Barrel Force(=100,000 lbs)

FDELE,ALL,ALL
LSEL,S,,,26
```

제 5 장

```
NSLL,,1
*GET,NNODE,NODE,,COUNT
F,ALL,FX,100000/(nnode*2*phi)
F,ALL,FZ,-100000/(nnode*2*phi)

ALLSEL,ALL

LSWRITE,4

! LOAD CASE 5 : Barrel Moment(=1,000,000 in-lbs)

FDELE,ALL,ALL
LSEL,S,,,26
NSLL,,1
*GET,NNODE,NODE,,COUNT
F,ALL,FY,2*1000000/(nnode*2*phi*(r1+c1+c2/2))

ALLSEL,ALL
LSWRITE,5

! LOAD CASE 6 : GSSS Axial Load(=10,000 lbs)

FDELE,ALL,ALL
LSEL,S,,,53
NSLL,,1
*GET,NNODE,NODE,,COUNT
F,ALL,FY,10000/(nnode*2*phi)

ALLSEL,ALL

LSWRITE,6

! LOAD CASE 7 : GSSS Lateral Load(=10,000 lbs)

FDELE,ALL,ALL
LSEL,S,,,53
NSLL,,1
*GET,NNODE,NODE,,COUNT
F,ALL,FX,10000/(nnode*2*phi)
F,ALL,FZ,-10000/(nnode*2*phi)

ALLSEL,ALL

LSWRITE,7

! LOAD CASE 8 : GSSS Moment(=100,000 in-lbs)

FDELE,ALL,ALL
LSEL,S,,,53
NSLL,,1
```

```
*GET,NNODE,NODE,,COUNT
F,ALL,FY,2*100000/(nnode*2*phi*(r1+c1+c2/2))

ALLSEL,ALL

LSWRITE,8
FINI

!--- SOLUTION FOR ALL LOAD CASE
/SOLU

/TITLE,Stress Analysis of UGS Upper Flange

OUTPR,,NONE
OUTRES,,1
LSSOLVE,1,8,1

SAVE,FLG,DB
FINI

/POST1

!--- LOAD CASE RESULT DEFINITION
*DO,I,1,8,1
LCDEF,I,I,1
*ENDDO

!--- LOAD CASE COMBINATION
C*** LOAD CASE 1 : Normal Operation

! Define Factor for Each Load Case

LCZERO
LCOPER,ZERO
LCFACT,1,     1,
LCFACT,2,  31.3,
LCFACT,3, 10.20,
LCFACT,4,  4.46,
LCFACT,5,  9.38,
LCFACT,6,-0.019,
LCFACT,7,  0.51,
LCFACT,8,  1.26,

! Calculate Load Combination

LCSEL,S,1,8,1
LCOPER,ADD,ALL
LCWRITE,11,RESULT1

C*** LOAD CASE 2 : Normal Operation + SCRAM
```

제5장

```
! Define Factor for Each Load Case

LCZERO
LCOPER,ZERO
LCFACT,1,     1,
LCFACT,2,  31.3,
LCFACT,3, 11.82,
LCFACT,4,  4.46,
LCFACT,5,  9.38,
LCFACT,6,-0.019,
LCFACT,7,  0.51,
LCFACT,8,  1.26,

! Calculate Load Combination

LCSEL,S,1,8,1
LCOPER,ADD,ALL
LCWRITE,12,RESULT2

C*** LOAD CASE 3 : Turbine Overspeed

! Define Factor for Each Load Case

LCZERO
LCOPER,ZERO
LCFACT,1,     1,
LCFACT,2,  44.4,
LCFACT,3, 12.70,
LCFACT,4,  6.04,
LCFACT,5,  7.17,
LCFACT,6,  0.15,
LCFACT,7,  0.59,
LCFACT,8,  1.45,

! Calculate Load Combination

LCSEL,S,1,8,1
LCOPER,ADD,ALL
LCWRITE,13,RESULT3

C*** LOAD CASE 4 : Heatup / Cooldown
! Define Factor for Each Load Case

LCZERO
LCOPER,ZERO
LCFACT,1,  1.15,
LCFACT,2,  75.9,
LCFACT,3,  6.62,
LCFACT,4,  9.50,
```

```
LCFACT,5, 30.20,
LCFACT,6,  0.26,
LCFACT,7,  0.12,
LCFACT,8,  1.58,

! Calculate Load Combination

LCSEL,S,1,8,1
LCOPER,ADD,ALL
LCWRITE,14,RESULT4

C*** LOAD CASE 5 : NOP - Dynamic

! Define Factor for Each Load Case

LCZERO
LCOPER,ZERO
LCFACT,1,  0.0,
LCFACT,2,  0.0,
LCFACT,3,  1.87,
LCFACT,4,  4.25,
LCFACT,5,  8.63,
LCFACT,6,  0.86,
LCFACT,7,  0.51,
LCFACT,8,  1.26,

! Calculate Load Combination

LCSEL,S,1,8,1
LCOPER,ADD,ALL
LCWRITE,15,RESULT5

C*** LOAD CASE 6 : Type 2 Loss of Load - Dynamic

! Define Factor for Each Load Case

LCZERO
LCOPER,ZERO
LCFACT,1,  0.0,
LCFACT,2,  0.0,
LCFACT,3,  2.63,
LCFACT,4,  5.74,
LCFACT,5,  6.10,
LCFACT,6,  0.99,
LCFACT,7,  0.59,
LCFACT,8,  1.45,

! Calculate Load Combination

LCSEL,S,1,8,1
```

제
5
장

```
LCOPER,ADD,ALL
LCWRITE,16,RESULT6

C*** LOAD CASE 7 : Type 1 Loss of Load
! Define Factor for Each Load Case

LCZERO
LCOPER,ZERO
LCFACT,1,    1.0,
LCFACT,2,   35.7,
LCFACT,3,  11.49,
LCFACT,4,   5.09,
LCFACT,5,   5.05,
LCFACT,6,  -0.04,
LCFACT,7,   0.48,
LCFACT,8,   1.18,

! Calculate Load Combination

LCSEL,S,1,8,1
LCOPER,ADD,ALL
LCWRITE,17,RESULT7

C*** LOAD CASE 8 : Type 1 Loss of Load - Dynamic

! Define Factor for Each Load Case

LCZERO
LCOPER,ZERO
LCFACT,1,    0.0,
LCFACT,2,    0.0,
LCFACT,3,   2.38,
LCFACT,4,   4.85,
LCFACT,5,   4.19,
LCFACT,6,   0.80,
LCFACT,7,   0.48,
LCFACT,8,   1.18,

! Calculate Load Combination

LCSEL,S,1,8,1
LCOPER,ADD,ALL
LCWRITE,18,RESULT8

!--- PRINT OUT EACH COMBINATIONED LOAD CASE
*CREATE,PATH_RESULT

!--- Path Definition

! PATH-A
```

```
PATH,PATH-A,2,30,20
PPATH,1,NODE(KX(4),KY(4),KZ(4))
PPATH,2,NODE(KX(5),KY(5),KZ(5))
PRSECT,-1,0

! PATH-B

PATH,PATH-B,2,30,20
PPATH,1,NODE(KX(24),KY(24),KZ(24))
PPATH,2,NODE(KX(23),KY(23),KZ(23))
PRSECT,-1,0

! PATH-C

PATH,PATH-C,2,30,20
PPATH,1,NODE(KX(14),KY(14),KZ(14))
PPATH,2,NODE(KX(15),KY(15),KZ(15))
PRSECT,-1,0

PADEL,ALL

*END

/SHOW,flg3_plt,GRPH,0
EPLOT

C*** CASE 1

LCOPER,ZERO
LCASE,11
NSORT,S,INT,0,1,30

/TITLE,Normal Operation
PLNSOL,S,INT

*USE,PATH_RESULT

C*** CASE 2

LCOPER,ZERO
LCASE,12
NSORT,S,INT,0,1,30

/TITLE,Normal Operation + Scram
PLNSOL,S,INT

*USE,PATH_RESULT

C*** CASE 3
```

```
LCOPER,ZERO
LCASE,13
NSORT,S,INT,0,1,30

/TITLE,Turbine Overspeed - Type 2 Loss of Load Event
PLNSOL,S,INT

*USE,PATH_RESULT

C*** CASE 4

LCOPER,ZERO
LCASE,14
NSORT,S,INT,0,1,30

/TITLE,Heatup / Cooldown
PLNSOL,S,INT

*USE,PATH_RESULT

C*** CASE 5

LCOPER,ZERO
LCASE,15
NSORT,S,INT,0,1,30

/TITLE,Normal Operation - Dynamic
PLNSOL,S,INT

*USE,PATH_RESULT

C*** CASE 6

LCOPER,ZERO
LCASE,16
NSORT,S,INT,0,1,30

/TITLE,Type 2 Loss of Load - Dynamic
PLNSOL,S,INT

*USE,PATH_RESULT

C*** CASE 7

LCOPER,ZERO
LCASE,17
NSORT,S,INT,0,1,30

/TITLE,Type 1 Loss of Load
```

```
PLNSOL,S,INT

*USE,PATH_RESULT

C*** CASE 8

LCOPER,ZERO
LCASE,18
NSORT,S,INT,0,1,30
/TITLE,Type 1 Loss of Load - Dynamic
PLNSOL,S,INT

*USE,PATH_RESULT

FINI
```

5.2.3 유한요소 해석 결과

응력집중이 예상되는 평가 위치에 대하여 그림 5.2-4와 같이 ANSYS에서 지원하는 path operation을 이용하여 응력선형화한 결과를 토대로 최대응력강도를 표 5.2-3과 같이 정리하였다. 한편 정상상태 하중에 대한 응력강도의 분포도는 그림 5.2-4와 같다.

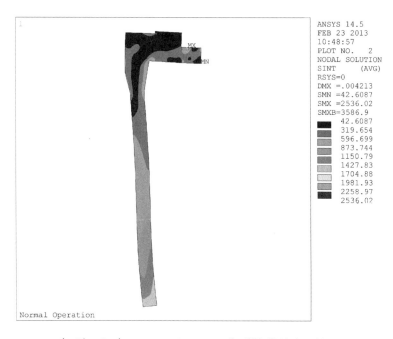

〈그림 5.2-4〉 Normal Operation에 대한 응력강도 분포

〈표 5.2-3〉 최대응력강도

Load Case	Stress Intensity (psi)					
	Path 1		Path 2		Path 3	
	P_m	P_m+P_b	P_m	P_m+P_b	P_m	P_m+P_b
Normal operation	313.7	666.4	191.7	648.7	256.7	854.0
Normal operation + Scram	343.5	743.3	210.6	690.5	274.8	958.5
Turbine overspeed	388.3	771.8	229.3	812.5	358.7	963.7
Heat-up/Cool-down	521.5	853.5	281.1	1119	688.4	1138
Normal operation − dynamic	120.3	251.7	77.47	131.6	153.6	299.1
Type 2 loss of load − dynamic	137.1	260.8	90.48	139.0	176.7	309.7
Type 1 loss of load	327.6	671.9	197.3	687.4	286.0	850.0
Type 1 loss of load − dynamic	113.8	213.6	75.34	114.2	146.9	253.8

5.3 가압기

설명한 바와 같이 가압기는 안전 1등급 기기로서 설계 측면에서의 건전성 평가와 운전 건전성 평가가 모두 수행되어야 한다. 따라서 본 절에서는 건전성 평가 관련 실무에 대한 이해를 돕기 위해 가압기에 대한 두 가지 평가사례를 개략적으로 소개하고자 한다.

5.3.1 설계 건전성 평가

가압기의 설계 건전성 평가는 일반적으로 KEPIC MNB 요건[5.3-1]에 따라 수행된다. KEPIC MNB 요건은 해석적 방법에 의해 설계단계에서 건전성을 분석하기 위한 것으로서, 기기에 대한 요건인 MNB 3200에 따른 평가를 위해 해석자는 ANSYS 또는 ABAQUS 등의 프로그램을 활용하여 유한요소해석을 수행한 후 도출된 응력을 성분별로 분류한 다음 각 운전조건에 대해 코드에서 제시한 응력한계와 비교하여야 한다.

그림 5.3-1은 가압기의 하부 동체에 대한 대표적인 2차원 유한요소해석 모델을 나타낸 것이다. 이러한 모델을 사용하여 해당 부위에 작용하는 모든 하중을 고려한 응력해석을 수행하고, 도출된 응력을 성분별로 분류하여야 한다. 그림 5.3-2는 응력의 성분별 분류를 위한 선(Stress Classification Line; SCL)의 예를 나타낸 것이다. 이러한 SCL은 불연속 부위 등 작용응력이 상대적으로 클 것으로 예상되는 모든 부위에 대해 설정되며, 그 중 각 응력성분별 또는 조합응력이 가장 크게 도출되는 SCL을 대표 SCL로 선정한다. 실무에서 상기와 같은 응력해석을 수행하고 이를 각 성분별로 구분하기 위해서는 고도의 공학적 지식 및 많은 해석 경험이 필요하다.

원칙적으로 평가 대상의 재료물성치는 KEPIC[5.3-2]에서 찾아야 하나 여기서는 편의상 그림 5.3-1에 나타낸 가압기 하부 동체가 SA533 강으로 제작되고, 이 재료의 항복강도(σ_y)가 70ksi, 인장강도(σ_u)가 90ksi, 응력강도(S_m)가 30ksi 라고 가정하자. 설계 조건에 대해 응력해석을 수행하여 구한 대표적 결과가 다음 표 5.3-1과 같다고 할 때 KEPIC MNB 3200에 제시된 허용기준 만족여부를 확인해 보자.

설계조건의 경우 국부 막응력강도(P_L)는 식 (4.3-2)와 같이 응력강도의 1.5배 이하이어야 하고, 국부 막응력강도와 굽힘응력 강도(P_b)의 합도 식 (4.3-3)과 같이 설계 온도에서의 응력강도의 1.5배 이하이어야 한다. 표 5.3-1에 나타낸 바와 같이 SCL 2 및 SCL 7에서의 국부 막응력강도는 허용기준인 $1.5S_m$ (=45ksi) 미만이므로 식 (4.3-2)의 요건을 모두 만족한다. 또한 SCL 2 및 SCL 7에 대한 국부 막응력강도와 굽힘응력강도의 합은 각각 38ksi와 40ksi 이며, 이 값들은 허용기준인 $1.5S_m$ (=45ksi) 미만이므로 식 (4.3-3)의 요건을 모두 만족한다.

제 5 장

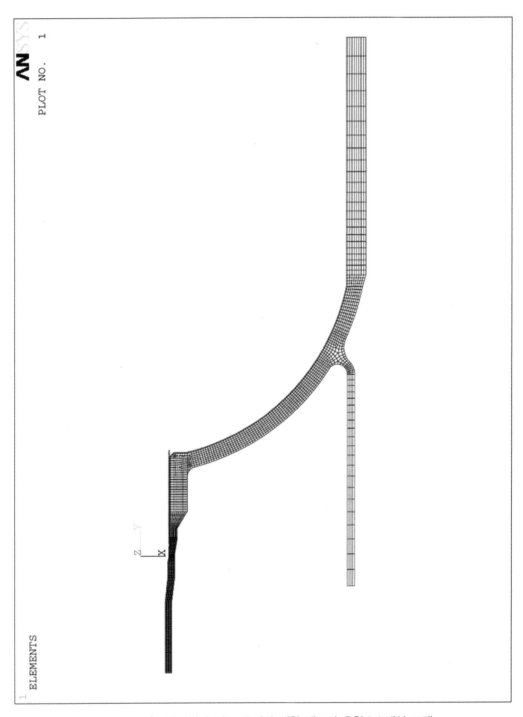

〈그림 5.3-1〉 가압기의 하부 동체에 대한 대표적 유한요소해석 모델

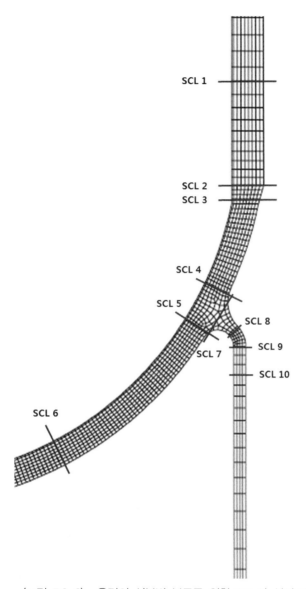

〈그림 5.3-2〉 응력의 성분별 분류를 위한 SCL의 설정 예

〈표 5.3-1〉 가압기 하부동체의 설계 조건에 대한 응력해석 결과 (예)

평가 위치	P_L	P_b
SCL 2	18ksi	20ksi
SCL 7	24ksi	16ksi

제
5
장

만약 모든 SCL에 대해 상기와 같이 요건을 만족하는 경우 가압기의 하부 동체는 설계조건에 대해 건전성을 유지하는 것으로 판단할 수 있다.

원전 운영 중에서 빈번하게 발생하는 A급 운전조건(정상 운전조건) 및 간헐적으로 발생할 수 있는 B급 운전조건(이상 운전조건)의 경우 응력한계는 그림 4.3-3과 같다. 그림과 같이 1차 및 2차 응력강도의 합은 식 (4.3-4)처럼 설계 온도에서 재료의 응력강도의 3배 이하이어야 한다. 한편 팽창응력강도(P_e)는 식 (4.3-5)와 같이 설계온도에서 재료 응력강도의 3배 이하이어야 하나 이는 용기의 경우 해당되지 않는다.

A급 및 B급 운전조건에 대해 응력해석을 수행하여 구한 대표적 결과가 다음 표 5.3-2와 같다고 하자. 표에 나타낸 바와 같이 SCL 2 및 SCL 7에 대한 1차 및 2차 응력강도의 합은 각각 69ksi와 80ksi로서, 모두 허용기준인 $3S_m$ (=90ksi) 미만이므로 식 (4.3-4) 요건을 만족한다. 만약 모든 SCL에 대해 상기와 같이 요건을 만족하는 경우 가압기의 하부 동체는 A급 및 B급 운전조건에 대해 건전성을 유지하는 것으로 판단할 수 있다.

〈표 5.3-2〉 가압기 하부동체의 A급 및 B급 운전하중 조건에 대한 응력해석 결과 (예)

평가 위치	P_L	P_b	Q
SCL 2	16ksi	19ksi	32ksi
SCL 7	22ksi	15ksi	43ksi

이와 같은 방법으로 C급, D급 및 시험 운전조건에 대해 평가를 수행하여 건전성 유지 여부를 확인한다. 한편 이러한 각 운전조건별 응력한계 비교 이외에 설계 건전성 평가 측면에서는 피로와 라체팅 평가 등도 수행하여야 하나 이에 관련한 사항은 매우 복잡하므로 여기서는 생략하기로 한다.

다음 사례는 4.3.1.2절에서 설명한 KEPIC MNZ 부록 G[5.3-3]에 따른 무연성파괴 요건 평가이다. 이는 가압기와 같이 페라이트계 재료로 제작된 기기에만 적용되며, 파괴역학적인 분석을 통해 운전중 파괴인성의 저하에 의한 무연성파괴가 일어나지 않을 것임을 확인하는 것이다.

설명의 편의 상 평가 대상이 불연속 부위로부터 멀리 떨어진 쉘 또는 헤드 부위라고 가정하자. 이 경우 식 (4.3-14)에 제시된 요건을 만족하면 무연성파괴는 발생하지 않는 것으로 판단할 수 있다.

원칙적으로 평가 대상 재료의 기준무연성천이온도(RT_{NDT})는 실험을 통해 측정을 해야 하나, 편의상 $T-RT_{NDT}$가 100°F라고 가정하면 참조 임계 응력확대계수(K_{IC})는 식 (4.3-6)을 이용하여 구할 수 있다. 계산을 해 보면 K_{IC}는 186.4ksi√in가 된다.

한편 평가 대상부위의 두께가 4in라고 하면 가상 결함의 깊이는 두께의 1/4인 1in, 길이는 두께의 1.5배인 6in가 된다. 그리고 내부 반경이 40in, 운전압력이 3ksi인 가상의 조건에 대해 식 (4.3-7) 및 식 (4.3-8)을 이용하여 구한 축방향 내부 표면균열 대상 막 인장응력에 의한 응력확대계수(K_{Im})는 55.6ksi√in가 된다. 그 다음 단계는 두께방향의 열구배에 의한 응력확대계수(K_{It})를 구하여야 한다. 가압기의 운전중 냉각률(CR)과 가열률(HR)이 모두 100°F/hr 라고 가정하면 K_{It}는 대략 3.1ksi√in가 된다. 이러한 값을 식 (4.3-14)에 대입해 보면 안전계수를 고려한 응력확대계수의 합은 참조 임계 응력확대계수보다 작게 나타난다. 따라서 평가 대상부위는 무연성파괴 요건을 만족하며 충분한 건전성을 유지하는 것으로 판단할 수 있다.

5.3.2 운전 건전성 평가

운전 건전성 평가는 가압기에 대한 비파괴검사 결과 결함이 발견되면 해당 결함에 대해 KEPIC MIB 요건[5.3-4]에 따른 평가를 수행하여 건전성 확보 여부를 분석하는 것이다.

먼저 검사를 통해 발견된 결함의 유형에 따라 KEPIC MIB 3000에 제시된 허용기준 만족여부를 확인한다. 만약 결함의 크기가 코드에 제시된 한계값을 초과할 경우 MIB 3600 요건에 따른 해석적 평가를 수행하여 건전성을 입증하거나 또는 정비나 교체 등을 수행하여야 한다. KEPIC MIB 3600 요건에 따른 건전성 평가절차를 정리하면 그림 5.3-3과 같다.

사례 설명을 위해 가동중검사를 통해 가압기의 동체에서 다음 표 5.3-3과 같이 2개의 결함이 발견되었다고 가정해 보자. 이 두 결함의 크기를 KEPIC MIB 3000에 제시된 허용기준과 비교한 결과 한계값을 초과하는 것으로 나타나 그림 5.3-3과 같은 KEPIC MIB 3600 요건에 따른 상세 건전성 평가가 필요하다.

상세 평가를 위한 첫 번째 단계는 그림 5.3-4에 나타낸 바와 같이 KEPIC MIZ 부록 A 요건에 따라 피로 결함성장을 고려한 최종 결함 크기를 평가하는 것이다. 가압기의 운전중 발생 가능한 모든 조건을 고려하여 구한 두 결함의 최종 깊이 및 길이는 다음 표 5.3-4와 같다.

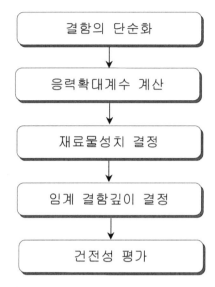

〈그림 5.3-3〉 KEPIC MIB 3600 요건에 따른 건전성 평가절차

〈표 5.3-3〉 가압기 동체에서 발견된 결함 데이터 (예)

항목	결함 1	결함 2
결함 깊이 (a)	0.275in	0.295in
결함 길이 (l)	4.968in	3.822in
결함 거리 (S)	1.810in	1.970in
결함 유형	내재 결함(embedded flaw)	
RT_{NDT}	50°F	
동체 두께 (t)	3.438in	

정상 및 이상 운전조건의 경우 식 (4.3-19)에 제시된 기준을 만족하면 가압기는 평가기간 동안 건전성을 유지할 수 있는 것으로 간주할 수 있다. 원칙적으로 재료의 파괴인성(K_{IC})은 KEPIC 요건에 따라 구하여야 하나 계산의 편의상 여기서는 200ksi√in로 가정하기로 하자. 표 5.3-4와 같이 결함의 최종 깊이 및 길이를 알면 4.3.2.2절에 기술된 방법에 따라 각 결함의 응력확대계수(K_I)를 구할 수 있다. 계산을 해 보면 결함 1의 경우 K_I은 24.74ksi√in, 결함 2의 경우 31.59ksi√in이다. 이 값들을 식 (4.3-19)와 같이 K_{IC}에 안전 여유 √10을 반

영한 값인 63.24ksi√in와 비교해 보면 모두 건전성 허용기준을 만족하는 것으로 나타난다.

한편 비상 또는 고장 운전조건의 경우도 동일한 방법을 적용하여 식 (4.3-20)의 허용기준을 만족하면 가압기는 평가기간 동안 충분한 건전성을 유지할 수 있는 것으로 판단된다.

〈표 5.3-4〉 결함의 최종 깊이 평가결과 (예)

항목	결함 1	결함 2
결함 최종 깊이 (a_f)	0.277in	0.301in
결함 최종 길이 (l_f)	5.007in	3.893in

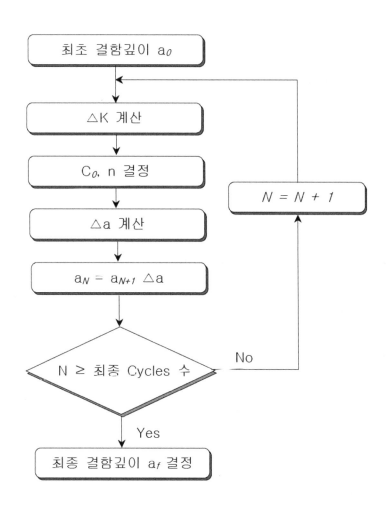

〈그림 5.3-4〉 KEPIC MIZ 부록 A에 따른 최종 결함깊이 평가절차

5.4 증기발생기

본 절에서는 실무에 대한 이해를 돕기 위해 열화가 존재하는 증기발생기 전열관에 대한 건전성 평가사례를 소개하고자 한다. 열화평가(DA)는 4.4.2절에서 설명된 바와 같이 증기발생기 전열관에 대한 가동중검사를 수행하기 전에 검사 및 건전성 평가 관련 제반 정보를 확보하기 위한 것으로서 특별한 공학적 평가를 수행하는 것이 아니며, 운전평가(OA)의 경우 열화의 성장을 추가적으로 고려하는 것 이외에 상태감시평가(CM)와 큰 차이가 없으므로 여기서는 축방향 및 원주방향 균열을 대상으로 한 상태감시평가 사례를 위주로 설명한다. 또한 유한요소해석 기법을 이용하여 파열압력을 직접 계산하는 사례도 제시하고자 한다.

5.4.1 축방향 관통균열에 대한 상태감시평가

가동중검사를 통해 Alloy 600 계열의 재질로 제작된 전열관에서 길이가 0.15in인 축방향 관통균열 1개가 발견되었다고 가정해 보자. 해당 균열이 존재하는 전열관이 건전함을 입증하기 위해서는 식 (4.4-3)을 이용하여 파열압력을 계산한 후, 그 값이 정상운전 조건에서 전열관 1차측과 2차측 압력차의 3배 이상이고, 또한 사고 조건에서 1차측과 2차측 압력차의 1.4배 이상인지를 확인하면 된다[5.4-1, 5.4-2]. 또 다른 방법은 정상운전 조건에서 전열관 1차측과 2차측 압력차의 3배와 사고조건에서 1차측과 2차측 압력차의 1.4배 중 큰 값에 해당하는 결함의 길이를 구한 후 이를 검사에서 발견된 결함의 길이와 비교하는 것이다. 건전평가에 사용할 각종 변수들이 다음 표와 같을 때 구조한계를 만족하는 임계 균열의 길이와 상태감시평가 한계를 만족하는 임계 균열의 길이를 각각 계산해 보자.

앞서 4.4절에서 이미 설명한 바와 같이 전열관의 구조한계는 파열압력 예측모델의 불확실성, 전열관 재료물성치의 불확실성 및 열화크기 측정의 불확실성이 고려되지 않은 값을 의미한다. 이는 식 (4.4-3)을 균열의 길이에 대해 정리하면 구할 수 있으며, 그 결과는 식 (5.4-1)과 같다. 한편 표 5.4-1에서와 같이 정상운전 조건에서 전열관 1차측과 2차측 압력차에 안전계수 3을 곱한 값이 사고조건에서 1차측과 2차측 압력차에 안전계수 1.4를 곱한 값보다 크기 때문에 대체적으로 정상운전 조건에서 압력차에 안전계수 3을 곱한 값이 가장 보수적인 경우가 된다. 따라서 식 (5.4-1)에 표 5.4-1의 해당 변수 값들을 대입하면 구조한계 균열 길이(L_{SL})는 0.492in로 도출된다. 여기서 구조한계란 파열압력 계산에 사용되는 변수들에서 불확실성이 전혀 없는 완전한 조건에서 도출된 한계값을 의미한다. 그러나 실제 조건에서는 다양한 형태의 불확실성이 존재하므로 보다 현실적인 값을 도출하기 위해서 각 변수들에 내재된 불확실성을 고려하여야 한다.

〈표 5.4-1〉 축방향 관통균열 존재 전열관의 상태감시평가 사례 입력변수

변수	값
전열관 외경 (Outside Diameter, OD)	0.875in
전열관 두께 (Thickness, t)	0.050in
전열관 내부 반경 (Inner Radius, R_i)	0.3875in
전열관 평균 반경 (Mean Radius, R_m)	0.4125in
재료물성치 ($\sigma_y + \sigma_u$)	137.56ksi
재료물성치의 표준편차 (σ_M)	6.3449ksi
정상운전 조건의 1차측과 2차측 압력차의 3배	4.473ksi
사고 조건의 1차측과 2차측 압력차의 1.4배	3.125ksi
NDE 측정의 표준편차 (σ_{NDE})	0.143in
파열압력 예측모델의 표준편차 (σ_{BP})	0.001ksi
Z	1.645

앞서 4.4에서 설명한 바와 같이 상태감시평가 한계는 파열압력 예측모델, 전열관 재료물성치 및 열화크기 측정의 불확실성을 모두 고려한 값을 의미한다. 이는 식 (4.4-3)에 각 불확실성 항목들을 반영하며 구할 수 있으며, 이를 통해 구한 상태감시평가 균열길이(L_{CM})는 식 (5.4-2)와 같다.

$$L_{SL} = \sqrt{R_m t}\left(-2.2418 - 3.60\ln\left[\frac{P_B R_m}{t(\sigma_y + \sigma_u)} - 0.061319\right]\right) \tag{5.4-1}$$

$$L_{CM} = \sqrt{R_m t}\,\frac{1}{-0.2778}ln\left[\frac{\dfrac{P_B R_m}{t(\sigma_y + \sigma_u - Z\sigma_M)} + Z\sigma_{BP} - 0.061319}{0.53648}\right] - Z\sigma_{NDE} \tag{5.4-2}$$

산술적인 방법은 각 불확실성 항목들을 위의 식 (5.4-2)에 직접 대입하여 구하는 것으로서, 이 방법을 이용하여 구한 95%/50% 하한 상태감시평가 임계 균열의 길이는 0.201in로 도출된다.

앞서 가동중검사를 통해 전열관에서 길이가 0.15in인 축방향 관통균열이 발견되었다고 가

제 5 장

정하였다. 이 길이는 각종 불확실성을 고려하여 구한 상태감시평가 임계 균열의 길이인 0.201in보다 작은 값이다. 따라서 해당 전열관은 상태감시평가 기준을 만족하므로 건전성이 유지되고 있다고 판단할 수 있다.

5.4.2 원주방향 균열에 대한 상태감시평가

앞과 유사하게 가동중검사를 통해 Alloy 600 계열의 재질로 제작된 전열관에서 면적이 전열관 단면적의 50%인 원주방향 균열 1개가 발견되었다고 가정해 보자. 이 조건에서 균열 면적비(ξ)는 0.5, PDA는 50%가 된다. 해당 균열이 존재하는 전열관이 건전함을 입증하기 위해서는 PDA에 따라 식 (4.4-6) 또는 식 (4.4-7)을 이용하여 파열압력을 계산한 후, 그 값이 정상운전 조건에서 전열관 1차측과 2차측 압력차의 3배 이상이고, 또한 사고 조건에서 1차측과 2차측 압력차의 1.4배 이상인지를 확인하면 된다. 또 다른 방법은 정상운전 조건에서 전열관 1차측과 2차측 압력차의 3배와 사고 조건에서 1차측과 2차측 압력차의 1.4배 중 큰 값에 해당하는 PDA를 구한 후 이를 검사에서 발견된 결함의 PDA와 비교하는 것이다. 건전평가에 사용할 각종 변수들이 다음 표와 같을 때 구조한계를 만족하는 임계 PDA와 상태감시평가 한계를 만족하는 임계 PDA를 계산해 보자.

앞서 4.4에서 설명한 바와 같이 전열관의 구조한계는 파열압력 예측모델의 불확실성, 전열관 재료물성치의 불확실성 및 열화크기 측정의 불확실성이 고려되지 않은 값을 의미한다. 이는 식 (4.4-6) 또는 식 (4.4-7)을 ξ에 대해 정리하면 구할 수 있으며, 그 결과는 식 (5.4-3) 및 식 (5.4-4)와 같다.

$$\xi_{SL} = \frac{1}{0.35281}\left[0.57326 - \frac{P_B R_m}{(\sigma_y + \sigma_u)t}\right] \qquad (5.4\text{-}3)$$

$$\xi_{SL} = \frac{1}{1.2227}\left[1.2227 - \frac{P_B R_m}{(\sigma_y + \sigma_u)t}\right] \qquad (5.4\text{-}4)$$

한편 표 5.4-1에서와 같이 정상운전 조건에서 전열관 1차측과 2차측 압력차에 3을 곱한 값이 사고조건에서 1차측과 2차측 압력차에 1.4를 곱한 값보다 크기 때문에 정상운전 조건에서 압력차에 안전계수 3을 곱한 값이 가장 보수적인 경우가 된다. 따라서 식 (5.4-3) 및 식 (5.4-4)에 표 5.4-2의 변수 값들을 대입하면 균열 면적비(ξ)는 각각 0.864와 0.781로 도출된다. 이 중 구조한계 균열 면적비는 보수적 관점에서 작은 값이어야 하므로 최종 구조한계 ξ 는 0.781, 즉 78.1%의 PDA가 된다.

〈표 5.4-2〉 원주방향 균열 존재 전열관의 상태감시평가 사례 입력변수

변수	값
전열관 외경 (Outside Diameter, OD)	0.875in
전열관 두께 (Thickness, t)	0.050in
전열관 내부 반경 (Inner Radius, R_i)	0.3875in
전열관 평균 반경 (Mean Radius, R_m)	0.4125in
재료물성치 ($\sigma_y + \sigma_u$)	137.56ksi
재료물성치의 표준편차 (σ_M)	6.3449ksi
정상운전 조건의 1차측과 2차측 압력차의 3배	4.473ksi
사고 조건의 1차측과 2차측 압력차의 1.4배	3.125ksi
NDE 측정의 표준편차 (σ_{NDE})	0.136
굽힘 파손모드에서 파열압력 예측모델의 표준편차 (σ_{BP})	0.007503ksi
인장 파손모드에서 파열압력 예측모델의 표준편차 (σ_{BP})	0.016631ksi

앞서 4.4에서 설명한 바와 같이 상태감시평가 한계는 파열압력 예측모델, 전열관 재료물성치 및 열화크기 측정의 불확실성을 모두 고려한 값을 의미한다. 이는 식 (5.4-3) 및 식 (5.4-4)에 대해 각 불확실성 항목들을 반영하며 구할 수 있으며, 이를 통해 구한 상태감시평가 균열 면적비는 각각 식 (5.4-5), 식 (5.4-6)과 같다.

$$\xi_{CM} = \frac{1}{0.35281}\left[0.57326 - \frac{P_B R_m}{(\sigma_y + \sigma_u - Z\sigma_M)t} - Z\sigma_{BP}\right] - Z\sigma_{NDE} \tag{5.4-5}$$

$$\xi_{CM} = \frac{1}{1.2227}\left[1.2227 - \frac{P_B R_m}{(\sigma_y + \sigma_u - Z\sigma_M)t} - Z\sigma_{BP}\right] - Z\sigma_{NDE} \tag{5.4-6}$$

산술적인 방법은 각 불확실성 항목들을 위의 식 (5.4-5) 및 식 (5.4-6)에 직접 대입하여 구하는 것으로서, 이 방법을 이용하여 구한 상태감시평가 균열 면적비는 각각 0.543과 0.517이다. 따라서 최종 상태감시평가 균열 면적비는 0.517, 즉 51.7%의 PDA가 된다.

앞서 가동중검사를 통해 전열관에서 면적이 전열관 단면적의 50%인 원주방향 균열이 발

견되었다고 가정하였다. 이 값은 각종 불확실성을 고려하여 구한 상태감시평가 PDA인 51.7%보다 작은 값이다. 따라서 해당 전열관은 상태감시평가 기준을 만족하므로 건전성이 유지되고 있다고 판단할 수 있다.

전술한 바와 같이 전열관에 대한 불확실성을 고려하는 방법으로 3가지가 있고, 그 중 산술적 방법이 가장 간편하기는 하지만 결과가 가장 보수적이라고 하였다. 이번에는 동일한 경우에 대해 불확실성을 기하평균(제곱의 합의 제곱근)하는 방법인 단순 통계적 방법으로 상태감시평가 균열 면적비를 계산해 보기로 하자. 단순 통계적 방법의 기본 전제조건은 균열 면적비의 불확실성이 다음 식과 같이 조합될 수 있다는 것이다.

$$\sigma_\xi \cong \sqrt{\sigma_{\xi_M}^2 + \sigma_{\xi_{BP}}^2 + \sigma_{\xi_{NDE}}^2} \tag{5.4-7}$$

이러한 전제로부터 재료물성치의 불확실성은 식 (5.4-8)과 같이 표현할 수 있고, 파열압력 예측모델의 불확실성은 식 (5.4-9), 크기 측정의 불확실성은 식 (5.4-10)과 같이 표현할 수 있다.

$$Z\sigma_{\xi_M} = \xi_{SL} - \frac{1}{0.35281}\left[0.57326 - \frac{P_B R_m}{(\sigma_y + \sigma_u - Z\sigma_M)t}\right] \text{ or}$$
$$Z\sigma_{\xi_M} = \xi_{SL} - \frac{1}{1.2227}\left[1.2227 - \frac{P_B R_m}{(\sigma_y + \sigma_u - Z\sigma_M)t}\right] \tag{5.4-8}$$

$$Z\sigma_{\xi_{BP}} = \xi_{SL} - \frac{1}{0.35281}\left[0.57326 - \frac{P_B R_m}{(\sigma_y + \sigma_u)t} - Z\sigma_{BP}\right] \text{ or}$$
$$Z\sigma_{\xi_{BP}} = \xi_{SL} - \frac{1}{1.2227}\left[1.2227 - \frac{P_B R_m}{(\sigma_y + \sigma_u)t} - Z\sigma_{BP}\right] \tag{5.4-9}$$

$$Z\sigma_{\xi_{NDE}} = Z\sigma_{NDE} \tag{5.4-10}$$

앞서 구조한계 균열 면적비는 굽힘 파손모드의 경우 0.864, 인장 파손모드의 경우 0.781로 도출된 바 있다. 이 값들과 표 5.4.2의 값들을 식 (5.4-8) 및 식 (5.4-9)에 대입하여 계산해 보면 $Z\sigma_{\xi_M}$ 값은 각각 0.062, 0.018이고, $Z\sigma_{\xi_{BP}}$ 값은 각각 0.035, 0.023이며, 또한 $Z\sigma_{\xi_{NDE}}$는 0.224 이다. 식 (5.4-7)을 이용하여 불확실성을 조합하고 이를 식 (5.4-11)에 대입하면 상태감시평가 균열 면적비를 구할 수 있다.

$$\xi_{CM} = \xi_{SL} - Z\sigma_{\xi} \tag{5.4-11}$$

계산을 해 보면 상태감시평가 균열 면적비는 각각 0.630과 0.555로 도출된다. 따라서 최종적인 상태감시평가 균열 면적비는 가장 낮은 값인 0.555이며, 이 값은 단순 통계적 방법으로 구한 상태감시평가 균열 면적비인 0.517보다 크다. 이러한 결과로부터 산술적 방법이 가장 간편하기는 하지만 결과가 상대적으로 보수적임을 확인할 수 있다.

한편 최근 들어 이러한 방법들 대신 몬테카를로 방법이 많이 활용되고 있으나 이를 위해서는 특별한 프로그램이 필요하다. 그림 5.4-1은 몬테카를로 방법[5.4-3]을 활용하여 전열관에 대해 상태감시평가 및 운전평가를 수행할 수 있는 PASTA 프로그램[5.4-4]의 초기화면을 나타낸 것이고, 그림 5.4-2 및 그림 5.4-3은 축방향 외부 표면균열에 대한 상태감시평가 화면을 도시한 것이다. 한편 그림 5.4-4 및 그림 5.4-5는 축방향 외부 표면균열에 대한 운전평가 화면을 나타낸 것이다.

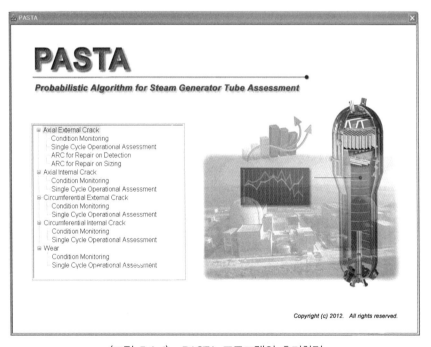

〈그림 5.4-1〉 PASTA 프로그램의 초기화면

제 5 장

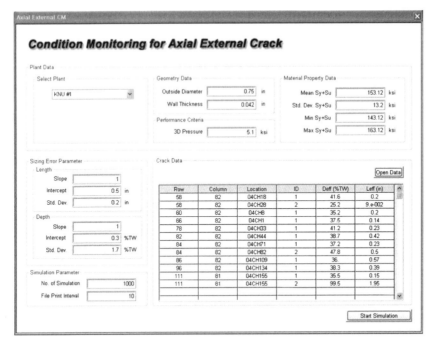

〈그림 5.4-2〉 상태감시평가 데이터 입력화면

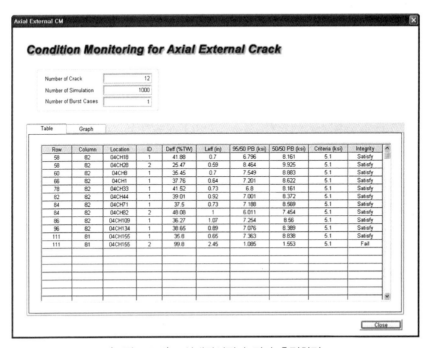

〈그림 5.4-3〉 상태감시평가 결과 출력화면

〈그림 5.4-4〉 운전평가 데이터 입력화면

〈그림 5.4-5〉 운전평가 결과 출력화면

제 5 장

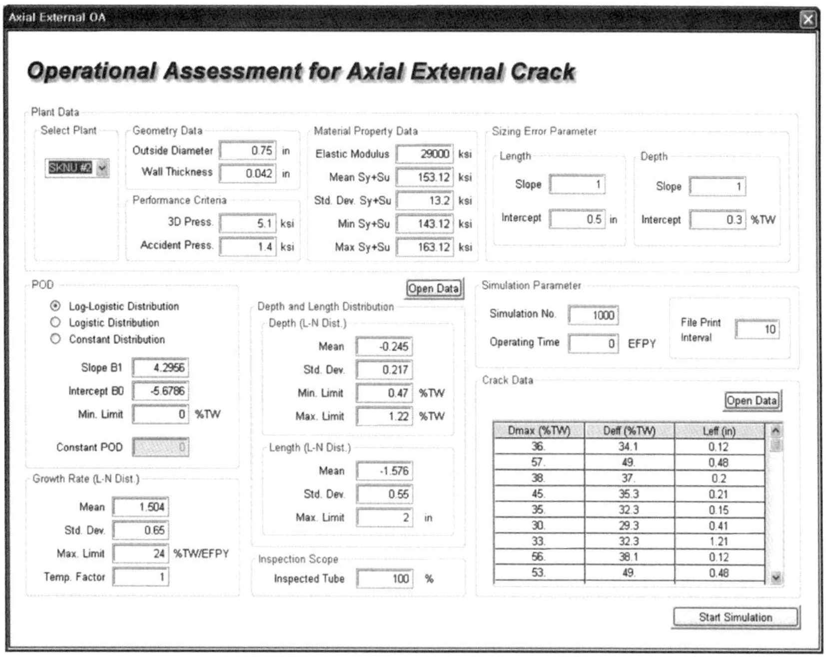

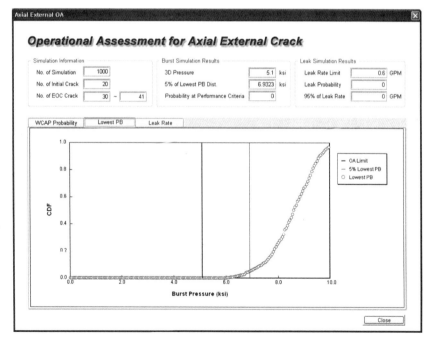

5.4.3 유한요소해석 기법을 이용한 파열압력 평가

앞에서 설명한 바와 같이 이미 다양한 유형의 균열 또는 결함에 대해 실험 및 해석결과 등을 토대로 구한 파열압력 예측식들이 제시되어 있으므로[5.4-5, 5.4-6], 실제 증기발생기 전열관의 건전성 평가에서 이러한 식들을 활용할 수 있다. 그러나 만약에 결함 또는 균열이 발생하였는데 그 위치 또는 유형이 특이하여 기존에 제시된 식들을 활용할 수 없는 경우에는 부득이 해석적 방법을 통해 파열압력을 계산하여야 한다. 이 때 적용할 수 있는 방안 중의 하나가 바로 유한요소해석에 기반을 둔 한계하중 평가기법이다.

일반적으로 전열관의 재료는 인성이 매우 크기 때문에 작용하는 응력이 임계응력에 도달할 때 파열이 발생한다고 가정할 수 있다. 이러한 가정 하에 전열관의 파열압력 평가를 위해서는 먼저 유한요소해석 모델을 개발하여야 한다. 그림 5.4-6은 축방향 관통균열이 존재하는 전열관에 대한 대표적 3차원 모델을 나타낸 것이고, 그림 5.4-7은 원주방향 표면균열에 대한 해석모델을 도시한 것이다. 정확한 파열압력 계산을 위해 재료가 탄성-완전소성 거동을 보이는 것으로 가정하였으며, 경계조건으로는 대칭면을 이루는 모든 절점의 변위를 구속하였고, 균열면의 압력과 내압에 기인한 축방향 하중을 고려하였다.

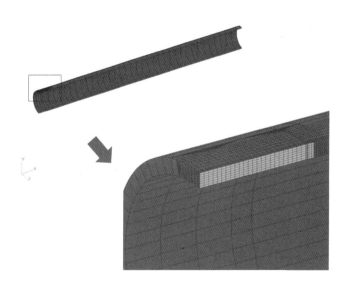

〈그림 5.4-6〉 파열압력 평가를 위한 축방향 관통균열 존재 전열관의 유한요소해석 모델

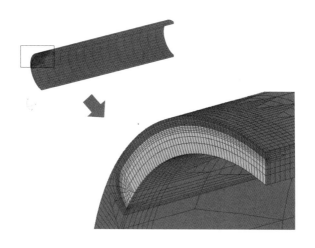

〈그림 5.4-7〉 파열압력 평가를 위한 원주방향 표면균열 존재 전열관의 유한요소해석 모델

그림 5.4-8은 축방향 관통균열이 존재하는 전열관을 대상으로 유한요소해석 방법으로 구한 파열압력과 실험으로 구한 파열압력을 비교한 결과를 나타낸 것이고, 그림 5.4-9는 원주방향 관통균열이 존재하는 전열관에 대해 유한요소해석 방법으로 구한 파열압력과 실험으로 구한 파열압력을 비교한 결과이다. 그림에 나타낸 바와 같이 유한요소해석으로 구한 한계하중을 기반으로 구한 파열압력은 실험으로 구한 파열압력과 매우 잘 일치하는 것으로 평가되었다. 따라서 이러한 방법은 특이한 형상의 결함 또는 균열에 대한 정확한 파열압력의 계산뿐만 아니라 기존에 제시된 파열압력 예측식들의 적용 타당성 분석 등 매우 다양한 분야에 두루 쓰일 수 있을 것으로 판단된다.

제
5
장

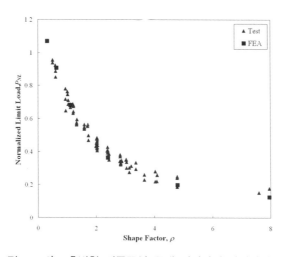

〈그림 5.4-8〉 축방향 관통균열 존재 전열관의 파열압력 비교

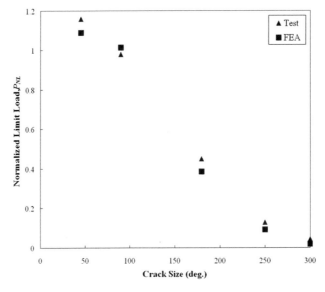

〈그림 5.4-9〉 원주방향 관통균열 존재 전열관의 파열압력 비교

5.5 배관

본 절에서는 실제 균열이 존재하는 배관에 대한 건전성 평가 사례 및 기법을 소개하여 실무에 대한 이해를 돕고자 한다. 특히 최근에는 균열 배관의 최대하중 예측 및 파단전누설 평가를 위해 3차원 유한요소해석을 이용한 파괴역학 평가가 활발히 수행되고 있기에 3차원 유한요소해석과 연계한 배관의 최대하중 예측과 파단전누설 평가에 대한 사례 해석을 기술하였다. 원전 배관의 피로 균열 성장 해석, 고주기 피로 평가 등은 기본적으로 앞 절의 다른 기기의 평가와 방법론이 유사하기에 본 절에서는 전술한 2가지 경우에 대한 해석사례를 기술하였다.

5.5.1 J/T 평가를 이용한 배관 최대하중 예측

5.5.1.1 유한요소해석에 입각한 J/T 평가절차

3.4.2절에서 기술한 바와 같이 USNRC는 배관 균열 안정성 평가법으로 J/T 평가법을 추천하고 있다. 일반적으로 균열이 있는 배관의 불안정 균열성장 거동을 평가하기 위해서는 많은 균열진전량에 대한 파괴저항곡선이 필요하기 때문에 1T 또는 3T-CT 시험편 등과 같이 작은 시험편을 이용하여 재료의 파괴저항곡선을 구한 경우에는 외삽법으로 큰 균열진전량에 대한 파괴저항곡선을 예측하여 사용해야 한다.

이에 따라 그림 5.5-1와 같이 J-제어균열성장(J-controlled crack growth) 조건을 만족하는 최대 J-적분값(J_1)을 구하고 이 값을 J/T 평면상에서 선형적으로 J_2까지 연장하여 사용하도록 권장하고 있다[5.5-1]. 여기서 J_2는 J_1의 2배의 크기이다.

그러나 이와 같은 방법은 일반적으로 ASTM 기술기준에 의한 유효 J_{IC} 및 J-제어 균열성장조건에 의한 최대 균열진전 조건을 만족하는 경우에만 적용이 가능하다. 그러나 일반적으로 스테인리스강과 같이 인성이 큰 재료에 있어서는 일반적인 표준 CT 시험편을 이용하여 유효 J_{IC} 값이나 J 제어 균열성상조건을 만족하는 최대 J-적분값을 결정하는 것이 곤란하며, 결정하더라도 J-제어 균열성장조건을 만족하는 유효 균열진전량이 1T 시험편의 경우 약 2.54mm 이하, 3T 시험편의 경우 약 4mm 이하이기 때문에 NUREG-1061, Vol. 3에서 권장하고 있는 방법을 이용하여 큰 균열진전량에 대한 파괴저항곡선을 예측하는 것은 매우 보수적인 결과를 제공하는 것으로 알려져 있다. 따라서 일반적으로 재료에 대한 J-적분값과 찢김계수의 관계를 구하기 위해 CT 시험편을 통해 얻은 파괴저항치의 유효범위를 정하지 않고 모든 시험데이터를 이용하여 ASTM에서 제시하고 있는 지수함수의 형태로 커브

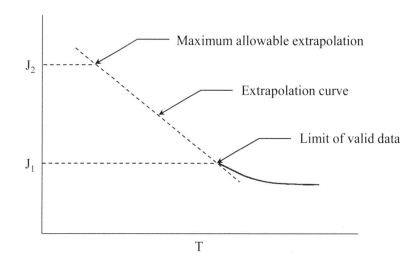

〈그림 5.5-1〉 NUREG-1061, Vol. 3에 따른 파괴저항곡선의 외삽 [5.5-1]

피팅을 하여 J_{mat}을 균열길이 (Δa)의 함수로 나타내어 구한다.

$$J_{mat} = C_1 (\Delta a)^{C_2} \tag{5.5-1}$$

따라서 재료의 찢김계수는 위 식을 균열길이에 대해 미분하여 다음과 같이 구한다.

$$\frac{dJ_{mat}}{da} = C_1 C_2 (\Delta a)^{C_2 - 1} \tag{5.5-2}$$

또한, 탄소성 유한요소해석으로 작용하중에 대하여 J_{app}를 구할 때는 균열길이에 대한 정확한 J-적분값의 변화를 알기 위하여 가상균열길이 $a, a-\delta, a+\delta$에 대해 각각 유한요소해석을 수행하여 J-적분값과 균열길이의 관계를 아래와 같이 다차 다항식으로 나타내어 구한다. 본 사례해석에서는 J_{app}를 2차 다항식으로 가정하였으며, δ는 균열길이의 미소변화로 초기 균열길이의 약 5%~10%로 가정하는 것이 일반적이다.

$$J_{app} = c_1 a^2 + c_2 a + c_3 \tag{5.5-3}$$

작용하중에 의한 찢김계수는 재료의 찢김계수와 동일하게 위 식을 균열길이로 미분하여 아래와 같이 구한다.

$$\frac{dJ_{app}}{da} = 2c_1 a + c_2 \tag{5.5-4}$$

최종적으로, 균열이 존재하는 배관에 대한 안정성 평가는 아래의 관계식을 이용하여 평가할 수 있다.

$$\frac{E}{\sigma_f^2}\frac{dJ_{app}}{da}(=T_{app}) \leq \frac{E}{\sigma_f^2}\frac{dJ_{mat}}{da}(=T_{mat}) \tag{5.5-5}$$

5.5.1.2 해석 대상 및 결과

그림 5.5-2는 본 절에서 유한요소해석 기반의 J/T 평가를 위해 고려된 원주방향 관통균열이 존재하는 배관의 형상을 도식적으로 나타낸 것이다. 본 절에서 고려된 배관의 외경은 803mm 이며, 두께(t)는 38mm 이다. 균열길이는 $\dfrac{\theta}{\pi} = 0.167$이다.

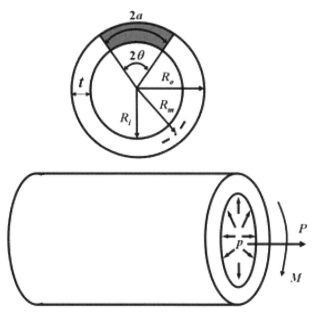

〈그림 5.5-2〉 원주방향 관통균열이 존재하는 배관

하중으로 굽힘 모멘트만을 고려하였다. 재료의 항복강도는 323MPa이며, 유동응력은 440MPa 이다. 또한 재료의 탄성계수는 190GPa이다. 또한 식 (5.5-1)에서 재료의 파괴저항특성 $C_1 = 2208$이며 $C_2 = 0.59$이다. 그림 5.5-3은 해석에서 사용되는 배관에 대한 대표적인 3차원 유한요소해석 모델을 나타낸 것이다. 배관의 대칭성을 고려하여 전체의 1/4만이 모델링되었다.

〈그림 5.5-3〉 원주방향 관통균열이 존재하는 배관의 3차원 유한요소모델의 예

그림 5.5-4는 유한요소해석으로 구한 J-적분값을 이용하여 J/T 평가를 수행한 결과를 나타낸 것이다. 그림에서 (a)는 식 (5.5-5)에 나타난 바와 같은 작용하중에 의한 J-적분과 찢김계수의 관계를 재료의 J-적분과 찢김계수와의 관계와 비교하여 나타낸 것이며, (b)는 배관의 J-적분과 모멘트의 관계를 나타낸 것이다. 그림 5.5-4(a)에서 교점이 배관에서 불안정 균열성장이 발생하는 점이며, 교점에서의 J-적분에 해당하는 값을 그림 5.5-4(b)에 대입하여 대응되는 모멘트 값을 구하면 균열의 불안정 성장이 발생하는 최대 모멘트를 J/T 평가법에 따라서 구할 수 있게 된다.

이와 같은 유한요소해석 기반의 J/T 평가법의 타당성은 많은 실제 배관 실험결과와 비교하여 타당성이 잘 입증된 바 있다[5.5-2]. 유한요소해석으로 배관의 J-적분을 계산하는 경우 배관 두께방향 요소수에 따라 J-적분값이 달라질 수 있다. 그림 5.5-5는 두께방향 요소수(2개, 5개, 10개)에 따른 배관 J-적분 계산결과를 나타낸 것으로 두께방향 요소수가 증가함에 따라 J-적분값이 감소하기는 하지만 원주방향 관통균열의 경우 그 차이는 미미하다는 것을 확인할 수 있다.

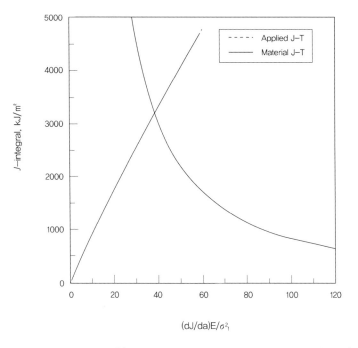

(a) J-적분–찢김계수 선도

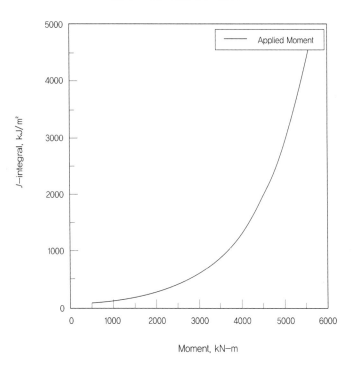

(b) J-적분–모멘트 선도

〈그림 5.5-4〉 유한요소 J/T 평가 결과

제 5 장

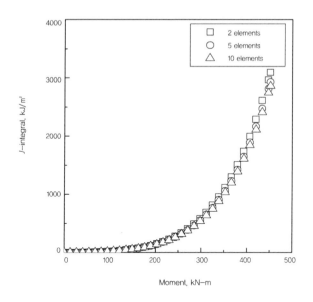

〈그림 5.5-5〉 두께 방향 요소수에 따른 3차원 유한요소 J-적분값의 변화 경향
(원주방향 관통균열의 경우)

5.5.2 원자력 배관 LBB 해석사례

원자력발전소 배관에 대한 파단전누설 해석을 위해서는 배관계통 내에 가장 큰 응력이 발생하는 지점에 가상 원주방향 관통균열을 가정하고, 이 균열의 불안정 성장 여부를 파괴역학 해석을 통해 평가해야 한다. 이 가상 관통균열의 길이는 발전소의 정상운전중 발전소에 설치된 누설감지장치를 통해서 충분히 감지할 수 있는 양의 누설을 허용하는 길이인 감지 가능한 누설균열(Detectable Leakage Crack; DLC)을 기준으로 결정되며, 일반적으로 감지할 수 있는 누설량에 10배의 안전계수를 적용하여 DLC를 결정하도록 하고 있다. 또한 여기에 2배의 안전계수를 고려하여 2배의 DLC 길이에 해당하는 관통균열도 가정하도록 되어 있다. 그리고 최종적으로 이러한 두 가지 균열이 불안정하게 성장되지 않음을 파괴역학 해석을 통해 입증하여야 한다. 보다 상세한 원자력 배관 파단전누설 해석 절차는 4.5.3절에 기술되어 있다.

5.5.2.1 해석 대상 및 하중조건

사례 해석에 사용된 해석 대상은 국내 가동 중 원자력발전소 배관계통 가운데 하나로 배관의 외경은 742mm이며, 두께는 65.9mm이다. 사용된 배관의 재료물성치는 다음과 같다.

〈표 5.5-1〉 사례 해석에서 고려된 재료물성치

Tensile Properties					Fracture Properties	
E (GPa)	σ_o (MPa)	σ_u (MPa)	α	n	C_1 (kJ/m^2)	C_2
174.7	199.5	542.5	2.86	3.70	223.1	0.46

표 5.5-1에서 α와 n은 다음과 같이 정의되는 응력-변형률 곡선에 대한 Ramberg-Osgood 커브 피팅상수와 가공경화지수이다.

$$\frac{\epsilon}{\epsilon_o} = \frac{\sigma}{\sigma_o} + \alpha \left(\frac{\sigma}{\sigma_o} \right)^n \qquad (5.5-6)$$

여기서 σ_o는 기준응력으로 일반적으로 재료의 항복강도가 사용되며 ϵ_o는 기준응력에서 정의되는 기준 변형률이다.

표 5.5-2에 사례 해석을 위한 하중조건을 나타내었다.

〈표 5.5-2〉 사례 해석에서 고려된 하중조건

	Normal Operating Condition	Faulted Condition
Axial Tension (kN)	6658	9591
Bending Moment (kN-m)	3090	3450
Internal Pressure (MPa)	15.5	15.5

5.5.2.2 감지 가능한 누설균열길이 결정

4.5.3절에 기술한 바와 같이 감지 가능한 누설균열길이는 원자력발전소 누설감지장치가 감지할 수 있는 능력에 10배의 안전율을 고려하여 원주방향 가상 관통균열길이를 결정하도록 되어 있다. 이와 같은 누설균열길이 계산을 위해서는 PICEP[5.5-3]과 SQUIRT[5.5-4] 프로그램이 일반적으로 사용된다. 본 사례 해석에서는 PICEP 프로그램을 이용하여 감지 가

능한 누설균열길이를 결정하였으며 이 때 감지 가능한 누설량을 1gpm으로 가정하였다. 그리고 여기에 10배의 안전계수를 고려하여 10gpm에 해당하는 균열길이를 감지 가능한 누설균열길이로 정의하였다. 감지 가능한 누설균열길이 결정에 표 5.5-2의 하중조건 가운데 정상운전 하중을 고려하였다. 그림 5.5-6은 본 사례 해석조건에 대해 구한 누설률에 따른 균열길이의 변화를 나타낸 것이다. 여기서 10gpm에 해당하는 감지 가능한 누설균열길이를 구하면 약 98.9mm가 된다.

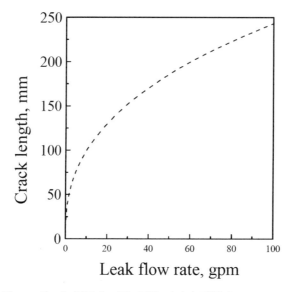

〈그림 5.5-6〉 누설률에 따른 균열 길이의 변화 (PICEP 프로그램)

5.5.2.3 균열 안정성 평가 결과

균열 안정성 평가는 5.5.1절에 기술한 유한요소해석에 입각한 J/T 평가법으로 수행하였다. 균열 안정성 평가는 감지 가능한 누설균열길이 및 2배의 감지 가능한 누설균열길이에 대해 수행한다. 유한요소해석에 사용된 모델은 그림 5.5-3에 나타난 바와 같으며 일반적으로 20절점 3차원 감차적분 요소(20 nodes brick reduced integration element)를 적용할 수 있다. 하중으로 축하중, 굽힘 모멘트, 내압을 모두 고려하였으며 내압의 경우는 균열면에 내압의 50%에 해당하는 압력을 일반적으로 작용시키며 또한 end-cap 효과를 고려하여 배관 끝단에는 등가 인장 하중을 작용시킨다.

본 사례 해석에서는 보수적인 평가를 위해 유한요소해석에서 먼저 내압과 축하중을 작용시킨 후 굽힘 모멘트를 이어서 작용시켰다. 그림 5.5-7 및 5.5-8은 2배의 감지 가능한 누설균열길이에 대한 J/T 평가 결과를 나타낸 것이다. J/T 선도에서 교차점에 대응하는 최대 모멘트를 구하고 이를 표 5.5-2의 사고조건 하중과 비교하면 본 사례 해석에서 고려된 배관계통은 약 1.3배 정도의 안전여유도를 파단전누설 설계에 대해 가지고 있는 것으로 평가된다.

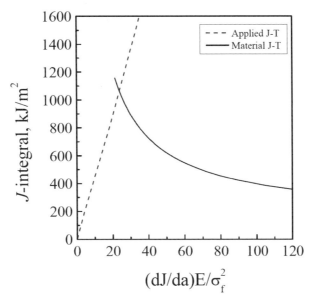

〈그림 5.5-7〉　2배의 감지 가능한 누설균열길이에 대한 J-적분–찢김계수 선도

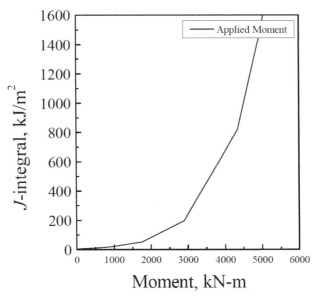

〈그림 5.5-8〉　2배의 감지 가능한 누설균열길이에 대한 J-적분–모멘트 선도

제
5
장

참고문헌

5.1-1. USNRC, 1988, "Radiation Embrittlement of Reactor Pressure Vessel Materials," Regulatory Guide 1.99, Rev. 2.

5.1-2. USNRC, "Fracture Toughness Requirements," 10CFR50, Appendix G.

5.1-3. ASME, 1993, "Fracture Toughness Criteria for Protection Against Failure," B&PV Code, Sec. XI, Appendix G.

5.1-4. USNRC, 1995, "Evaluation of Reactor Pressure Vessels with Charpy Upper Shelf Energy Less Than 50 ft-lb," Regulatory Guide 1.161.

5.1-5. Eason, E.D., et al., 1991, "Multivariable Modeling of Pressure Vessel and Piping J-R Data," NUREG/CR-5729.

5.1-6. Balky, K., Witt, F.J., Bishop, B.A., 1995, "Documentation of Probabilistic Fracture Mechanics Codes used for Reactor Pressure Vessels Subjected to Pressurized Thermal Shock Loading," EPRI TR-105001.

5.1-7. United Kingdom Atomic Energy Authority, 1982, "An Assessment of the Integrity of the PWR Vessels, Second Report by a Study Group under the Chairmanship of D.W. Marshall."

5.2-1. ANSYS, Inc., 2013, "Theory Reference for ANSYS and ANSYS Workbench Release 14.0," Canonsburg, PA.

5.3-1. Korea Electric Association, 2010, "Nuclear Mechanical – Class 1 Components," MNB, Korea Electric Power Industry Code.

5.3-2. Korea Electric Association, 2010, "Material Properties," MDP, Korea Electric Power Industry Code.

5.3-3. Korea Electric Association, 2010, "Fracture Toughness Criteria for Protection Against Failure," MNZ, Appendix G, Korea Electric Power Industry Code.

5.3-4. Korea Electric Association, 2010, "Inservice Inspection of Nuclear Power Plant – Class 1 Components," MIB, Korea Electric Power Industry Code.

5.4-1. Kim, H.D., 2004, "Integrated Guidelines for Steam Generator Management Program," 9th Nuclear Safety Technology Information Meeting.

5.4-2. Song, M.H. and Shin, H.S., 2006, "Application Status of Steam Generator Management Program in Nuclear Power Plants," Advanced Courses on SG

Integrity and FAC.

5.4-3. Rubinstein, R.Y. and Kroese, D.P., 2008, "Simulation and the Monte Carlo Method," 2nd Ed., John Willy & Sons, Inc.., Hoboken, NJ.

5.4-4. Kim, H.S., Shim, H.J., Oh, C.K. Jung, S.G., Chang, Y.S., Kim, H.D. and Lee, J.B., 2012, "Development of Probabilistic Program for Structural Integrity Assessment of Steam Generator Tubes," Proceedings of KSME Conference, pp. 477~481.

5.4-5. Kim, H.S., Kim, J.S., Jin, T.E., Kim, H.D. and Chung, H.S., 2004, "Burst Pressure Evaluation for Through-Wall Cracked Tubes in the Steam Generator," Transactions of KSME A, Vol. 28, No. 7, pp. 1006~1013.

5.4-6. Kim, H.S., Kim, J.S., Jin, T.E., Kim, H.D. and Chung, H.S., 2006, "Evaluation of Limit Loads for Surface Cracks in the Steam Generator Tube," Transactions of KSME A, Vol. 30, No. 8, pp. 993~1000.

5.5-1. USNRC, 1984, "Evaluation of Potential for Pipe Breaks," NUREG-1061, Vol. 3.

5.5-2. Kim, Y.J., Huh, N.S. and Kim, Y.J., 2003, "Reference Stress based Fracture Mechanics Analysis for Circumferential Through-wall Cracked Pipes: Experimental Validation," Nuclear Engineering and Design, Vol. 226, pp. 83~96.

5.5-3. Norris, D.M. and Chexal, B., 1987, "PICEP: Pipe Crack Evaluation Program," EPRI NP-3596-SR.

5.5-4. Ghadiali, N., Paul, D., Jakob, F. and Wilkowski, G., 1996, "SQUIRT: Seepage Quantification of Upsets In Reactor Tubes," Battelle.

제
5
장

제6장 원전기기 건전성에 대한 전망

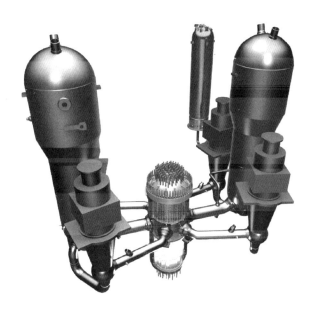

제6장 원전기기 건전성에 대한 전망

원자력발전소에 있어서 무엇보다 우선하는 개념은 안전성이며, 이를 위해서는 주요기기 각각의 건전성이 보장되어야 한다. 최근 원전의 누적 가동연수가 증가함에 따라 경년열화로 인한 크고 작은 기기의 손상이 발생하여 기기건전성 평가의 범위와 기술대상이 더욱 넓어지고 있다. 특히 2011년에 발생한 후쿠시마 원전사고 이후에는 각종 기기의 수명평가와 안전성에 대한 정확한 결정을 할 수 있는 기술의 검증이 요구되고 있다. 본 장에서는 이러한 상황에서 원전기기 건전성 확보를 위해 필요한 주요 내용과 향후 전망에 대해 간략히 기술하고자 한다.

원자로압력용기는 수명기간 동안 교체가 거의 불가능하므로, 어떤 기기보다도 많은 안전 여유도를 가지고 설계되고 제작된다. 하지만 1970년대 이전에 설계되고 건설된 일부 원전에서 원자로압력용기의 재질 문제로 인하여 중성자 조사취화가 크게 나타나서 원전의 수명제한 인자가 되기도 하였다. 역설적이기는 하나 이로 인해 파괴역학 평가기술의 많은 발전도 가져오게 되었으며, 현재는 30여 년 전에는 상상하지도 못했던 정밀시험 및 해석, 평가 기술의 개발을 통해 원전기기 건전성 평가의 신뢰도가 매우 높아졌고, 이에 따라 원전의 장기 가동 추진도 설득력을 갖게 되었다. 많은 전문가들이 현재 사용중인 원자로압력용기 재질이 40년의 원전 수명을 넘어 60년 혹은 80년의 가동에도 적합할 것으로 기대하고 있는 가운데, 고선량 중성자 조사의 누적으로 인해 발생할 수 있는 예상치 못한 재질변화와 내부손상에 미리 대비하기 위한 원자로압력용기 조사취화 안전성의 실험연구가 미국을 비롯하여 국제협력으로 진행되고 있다. 또한 신규 원전의 성능을 높이기 위해 고강도 압력용기강의 적용을 추진하려는 움직임도 있으므로, 이에 맞추어 압력용기의 건전성 정밀평가 기술의 적용 범위가 더욱 늘어날 것이다. 또한 확률론적 안전성 평가 기법의 원전 도입이 확대되고 있는 가운데, 장기운전에 따른 재료 및 기기의 경년열화 현상과 원전 시스템의 확률론적 안전성 평가 사이의 기술적 공간을 채워줄 수 있는 기기 파손확률의 정량화 기법의 개선도 요구되고 있다.

원자로내부구조물은 핵연료와 제어관련 계통을 제외한 원자로압력용기 내의 모든 구조물로서 노심을 지지, 안내 및 보호하고 노심으로 냉각재 흐름을 유도하며 원자로압력용기를 감마선과 중성자로부터 차폐하는 역할을 한다. 원자로압력용기 내에 설치되고 노심을 둘러싸고 있어 중성자 조사, 고온 및 유체 유동의 가혹한 환경에 노출되어 있으므로 가동연수가 증가함에 따라 열취화, 조사취화 및 피로 등의 열화가 누적되면서 변형, 균열 및 부속품 이

제
6
장

탈 등과 같은 손상이 발생할 수 있다. 원자로내부구조물의 과도한 손상으로 인해 기능이 상실될 경우 핵연료집합체의 손상 및 제어봉 삽입 실패와 같은 중대한 사고로 이어질 수 있으며, 원자로내부구조물에서 떨어져 나온 일부 부속품이 원자로냉각재 유로를 따라 이동하면서 노심 유로를 차단하거나 다른 기기에 손상을 줄 수도 있다. 따라서 장기가동중인 원자로 내부구조물의 건전성을 확보하기 위해서는 원자로내부구조물의 결함과 경년열화에 따른 기능저하를 모두 고려할 수 있어야 하며, 이를 위해서는 운전 환경, 재질 및 운전 하중 등의 복합 작용으로 인해 발생할 수 있는 경년열화 현상을 예측 및 평가하고 관리하기 위한 기술의 개발이 요구되고 있다. 특히 장기가동원전의 경우 원자로내부구조물의 손상이 증가될 것으로 예상되며 이와 관련된 건전성 평가가 더욱 더 필요할 것으로 전망된다.

가압기는 원자로압력용기와 증기발생기 사이에 설치되어 있는 기기로서 원자로냉각재계통의 압력을 일정하게 유지시키고 과도상태가 발생하면 원자로냉각재의 체적 변화를 보상해주는 역할을 수행한다. 주기적인 감시, 검사, 시험 및 정비 등을 수행하여 건전성 확보 여부를 지속적으로 확인하고 있으나, 그럼에도 불구하고 운전중 온도 및 압력 등의 변화에 기인한 부식, 피로 및 응력부식균열 등에 의한 손상이 발생할 수 있다. 따라서 가동중인 가압기의 건전성을 확보하기 위해서는 결함 또는 균열을 포함한 다양한 경년열화에 따른 기능 저하를 모두 고려할 수 있어야 하며, 이를 위해서 운전 환경, 재질 및 운전 하중 등의 복합 작용으로 인해 발생할 수 있는 경년열화 현상을 예측 및 평가하고 관리하기 위한 기술이 요구되고 있다. 대표적인 사례는 응력부식균열 저항성이 크게 향상된 Alloy 52/152 재질로 보수용접을 시행함으로써 기존 Alloy 82/182 재질의 용접부에 대한 문제를 해결하고 건전성을 확보한 것이다. 향후 원전의 가동연수가 점차 증가할수록 손상 가능성도 더불어 증가할 것으로 예상되며 또한 현재까지 존재하지 않았던 새로운 유형의 손상이 발생할 가능성도 있으므로 이에 적극적으로 대처하기 위해서는 1) 손상에 대한 저항성이 강화된 새로운 재료의 개발 및 적용, 2) 주기적인 감시, 검사, 시험 및 정비 등의 손상 예방활동 강화 및 최적화, 3) 보다 정확한 파괴역학적 건전성 평가방법의 개발 및 적용 등 개별적인 사안에 대한 기반 기술 뿐만 아니라 다양한 분야에 대한 창의적 융합기술의 도입 및 접목도 필요할 것으로 판단된다.

증기발생기는 원자력발전소에서 전기를 생산하기 위해 핵반응에 의해 생긴 1차측의 열을 2차측으로 전달하는, 즉 원자로의 노심을 거쳐 가열된 고온의 냉각재를 터빈을 회전시키기 위한 증기로 변환시키는 역할과 원자로냉각재의 압력경계를 구성하는 역할을 하는 기기이다. 주기적인 감시, 검사, 시험, 정비 및 수질관리 등을 통해 건전성 확보 여부를 지속적으로 확인하고 있으며, 특히 전열관에 대해서는 별도의 체계적인 관리 프로그램을 시행하고 있다. 그러나 이러한 노력에도 불구하고 증기발생기에서는 운전중 온도, 압력 및 유동 등의 변화에 기인한 마모, 응력부식균열, 피로 등에 의한 손상이 발생할 수 있다. 따라서 가동중인 증기발생기의 건전성을 확보하기 위해서는 결함 또는 균열을 포함한 다양한 경년열화에 따른 기능 저하를 모두 고려할 수 있어야 하며, 이를 위해서는 환경, 재질 및 하중 등 다양한 요인의 복합 작용으로 인해 발생할 수 있는 경년열화 현상을 예측 및 평가하고 이를 관리하기 위한 기술이 요구되고 있는 실정이다. 대표적인 사례는 전열관의 재질을 응력부식균열 저항성이 크게 향상된 Alloy 690으로 대체하여 기존 Alloy 600 재질에 대한 문제를 근본적으로 해결하고 건전성을 확보한 것과, 관리 프로그램의 시행을 통해 다양한 경년열화 현상을 효율적이고 체계적으로 관리하여 건전성을 유지하고 있는 것이다. 향후 증기발생기의 가동연수가 점차 증가할수록 손상 가능성도 더불어 증가할 것으로 예상되며 또한 현재까지 존재하지 않았던 새로운 유형의 손상이 발생할 가능성도 있으므로 이에 적극적으로 대처하기 위해서는 1) 결함의 탐지 능력이 우수한 새로운 비파괴검사 기법의 개발 및 적용, 2) 응력부식균열 및 마모 손상에 대한 저항성이 강화된 새로운 재료의 개발 및 적용, 3) 관리 프로그램과 같은 주기적인 감시, 검사, 시험 및 정비 등을 포함한 체계적인 건전성 관리 프로그램의 강화 및 최적화, 4) 확률론적 파괴역학 해석기법 등 보다 정확한 건전성 평가방법의 개발 및 적용 등 다양한 융합기술이 필요할 것으로 판단된다.

　배관 설계기준과 일치하는 조건 하에서 유체계통 배관의 파단 가능성이 극히 낮다는 것이 입증되는 경우에 가상 배관파단과 관련된 동적 영향은 설계 기준에서 제외할 수 있도록 규정되어 있으며, 이에 따라 배관파단 구속물, 분사충격 방호벽과 같은 보호 수단을 제거하고 설계를 단순화하기 위해 파단전누설 개념을 배관 설계에 적용하고 있다. 파단전누설 평가지침에 따르면 기본적으로 응력부식균열 현상 등으로 가동중 열화가 예상되는 배관계통에는 파단전누설 개념을 적용하지 못하도록 하고 있다. 그러나 최근 이미 파단전누설 개념이 적용된 일부 배관계통의 Alloy 82/182 이종금속용접부에서 일차수응력부식균열로 인한 균열 및 누설 사례가 다수 발견됨에 따라 해당 배관의 안전성을 확인하고 가동중에 발생하는 열화현상을 배제하기 위해 FSWOL(Full Structural Weld Overlay) 등과 같은 예방 정비와 검사가 수행되고 있다.

　한편 배관 계통에 일차수응력부식균열 등이 발생하여도 가상배관파난확률이 매우 낮음을 입증하기 위하여 보다 실제적인 균열형상을 고려하고, 결정론적 누설률 예측모델과 확률론적 누설률 예측모델과 균열 안정성 평가모델을 개선시키기 위한 연구가 진행되고 있다. 이외에도 환경피로, 열취화 및 조사취화에 의한 재료물성 변화 정량화와 이를 반영한 기기건전성 평가 및 실시간 감시시스템 구축 연구가 지속되거나 새롭게 추진될 예정이다.

　한국공학한림원은 후쿠시마 원전사고 이후 국내 원전정책에 대한 제언 보고서를 통해 현시점에서 원전 이용 확대는 불가피한 선택이며 '원자력안전위원회 기능강화'와 '원전 안전기

제 6 장

준 강화에 따른 합리적 비용분담'을 요청한 바 있다. 정보기술과 의사소통 능력이 뛰어난 젊고 유능한 기술자와 연구자들이 흔들림 없이 원전기기 건전성 분야에 대한 긍지와 자부심을 갖고 끊임없이 노력하고 헌신할 수 있기를 기대한다.

부록

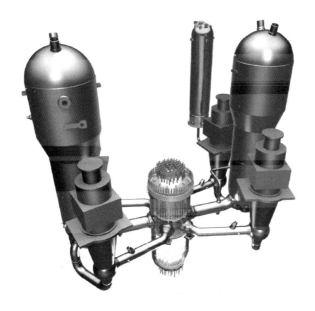

〈단위변환〉

Quantity	From	To	Multiplication Factor	
Angle	degree	rad	1.745329	$\times 10^{-2}$
Length	in	m	2.54	$\times 10^{-2}$
	ft	m	3.048	$\times 10^{-1}$
Area	in^2	m^2	6.4516	$\times 10^{-4}$
	ft^2	m^2	9.290304	$\times 10^{-2}$
Volume	in^3	m^3	1.638706	$\times 10^{-5}$
	ft^3	m^3	2.831685	$\times 10^{-2}$
	US gallon	m^3	3.785412	$\times 10^{-3}$
	liter	m^3	1.0	$\times 10^{-3}$
Mass	lb_m	kg	4.535924	$\times 10^{-1}$
	ton (metric) (mass)	kg	1.0	$\times 10^{3}$
Force	kg_f	N	9.80665	
	lb_f	N	4.448222	
Bending, Torque	$\text{kg}_\text{f} \cdot \text{m}$	$\text{N} \cdot \text{m}$	9.80665	
	$\text{lb}_\text{f} \cdot \text{in}$	$\text{N} \cdot \text{m}$	1.129848	$\times 10^{-1}$
	$\text{lb}_\text{f} \cdot \text{ft}$	$\text{N} \cdot \text{m}$	1.355818	
Pressure, Stress	$\text{kg}_\text{f}/\text{m}^2$	Pa	9.80665	
	$\text{lb}_\text{f}/\text{ft}^2$	Pa	4.788026	$\times 10^{1}$
	$\text{lb}_\text{f}/\text{in}^2$ (psi)	Pa	6.894757	$\times 10^{3}$
	kips/in^2 (ksi)	Pa	6.894757	$\times 10^{6}$
	bar	Pa	1.0	$\times 10^{5}$
Energy, Work	Btu	J	1.055056	$\times 10^{3}$
	$\text{ft} \cdot \text{lb}_\text{f}$	J	1.355818	
Power	hp (550 $\text{ft} \cdot \text{lb}_\text{f}$/s)	W	7.456999	$\times 10^{2}$
Fracture Toughness	ksi$\sqrt{\text{in}}$	Pa$\sqrt{\text{m}}$	1.098843	$\times 10^{6}$
	lb/in	N/m	0.175127	$\times 10^{3}$
Temperature	℃	K	K = C + 273.15	
	°F	K	K = (F + 459.67)/1.8	
	°F	℃	C = (F − 32)/1.8	
Temperature Interval	℃	K	1.0	
	°F	K or ℃	5.555555	$\times 10^{-1}$

〈약어정리〉

Acronym	Full Description
AFOSM	Advanced First Order Second Moment Method
ART	Adjusted RT_{NDT}
ASME	American Society of Mechanical Engineers
ASTM	American Society for Testing and Materials
AVB	Anti-Vibration Bar
BWOG	B&W Owner's Group
CASS	Cast Austenitic Stainless Steel
CCG	Creep Crack Growth
CCT	Center Cracked Tension
CDF	Cumulative Distribution Function
CDFD	Crack Driving Force Diagram
CE	Combustion Engineering
CEA	Control Element Assembly
CF	Chemistry Factor
CFR	Code of Federal Regulations
CM	Condition Monitoring Assessment
CMOD	Crack Mouth Opening Displacement
COD	Crack Opening Displacement
COV	Coefficient Of Variance
CPF	Conditional Probability of Failure

Acronym	Full Description
CPI	Conditional Probability of Initiation
CT	Compact Tension
CTOD	Crack Tip Opening Displacement
CUF	Cumulative Usage Factor
CVAP	Comprehensive Vibration Assessment Program
CVCS	Chemical and Volume Control System
CVN	Charpy V-Notch
DA	Degradation Assessment
DBA	Design Basis Accident
DBPB	Design Basis Pipe Break
DBTT	Ductile-Brittle Transition Temperature
DEGB	Double Ended Guillotine Break
DENT	Double Edge Notched Tension
DLC	Detectable Leakage Crack
DSA	Dynamic Strain Aging
EAC	Environmentally Assisted Cracking
ECCS	Emergency Core Cooling System
EOC	End Of Cycle
EPFM	Elastic Plastic Fracture Mechanics
EPRI	Electric Power Research Institute
ETC	Embrittlement Trend Curve

부
록

Acronym	Full Description
FAC	Flow Accelerated Corrosion
FAD	Failure Assessment Diagram
FEA	Finite Element Analysis
FFT	Fast Fourier Transform
FSWOL	Full Structural Weld Overlay
FW	Feed-Water
GPD	Gallon Per Day
GPM	Gallon Per Minute
GTN	Gurson-Tvergaard-Needleman
HAZ	Heat Affected Zone
HJTC	Heated Junction Thermo-Couple
HRR	Hutchinson, Rice, Rosengren
HVT	Half Value Thickness
IASCC	Irradiation Assisted Stress Corrosion Cracking
ICI	In-Core Instrument
IGA	Inter-Granular corrosion Attack
IGSCC	Inter-Granular Stress Corrosion Cracking
IIT	Instrumented Indentation Test
INES	International Nuclear Event Scale
ISI	In-Service Inspection
IVMS	Internal Vibration Monitoring System

Acronym	Full Description
KEPIC	Korea Electric Power Industry Code
LBB	Leak Before Break
LEFM	Linear Elastic Fracture Mechanics
LL	Limit Load
LLD	Load-Line Displacement
LOCA	Loss Of Coolant Accident
LSE	Lower Shelf Energy
LTL	Lower Tolerance Limit
LTOP	Low Temperature Overpressure Protection
LVDT	Linear Variable Differential Transformer
LWR	Light Water Reactor
MBL	Modified Boundary Layer
MFW	Main Feed Water
MSLB	Main Steam Line Break
MVFOSM	Mean Value First Order Second Moment Method
NDE	Non-Destructive Examination
NDT	Nil-Ductility Temperature
OA	Operational Assessment
OBE	Operating Basis Earthquake
ODSCC	Outside-Diameter Stress Corrosion Cracking
PCCV	Pre-Cracked Charpy V-Notch

부
록

Acronym	Full Description
PCVN	Pre-Cracked Charpy V-Notch
PDA	Percent Degradation Area
PDF	Probability Density Function
PFM	Probabilistic Fracture Mechanics
PHWR	Pressurized Heavy Water Reactor
PMS	Plant Monitoring System
POD	Probability Of Detection
PSI	Pre-Service Inspection
PTS	Pressurized Thermal Shock
PVRC	Pressure Vessel Research Council
PWHT	Post Weld Heat Treatment
PWR	Pressurized Water Reactor, Pipe Whip Restraint
PWSCC	Primary Water Stress Corrosion Cracking
RCPB	Reactor Coolant Pressure Boundary
RCS	Reactor Coolant System
RE	Radiation Embrittlement
RG	Regulatory Guide
RKR	Ritchie-Knott-Rice
RMS	Root Mean Square
RPV	Reactor Pressure Vessel
S/G	Steam Generator

Acronym	Full Description
SAM	Seismic Anchor Motion
SAW	Submerged Arc Welds
SCC	Stress Corrosion Cracking
SCL	Stress Classification Line
SCS	Shutdown Cooling System
SENB	Single Edge Notched Bend
SENT	Single Edge Notched Tension
SGTR	Steam Generator Tube Rupture
SI	Stress Index
SIF	Stress Intensity Factor
SMAW	Shielded Metal Arc Welds
SRSS	Square Root of Sum of Squares
SSE	Safe Shutdown Earthquake
TE	Thermal aging Embrittlement
TGSCC	Trans-Granular Stress Corrosion Cracking
TIF	Transient Initiating Frequency
TIG	Tungsten Inert Gas
TMI	Three Mile Island
USE	Upper Shelf Energy
USNRC	U.S. Nuclear Regulatory Commission

부
록

〈찾아보기〉

원전기기 건전성

발행일 | 2013년 8월 30일
지은이 | 장윤석 · 정명조 · 이봉상 · 김현수 · 허남수
펴낸곳 | 한스하우스

등 록 | 2000년 3월 3일(제2-3033호)
주 소 | 서울시 중구 오장동 69-7
전 화 | 02-2275-1600

ISBN 978-89-92440-08-0

※ 「이 도서의 국립중앙도서관 출판시도서목록(CIP)은 서지정보유통지원시스템 홈페이지(http://seoji.nl.go.kr)와 국가자료공동
  목록시스템(http://www.nl.go.kr/kolisnet)에서 이용하실 수 있습니다.(CIP제어번호: CIP2013015822)」